京津冀超低能耗建筑发展报告（2017）

北京市住房和城乡建设委员会
天津市城乡建设委员会　主编
河北省住房和城乡建设厅

U0312773

中国建材工业出版社

图书在版编目（CIP）数据

京津冀超低能耗建筑发展报告.2017/北京市住房和城乡建设委员会，天津市城乡建设委员会，河北省住房和城乡建设厅主编.--北京：中国建材工业出版社，2017.12

ISBN 978-7-5160-2041-8

Ⅰ.①京…　Ⅱ.①北…　②天…　③河…　Ⅲ.①节能—建筑设计—研究报告—华北地区—2017　Ⅳ.①TU201.5

中国版本图书馆CIP数据核字（2017）第251112号

京津冀超低能耗建筑发展报告（2017）
北京市住房和城乡建设委员会
天津市城乡建设委员会　主编
河北省住房和城乡建设厅
出版发行：中国建材工业出版社
地　　　址：北京市海淀区三里河路1号
邮　　　编：100044
经　　　销：全国各地新华书店
印　　　刷：北京鑫正大印刷有限公司
开　　　本：787mm×1092mm　1/16
印　　　张：29.5
字　　　数：720千字
版　　　次：2017年12月第1版
印　　　次：2017年12月第1次
定　　　价：**98.00元**

本社网址：**www.jccbs.com**　　微信公众号：**zgjcgycbs**
本书如出现印装质量问题，由我社市场营销部负责调换。联系电话：**（010）88386906**

编 委 会

序　言

　　建筑是满足人类生产和生活需要的基本场所。随着人类社会的进步，建筑形式不断发生变化，从最早"居之地穴"、"栖止草屋"，用石头、树枝等天然材料建造原始小屋，到现代化的用钢筋、混凝土构筑高楼大厦，人们对建筑功能品质的需要也从防风御寒和安全耐用，逐步扩展到要兼具安全性、功能性、舒适性、美观性。为实现这些功能，必然要消耗能源，特别是随着人们对室内环境品质要求的不断提高和建筑使用功能的日趋复杂，建筑能耗日益增加，已经成为全社会能源消费的主要领域。

　　在应对气候变化，实施可持续发展战略的要求下，如何以更少的能源消耗，来满足人们日益增长的对建筑环境品质的需要，正在成为全世界普遍关注的课题，超低能耗建筑的发展开始受到越来越多的重视。从世界范围看，欧盟等发达国家不断提高建筑能效水平，欧盟 2002 年通过并于 2010 年修订的《建筑能效指令》(EPBD)，要求欧盟国家在 2020 年前，所有新建建筑都必须达到近零能耗水平。丹麦要求 2020 年后居住建筑全年冷热需求降低至 20kWh/（m² · a）以下；英国要求 2016 年后新建建筑达到零碳，2019 年后公共建筑达到零碳；德国要求 2020 年 12 月 31 日后新建建筑达到近零能耗。美国要求 2020—2030 年"零能耗建筑"应在技术经济上可行；韩国提出 2025 年全面实现零能耗建筑目标。许多国家都在积极制定超低能耗建筑发展目标和技术政策，建立适合本国特点的超低能耗建筑标准及相应技术体系，超低能耗建筑正在成为建筑节能的发展趋势。

　　我国的超低能耗建筑发展起步于 2007 年，通过国际合作项目引进德国"被动房"技术体系，建设了河北秦皇岛"在水一方"被动式住宅项目等示范工程，同时与美国、加拿大、丹麦、瑞典等多个国家开展了近零能耗建筑节能技术领域的交流与合作。2015 年，住房城乡建设部发布了《被动式超低能耗绿色建筑技术导则》，在 2017 年发布的《建筑节能与绿色建筑"十三五"专项规划》中提出，到 2020 年，全国建设超低能耗、近零能耗建筑示范项目 1000 万平方米以上，超低能耗建筑发展正式纳入国家建筑节能发展战略中，"十三五"以及未来一段时期将是超低能耗建筑发展的"爆发期"。

　　作为我国三大城市群之一的京津冀地区，建筑节能工作一直走在全国前列，"十三五"以来，京津冀三地陆续出台了推进超低能耗建筑发展的政策法规、技术标准和奖励办法，开展了大量的工程实践，无论是超低能耗建筑政策标准的制定，还是项目建设的规模，都处在全国领先地位。此次出版的《京津冀超低能耗建筑发展报告（2017）》（以下简称《发展报告》），是广泛征集专家技术文章和工程案例等结集汇编而成的。《发展报告》立足于京津冀地区超低能耗建筑的发展现状，解读相关政策法规、标准规范，分享关键技术研究成果和示范工程实践经验，旨在助力超低能耗建筑质量提升，对推动超低能耗建筑健康快速发展将产生积极作用。

"天下大事必作于细，天下难事必作于易。"发展超低能耗建筑必须要坚持以科技创新为动力，以标准规范为牵引，以示范工程为载体，以精细施工为手段，注重专业化、科学化，要尽快建立适合本地的技术路线和标准体系，形成符合京津冀区域气候特点、建筑特点、施工特点及居民生活习惯的超低能耗建筑技术路线，让超低能耗建筑技术更加本土化，能够满足人们对美好居住品质的需要，期待超低能耗建筑能够尽快走入寻常百姓家，成为广大群众创业乐业的"健康舒适之居"。

住房和城乡建设部建筑节能与科技司
2017 年 12 月

目　　录

管　理　篇

技　术　篇

示范项目篇

管　理　篇

提升建筑品质 助力美好生活

——北京市超低能耗建筑发展纪实

薛军，刘斐，邱样娥，李祺冉

（北京市住房和城乡建设委员会，北京 100036）

摘 要 北京市以超低能耗建筑为切入点，在节能减排的新形势下，抓住供给侧改革和京津冀协同发展的新机遇，通过政策标准制定、示范项目推广、技术体系研究，积极提升首都人民居住品质，推进超低能耗建筑发展，促进建筑业转型升级。

关键词 超低能耗建筑；政策；示范项目；技术指标

1 序言

北京是伟大祖国的首都，是向全世界展示中国的首要窗口，备受国内外高度关注。建设和管理好首都，是国家治理体系和治理能力现代化的重要内容。2014 年 2 月和 2017 年 2 月，习近平总书记两次视察北京并发表重要讲话，为新时期首都发展指明了方向。

近期，北京市发布了《北京城市总体规划（2016—2035 年）》。规划通篇围绕"建设一个什么样的首都，怎样建设首都"这一重大问题谋篇布局。规划提出"贯彻适用、经济、绿色、美观的建筑方针，打造首都建设的精品力作。提倡呼吸建筑、城市森林花园建筑，推广超低能耗建筑建设，鼓励既有建筑生态化改造，实现建筑循环使用……"为不远的将来北京市建筑品质大幅度提升、老百姓享有更多的获得感描绘了美好的蓝图。

万丈高楼平地起。从完全不知道超低能耗建筑，到各部门接受、认可、积极推动，从没有规划、政策和标准，到一连串顶层设计逐一落地甚至上亿资金奖励政策出台，从没有一个示范项目，到企业争相申请、建设……这是北京以超低能耗建筑为切入点，在节能减排的新形势下，抓住供给侧改革和京津冀协同发展的新机遇，积极提升首都人民居住品质，促进建筑业转型升级的成果。如今，基础已经筑牢，北京市推动超低能耗建筑发展的架构已经轮廓初显、基础夯实、逐绿前行！

自 2014 年起，北京市住建委围绕"创新、协调、绿色、开放、共享"的新发展理念，以把北京建设成国际一流的和谐宜居之都为战略目标，通过调研培训、精准施策、严格标准、示范奖励、加强监管等措施，大力落实超低能耗建筑试点示范，推动超低能耗建筑快速发展。

作者简介：薛军，男，高级经济师，北京市住房和城乡建设委员会建筑节能与建筑材料管理处处长。

2 不审天下之事，难应天下之务

——观念之变

北京市面临现实中建筑高能耗的挑战。预计到"十三五"末，北京市民用建筑的总能耗将占到全市能源消费总量的 54%，建筑节能也将成为北京市节能减排的重要领域。

环境能源的巨大挑战倒逼建筑节能转变思路。2015 年，中国在《巴黎协定》中承诺 2030 年左右二氧化碳排放达到峰值，比 2005 年下降 60%～65%。

2016 年，北京在第二届中美气候峰会上承诺，将提高清洁能源比重，严控能源消耗、碳排放总量和能源强度，在 2020 年底二氧化碳排放达到峰值。

面对生态环境和能源峰值的挑战，政府主动引导和激励发展超低能耗建筑，专家和企业转变思路和发展方式，积极建设超低能耗建筑成为必然。

超低能耗建筑源于德国，是具有高隔热隔声性能，依靠加厚外墙保温、提高门窗性能、利用高效热回收新风等技术，最大程度地降低建筑供暖供冷需求，并充分利用可再生能源，以更少的能源消耗提供更舒适室内环境的一种建筑，超低能耗建筑可以完全取消集中供热。但是刚开始，它的优势并不为多数人所知。

组织参观、交流必不可少。为了让更多的管理部门、企业、专家和媒体深入了解超低能耗建筑，市住建委多次组织市、区级建筑节能等有关管理部门，先后赴河北、山东、黑龙江等地区调研、参观超低能耗建筑示范项目；多次组织超低能耗专家进行培训交流；多次组织记者媒体宣传解读政策，提高社会公众的认识；多次由市住建委主管节能工作的冯可梁副主任带队动员企业，最终北京市保障房建设投资中心、北京金隅集团、万科集团等企业积极投资建设超低能耗建筑。由此，北京市正式开启超低能耗建筑的推广工作。

3 审度时宜，虑定而动，天下无不可为之事

——政策之变

提起最近广受社会关注、国内最高标准超低能耗示范项目奖励资金办法《北京市超低能耗建筑示范工程项目及奖励资金管理暂行办法》（简称《办法》），业内人士深有感触："申请这么高的奖励资金，最初的顶层设计、部门沟通太重要了。"通过多次的培训和沟通，在项目现场细致地讲解和科普，"财政、发改、规划各部门都非常支持，觉得这种建筑特别好。"

没错，这是真的，今后北京的超低能耗建筑示范项目，第一年享受标准为每平方米 1000 元的奖励资金，之后两年逐年度递减。《办法》还鼓励各区政府研究制定本区关于超低能耗建筑的奖励政策，加大对超低能耗建筑项目支持力度。

这样史无前例的奖励产生了重大的社会引导效应。

除此之外，《办法》还最先列出"北京市超低能耗建筑示范项目技术要点"，分城镇居住建筑（商品住房、公共租赁住房）、公共建筑和农宅三类，分别列出了能耗指标和关键部品的性能参数，并实施指标双控原则，为示范项目技术方案的制定提供了标准。

同时，建立了市区监管体系。《办法》详细规定了示范项目的工程管理和"属地原则"，市级部门主要联动做好项目的土地、规划、建设、财政奖励等政策服务，日常的监管工作下移到区级部门，市、区部门纵横成网格状，确保示范项目落实到位。

自 2014 年起，北京市开启超低能耗建筑相关政策和标准的研究工作，深入贯彻落实住房城乡建设部印发的《建筑节能与绿色建筑发展"十三五"规划》，北京市委市政府《北京市民用建筑节能管理办法》、《关于全面深化改革提升城市规划建设管理水平的意见》、《关于全面提升生态文明水平推进国际一流和谐宜居之都的实施意见》、《北京市国民经济和社会发展第十三个五年规划纲要》等文件精神和要求，北京市住建委会同相关部门，相继出台了《北京市"十三五"时期民用建筑节能发展规划》、《北京市推动超低能耗建筑发展行动计划（2016—2018 年）》、《北京市超低能耗建筑示范工程项目及奖励资金管理暂行办法》，提出到 2018 年，北京将建设不少于 30 万平方米的超低能耗建筑示范项目。

在示范项目的推进过程中，北京市住建委组织企业和科研单位总结设计、施工中的经验做法，起草编写《北京市超低能耗居住建筑设计施工验收导则》、《北京市超低能耗农宅示范工程项目技术导则》，指导示范项目的实施。

2017 年北京市已经启动了"超低能耗居住建筑设计标准"研究课题，在示范项目的基础上编制地方设计标准，标准将在 2018 年出台，进一步完善超低能耗建筑的技术体系。

4 忽如一夜春风来，千树万树梨花开

——市场之变

"这种建筑建设成本的增加太多!"

"高标准的门窗和外保温材料，市场能否供应得上?"

"设计和施工完全不一样，人才和技术怎么解决?"

......

刚开始推广超低能耗建筑时，很多次和企业的座谈会都变成了"吐槽"会。

从顾虑重重、吐槽困难到争相建设、申请示范仅仅两年。2016 年和 2017 年，北京市就已经有 9 个项目通过专家评审，被列为北京市超低能耗建筑示范项目，总示范面积 100291 平方米，第一年度已完成三年行动计划目标的三分之一。按照奖励办法规定，市财政将给予一个多亿的奖励资金。

9 个示范项目中，有多个全国第一。昌平区沙岭新农村建设项目为农宅，总计 36 户，示范面积 7198 平方米，占总面积的 7.1%，为国内第一个超低能耗农宅示范项目。北京保障房投资中心焦化厂公租房项目是国内第一个装配式＋超低能耗的示范项目……项目类型也各具特色，可以覆盖大部分使用功能，如金隅西砂 12♯楼等 3 个项目为公共租赁住房，示范面积 38130 平方米，占总面积的 38%，特点是每户建筑面积小，均在 60 平方米以下，且居住密度高；长阳半岛 05-1♯楼等 5 个项目为公共建筑，示范面积 54963 平方米，占总面积的 54.7%。

炎炎夏日走进即将竣工的沙岭新村农宅里，会一下子感觉清凉很多。项目 36 栋住宅中的屋面都使用了 30 公分厚的石墨聚苯板，墙体、地面都使用 25 公分厚的石墨聚

苯板、挤塑聚苯板，门窗的整体传热系数都在 1.0 以下，专家解释说，比目前执行的居住建筑节能 75%标准的门窗要提高整整三到四代的水平。

沙岭村党支部书记韩志明跑整村搬迁的事是从 2010 年开始的。当年 6 月的大雨，让山上的巨石滚落砸中了村里房子。有几百年历史的沙岭村建在泥石流带上，自家房子不太结实的村民早就养成了一个习惯：每逢下雨，都得放下手里的活，奔村委会去住。

历经五六年跑政策、找资金，沙岭村新村计划终于落成。2016 年 9 月基本建完主体结构后，沙岭村新村址"升级改造"。在市住建委、昌平区政府的多次调研考察和支持下，"变身"超低能耗建筑，成为全国首个整村建设的超低能耗农宅项目。

示范项目在推进过程中，市住建委做得最多的工作就是：协调各部门和研究问题。

针对超低能耗建筑设计上保温材料增厚，施工技术难度增大、面积计算发生变化等问题，协调市规划、市科技、市消防等部门研究解决对策；会同市科委成立《超低能耗建筑技术及集成示范的研究》课题，专项突破超低能耗技术问题，成功研发出真空绝热保温预制板构件、真空玻璃节能窗、保温材料体系等技术成果，目前已能实现研究成果的产业化生产；会同市规划委与示范项目单位多次研究，明确了"超低能耗示范项目的面积计算参照现行节能标准的外墙厚度计算"的面积计算原则。

5 志合者不以山海为远

　　——融合之变

京津冀协同发展是国家确定的重大发展战略，建筑节能领域也不能缺席。携手津冀两省市推进超低能耗领域实现深度合作是实现首都可持续发展的必由之路。在超低能耗发展领域，三个省市各有所长，攥起来就是一只拳头，河北省发展超低能耗建筑最早、建设面积最多，北京市研发力量最强，奖励政策最优厚，天津市区位优势明显。过去的发展历程充分证明，只要本着求同存异、和而不同的原则，三省市完全能实现政策沟通、优势互补、交流互鉴。这不仅对政府主管部门有好处，同时有益于开发、施工、技术咨询、材料供应企业。

2017 年初，三省市建设主管部门首次就超低能耗建筑的发展召开了研讨会，在推动相关工作方面达成高度一致。北京市率先行动，根据《北京市超低能耗建筑示范工程项目及奖励资金管理暂行办法》，在遴选超低能耗专家时，首次在征集公告中明确项目评审专家面向京津冀三个省市公开征集。同时，在北京市主管部门组织的项目评审过程中，要求专家组至少有一名专家来自津冀地区，专家的融合为京津冀超低能耗发展工作的融合奠定了坚实的基础。下一步，在导则、标准的互认方面，主管部门正在积极沟通，加大融合力度。相互尊重、协商一致的合作机制正在逐步完善、行稳致远。

6 不谋万世者不足以谋一时

　　——未来之变

目标在工作中起着重要的引领作用。主管部门主动设立目标，继续砥砺前行。在北京市推广超低能耗建筑，不仅可以提高建筑节能标准，推进建筑施工的精细化，提升建筑品质，更可以大幅实现节能减排，改善室内舒适度，进一步保障人民生活健康。

推进超低能耗建筑发展，势在必行。

使命不负担当，任务任重道远。

——完善政策法规体系。适时修订《北京市民用建筑节能管理办法》，争取以《北京市民用建筑节能条例》的形式发布，为超低能耗建筑的发展制定法律依据。

——技术指标体系。在示范项目的评审中，发现能耗计算的参数、发热量计算依据等问题，都需要修编相关标准和依据。

——超低能耗建筑的标准体系。编制印发《北京市超低能耗农宅示范工程项目技术导则》，继续研究《北京市超低能耗居住建筑设计施工验收导则》、《北京市超低能耗建筑设计标准》。

——探索不同技术路线。研究高层小户型居住建筑的相关技术指标，适用于北京的保障房建设标准。研究超低能耗农宅建筑，适用于农宅体型小、密度低，提升农宅节能水平，促进城镇一体化建设的实施。研究超低能耗与装配式技术的结合。

——既有建筑超低能耗改造。"十三五"期间，探索对节能标准低的既有建筑实施超低能耗改造，提升建筑品质和人们生活工作的舒适感。

——推广超低能耗建筑的有效市场机制。在目前以示范项目奖励带动社会效应的基础上，探索合同能源管理、绿色金融、第三方服务等新模式，调动社会投资积极性，激发发展的新活力。

7 结 语

"治国有常，而利民为本。"习近平总书记"要牢牢把握人民群众对美好生活的向往"这一论述，体现了党以人民为中心的发展思想。党的十九大报告提出："在现阶段，我国社会主要矛盾已经转化为人民日益增长的美好生活需要和不平衡不充分的发展之间的矛盾。"为下一步建筑领域的品质提升明确指出了前进方向。

明者因时而变，知者随事而制。世间万物，变动不居，历史长河，不舍昼夜。关山初度路犹长，北京市将继续完善政策、加快融合、推动竞争、凝聚共识、汇聚力量，为提升建筑品质，助力美好生活而砥砺奋进、铿锵前行。

天津市超低能耗建筑的发展概述

王士敏[1]，尹宝泉[2]

（1. 天津市城乡建设委员会，天津　300000；2. 天津市建筑设计院，天津　300074）

摘　要　目前，天津市居住建筑执行四步节能设计标准，公共建筑执行三步节能设计标准，且已颁布实施了《天津市公共建筑能耗标准》，开展了天津市被动式住宅指标体系研究和天津市被动房建设实施关键技术研究等课题，正在编制《天津市超低能耗居住建筑技术导则》，这些研究及标准的编制，旨在降低民用建筑能耗，随着国家超低能耗建筑的发展，天津市也将进一步推进超低能耗建筑发展。

关键词　建筑节能；节能标准；超低能耗；能耗标准；全过程管理

1　引　言

随着我国城镇化进程的加快（城镇新增人口）和城镇人民生活水平的提高（人均建筑面积的增大），建筑总量在迅速提高，每年新建几千万栋建筑。根据目前我国的建筑节能标准，已全面实施二步节能标准（节能50%），部分地区的居住建筑实施了三步节能标准（节能65%），我市最新颁布的《天津市居住建筑节能设计标准》DB29-1-2013已经实施了四步节能标准（节能75%）、《天津市公共建筑节能设计标准》DB29-153-2014已经实施了三步节能标准（节能65%）。随着能源供应紧张的加剧和建筑总能耗的不断攀升，实施更高标准建造更低能耗的建筑是大势所趋。

《天津市居住建筑节能设计标准》的建筑物耗热量指标与德国被动房的建筑热负荷指标值相差不大，但我国居住建筑更多的是侧重于设计标准，而对建筑实际运行能耗缺少测量，同时对施工质量也较少进行相应的检测，虽然开展了节能竣工验收，但对于建筑气密性、实际传热系数等内容，并没有相应的限定，由此导致了设计负荷与实际运行能耗相差较大。为此在《天津市公共建筑节能设计标准》DB29-153-2014中就明确提出了各类建筑年度单位面积供暖、空调和照明设计总能耗指标，以推动行业对于建筑量化能耗指标的重视。

天津市是我国较早开展居住建筑三步、四步节能设计标准，公共建筑三步节能设计标准的省市，在标准引领前行等方面开展了较多的工作，目前已颁布实施的《天津市公共建筑能耗标准》进一步完善了建筑节能的标准体系。本文重点选取与天津相关的标准，同时侧重点在节能、性能评价等方面，为此选取《天津市居住建筑节能设计标准》DB29-1-2013，《天津市公共建筑节能设计标准》DB29-153-2014，《天津市公共建筑能耗标准》DB/T29-249-2017及天津市建委的科技项目成果等对天津市建筑节能要求进行分析。

作者简介：王士敏，女，硕士，天津市城乡建设委员会节能科技处调研员、副处长，负责天津市建设领域科研管理、绿色建筑、建筑节能、建筑产业现代化和新技术推广等工作。

2 居住建筑节能

2.1 天津市居住建筑节能设计标准

《天津市居住建筑节能设计标准》DB29-1-2013，对居住建筑热工设计以及暖通、给排水、电气设计中与能耗有关的指标和节能措施作出了规定。在保证室内热环境质量的前提下，主要将冬季的采暖能耗控制在规定的范围内，并兼顾夏季空调能耗。

建筑节能计算参数指出，室内计算温度应取18℃，楼梯间和封闭外走廊等不采暖公共空间及不采暖封闭阳台取12℃，换气次数应取0.5次/h。

建筑群的总体布置宜通过模拟程序计算确定室外风环境的相关指标。单体建筑的平、立面设计应充分利用冬季日照和夏季自然通风，外门窗宜避开冬季主导风向。建筑的主体朝向宜朝南，建筑物不应设有三面外墙的采暖房间。建筑的体形系数不应大于表1规定的限值。当体形系数大于表1规定的限值时，必须按相关要求进行围护结构热工性能的权衡判断。

表1 我国居住建筑的体形系数限值

建筑层数			
≤3层的建筑	4~8层的建筑	9~13层的建筑	≥14层的建筑
0.52	0.33	0.30	0.26

建筑的南向窗墙面积比不应小于0.3且不应大于0.7。建筑的东、西、北向窗墙面积比不应大于表2限值的规定，且不应大于表2规定的最大值。

表2 我国居住建筑的窗墙面积比限值及最大值

朝向	窗墙面积比	
	限值	最大值
北	0.30	0.40
东、西	0.35	0.45

当大于表2规定的限值时，必须按照相关要求进行围护结构热工性能的权衡判断。

住宅建筑的层高大于3.0m时，应按照本标准的相关要求进行围护结构热工性能的权衡判断。围护结构保温做法应选用配套的材料和系统技术。建筑外围护结构的传热系数不应大于表3限值的规定。周边地面保温材料层热阻不应小于表3所示限值的规定。当建筑外围护结构的传热系数和热阻不满足表3的限值时，必须按照相关规定进行围护结构热工性能的权衡判断。

表3 建筑外围护结构的传热系数限值

围护结构部位	$K\ [W/(m^2 \cdot K)]$		
	≤3层的建筑	4~8层的建筑	≥9层的建筑
屋面	0.20	0.25	
外墙	0.35	0.40	0.45

续表

围护结构部位		K [W/ (m² · K)]		
		≤3 层的建筑	4～8 层的建筑	≥9 层的建筑
架空和外挑楼板		0.35	0.40	
外窗	北向	1.5	1.8	
	东、西向	1.5	1.8	
	南向	2.0	2.3	
围护结构部位		热阻 R [W/ (m² · K)]		
		≤3 层的建筑	4～8 层的建筑	≥9 层的建筑
周边地面		0.83	0.56	

部分围护结构的传热系数必须小于表 4 限值的规定，热阻必须大于表 4 限值的规定。

表 4　部分围护结构热工性能限值

围护结构部位	K [W/ (m² · K)]	
	≤3 层的建筑	≥4 的建筑
东、西向凸窗	1.5	1.8
南向凸窗	2.0	2.2
分隔采暖与非采暖空间的楼板	0.50	
分隔采暖与非采暖空间的隔墙	1.50	
分隔采暖与非采暖空间的门（非透明/透明）	1.50/3.0	
分户墙、分户楼板	1.50	
公共空间入口外门（非透明/透明）	1.2/3.0	
变形缝	0.60	

围护结构部位	保温材料层热阻 R		
	≤3 层的建筑	4～8 层的建筑	≥9 层的建筑
地下室及半地下室外墙（与土壤接触的外墙）	0.91	0.61	

建筑门窗的气密性等级根据现行国家标准《建筑外门窗气密、水密、抗风压性能分级及检测方法》GB/T 7106，应符合下列规定：外窗气密性等级不应低于 7 级；分户门气密性等级不应低于 4 级。

外墙与屋面的热桥部位及外门窗洞口室外部分的侧墙面均应进行保温处理。

东、西向窗墙面积比大于 0.30 的房间，外窗的综合遮阳系数 SC 应符合下列规定：窗墙面积比≤0.40 时，SC 不应大于 0.45；窗墙面积比＞0.40 时，SC 不应大于 0.35。

建筑围护结构热工性能的权衡判断应以建筑物耗热量指标为判据，并应符合表 5 的规定。

表5 建筑物耗热量指标 W/m²

≤3层的建筑	4～8层的建筑	9～13层的建筑	≥14层的建筑
12.0	11.2	10.0	8.9

设计建筑的建筑物耗热量指标应按下式计算：

$$q_H = Q_{ht} + q_{INF} - q_{IH}$$

式中 q_H——建筑物耗热量指标，W/m²；

Q_{ht}——单位建筑面积上单位时间内通过建筑围护结构的传热量，W/m²；

q_{INF}——单位建筑面积上单位时间内建筑物空气渗透耗热量，W/m²；

q_{IH}——单位建筑面积上单位时间内建筑物内部得热量，取 3.8W/m²。

通风和空气调节系统设计应结合建筑设计，首先确定全年各季节的自然通风措施，并应做好室内气流组织，提高自然通风效率，减少机械通风和空调的使用时间。当在大部分时间内自然通风不能满足降温要求时，宜设置机械通风或空气调节系统，设置的机械通风或空气调节系统不应妨碍建筑的自然通风。

设有集中新风供应的居住建筑，当新风系统的送风量大于或等于 3000m³/h 时，应设置排风热回收装置。无集中新风供应的居住建筑，宜分户（或分室）设置带热回收功能的双向换气装置。

当无条件采用工业余热、废热、深层地热作为热水系统热源时，生活热水系统应符合下列要求：

（1）12 层及 12 层以下住宅应采用太阳能热水系统；

（2）经计算年太阳能保证率不小于 50% 的 12 层以上住宅应用太阳能热水系统；

（3）有热水需求的其他居住建筑宜采用太阳能、空气源热泵、地源热泵等热水系统。

2.2 天津市住宅建筑被动房指标体系

在"被动式住宅指标体系及设计方法研究"课题中已通过模拟仿真技术研究了各设计因素对模型建筑耗冷量、耗热量的影响，得出了空调耗冷量、采暖耗热量以及二者之和随各变量的变化趋势，确定影响建筑能耗的主要指标，构建被动式住宅技术性指标体系，并研究指标限值。

1）技术性指标

根据以上确定的被动式住宅技术指标总结见表6：

表6 被动式住宅技术指标

序号	技术性指标	限值及措施		是否强制
1	建筑朝向	正南±30°		强制
2	体形系数	层数	体形系数	强制
		≤3	≤0.52	
		4～13	≤0.3	
		≥14	≤0.26	

续表

序号	技术性指标	限值及措施		是否强制
3	窗墙比			不限制
4	外墙及与非采暖房间隔墙传热系数	≤0.15W/（m²·K）		强制
5	外窗传热系数	≤1.0W/（m²·K）		强制
6	屋顶、挑空楼板及与非采暖房间楼板传热系数	≤0.15W/（m²·K）		强制
7	新风指标及热回收效率	新风指标	0.5 次/h	强制
		热回收效率（全热）	≥70%	
8	房间气密性	N_{50}≤0.6 次/h		强制
9	外遮阳	南向外遮阳	可调外遮阳或固定式遮阳	推荐
		东、西向外遮阳	可调外遮阳百叶	强制
10	照明功率密度	节能灯		推荐
11	采暖热源	空气源热泵		推荐
12	生活热水热源	太阳能热水系统，空气源热泵		推荐
13	家电能效等级	选用较高能效标识的产品		推荐

2）绩效指标

建筑每年的采暖需热量不超过 $30kWh/m^2$；

建筑每年总能耗（采暖、空调、生活热水、照明、家电等）不超过 $130kWh/m^2$。

目前，我市正在组织有关专家编制《天津市被动式超低能耗居住建筑技术导则》将推动我市超低能耗建筑的发展。

3 公共建筑节能

3.1 天津市公共建筑节能设计标准

《天津市公共建筑节能设计标准》DB29-153-2014 依据天津市的具体气候特点和使用情况，首次提出以建筑总能耗作为控制要求，并充分考虑不同类型公共建筑的特点，使按新节能标准设计建设的公共建筑更好地降低能耗，综合体现经济性、合理性及可操作性。

对于甲类建筑年度单位建筑面积供暖、空调和照明设计总能耗指标必须符合表 7 的规定：

表 7 甲类公共建筑年度设计总能耗指标　　kWh/（m²·a）

教育建筑	办公建筑	酒店建筑	商业建筑	医疗卫生建筑	其他类建筑
≤39	≤38	≤51	≤68	≤75	≤62

由于公共建筑的类型繁多，依据统计教育、办公、酒店、商业和医疗卫生建筑占了绝大多数，依据抓大放小的原则，指定为六类。

甲类建筑的围护结构热工性能符合表 8 的要求：

表 8　甲类公共建筑围护结构热工性能

围护结构部位	传热系数 K ［W/（m² · K）］	
屋面	≤0.35	
外墙（包括非透光幕墙）	≤0.45	
底面接触室外空气的架空或外挑楼板	≤0.45	
非透光外门	≤2.00	
外门窗（包括透光幕墙）	传热系数 K ［W/（m² · K）］	综合太阳得热系数 SHGC
南	≤2.5	—
东、西	≤2.3	≤0.40
北	≤2.0	—
屋顶透光部分	≤2.3	≤0.40

天津属于寒冷地区，冬季供热能耗较大，采用热工性能较好的围护结构降低公共建筑能耗的重要途径，在计算能耗之前首先确定合理的围护结构热工性能指标是使计算结果满足限值的重要手段。

标准的完成是对天津市建筑节能减排工作的完善，是贯彻国家有关节约能源、保护环境的指导方针，与国家大力开展节能减排战略、建设资源节约型和环境友好型社会高度一致，是实现社会、环境和经济效益的最佳契合与同步提升。

3.2　天津市公共建筑能耗标准

为促进公共建筑节能工作，规范管理公共建筑实际运行能耗，实现公共建筑能耗总量控制，制定了《天津市公共建筑能耗标准》DB/T29-249-2017，其适用于办公建筑、商场建筑、旅馆建筑、学校建筑（不含高等院校）、医院建筑运行能耗的管理。该标准旨在引导公共建筑在满足建筑舒适度及其能量需求的基础上，采用高效的能源系统，提高运营管理水平，降低建筑运行能耗。

公共建筑能耗指标分为供暖能耗指标和非供暖能耗指标两类：

（1）公共建筑供暖能耗指标是衡量供暖系统能源利用效率的指标，是评估建筑节能与供暖系统能源消耗量的综合指标；

（2）公共建筑非供暖能耗指标是衡量建筑供冷、通风、照明、设备能耗等总体能耗的指标，是评估公共建筑总体能耗水平的指标。公共建筑内集中设置的高能耗密度的信息机房、厨房炊事等特定功能的用能不应计入公共建筑非供暖能耗中。

公共建筑供暖能耗指标和非供暖能耗指标分为约束值、推荐值和引导值，建筑能耗指标实测值或其根据实际使用强度的修正值应小于建筑能耗指标约束值，宜小于建筑能耗指标推荐值，争取达到建筑能耗引导值。

该标准于 2017 年 9 月 1 日起颁布实施，其明确给出了不同公共建筑类型的能耗约束值，推荐值和引导值指标，如表 9 所示。为保证能耗指标的相对公平，还可根据使用强度等进行修正，这种量化考核，利于推动天津市公共建筑节能管理的工作。

表 9　公共建筑非供暖能耗指标

建筑类型		公共建筑能耗指标 q_{ec} [kWh/ (m² · a)]		
		约束值	推荐值	引导值
办公建筑	党政机关办公建筑	60.0	42.0	30.0
	商业办公建筑	70.0	49.0	35.0
商场建筑	综合性商场	167.0	120.0	83.5
	专业卖场	70.0	50.5	35.0
旅馆建筑	三星级及以下	95.0	66.5	47.5
	四星级及以上	110.0	77.0	55.0
学校建筑	完全中学	24.0	20.0	18.0
	中学	15.0	13.0	11.5
	小学	15.5	13.0	11.5
	幼儿园	44.0	37.5	33.0
医院建筑	三级	114.0	80.0	57.0
	二级	101.0	71.0	50.5

4　结　语

超低能耗建筑是一项系统的工程，从规划设计到施工运营，并通过检测来检验运行是否达到设计能耗、运行能耗的要求，每一个细节都是至关重要的，一个小细节的忽略都会带来无法弥补的损失，包括断热桥、房间气密性、新风系统、施工质量、运行维护等。

超低能耗建筑的发展，需要成套的政策制度及技术体系予以支撑，如应有建筑节能设计、施工、验收、运行等全过程的标准体系，且相关性能指标应具有关联性；应有成熟标准化的施工工艺，确保主要热桥及密封部位处理得当，将设计性能落在实处；验收检测及日常的监督管理，证实相应指标是否落实，若未落实进行相应的分析；成套产业技术体系的支撑，尤其是高性能的保温材料、外窗、密封性材料等，支撑超低能耗建筑的建设。

参考文献

［1］　天津市建筑设计院．DB29-1-2013 天津市居住建筑节能设计标准［S］

［2］　天津市建筑设计院，天津市墙体材料革新和建筑节能管理中心．DB29-153-2014 天津市公共建筑节能设计标准［S］

［3］　天津市建筑设计院．DB/T29-249-2017 天津市公共建筑能耗标准［S］

秦皇岛"在水一方"中德合作被动式
超低能耗绿色建筑项目建设及其示范效应

程才实

（河北省住房和城乡建设厅，石家庄 050051）

摘 要 本文通过对河北省秦皇岛"在水一方"中德合作被动式超低能耗绿色建筑项目进行研究，重点分析了该项目的成功经验，为被动式超低能耗绿色建筑的推广和发展提供参考。提出我国发展被动式超低能耗绿色建筑在提升建筑品质和室内舒适度、降低城市建设成本、促进建筑产业升级换代等方面的重要意义。

关键词 被动式超低能耗绿色建筑；室内环境；成本分析；示范效应

1 引 言

河北省秦皇岛"在水一方"被动式超低能耗绿色建筑项目，是当今世界最先进节能房屋技术在中国最早的实践，因而成为我国建筑节能领域令人仰视的高地。

"在水一方"住宅小区 C 区一期工程 4 栋住宅楼，建筑面积 28050m²，2012 年 3 月开工，2013 年 10 月德国专家对 C15 号楼（建筑面积 6718m²）进行的气密性测定结果为 0.26，通过了德国能源署质量认证，标志着我国第一座被动式超低能耗绿色建筑诞生。

"在水一方"住宅小区 C 区二期工程 2 栋住宅楼，建筑面积 21098m²，2014 年 3 月开工，2016 年上半年竣工。其中的 C22 号楼（建筑面积 11314m²）与 75% 节能住宅相比，建造成本增加 577.1 元/m²，但其社会、经济、环境效益非常显著。

秦皇岛"在水一方"住宅小区、河北省建筑科技研发中心办公楼两个示范项目，被国家级媒体誉为"中国超低能耗建筑的典范"。下面简要分析"在水一方"被动式超低能耗绿色建筑项目建设及其示范效应。

2 增强了提升建筑能效水平的信心

"在水一方"被动式超低能耗绿色建筑节能率可达 92%，大大高于当时我国住宅建筑 65% 的节能标准（河北省建筑科技研发中心科研楼节能率可达 91%，大大高于当时我国公共建筑 50% 的节能标准）。"在水一方"8 万平方米被动式超低能耗绿色建筑与传统供热相比，可节约标煤 998 吨/年，减少二氧化碳排放 2595 吨/年，节约采暖费 195 万元/年。目前，我国的建筑能耗约占全社会总能耗近 30%。在新型城镇化推进中，被动式超低能耗绿色建筑可缓解对能源需求和温室气体减排的压力。

河北省人民政府办公厅《关于转发省发展改革委 省住房城乡建设厅关于开展绿色

作者简介：程才实，男，河北省住房和城乡建设厅建筑节能与科技处处长。

建筑行动 创建建筑节能省实施意见的通知》（冀政办〔2013〕6号）提出：要"制定高水平建筑节能标准，建设被动式低能耗建筑示范工程，逐步推广居住建筑节能75％、公共建筑节能65％的节能设计标准。"河北省住房和城乡建设厅《河北省开展绿色建筑行动 创建建筑节能省住房城乡建设系统工作方案》（冀建科〔2013〕18号）明确要求："2015年开展居住建筑节能75％、公共建筑节能65％试点工作。"

"在水一方"被动式超低能耗绿色建筑示范项目建设，为河北省提升新建建筑节能水平增强了信心。在开展试点示范的基础上，河北省不但按要求执行了新的公共建筑节能标准（相当于65％节能标准），而且自2017年5月1日起，全省城镇居住建筑全面执行65％节能标准，全省城镇民用建筑全面执行绿色建筑标准，从而使河北省全面进入75％居住建筑节能的新时代，全面进入绿色建筑发展的新时代。所有这些，都是与"在水一方"被动式超低能耗绿色建筑示范项目建设的影响、启发、示范带动分不开的。

3 找到了一个提高幸福指数的新途径

为人们营造舒适健康的居住环境，是房屋建筑追求的一个永恒的目标。与传统的建筑相比，具有很高的舒适性，这是被动式超低能耗绿色建筑的一大亮点。有关专家认为，被动式超低能耗绿色建筑评判标准大致可分为两个方面，即室内环境指标和能耗指标，同时满足这两个方面才能称得上被动式超低能耗绿色建筑。关于能耗指标前已述及，以下选取相关数据和居住者评价的话，来说明"在水一方"室内环境的舒适性。详见表1和表2。

室内环境：

表1　C15-201　2013—2014供暖季室内温、湿度数据指标占比

位置	温度指标（总数据量占比）			湿度（总数据量占比）			CO_2浓度（ppm）
	18～19℃	19～19.8℃	19.8～22℃	40％～60％	60％～70％	70％～80％	800～1000
客厅	1.3％	50.10％	48.50％	65％	21％	8％	800～1000
主卧	1.2％	21.60％	69.44％	48％	32％	1.30％	800～1000

表2　C15-201　2015年7月1日—8月31日供冷季室内温、湿度数据指标占比

位置	温度指标（总数据量占比）			湿度指标（总数据量占比）			CO_2浓度（ppm）
	25～26℃	26～26.5℃	26.5～27℃	40％～60％	60％～70％	70％～75％	800～1000
客厅	37.00％	39.00％	25.00％	44％	42％	9％	800～1000
主卧	28.00％	39.00％	26.00％	32％	55％	4％	800～1000

住户反应：

（1）C13-903：一年四季平稳保持22～25℃最佳室温，40％～60％的室内湿度，二氧化碳浓度低于1000ppm。所有这些，都仅凭借房体本身的保温特性来实现。这就是我所居住的被动房。

（2）C14-1703：被动房保温性能好，室内温度明显比普通住宅高。当然，考虑到关窗户时保持室内空气新鲜，可把二氧化碳控制器打开，既保证室内空气新鲜又能保持室温。这显然是普通住宅无法达到的。

（3）C14-502：空气清新，（尤其是）适合老人和孩子；夏天凉爽，不是像传统空调直接对人体吹的风，舒适；冬天温度适宜，室内的供暖温差比传统暖气供暖的房屋要小得多，温度均衡，不易感冒；节省开支。

（4）C13-1403：感受一，冬暖舒服；感受二，空气新鲜；感受三，没有噪声；感受四，低能耗电；感受五，安全、方便；感受六，环境幽雅。

（5）C12-701：①居室内安静，老人（睡）觉轻，在家时间较多，对室内安静很注重；②四季室温舒适，冬季室内 23℃、夏季室内保持 25℃；③节能环保；④空气有过滤系统，能有效过滤 $PM_{2.5}$；⑤室内密封严密，室内窗台、家具一两个月不擦都无灰尘。

"在水一方"新风热泵热回收冷暖空调热水一体节能室内环境机，同时具有新风、排风热回收，空调制热、制冷，热水供应等多种功能。室内的二氧化碳浓度值可自行设置，保证室内 24 小时空气新鲜。当二氧化碳浓度超过或降到一定值时，会自动输送新鲜空气或自动停机。二氧化碳浓度低于 1000ppm，室内一年四季有春天般的感觉。在高保温、高气密性前提下，太阳光、电器散热、做饭、洗澡、人体散热等均可被回收，回收率超过 75％。这些热量基本可达室内舒适的温度要求。而当室内温度出现上下浮动，不符合住户设定的温度时，机器会自动补充热量或降温。

4　提供了降低城市建设费用之借鉴

从整体上降低城市建设成本，也是被动式超低能耗绿色建筑的一个亮点。表面看来，被动式超低能耗绿色住宅投资高于传统节能住宅。据测算，"在水一方"一期工程 4 栋被动式超低能耗绿色住宅，比节能 65％住宅每平方米增加成本约 600 元（二期比一期成本有所降低，前已述及），包括带新风的热回收系统及设备、外墙外保温加厚、门窗品质提高等增加的费用。但其运行费用（冬季供热、夏季供冷等）却大大降低，而且不需要再安装空调设施。

现以二期工程 C22 号楼（建筑面积 11314m²）为例与 75％节能住宅建安成本、以一期工程 C15 号楼（建筑面积 6718m²）为例与普通住宅运行费用等，做一简要比较分析：

1）建安成本

（1）土建及安装成本。被动式超低能耗绿色建筑造价 2451 元/m²，75％节能标准造价 1749.9 元/m²，被动式超低能耗绿色建筑增量成本 701.1 元/m²。

（2）采暖入网费等。被动式低能耗建筑 0 元/m²，75％节能标准建筑 124 元/m²，被动式超低能耗绿色建筑增量成本减少 124 元/m²。

综合计算，被动式超低能耗绿色建筑比 75％节能标准建筑增量成本 577.1 元/m²详见表 3。

2）运行费用

选择 C15 号楼 201、203 两户单元房（建筑面积分别为 132.18m²、134.74m²），冬季被动式超低能耗绿色建筑供暖与 75％节能标准住宅应交取暖费对比。

2013 年 11 月 5 日—2014 年 4 月 5 日一个采暖期（总计 151 天）。201 户（楼上住户未开启采暖设备），采暖期室内温度达 20℃，设备用电 2084 度，电费 1084 元；203 户（楼上住户开启采暖设备），采暖期室内温度达 22℃，设备用电 1968 度，电费 1023 元。

此项测试是在整栋楼只有上述两户入住的情况下进行的，如果入住率提高到 80％

左右，采暖期所需供热电费则会下降 10％以上。

按照市政集中供热收费标准，两户分别应缴费 3471 元和 3521 元，实际发生电费分别占市政集中供热所收费用的 31.2％和 29.1％（秦皇岛夏季较为凉爽，室内制冷未做考虑）。详见表 4～表 7。

建安成本

表 3　第二批 C22 号楼被动房与 75％节能住宅建安成本对比表

序号	项目名称	被动房造价		75％节能住宅造价		被动房增量成本（元/m²）
		总造价（元）	平方米造价（元/m²）	总造价（元）	平方米造价（元/m²）	
一				预算部分		
1	建筑面积	11314m²		11314m²		
2	土建部分工程造价	22465064	1985.7	16615060	1468.6	517.1
3	安装部分工程造价	5264808	465.4	3182872	281.3	184
4	小计	27729872	2451	19797932	1749.9	701.1
二				被动房与普通住房对比		
1	外墙苯板保温	2822379	249.5	845642	74.7	174.7
2	地下室天棚保温	118556	10.5	57808	5.1	5.4
3	1～18 层公共部分及室内邻电梯侧保温	567765	50.2	214439	19	31.2
4	分户墙保温	389669	34.4	193487	17.1	17.3
5	种植露台保温	261412	23.1	158163	14	9.1
6	屋面苯板保温	279830	24.7	176794	15.6	9.1
7	楼地面苯板保温	209795	18.5	144232	12.7	5.8
8	地下室外墙苯板保温	185064	16.4	0	0	16.4
9	地下室内墙保温	163087	14.4	0	0	14.4
10	窗台板及女儿墙盖板	48950	4.3	0	0	4.3
11	门窗	3537720	312.7	943872	83.4	229.3
12	被动房空调及风管	2677945	236.7	0	0	236.7
13	普通住宅采暖（含采暖立管、地盘管、分户热计量表等）	0	0	916434	81	−81
14	给排水穿墙穿楼板保温排水保温	288545.7	25.5	0	0	25.5
15	穿地下室外墙套管加大	31878.6	2.8	0	0	2.8
16	小计		1023.8		322.7	701.1
三				采暖入网费等		
1	减暖气入网费		0		50	−50
2	减暖气庭网费、热力站费		0		74	−74
3	小计					−124
四	总计					577.1

运行费用

（冬季被动房供暖与普通住宅应交取暖费比较）

表4　C15-201、203 测试时间：2013 年 2 月 17 日—2013 年 4 月 5 日（总计 48 天）

测试时间	建筑面积	类型	市政集中采暖费	被动房屋设备采暖耗电量	被动房屋室内设定温度	被动房采暖费用（0.52 元/度）	节约采暖费用	被动房采暖费用占市政采暖费用
48 天	132m² 东室	楼上有采暖	1064 元	380.1 度	18℃	198 元	866 元	18.6%
48 天	134m² 西室	楼上有采暖	1081 元	520 度	22℃	270 元	811 元	25.0%

表5　C15-201、203 测试时间：2013 年 11 月 5 日—2014 年 4 月 5 日（总计 151 天）

测试时间	建筑面积	类型	市政集中采暖费	被动房屋设备采暖耗电量	被动房屋室内设定温度	被动房采暖费用（0.52 元/度）	节约采暖费用	被动房采暖费用占市政采暖费用
151 天	132.18m² 东室	楼上无采暖	3471 元	2084 度	20℃	1084 元	2387 元	31.2%
151 天	134.74m² 西室	楼上有采暖	3521 元	1968 度	22℃	1023 元	2498 元	29.1%

表6　C15-201 测试时间：2014 年 11 月 5 日—2015 年 4 月 5 日（总计 151 天）

测试时间	建筑面积	类型	市政集中采暖费	被动房屋设备采暖耗电量	被动房屋室内设定温度	被动房采暖费用（0.52 元/度）	节约采暖费用	被动房采暖费用占市政采暖费用
151 天	132.18m² 东室	三楼阶段采暖	3471 元	1954.32 度	22℃	1016 元	2455 元	29.3%

表7　C12-1502 测试时间：2014 年 12 月 23 日—2015 年 4 月 5 日（总计 103 天）

测试时间	建筑面积	类型	市政集中采暖费	被动房屋设备采暖耗电量	被动房屋室内设定温度	被动房采暖费用（0.52 元/度）	节约采暖费用	被动房采暖费用占市政采暖费用
103 天	179.79m²	楼上无采暖	3268 元	1292 度	22℃	672 元	2596 元	20.57%

　　尤其值得一提的是，被动式超低能耗绿色建筑还摆脱和告别了传统的集中供热，取消了诸如管网、热交换站等大量市政工程建设，热计量安装亦不复存在。因此，虽然被动式低能耗建筑的成本，算"小账"看似高了些，算起"大账"则是极为节省的。

5　助推了一部建筑节能标准的诞生

　　作为我国首个被动式低能耗居住建筑节能设计标准，《被动式低能耗居住建筑节能设计标准》DB13（J）/T177—2015 已于 2015 年 2 月 27 日发布，2015 年 5 月 1 日实施。该标准由住房城乡建设部科技发展促进中心、河北省建筑科学研究院、河北五兴能源集团秦皇岛五兴房地产有限公司为主编单位，参编单位为同方人工环境有限公司、中节能新材料投资有限公司、北京怡好思达软件科技发展有限公司等 12 家单位，技术支持单位为德国能源署（dena）。

该《标准》前言指出："自 2007 年起，我国住房和城乡建设部科技发展促进中心与德国能源署（dena）在建筑节能领域开展合作，双方选择了在中国推广建设'被动式房屋'的课题。2011 年 6 月，我国住房和城乡建设部和德国交通、建设和城市发展部签署了《关于建筑节能与低碳生态城市建设技术合作谅解备忘录》，发展被动式低能耗建筑，以其最大限度地降低建筑能耗。在双方技术人员的紧密合作下，秦皇岛五兴房地产有限公司在'在水一方'住宅项目中成功地建造了'被动式低能耗建筑'，经检测，其性能完全符合要求。随后编制组在借鉴德国经验和瑞典被动式房屋标准的基础上，总结试点经验，参照中国现行的相关标准、规范，完成了本标准的编制工作。"

该《标准》主要起草人、住房和城乡建设部科技发展促进中心国际合作交流处处长张小玲曾撰文指出："秦皇岛'在水一方'C15♯被动式房屋的建造成功，意味着我们已经基本掌握了在河北省建造被动式房屋的方法。根据部领导的指示精神，促进中心主编了《河北省被动式低能耗居住建筑节能设计标准》（后改为《被动式低能耗居住建筑节能设计标准》——本文作者注）。""此标准是中国第一个被动式超低能耗建筑标准，为在各个气候区建立同类标准提供参考样本。"（《中德"被动式低能耗建筑"合作项目回顾与展望》2013 年第 9 期《建设科技》）

到目前，河北省除了实施《被动式低能耗居住建筑节能设计标准》，已于 2017 年 6 月 25 日发布，将于 2017 年 9 月 1 日实施的《被动式低能耗建筑施工及验收规程》DB13（J）/T238—2017。《被动式低能耗居住建筑节能构造》DBJT02－109－2016 也已实施，《被动式低能耗公共建筑节能设计标准》编制即将完成。在这些标准和规程的编制中，《被动式低能耗居住建筑节能设计标准》无疑起到了"参照物"的作用。河北省正在为构建被动式低能耗建筑标准规范体系努力，为被动式超低能耗绿色建筑乃至更高品质绿色建筑的发展，提供更加完备的和强有力的技术支撑。

6 提示中国建材行业研发新的技术

张小玲认为，被动式低能耗建筑有三个主要技术：一是外墙的构造满足传热系数尽可能低，且外墙有良好的热惰性；二是外窗在传热系数很低的情况下，可以满足自然采光和在冬季有一定的太阳得热；三是必须有一个高效热回收通风装置，以满足人体每小时 $30m^3$ 新鲜空气的需求。在被动式超低能耗绿色建筑的核心技术里面，保温材料与门窗材料极为关键。只有实现严格的保温隔热要求，才能做到冬天不需要传统烧煤供暖，夏天不需要传统空调制冷。

按照现有国家标准，节能 65％建筑墙体的传热系数为 $0.45\sim0.6W/（m^2\cdot K）$，而被动式超低能耗绿色建筑的墙体传热系数仅为 $0.15W/（m^2\cdot K）$。目前，符合国家标准的住宅门窗传热系数 K 值普遍在 $2.0\sim2.8W/（m^2\cdot K）$。而"在水一方"被动式超低能耗绿色建筑示范项目，采用的门窗传热系数 K 值仅为 $0.8W/（m^2\cdot K）$。即使在冬季，室内墙壁的温度与室温的温差仍在 2℃ 以下。为此，负责该项目实施的河北五兴能源集团秦皇岛五兴房地产有限公司总经理王臻甚为感慨："中国建材行业如果能够提供更多的优质保温材料和门窗，就会更加迅速地促进中国建筑节能这一伟大事业。"

"在水一方"外墙用 25mm 厚的聚苯乙烯板做保温材料。入户门是由丹麦合资企业生产的被动式超低能耗绿色建筑用保温门，门窗选用德国进口型材。门窗玻璃是钢化 Low－E 三玻两中空充氩气玻璃、钢化 Low－E 三玻一中空一真空复合玻璃。门窗均采用极好的密封材料，在室内外大气压差 50Pa 的情况下，每小时屋内的换气次数不能超过 0.6 次。屋内除必要的新风换气系统进出风口之外，几乎没有与外界连通的缝隙，开关和插座与外联处用密封胶封住。被动式超低能耗绿色建筑隔声也极为严格，居民住宅室内不超过 25 分贝，客厅小于 30 分贝。为了达到上述标准，房间楼板上加 5mm 厚的隔声垫，其上还有 60mm 厚的挤塑保温板。分户墙装有 30mm 厚的改性酚醛板保温材料。下水道用双层外包隔声保温毯做隔声处理。

"在水一方"被动式超低能耗绿色建筑示范表明，细节决定成败。王臻对德国建材产品重视细节印象非常深刻，他为笔者举了两个例子：一个是，德国工人使用的一种带有锯齿的抹子，在第二遍刮抹时即可找平；另一个是，室外窗台设导水板，在长宽两边各压了两个集水的凹槽，既可避免水回流到窗台下污染墙体，同时保护外墙外保温不渗透进水。由此看来，中国建材生产企业应加强新型建材技术研究，在未来世界建筑的发展中抢占商机。应根据"在水一方"被动式超低能耗绿色建筑示范实践，有计划地开发更多、更加注重细节的节能建材产品。这是赢得未来建材市场的一个重要的方面。

7 精细施工对建筑业产生重要影响

德国人在工作中严格执行技术标准，在"在水一方"被动式超低能耗绿色建筑示范项目得以充分体现。这对当下中国建筑企业的"施工态度"，不失为有力的提醒与令人折服的示范。该示范项目的成功进行，从某种意义上可以归结为两点：一点是，要归功于细节上精益求精的建材；另一点是，要归功于严格的施工步骤，一丝不苟地执行标准。如前所述，施工中千方百计切断屋内外热量交换通道，使热量传导和通风系统中的热损失最小化。

这里也有两个例子：一个是，2013 年 1 月，项目组对 C15♯楼气密性和室内环境进行测试。在为第一套户型做气密性试验时因达不到要求，项目组用一个星期时间找出问题并进行纠正。另一个是，过去把一个洞口做完便不再去管，示范项目则必须认真抹灰、仔细找平，把洞口做得方方正正才可进入下道工序。王臻曾总结说："我们在推广这种房屋时，一定告诉人家其实没什么高科技，就是把保温、窗户、通风系统做好，好好地施工就了。"当然，他的话无非强调了精细施工的重要性。只要不折不扣地执行施工标准，中国就能做出世界领先水平的节能建筑。

"在水一方"一、二期工程共计 6 栋住宅楼，建筑面积 49148m²。二期工程借鉴一期工程的经验做法，并在一些方面对一期工程做法有所改进。这里既有施工方面的，也有为降低成本所做的工作。

一是，结构施工更加精细。经项目承担单位与施工单位研究，采取了混凝土楼板平整度施工方法、门窗洞口施工方法、混凝土墙面平整度及结构防热桥施工方法等一系列施工节点的改进措施。

二是，施工工艺更加完善。进行了高层住宅中楼层地面增加保温层、厨房排烟系统、通风道保温及新风系统与装饰装修相结合的改进措施。

三是，降低成本更加努力。项目承担单位与在北京成立的被动式超低能耗绿色建筑专用部品部件科技研发公司，共同研制出 250mm 厚被动式超低能耗绿色建筑专用锁扣式一次粘接模塑保温板用于外墙保温，可节约人工费及粘接砂浆 60 元/m²。

8 样板带动作用在建设中甚为显著

"在水一方"被动式超低能耗绿色建筑示范项目开工之前，被动式超低能耗绿色建筑对中国人而言自然还是一个陌生的名字。正因如此，2011 年 7 月先是建设了样板间，本地市民、外地同仁先后走进样板间观摩、咨询。该项目建设前和建设期间，不同形式的培训工作有序进行，主要有德国能源署专家讲座、住房和城乡建设部科技发展促进中心专家讲座等。在项目施工中间和建成之后，王臻在国际绿色建筑大会及许多国内会议上，都以"在水一方"为例宣讲被动式超低能耗绿色建筑。至 2017 年 7 月底，该项目已有 616 批次、计 7549 人次学习观摩，覆盖全国各省、自治区、直辖市。

经国家发展改革委批准，秦皇岛"在水一方"被动式房屋示范项目 2013 年被列为"煤炭、电力、建筑、建材行业低碳技术创新及产业化示范工程项目"，并获得国家支持资金 3000 万元。这是河北省唯一列为该示范工程的建筑类项目；作为被动式超低能耗绿色建筑列入此类项目的，全国也仅此一家。这充分表明了"在水一方"中德合作被动式低能耗建筑示范建设的意义，充分体现了国家对建筑节能尤其是被动式超低能耗绿色建筑建设的重视与支持。

近几年来，河北省认真总结推广"在水一方"示范项目建设经验，全省被动式超低能耗绿色建筑建设取得较快发展。建成或开工建设被动式超低能耗绿色建筑的设区市（直管县）8 个，占总数 13 个的 61.54%。已累计建成被动式超低能耗绿色建筑项目 15 个，13.83 万 m²，主要有：建筑面积 1.45 万 m² 的河北省建筑科技研发中心办公建筑，7200m² 的河北新华幕墙有限公司办公楼，11957.1m² 的秦皇岛北戴河新区团林实验学校改扩建工程、11081.3m² 的大蒲河小学并校迁建项目，8320m² 的承德中天物资储备库项目，8016.32m² 的高碑店（奥润顺达）专家公寓楼，2859m² 的定州市长鹏汽车装饰件制造有限公司办公楼等。

目前，全省在建被动式超低能耗绿色建筑项目 11 个、建筑面积 33.37 万平方米，储备项目 10 多个、100 多万平方米。在建项目主要有：建筑面积 8.88 万平方米的北京（曹妃甸）现代产业发展试验区（生态城先行启动区）一期住宅，11502.85m² 的石家庄熙湖澜岸小区住宅楼，建筑面积 7891.96m² 的廊坊创领小区、4997.33m² 的大学里四期 4 号楼，5037m² 的河北省建筑科学研究院家属楼 2、3 号楼（既有建筑被动式改造），7350m² 的石家庄荣盛华府二期 C 地块 13 号楼等。总建筑面积约 120 万平方米的高碑店市列车新城项目，2017 年 8 月首批开工 20 万平方米。

9 要用一种精神推动节能建筑工作

"在水一方"被动式超低能耗绿色建筑示范项目的倡导者、争取者和建设组织者，被称为"中国被动式低能耗建筑第一人""世界被动式低能耗高层建筑第一人"的王臻，在进入河北五兴能源集团秦皇岛五兴房地产有限公司之前，曾在河北建工学院担任教师10年，并曾在政府机构主管房地产开发和有关招商工作。他了解专业、把握政策、思想解放、理论丰厚，具有丰富的实践经验和精细的工作作风。在示范项目兴建之初，许多房地产企业认为项目投入大、回报也不确定，不如卖现成概念的房子赚钱。王臻仔细研究了德国的施工技术和资料，历经3年不断修改完善和尝试终获成功。

王臻还是"在水一方"被动式超低能耗绿色住宅的第一个试用者。当所建房子达到入住条件时，他们一家及时搬进了用来进行测试的样板间，一边使用一边对房屋建设提出改进意见。"在水一方"被动式超低能耗绿色建筑得到了国家、省、市的高度重视，得到了房地产开发商和住户等多方面的好评，取得了节能减排和改善民生等多重效果。第一期房屋顺利销售曾使他们信心大增。如今，"在水一方"一、二期共342套被动式超低能耗绿色住宅全部售出。在今夏高温天气持续时间很长的情况下，居住在那里的人们却过着舒朗的日子。人们感叹幸亏住上了"好房子"。住房城乡建设部有关机构一位处长说过：这个项目之所以能取得成功，就是找到了王臻这样一个积极配合做事的人。

北京城市副中心行政办公区工程
绿色节能技术应用情况介绍

陈宏达

（北京城市副中心行政办公区工程建设办公室，北京　101107）

摘　要　本文对北京城市副中心行政办公区工程绿色、生态、节能等技术应用情况做了简要介绍。北京城市副中心行政办公区建筑 100％达到绿色建筑二星级标准，其中 90％达到绿色建筑三星级标准，并应用可再生能源利用、装配式建筑技术、地下综合管廊和超低能耗建筑技术。

关键词　绿色建筑；超低能耗建筑；装配式建筑

建设北京城市副中心是千年大计、国家大事，是疏解北京非首都功能、落实京津冀协同发展战略的历史性工程。

2016 年 5 月 27 日，习近平总书记主持召开中央政治局会议，研究部署北京城市副中心规划建设工作，明确要求以创造历史、追求艺术的精神把北京城市副中心建设成绿色城市、森林城市、海绵城市、智慧城市。

北京城市副中心行政办公区工程是副中心建设的起步区，也是副中心的核心区，同时是副中心工程建设的样板区、示范区。

为了高质量、高水平组织工程建设，北京城市副中心行政办公区工程建设办公室高点定位、精心规划、科学统筹，在工程建设中大量采用新技术、新工艺、新材料，取得了很好的效果和宝贵的经验。在 2017 年 2 月 24 日，习近平总书记视察工程建设时，给予了认可。

下面，主要就该工程采用的绿色、生态、节能等技术应用情况作简要介绍：

1　行政办公区概况

该项目位于通州区潞城镇，建设用地规模 6 平方公里，南临北运河，北至减河，西侧是六环路，东侧为宋梁路。如图 1 所示。

2　绿色生态技术指标

北京城市副中心行政办公区建筑 100％达到绿色建筑二星级标准，其中 90％达到绿色建筑三星级标准。

（1）建筑容积率≥2.0；

（2）建筑能耗降低幅度≥15％；

作者简介：陈宏达，男，高级工程师，北京城市副中心行政办公区工程建设办公室总工程师。

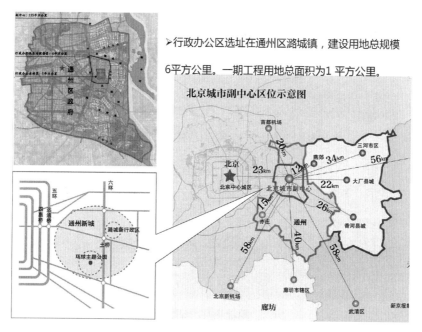

行政办公区选址在通州区潞城镇，建设用地总规模6平方公里。一期工程用地总面积为1平方公里。

图1　行政办公区概况

（3）区域年径流总量控制率达到90％；

（4）可再生能源利用率≥40％；

（5）可再循环材料使用重量占所用建筑材料总重量≥10％；

（6）绿色三星预拌混凝土、砂浆、保温材料（岩棉、玻璃丝棉）、砌体材料用量占比达100％；

（7）空气净化系统对PM$_{2.5}$的一次通关净化效率大于95％。

3　主要应用的新技术、新工艺

3.1　可再生能源利用

按照"可再生能源优先、常规能源系统保障"的原则，行政办公区打造以浅层地温能为主，深层地热、太阳能、三河热力、燃气分布式能源互为融合的供能系统，实现可再生能源与常规能源系统的智能耦合运行。采用SGIS智慧地热能系统集成技术，打造智慧能源管控平台。行政办公区清洁能源利用率达100％，可再生能源利用比例达到40％左右。

目前，该项目一期工程123万平方米建筑冷热主供能源均采用浅层地温能土壤源热泵，目前已进入设备调试阶段，预计2017年年底投入运营。无论规模还是技术都处于世界领先水平。

3.2　装配式建筑技术

装配式建筑是现代先进建筑技术的发展趋势，具有设计标准化、生产工厂化、施工装配化、装修一体化和管理信息化等特征。北京城市副中心行政办公区建设实现装配式建筑占比达到 80％以上，装配式建造方式已成为该项目主要建造方式。其中居住建筑采用装配式混凝土结构，公共建筑主体基本采用钢结构，并大力推广装配式装修的应用。如图 3 所示。

图 2　地源热泵系统原理图

图 3　装配式建筑

4　综合管廊

副中心行政办公区一期规划在 10 条主要道路下均设计了综合管廊，干线管廊总长约 11.7 公里。二期建成后的干线管廊总长约 27 公里，这将是世界规模最大、管线设施最全的综合管廊。在线网密度、工程复杂性、示范性、智能化等方面均达到国内和世界先进水平。

综合管廊纳入给水管、再生水管、热力管、冷/热水管、地埋管、燃气管、电力、电信、有线电视、气力垃圾收送管等八大类 18 种管线，标准断面采用单层多舱和三层多舱结构（约 2 公里），为干支结合的环状管廊。在三层管廊设计中，引入了

"时空枢纽（Space-time Hub）"设计理念，将充分发挥综合管廊技术在城市基础设施建设中"空间集约、拓展灵活、人文展示、智慧管理"的特点。

5 超低能耗建筑

为在副中心行政办公区工程中践行绿色、低碳、循环发展理念，市领导高度重视被动式超低能耗公共建筑试点建设工作，同意在副中心规划建设两栋被动式超低能耗办公用房，要求其中一栋按照目前世界最高建筑技术标准的德国被动房技术开展设计和认证；另一栋按照目前中国最高建筑技术标准设计施工。项目建成后，节能率达到86％。

图 4　综合管廊展示模型

图 5　副中心展厅超低能耗建筑体验馆

技术篇

《北京市绿色生态示范区评价标准》研究

王涛，胡倩

（北京市勘察设计和测绘地理信息管理办公室，北京　100045）

摘　要　本研究以《北京市绿色生态示范区评价标准》为基础，针对在评选过程中出现的问题进行反馈，通过申报要求调整、指标体系优化、评审方式提升、评选流程完善等四方面的优化提升，完善了北京市绿色生态示范区评审方法，同时明确了北京市绿色生态示范区可操作性、实施完成情况、示范推广价值的建设与评价导向。

关键词　北京市绿色生态示范区；评价体系；反馈；优化

1　研究背景

在全球范围内气候变化、环境制约、资源紧缺的背景下，建设生态城市已成为全球趋势，也是我国城市未来发展的方向。绿色生态示范区的建设对于加快转变我国经济发展模式，实现节能减排目标、改善民生、深入贯彻落实科学发展观都具有重要的现实意义[1]，随着国家《关于加快推动我国绿色建筑发展的实施意见》（财建［2012］167号）等相关政策的相继发布实施，我国绿色生态示范区的建设逐步进入了快速发展轨道。2013年3月，住房城乡建设部《"十二五"绿色建筑和绿色生态城区发展规划》明确提出在"十二五"时期实施100个绿色生态城区示范建设。2014年由住房城乡建设部牵头编制《全国城市生态保护与建设规划（2015—2020）》。2017年，住房城乡建设部颁布国家标准《绿色生态城区评价标准》GB/T 51255—2017，自2018年4月1日起实施，该标准将成为各地开展绿色生态城区规划、建设、评选的权威性指导文件。

北京建设生态城市是在广泛的国际、国内背景下提出的，并且符合北京当前发展的实际需求，有助于解决城市面临的人地矛盾、资源严重短缺、空气污染、交通拥堵、人居生活品质不断降低等各种问题。北京作为首都，近年来一直积极贯彻落实低碳生态城市的理念，以实现"人文北京、科技北京、绿色北京"战略和建设国际一流和谐宜居之都及中国特色世界城市的目标[2]。《北京市发展绿色建筑推动生态城市建设实施方案》（京政办发［2013］25号）明确提出自2013年6月1日始，新建项目执行绿色建筑标准，并基本达到绿色建筑等级评定一星级以上标准；"十二五"期间，各区县至少创建10个绿色生态示范区的建设目标。《关于全面提升生态文明水平推进国际一流和谐宜居之都建设的实施意见》提出到2020年，经济社会发展与资源环境承载能力更加协调，生态文明主流价值观在全社会得到广泛弘扬，生态文明建设水平显著提升，率先形成人与自然和谐发展的现代化建设新格局。2014—2017年，北京市4次评选共

作者简介：王涛（1972.8—），女，高级工程师，北京市西城区南礼士路19号建邦商务会馆404，邮政编码：100045，联系电话：010-68034376。

有 17 家单位参评，并已评选出 10 个绿色生态示范区和 3 个绿色生态试点（表 1），具体位置见图 1。

表 1　北京市绿色生态示范区和绿色生态试点列表

序号	获奖类型	名称	时间	面积（km²）
1	绿色生态示范区	昌平未来科技城	2014	10
2		雁栖湖生态发展示范区	2014	21
3		中关村软件园	2014	2.6
4		中关村翠湖科技园	2015	17.53
5		新首钢综合服务区	2015	8.63
6		中关村生命科学园	2015	2.49
7		中关村科技园区丰台园	2016	3.46
8		奥体文化商务园区	2016	0.628
9		大望京科技商务创新区	2017	0.9747
10		中关村高端医疗器械产业园	2017	0.087
11	绿色生态试点	密云生态商务区	2014	6.94
12		丽泽金融商务区	2014	8.09
13		金融街	2015	8

扫码看图

图 1　北京市绿色生态示范试点区和绿色生态试点位置示意图

在此背景下，亟须制定一套基于北京市本地资源环境的评价标准，用以作为北京市绿色生态示范区评价的纲领性文件。《北京市绿色生态示范区评价标准》的编制顺应了北京市当前绿色生态示范区发展的迫切需求，对积极应对气候变化、促进城市可持续发展具有重要的现实意义。

2 研究目的

（1）基于全面的现状调研，案例分析，既有工作整理，编制适应北京特点的绿色生态示范区评价标准，为北京市评选领先型的绿色生态城区作为先导示范提供标尺。

（2）作为一套适应于北京市本地气候环境的绿色技术指引，为北京市绿色生态示范区的规划建设提供技术支持。

（3）作为一套可以进行实施和管理的标准和要求，综合体现北京市绿色生态示范区建设和发展的先进性，指导具体建设实践，实现资源节约，环境友好，经济持续，社会和谐的可持续发展。

3 技术路线（图2）

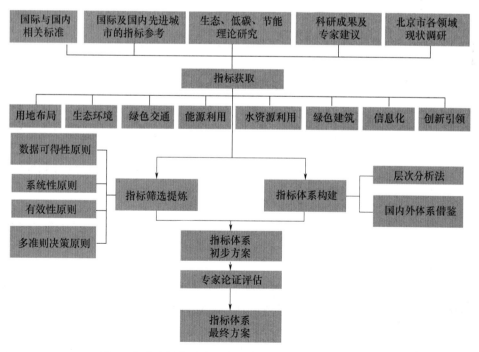

图2 北京市绿色生态示范试点区评价标准技术路线图

4 国内外相关研究进展

4.1 国外情况（表2）

表 2 国外指标体系评价列表

指标体系	国家	优势	不足
LEED ND	美国	1. 操作性强； 2. 设置必选项和得分项，要求参评住区满足基本选项； 3. 分级打分制度，实现弹性评估	1. 评价体系处于认证操作的程序需要，将各个得分点割裂开，不是所有的得分点都需要满足，相互之间可以互相吸纳补充，一定程度上违背了可持续发展争取面面俱到的原则； 2. LEED 体系的某些条款是对过程的要求和控制，但在具体的因地制宜的分析中，本技术应用的可行性和实施效果被弱化
CASBEE UD	日本	1. 唯一的二维评价体系，评价方法设计严密； 2. 具有灵活的权重系数对条款的权重进行调整； 3. 引入了建筑环境效率指标（BEE）的概念，并用于表达建筑环境评价的所有结果	1. 可操作性比较差，评价结果并不以单一的分数决定；由于具有认证操作上的局限性，其市场占有率低； 2. 环境效率：封闭系统内的建筑可能为其他城市带来了益处，但由于本身的能耗可能评分会很低，因此需要更多考虑封闭系统外的影响因素； 3. 考虑到城市规模、产业构造的不同，分类评价也在考虑中，按照统一标准评价可能会带来问题； 4. 对将来的预测，承载各种政策效果的实现的可能系数还有待研究
BREEAM Communities	英国	1. 是一个独立的，第三方评估和认证标准上建立的 BREEAM 方法； 2. 体系完善，有利于实践； 3. 其中进行权重赋值，增加了评价指标的灵活性	1. BREEAM Communities 评价体系没有大量量化数据，更多体现在步骤和措施； 2. 要求比较模糊，一定程度上带来技术堆砌的问题，容易造成本末倒置

4.2 国内情况

2012 年 4 月，财政部与住房城乡建设部联合下发的"167 号文"提出鼓励城市新区按照绿色、生态、低碳理念进行规划设计，发展绿色生态城区，中央财政对经审核满足条件的绿色生态城区给予基准为 5000 万元的资金补助。2012 年 11 月，有八个新城成为我国首批绿色生态示范城区。入选的八个绿色生态示范城区均按照绿色、生态、低碳理念进行了规划设计，并建立了相应的指标体系。

表 3　国内生态城指标体系对比表

序号	项目名称	指标项个数	一级指标主要内容	指标特性	
				控制项	引导项
1	中新天津生态城	26	生态环境健康、社会和谐进步、经济彭勃高效、区域协调融合	22	4
2	唐山湾生态城	141	城市功能、建筑与建筑业、交通和运输、能源、废物（城市生活垃圾）、水、景观和公共空间	—	—
3	无锡太湖新城	62	城市功能、绿色交通、能源与资源、生态环境、绿色建筑、社会和谐	—	—
4	深圳光明新区	30	生态环境优化健康、经济发展高效有序、社会和谐民生改善	—	—
5	长沙梅溪湖新城	27	城区规划、建筑规划、能源规划、水资源规划、生态环境规划、交通规划、固体废弃物规划、绿色人文规划	20	28
6	重庆悦来绿色生态城	32	—	—	—
7	贵阳中天未来方舟生态城	29	总控、绿建、能源、绿色交通、水资源、生态景观、固废	22	10
8	昆明呈贡新区	40	经济持续、资源节约、环境友好、社会和谐	—	—

2013 年住房城乡建设部对绿色生态城区提出了包含 6 大类别的 19 项具体考核指标，确定了紧凑混合的用地模式、资源节约和循环利用、绿色建筑、生物多样性、绿色交通、禁止高能耗高排放的工业项目等领域的门槛条件和基本要求。在此基础上，中国城市科学研究会绿色建筑委员会编制了《绿色生态城区评价标准》作为学会标准构建了包括规划、绿色建筑、生态环境、交通、能源、水资源、信息化、碳排放、人文等九类指标的指标体系，每类指标均包括控制项和评分项。为鼓励生态城区建设突出本地特色，评价体系还统一设置了创新项[3]。

表 4　住房城乡建设部绿色生态城区考核标准评价表

分类	序号	指标名称	考核要求
紧凑混合用地模式	1	新城建设用地人口密度	≥1 万人/平方公里
	2	建成区毛容积率	≥1.1
	3	职住平衡指数	≥50%
资源节约和循环利用	4	可再生能源占比（使用比例）	≥20%
	5	非传统水源（再生水）利用率	≥20%
	6	工业用水重复利用率	≥90%
	7	人均综合用水量	低于同类地区国家标准下限
	8	城市生活垃圾无害化处理率	100%

续表

分类	序号	指标名称	考核要求
绿色建筑	9	规划绿色建筑比例	≥80%
	10	已建成建筑面积（万平方米）	—
	11	获得标识绿色建筑数量	—
生物多样性	12	自然湿地等生态保育区净损失	≤10%
	13	本地植物指数	≥0.7
	14	绿地率、覆盖率	≥30%
绿色交通	15	绿色出行比例	≥65%
	16	路网密度合理，街区长度	≤180m
	17	方便自行车安全出行的三块板道路比例	≥60%
拒绝高能耗、高排放的工业项目	18	有禁止三类工业具体政策	—
	19	二类工业用地占工业用地比例	≤30%

4.3 北京市情况

北京市《绿色建筑设计标准》在 2012 年 12 月 12 日发布，将于 2013 年 7 月 1 日开始执行。该标准编制首次采取国际公开征集的方式，从控规阶段介入，设置了空间规划、交通组织、资源利用、生态环境 4 方面 20 项详细规划指标和 27 项建筑设计指标，为土地招拍挂提供依据，如图 3 所示。该标准基于低碳生态详细规划的 20 项详细规划指标将城市低碳生态策略和建筑设计两个不同层面的各方面诉求进行整合[4]。

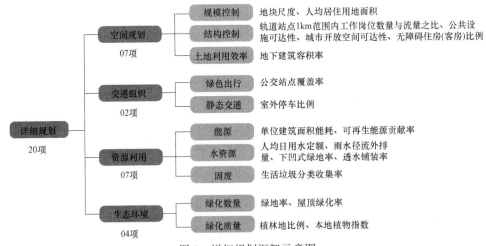

图 3　详细规划框架示意图

《北京市绿色生态示范区评价标准》的编制结合了国内评价指标及标准体系的研究，以国家级地方的政策、标准、技术导则为依据，同时对当前生态城区的指标体系进行归纳统计，提出适用于北京市的绿色生态示范区评价标准，指导相关城区从规划、建设、运营到实施评估等阶段全生命周期的绿色生态发展。

4.4 评价标准基本要求

《标准》限定了评价对象为北京市功能区，并要求除城市更新地区可适当放宽外，参评功能区规模不小于3平方公里；对于城区选址要求其靠近公共交通节点，或者已规划便捷的公共交通系统。城区还需依照绿色生态的理念编制相关规划，全面推进绿色建筑的建设。

4.5 评价方法与等级划分

功能区在满足基本条件下即可参评。《标准》明确评价分为规划设计评价、运营管理评价两个阶段，但针对北京现阶段评价将重点针对规划设计阶段的指标展开。标准共设置项数64项，包括控制项10项，评分项54项。前七个领域每部分指标均包含控制项及评分项，控制项需要强制功能区达到，评分项则是依据各功能区达标程度的不同进行打分。对于创新引领部分，强调对生态城技术的创新和北京地方特色的体现，不设置控制项。各领域控制项及评分项项数如图4所示。

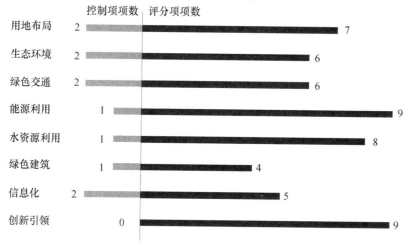

图4 绿色建筑设计标准评价指标控制项及评分项项数分布

评价指标总分为180分，各领域的权重依靠该领域的总分值予以体现。为保证参与评定的生态示范区能在各领域平衡发展，除需满足各领域控制项要求之外，除创新引领外的各领域得分还需达到指定的最低得分率[①]。各领域分值与最低得分率见表5，各领域分值占比如图5所示。

最终评定在满足控制项要求、评分项要求之后，由评审组对各领域进行打分，各领域得分加和即为最终得分。参评的功能区依据加和的总分进行排名和评比。

表5 各领域分值与最低得分率表

	用地布局	生态环境	绿色交通	能源利用	水资源利用	绿色建筑	信息化	创新引领	合计
分值	26	22	25	24	22	24	14	23	180
最低得分率	30%	30%	30%	20%	20%	20%	10%	—	

---

① 最低得分率：该领域得分除以该领域总分值。

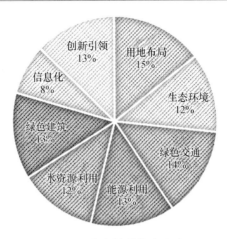

图 5   各领域分值占比

5   评价标准体系与内容

《标准》的重点编制内容如下：

（1）用地布局：控制项包含对城区选址、生态规划的编制；评分项条文主要侧重对混合、集约的、小尺度的土地利用模式、高度的公共交通站点覆盖以及高度的公共服务设施可达等内容的引导。

（2）生态环境：控制项主要要求制定绿地系统规划、废弃物资源化利用综合规划；评分项条文重点引导更系统、更高碳汇效益的绿地系统规划、降低城市热岛、生活垃圾的分类与资源化利用、湿地补偿等方面。

（3）绿色交通：控制项要求编制绿色交通专项规划，评分项主要涉及对构建绿色交通体系、设置良好的停车换乘系统、推广绿色道路设施、全面设置无障碍设施等方面。

（4）能源利用：控制项要求编制能源专项规划，评分项涉及对优化用能结构、提高用能效率、清洁能源利用以及高效的用能管理提出相应的引导。

（5）水资源利用：在水章节中，控制项依然是要求制定水资源综合利用规划，在评分项中，从水质达标、防洪排涝、节水、低冲击开发、非传统水源利用等方面提出了引导要求。

（6）绿色建筑：控制项要求功能区新建建筑达到100%一星级，40%以上二星级比例；评分项方面主要从鼓励既有建筑节能改造及提高成品住房比例等方面出发提出了相应要求。

（7）信息化：控制项要求制定城区资源环境及公共安全信息管理系统的相关规划，评分项则是引导城区编制交通、水务、消防等信息管理系统，提高功能区对居民的信息服务能力。

（8）创新引领：该部分提出了多项相对创新或体现北京特色的指标，包含鼓励历史文化街区、文物保护的活化改造、碳排放的统计、生物多样性保护、低碳生活方式、机制体制创新等方面。

6 北京市绿色生态示范区评价标准反馈与调整

6.1 北京市绿色生态示范区评价标准反馈

2014 年，北京市首次通过该《标准》进行绿色生态示范区评选实践，评选出 3 个绿色生态示范区（未来科技城、雁栖湖生态发展示范区和中关村软件园）和 3 个绿色生态试点（密云生态商务区、丽泽金融商务区和中关村翠湖科技园），绿色生态示范区的推广已初见成效。随着 2015 年国家标准《绿色生态城区评价标准》征求意见稿的出台，也根据北京市绿色生态示范区实际评选与实施过程中反馈的一些实际经验，对评选标准进行以下几个方面的优化：

（1）北京生态区自身特色明显，功能、区位、面积等情况不一而足，如何能够在同一个评价体系中进行衡量和比较。

（2）指标体系能否客观、有效地评判示范区生态建设水平，如实际执行中现有指标与国家标准存在一定偏差；指标的评价尺度、阶段、内容等尚存一些问题；指标适用的生态城区范围的问题。

（3）生态城市建设尚处于探索阶段，如何有效引导城区从规划到实施存在一定挑战。

6.2 北京市绿色生态示范区评价标准调整

6.2.1 申报要求调整

（1）申报条件适度放宽

针对北京生态区规模差距较大、建设进度不一、城区类型多样、自身特色明显等特点，采取灵活化处理。满足以下四项条件即可：非单体建筑；有一定区域；有城区小环境，包含几组建筑并有自然界线；能够独立运行。

（2）评审要求更具弹性

根据北京市生态区独特特点，评审要求更加具有弹性，满足下列一项或几项条件即可：如可以是"横向领先"，即示范区整体节能环保效果在同类城区中处于领先水平；也可以是"纵向飞跃"，即示范区在进行生态建设后，可能未达到指标要求，但与建设前相比总体节能环保效果得到大幅提升；或者可以是单项突出，如生态示范效果总体水平一般，但单项领先于同类城区，成绩较为突出。

（3）城区类型细分

将北京市生态区分为城市新建区、旧城提升区、城市更新区、生态限建区等四大类型，针对不同类型城区提出不同评审要求。

6.2.2 指标体系优化

本次北京市绿色生态示范区评价标准通过对标、反馈、适用性调整等三大提升方向，利用方式、标准、尺度、阶段、内容、修改和新增 7 类解决方法对 26 项指标调整，调整后指标适用覆盖范围较为均衡且更具可比性，见表 6。

扫码看表

表6　北京市绿色生态示范区指标体系表

评价指标		分类	评分项	对标		反馈			适用性调整		得分
				方式	标准	尺度	阶段	内容	修改	新增	
用地布局	3	土地利用	TOD开发模式								3
			混合用地								4
			小尺度街区								3
生态环境	3	绿地规划	绿地系统规划								4
			利于雨水下渗的绿地率								3
		降低热岛	热岛效应								4
绿色交通	4	绿色交通线路规划	绿色交通占比								5
		停车及换乘	自行车租赁网点设置								4
			各交通设施换乘车距离≤150m								2
		绿色道路	绿色道路								4
能源利用	6	提高用能效率	新建建筑能耗								4
			设立能源监测系统								2
			能源利用形式								3
			新能源汽车充电站								2
		清洁能源利用	可再生能源利用率								5
		高效用能管理	能源的统一管理运营								2
水资源利用	4	水环境质量	区域内地表水环境质量达标								2
		低冲击开发	低冲击开发								4
		非传统水源利用	再生水供水系统								4
			非传统水源利用率								5
绿色建筑	3	绿建达标	大型公建绿色建筑占比								5
		既有建筑改造	绿色建筑实施运营								5
创新引领	4	土地资源	单位用地产出增加值								2
			现状设施保留再利用								4
			公共服务设施贡献率								2
		历史人文	文脉传承								2

6.2.3　评审方式提升

北京市绿色生态示范区评选主要采取现场考察和专家评审的方式（指标体系得分仅作为参考），对现场考察表和专家评审细则进行提升。

（1）现场考察评分表：注重城区建设进度、建设水平及自身特色的发挥，更具全面性与针对性。新增了实施进度考察，增加创新特色考察内容，对各领域实施情况考察内容进行补充、修改。

（2）专家评审细则：更加注重示范区建设的可行性、示范性、代表性和推广价值。将重点考察是否建立完整的技术支撑体系，强调建设完成度和示范推广价值，提出不同类型城区关注的重点。

6.2.4 评选流程完善

本次调整将更加注重绿色生态示范区的建设实施、运营和示范推广。建立监测平台与数据库对示范区建设、运营和日常维护进行动态追踪，通过第三方对绿色生态示范区的运营进行绩效考核评估，并引入推出机制，对于未达标者将撤销称号。如图6所示。

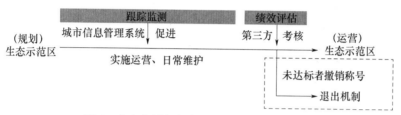

图6　北京市绿色生态示范区监督管理流程图

7　北京市绿色生态示范区评价标准总结与展望

7.1　北京市绿色生态示范区评价标准总结

《北京市绿色生态示范区评价标准》成果评价内容全面，重点突出，评价方法的可操作性强，真正体现了绿色生态示范区可持续发展和低成本的理念，为绿色生态示范区的评价提供了重要的参考依据，为后续配套政策和保障机制提供了坚实的技术基础，为北京市全面推进绿色建筑和生态城市规划建设提供了有益的标准支撑。

（1）分时限：评价标准的编制考虑了对规划设计阶段、运营管理阶段的分时限评估，分别提出在不同考核阶段的考核方式，为北京市绿色生态示范区的考核提供了多种考核方式的可能性。

（2）分类别：指标分为控制类、引导类、创新类指标，更具可操作性，便于全面、公平地对示范区开展评价。

（3）分类型：针对不同城区类型进行评价标准调整。北京市绿色生态示范区分为城市新建区、旧城提升区、城市更新区、生态限建区四种类型，由于各园区本底条件存在一定差异，建设定位与目标也存在区别，为使评估因地制宜，分别进行针对性指标调整。

（4）易评估：指标的设置充分考虑了评估的易操作性。例如针对以往指标体系中存在的不少指标需后评估，在规划阶段很难评价的问题，针对规划阶段提出了以措施策略为导向的评价方式，大大提高了评价的易考核程度。另外，指标设置还考虑了与规划管理实际的结合，确保指标的动态更新。

7.2　北京市绿色生态示范区评价标准展望

北京市绿色生态示范区评选实施通过指标体系、专家评审等四方面的优化，完善了示范区评审方法，同时明确了示范区建设与评价导向为可操作性、实施完成情况、示范推广价值。

绩效评估机制未来计划采用 N＋X（创新＋弹性）评审方式，更加注重示范区的建设实施与示范推广，通过建立监测平台与数据库，对示范区进行动态追踪，并启动示范区终期核查机制。

参考文献

[1]　李迅，刘琰 . 中国低碳生态城市发展的现状、问题与对策 . 城市规划学刊，2011（07）.

[2]　孟宇，叶大华 . 建设和谐宜居之都——北京在行动［G］//中国低碳生态城市发展报告 2014［M］. 北京：中国建筑工业出版社，2014.

[3]　王有为，王清勤，赵海，曹博 . 学会标准《绿色生态城区评价标准》编制 . 建设科技，2013（06）.

[4]　孟宇 . 北京绿色生态示范区规划技术导则和评价标准研究 . 北京规划建设，2014（03）.

河北省生态城区被动式低能耗建筑建设技术指南研究

汪妮

（河北建研科技有限公司，石家庄　050227）

摘　要　被动式低能耗建筑从单体建筑向区域发展已成为趋势，而被动式低能耗建筑的设计与施工策略尚处于摸索阶段，在生态城区建设中推广被动式低能耗建筑是必然趋势，但系统的生态城区被动式低能耗建筑建设技术指南极少。本文则从河北省生态城区被动式低能耗建筑的设计和施工方面提出相关要求，总结河北省生态城区被动式低能耗建筑的建设流程、要求及相关思路，以明确生态城区被动式低能耗建筑建设的具体要求。

关键词　生态城区；被动式低能耗建筑；技术指南

1　引　言

河北省政府于 2013 年 10 月 24 日发布《河北省"十二五"绿色建筑和绿色生态城区发展规划》，按照规划要求，到 2015 年，河北省将选择 5 个城市新建区域，按照绿色生态城区标准规划、建设和运行。该规划指出要推进绿色生态城区建设，规模化发展绿色建筑和被动式低能耗建筑。绿色建筑和被动式低能耗建筑从单体建筑向区域发展已成为趋势。而被动式低能耗建筑的设计与施工策略尚处于摸索阶段，在河北省生态城区建设中推广被动式低能耗建筑是必然趋势。

生态城区被动式低能耗建筑是以可持续发展理论为指导，以规模化推动被动式低能耗建筑发展为主要目标，统筹兼顾设计、施工、管理与运营等方面，实现能源节约、生态环境友好的生态低碳城区。

建设被动式低能耗建筑是建筑向低碳生态城市延伸和发展的必要衔接。是由注重建筑单体的被动式低能耗建筑技术应用走向区域大规模发展被动式低能耗建筑的必然要求。针对河北省生态城区被动式低能耗的发展，本指南为被动式低能耗建筑的规划、设计、建设和管理提供更加规范的技术指导，以推进生态城区被动式低能耗建筑理论和实践的探索与创新。

2　基本原则

被动式低能耗建筑在生态城区的发展应以以人为本、生态保护、资源高效利用、促进人与自然和谐为原则。

生态城区的发展要以保护自然为基础，与环境的承载能力相协调。自然环境及其演进过程得到最大限度的保护，合理利用自然资源、保护生命支持系统，开发建设活

作者简介：汪妮（1987.8—），女，工程师，任职于河北建研科技有限公司。单位地址：河北省石家庄市鹿泉区槐安西路 395 号，050227；电话：18033878760；邮箱：380899730@qq.com。

动应始终保持在环境的承载能力之内。这与被动式低能耗建筑的"被动式"理念是相辅相成的,"被动式"理念旨在通过严密的外保温体系,并充分利用太阳能、地热能等可再生自然资源,尽可能地避免主动耗能来维持舒适的室内环境,达到节能减排、降低环境承载压力的目的。

被动式低能耗建筑的总体规划和总平面设计应该有利于过渡季节自然通风和冬季日照。建筑的主朝向应选择南北朝向,且避开冬季主导风向。

被动式低能耗建筑在过渡季节应采用自然通风,在制冷和供暖季节应采用有组织的通风换气,并进行热量回收。

3 指标体系

生态城区被动式低能耗建筑指标体系是按定义、对生态城区被动式低能耗建筑性能的一种完整的表述,它可用于评估实体建筑物与按定义设计的被动式低能耗建筑相比在性能上的差异。

生态城区被动式低能耗建筑指标体系由热工设计,采暖、制冷和房屋总一次能源计算,通风和空调系统设计,可再生能源的利用四大类指标组成。这四大类指标涵盖了生态城区被动式低能耗建筑的基本要素,包含了生态城区被动式低能耗建筑的规划设计、施工、验收各阶段的评定指标的子系统。见表1。

表 1 生态城区被动式低能耗建筑的技术指标

一级		二级	单位	要求
热工设计	1	体形系数	—	$A/V \leqslant 0.4$
	2	气密性	次/h	$N_{50} \leqslant 0.6$
	3	外墙、屋顶、地面传热系数	$W/(m^2 \cdot K)$	$\leqslant 0.15$
	4	外窗传热系数	$W/(m^2 \cdot K)$	$\leqslant 1.0$
	5	外门传热系数	$W/(m^2 \cdot K)$	$\leqslant 1.0$
	6	楼梯间隔墙	$W/(m^2 \cdot K)$	$\leqslant 0.3$
	7	分户墙	$W/(m^2 \cdot K)$	$\leqslant 0.6$
	8	楼板	$W/(m^2 \cdot K)$	$\leqslant 0.5$
	9	户门	$W/(m^2 \cdot K)$	$\leqslant 0.8$
	10	外围护无热桥	—	热桥损失系数 $\psi \leqslant 0.01$
采暖、制冷和房屋总一次能源计算	11	供暖负荷	W/m^2	$\leqslant 10$
	12	最大制冷负荷	W/m^2	$\leqslant 20$
	13	年供暖一次能源需求量	$kWh/(m^2 \cdot a)$	$\leqslant 15$
	14	年供冷一次能源需求量	$kWh/(m^2 \cdot a)$	$\leqslant 15$
	15	建筑物总一次能源需求量	$kWh/(m^2 \cdot a)$	$\leqslant 120$

续表

一级		二级	单位	要求
通风和空调系统设计	16	室内相对湿度	—	35%~65%
	17	室内空气流速	m/s	平均≤0.15
	18	外墙内表面温度	℃	不低于室内温度3℃
	19	室内温度	℃	20~26
	20	室内CO_2浓度	ppm	≤1000
	21	室内噪声控制	—	≤35
	22	通风设备热回收效率	dB	≥75%
	23	通风设备耗电量	Wh/m³	≤0.45
可再生能源的利用	24	可再生能源一次能源需求量	—	≥5%

4 技术内容

4.1 设计技术要点

被动式低能耗建筑需要精细化的设计与施工，在被动房设计阶段需从以下几方面着手：一是建筑形体紧凑并符合现行建筑节能设计标准的要求；二是良好的外围护结构保温隔热性能（外墙、外窗、屋顶、地板）及气密性；三是排风系统的高效热量回收（热量回收率75%以上，设备本身节能）；四是可再生能源合理利用。在设计过程中通常须满足以下要求：

（1）高效外保温：非透明外围护结构（外墙、屋面、地面或不采暖地下室顶板）的U值不大于0.15 W/（m²·K）；

（2）高效外门窗：透明外围护结构（玻璃）的U值不大于0.8W/（m²·K），太阳能透射比不小于0.35，整体传热系数（包含窗框、门框等）的U值不大于1.0W/（m²·K）；

（3）外围护结构无热桥：外围护结构的保温层应连续完整，严禁出现结构性热桥；

（4）良好的气密性：室内外压差为50Pa时，房屋每小时的换气次数不大于0.6；

（5）高效的新风系统：气密性良好的同时需要保证室内空气新鲜，余热回收率在75%以上。

4.2 施工技术要点

被动式低能耗建筑三分靠设计，七分靠施工，设计师设计再出色，也需要施工团队的精细化施工，才能保证被动式低能耗建筑最终的气密性和能耗符合要求，在被动式低能耗建筑施工过程中需要注意以下要求：

（1）不得破坏建筑设计中规定的房屋气密层，当需要在气密层中开洞时，必须采取密封措施；

（2）气密层的施工孔洞必须进行有效封堵，如现浇钢筋混凝土墙所留的穿墙孔洞等；

（3）外墙外保温材料的厚度通常大于 200mm，应分两层错缝粘贴，严禁层与层之间出现通缝；

（4）安装锚固件之前，应先在保温板由钻头形成的孔洞中注入聚氨酯发泡剂，然后立即安装锚固件；

（5）楼面保温材料厚度宜大于 30mm，超过 60mm 的保温板宜分两层错缝铺装；

（6）除预留纱窗、遮阳装置等设施的安装空间外，外窗洞口保温板的第二层宜尽量覆盖窗框；

（7）构件管线、套管（如电线套管）穿透墙体气密层时必须进行密封处理；

（8）构件穿透保温层时，必须进行密封处理，可采用预压膨胀密封带将缝隙填实；

（9）楼板、墙体中的洞口，必须用 10mm 以上的水泥砂浆保护层覆盖。

4.3 测试验收要点

相对于普通节能建筑，被动式低能耗建筑对于建筑的气密性，通风热回收效率、供暖需求及总体能耗等都提出了更为严格的指标。一栋建筑竣工后，如何认定它是不是被动式低能耗建筑，除了借助设计软件进行能耗模拟计算外，还需要辅以一定的技术检测手段，保证每一项指标均被落实。

（1）气密性测试：河北省生态城区被动式低能耗建筑必须进行气密性测试，住宅建筑测试应抽样检测单元房和处于气密层之内的楼梯间的气密性；公共建筑则需测试整个被动区域，若体积较小可采取整体测试的方式，体积较大可采取分区域测试。

（2）室内环境测试：室内环境测试的内容包括室内温度、围护结构内表面温度、室内空气相对湿度、室内空气流速、室内 CO_2 浓度和噪声。

（3）实际能耗测试：应针对供暖、制冷、通风、照明、生活热水、家用电器、炊事和电梯等发生在建筑物内部的一年的所有用能进行分项计量。

被动式低能耗建筑竣工后，除了普通建筑的常规验收，还需有被动式低能耗建筑特有的验收，包括气密性测试和能耗监测。

5 结 语

河北省生态城区被动式低能耗建筑建设技术指南的研究是为了给科学引导和规范管理河北省生态城区被动式低能耗建筑设计与施工提供更明确的技术依据，着重分析河北省生态城区被动式低能耗建筑的建设原则、指标体系、设计、施工技术要点，结合河北省生态城区的发展现状，研究被动式低能耗建筑在河北省生态城区推广的技术条件和社会效益。从时间角度看，随着社会的发展和科学技术的进步，生态城区被动式低能耗建筑的内涵和实践也将不断发展和完善，生态城被动式低能耗建筑规划建设技术指南还需要根据理论研究、实践情况和区域发展状况进行深入完善、检验修正和动态更新。从空间地域的角度看，由于不同地域的自然环境条件和社会环境条件差异较大，生态城区被动式低能耗建筑的规划建设技术指南不可能是一个统一的衡量标准，在生态城区被动式低能耗建筑建设实践中，应该结合各区域的实际情况对其进行修正，更好地指导生态城区被动式低能耗建筑的规划和建设。

参考文献

[1]　湛江平，李芳艳，马素贞．"安徽省绿色生态城区建设技术指南研究"，中国建筑科学研究院上海分院．

[2]　田永英，张峰，《被动式绿色建筑示范区技术导则》解读，住房和城乡建设部科技与产业化发展中心．

[3]　李爽．被动式节能住宅技术分析研究及案例，天津大学建筑学院，2013.

[4]　住房和城乡建设部科技发展促进中心，河北省建筑科学研究院，河北五兴房地产有限公司．DB13（J）/T177－2015.被动式低能耗居住建筑节能设计标准［S］

[5]　中华人民共和国住房和城乡建设部．被动式超低能耗绿色建筑技术导则（试运行），2015.

《太阳能热水系统检测与评定标准》解读

张非非，高腾野

（河北大地建设科技有限公司，石家庄050011）

摘　要　《太阳能热水系统检测与评定标准》（以下简称《标准》）适用于河北省新建、扩建和改建建筑太阳能热水系统的集中供热水系统、集中－分散供热水系统及分散供热水系统的委托检测与评定，对规范河北省太阳能热水系统生产、施工、检测秩序，保证太阳能热水系统工程质量具有重要意义。

关键词　太阳能热水系统；热性能；安全性；耐久性

1　标准编制背景

　　建筑行业是高能耗、高污染行业，据《中国建筑节能行业发展前景与投资战略规划分析报告》统计，建筑能耗约占我国社会总能耗的30％左右，且建筑能耗的总量呈逐年上升趋势。国家建设部科技司研究表明，随着城市化进程的加快和人民生活水平的提高，我国建筑耗能比例未来10年将上升至35％左右，如此大的建筑能耗已经成为我国国民经济的巨大负担。我国既是一个煤炭、石油以及天然气等常规能源消耗的大国，又是常规能源资源短缺的国家，以常规能源为主的能源结构产生大量的污染物，给我国整体环境造成了巨大的污染，一次性能源为主的能源开发利用模式与生态环境矛盾的日益激化，使我国经济的可持续发展受到严峻挑战。因此，加强建筑节能，大力开发利用清洁可再生能源替代石油、煤等传统能源成为我国能源发展战略的重要组成部分。

　　可再生能源指在自然界中可以有规律地得到补充和不断再生的能源，如太阳能、地热能、风能、水能、潮汐能等。与煤炭、石油、天然气等常规能源相比，可再生能源取之不尽，用之不竭，可以持久地供人们使用，且使用过程中不产生或很少产生污染，具有可持续性的优点。太阳能作为地球上最丰富的可再生能源，具有清洁、环保、持续、长久等优势，应用最为广泛。我国太阳能资源丰富，全国三分之二的国土面积年日照小时数在2200小时以上，年太阳辐射总量大于每平方米5000MJ。据统计，我国太阳能年利用量相当于替代化石燃料5000万吨标准煤，其中，太阳能热利用因其技术简单、经济效益好成为太阳能利用中最普遍的方式。2015年我国太阳能热利用累计集热面积达到4亿平方米。太阳能热水系统是太阳能热利用的一个重要方式。

　　目前，河北省在太阳能热水系统工程质量监管方面，由于相应规范标准不完善，尚未进行专项的太阳能热水系统工程检测与评定。因此，为保证太阳能热水系统工程

作者简介：张非非（1986.3—），男，工程师；单位地址：河北省石家庄市裕华路与体育大街交口开元大楼21层河北大地建设科技有限公司；邮政编码：050000；联系电话：18931991839。

质量，规范河北省太阳能热水系统生产、施工、检测秩序，建立河北省太阳能热水系统工程检测与评定标准迫在眉睫。

1.1　国外研究现状

国外诸多学者针对太阳能热水系统检测与评定方面进行了深入的理论研究和实践分析。但是，国外研究学者对太阳能热水系统进行检测评定时，多采用软件分析和经验公式的方法，从设备性能（设计、施工和运行等）和用户实际用热水负荷等角度对太阳能热水系统进行分析研究，考察太阳能热水系统工程设计水平、设备水平和施工水平。例如：Schroeder M 和 Redman B 利用全生命周期成本、回收期和内部收益率三个指标对太阳能热水系统进行检测与评定分析，并采用 J-Chart 方法计算用户用热水负荷，针对德国联邦政府经济状况分析不同气候条件、不同月份热水消耗量和能源利用率对太阳能集热器的影响；M. N. A 等人对太阳能热水系统采用不同经济分析变量进行检测评定，根据新加坡气象数据和过去经济参数的经验值来模拟太阳能保证率和平均热水负荷等经济参数，通过模拟分析得出太阳能热水系统的节能效果。

1.2　国内研究现状

国内许多科研机构、高等院校等做了关于建筑太阳能热水系统检测与评定的研究工作。福建省建筑科学研究院吴镝做了题为《太阳能热水系统检测及节能评估》的研究，指出热水器得热量及热损系数是衡量太阳能热水器优劣的主要技术指标，提高单位面积有效得热量是进一步改善太阳能热水器性能的一个主要途径。中国建筑科学研究院冯爱荣等做了题为《家用太阳能热水系统检测技术》的研究，结合国家标准《家用太阳能热水系统技术条件》GB/T 19141—2003，对家用太阳能热水系统的主要性能的检测技术进行介绍，供相关技术人员参考。福建省暖通空调制冷学会瞿端人以泉州市某学校太阳能热水系统为检测对象，通过对检测数据的计算处理，分析太阳能热水系统的运行性能，评估项目的环境效益和经济效益，给出系统运行的改善建议。

太阳能热水系统建筑应用工程实际运行环境下，复杂的现场条件直接影响热水系统的热性能，尤其对于集中式太阳能热水系统，节能量受贮热水箱、系统管路和集热器系统等本身及相互之间的运行状况的影响。贮热水箱、系统管路和集热器系统的热性能受系统设计、设备性能、现场环境、厂家安装工艺能力和用户使用等不确定因素的影响。因此，太阳能热水系统工程竣工后，必须对系统实际运行性能进行现场测试，并对太阳能热水系统设计、设备、施工、运行水平进行检测与评定。

此外，为积极推广太阳能热水系统技术，规范太阳能热水系统质量验收，保证太阳能热水系统的安全可靠、性能稳定，国家出台了《太阳热水系统性能评定规范》（GB/T 20095）、《家用太阳能热水系统技术条件》（GB/T 19141）、《太阳能集热器热性能试验方法》（GB/T 4271）、《太阳热水系统设计、安装及工程验收技术规范》（GB/T 18713）等一系列标准规范，对集中式和家用式太阳能热水系统检测进行了规范，但这些标准更多地关注太阳能热水系统工程的热性能方面，而对于系统的安全性和耐久性多只停留在对设计文件的审查。而且，河北省尚缺乏太阳能热水系统的检测标准，标准的缺失致使河北省太阳能热水系统生产、施工企业水平良莠不齐，工程质量难以保证。因此，为保证太阳能热水系统工程质量，规范太阳能热水系统生产、施工、检测秩序，需要建立河北省太阳能热水系统工程检测与评定标准。

1.3　政策法规

为贯彻落实《中华人民共和国节约能源法》、《中华人民共和国可再生能源法》、《民用建筑节能条例》等有关法律法规以及《国务院关于加强节能工作的决定》的精神，促进河北省建设领域节能工作全面开展，加快民用建筑太阳能热水系统一体化技术应用的步伐，河北省及各地市陆续出台了一系列法律法规、标准规范、技术规程等文件。

（1）《河北省民用建筑节能条例》（河北省第十一届人民代表大会常务委员会第十次会议于 2009 年 7 月 30 日通过，自 2009 年 10 月 1 日起施行）

《条例》规定：建设单位在进行建设项目可行性研究时，应当对太阳能、浅层地能等可再生能源利用条件进行评估；具备条件的，应当将可再生能源用于民用建筑的采暖、制冷、照明、热水供应，并与民用建筑主体工程同步设计、同步施工、同步验收。

（2）《河北省关于执行太阳能热水系统与民用建筑一体化技术的通知》（冀建质〔2008〕611 号）

《通知》要求：新建民用建筑应将太阳能热水系统作为建筑设计的组成部分，与建筑主体工程同步设计、同步施工，同步验收。

（3）《河北省关于规模化开展太阳能热水系统建筑应用工作的通知》（冀建科〔2014〕24 号）

《通知》要求：太阳能热水系统建筑应用项目竣工验收、运行后，要委托具有相应资质的检测机构进行能效测评，确保太阳能热水系统符合规划设计要求。

（4）《石家庄市关于加强建筑节能工作的通知》（石住建办〔2015〕67 号）

《通知》要求：采用分户独立的分体太阳能技术和采用集中太阳能热水系统的工程，应一体化同步设计、一体化同步施工安装；并委托具备相应资质的单位进行设备安装及材料的安全性和耐久性专项检测；采用集中太阳能热水系统的工程还应进行系统的热性能检测。

（5）《保定市关于进一步加强应用太阳能热水系统与建筑一体化技术的通知》（市建〔2009〕28 号）

《通知》要求：自 2009 年 2 月 25 日起，十二层及以下的新建居住建筑和实行集中供应热水的医院、学校、饭店、游泳池、公共浴室（洗浴场所）等热水消耗大户，必须采用太阳能热水系统与建筑一体化技术；对具备利用太阳能热水系统条件的十二层以上民用建筑，建设单位应当采用太阳能热水系统。国家机关和政府投资的民用建筑，应带头采用太阳能热水系统。

（6）邢台市建设局、邢台市城乡规划局联合出台了《关于在高层民用建筑推广应用太阳能热水系统的意见》

《意见》要求：自 2010 年 4 月 1 日起，十二层以上（不含十二层）的民用建筑和实行集中供应热水的医院、学校、饭店、游泳池、公共浴室（洗浴场所）等热水消耗大户，应当采用太阳能热水系统与建筑一体化技术。

（7）张家口市住建局和市城乡规划局联合出台了《规模化开展太阳能热水建筑应用示范工作实施方案》

《方案》指出：自 2015 年 1 月 1 日起，全市（含县、区、管理区）规划区范围内所有新建、改建、扩建建筑全部实施太阳能热水系统与建筑一体化。

（8）《民用建筑太阳能热水系统一体化技术规程》（DB13（J）77）、《高层民用建筑太阳能热水系统应用技术规程》（DB13（J）158）等技术规程相继出台。

2 标准编制目的意义

目前，河北省太阳能热水系统在民用建筑中已有较大规模的应用，各地区相继出台了太阳能热水系统推广应用的相关政策。但是，在太阳能热水系统工程质量监管方面，由于相应规范标准不完善，尚未进行专项的太阳能热水系统工程检测与评定。因此，建立健全太阳能热水系统检测与评定标准，对全省范围内所有新建、改建、扩建太阳能热水系统工程热性能、安全性和耐久性进行检测评定，是保证太阳能热水系统工程质量，规范太阳能热水系统生产、施工、检测秩序的重要前提。《标准》的编制，旨在建立健全太阳能热水系统检测与评定标准，规范河北省太阳能热水系统生产、施工、检测秩序，保证太阳能热水系统工程质量。

《标准》建立完成后将进一步规范河北省太阳能热水系统生产、施工、检测秩序，保证河北省太阳能热水系统工程质量。可以根据该标准制定河北省太阳能热水系统工程专项验收政策，建立太阳能热水系统工程生产、施工、检测企业备案机制，进一步推广太阳能热水系统应用。此外，该标准的建立还可逐步完善可再生能源利用的标准体系建设，健全太阳能热水系统行业健康发展的长效机制，为建设资源节约型、环境友好型社会做出应有的贡献，为河北省的太阳能热水系统行业发展提供可靠的科学依据，推动河北省走一条绿色发展成功之路。

3 标准编制的主要内容

为节约能源、促进可再生能源的利用，积极推广应用太阳能光热技术，确保太阳能热水系统安全可靠、性能稳定，规范太阳能热水系统工程性能检测与评定，保证工程质量，拟建立针对集中、集中—分散和分散三类太阳能热水系统的检测与评定标准，评定系统的热性能、安全性和耐久性。其中，热性能包括日有用得热量、升温性能和保温性能；安全性包括系统与建筑结合安全性、系统防电击安全性、系统管路安全性和主要部件安全性；耐久性包括主要部件耐久性、系统运行耐久性。《标准》主要包括9 章，主要技术内容是总则、术语和符号、基本规定、形式检查、热性能检测、安全性能检测、辅助加热系统检测、控制系统检测、综合评定。

3.1 总则、基本规定

《标准》提出了针对河北省新建、扩建和改建建筑太阳能热水系统的集中供热水系统、集中—分散供热水系统及分散供热水系统统一的检测与评定方法，以定性和定量相结合的方式考察太阳能热水系统热性能、安全性和耐久性，主要包括对太阳能热水系统中太阳能集热循环系统、辅助加热系统、热水供应系统及控制系统的检测。委托检测与评定单位按照《标准》要求，提交工程设计资料和工程验收资料，由有相应资质的机构进行检测与评定工作。太阳能热水系统检测与评定，应在系统连续运行 3 天后进行，主要包括形式检查、热性能检测与评定、安全性能检测与评定、辅助加热系统检测与评定和控制系统检测与评定。《标准》对太阳能热水系统检测与评定抽样方法进行了详细规定。

3.2　形式检查

形式检查包括对验收资料检查、外观质量检查、系统关键部件检查、检修条件检查以及运行情况检查。主要通过审查竣工验收相关资料和现场踏勘完成形式检查的各项内容。形式检查是进行太阳能热水系统检测与评定的基础。

3.3　热性能检测

热性能检测部分对检测条件和对参数进行测量的步骤和要求进行了规定，包括集热系统日有用得热量、集热系统效率和升温性能检测。

3.4　安全性能检测

系统安全性能指太阳能热水系统的设备、设施和材料等及其在运行过程中不危害人身安全并有利于预防或躲避灾害的性能。《标准》所涉及安全性能检测包括系统与建筑结合的安全措施检测、电气安全措施检测、系统防渗漏措施检测、系统管路安全措施检测。其中，系统与建筑结合的安全措施检测包括锚固承载力检测、支架强度检测、耐蚀性能检测；电气安全措施检测包括系统防雷击检测和系统防漏电检测；系统防渗漏措施检测包括太阳能热水系统防渗漏检测和系统与建筑结合部位防水检测。

3.5　辅助加热系统检测和控制系统检测

辅助加热系统检测指对太阳能热水系统所采用的辅助加热装置加热性能检测，包括了辅助加热装置的功率偏差检测和水温检测。控制系统检测是对太阳能热水系统自动化控制装置的检测，包括控制柜、操作盘性能检测，温控器性能检测，温度传感器性能检测以及温控阀性能检测。

4　结　语

《标准》填补了河北省太阳能热水系统检测与评定的空白，可以实现全面、科学、合理地对太阳能热水系统热性能、安全性和耐久性进行检测与评定。《标准》内容全面、技术指标明确合理、层次清晰、具有可操作性。《标准》中检测方法步骤清楚，评定过程合理，二者相互补充，并与国家和省内相关标准协调，满足太阳能热水系统与建筑一体化工程检测与评定要求。《标准》的编制规范了河北省太阳能热水系统生产、施工、检测秩序，保证太阳能热水系统工程质量，推动了太阳能热水系统在建筑上的应用和发展。为河北省的太阳能热水系统行业发展提供了可靠的科学依据，推动了河北省走一条太阳能光热利用的绿色发展成功之路。

被动式超低能耗住宅设计的隐性成本分析

朱凯[1]，盖宏伟[2]，金鑫[2]，周俊[1]

（1. 杭州中联筑境建筑设计有限公司，杭州　310000；

2. 京冀曹妃甸协同发展示范区建设投资有限公司，唐山　063200）

摘　要　本文以曹妃甸首堂创业家被动式超低能耗住宅科技示范项目为例，针对被动式超低能耗住宅的技术特点，分析设计中产生的隐性成本及其对商品住宅开发的影响，提出具有针对性的政策扶持建议，以期为今后被动式超低能耗住宅的大力推广提供有益的经验和启示。

关键词　被动式超低能耗；住宅设计；隐性成本

1　绪　论

进入 21 世纪之后我国的快速发展引起了全社会深层次的变革。目前我国正处在城镇化快速发展和全面建成小康社会的关键时期。经济社会快速发展，人民生活水平不断提高，导致能源和环境的矛盾日益突出，建筑能耗总量和能耗强度上行压力不断加大。建筑能耗在国家总能耗中占有重大比例，住宅建筑又是其中建设量最大、与人类生活关系最为密切的建筑类型，对建筑节能担负着不可推卸的责任。因此，在保障居住舒适度的同时，尽可能地降低住宅对传统能源的消耗更是我国当前建筑节能工作的重要内容之一。由于人民生活水平的提高，居住家庭的年轻化和用能习惯的改变，对住宅室内热环境舒适度的要求也日益提高，采暖和空调的使用也越来越普遍，对于能源的消耗将持续增加。因此，由低能耗节能技术和可再生能源利用技术协同实现的被动式超低能耗绿色建筑成为可持续建筑的重要参考指标。

2　被动式超低能耗住宅的主要特征

所谓被动式超低能耗绿色建筑是指适应气候特征和自然条件，通过保温隔热性能和气密性更高的围护结构，采用高效新风热回收技术，最大程度地降低建筑供暖供冷需求，并充分利用可再生能源，以更少的能源消耗提供舒适室内环境并能满足绿色建筑基本要求的建筑。目前国家从政策层面将被动式超低能耗住宅作为未来住宅建筑发展的目标，正在逐渐成为未来住宅建筑发展的主流趋势之一。被动式超低能耗住宅的主要特征如下：

（1）保温隔热性能更高的非透明围护结构；

（2）保温隔热性能和气密性能更高的外窗；

（3）无热桥的设计和施工；

（4）高效新风热回收系统；

作者简介：朱凯（1979—），男，杭州中联筑境建筑设计有限公司上海一所副所长，国家一级注册建筑师，德国 PHI 认证设计师。

（5）充分利用可再生能源。

3 被动式超低能耗住宅的隐性成本分析

曹妃甸生态启动区作为京津冀一体化的主要示范区，是由京冀曹妃甸协同发展示范区建设投资有限公司（简称曹建投公司）投资开发建设的首堂创业家项目（以下简称本项目），占地约150亩，总建筑面积约15万平方米，由3～4层低密度住宅与9层洋房住宅产品组成，成功获得2017年住建部被动式超低能耗住宅科技示范项目，其中一栋9层住宅获得德国PHI认证。筑境设计作为本项目的设计方，通过设计的全程介入，发现由于被动式超低能耗住宅自身技术特点，成本相对河北75％节能设计标准大量增加，包括显性成本和隐形成本两个部分。其中可以通过材料费和施工措施费测算出来的增量成本为显性成本。例如：

① 外墙保温层厚度从110mm厚聚苯板增加至250～300mm厚；

② 外窗从双层中空窗户增加至被动房专用三层双腔窗户，K 值达到1.0；

③ 窗户外挂，增加窗户与外墙之间的密封透汽膜等；

④ 增加户式五位一体机；

⑤ 大量无热桥措施。

同时，相对常规住宅开发，还存在相当一部分隐性成本。本文以此为出发点，从设计角度探讨被动式超低能耗住宅产生的隐性成本，并提出相应的政府扶持政策建议，以期为今后被动式超低能耗住宅的大力推广提供有益的经验和启示。

1）保温层厚度增加，增加公摊，减小得房率

保温层厚度增加除了本身材料成本增加外，更多的在于带来的在套内面积不变的情况下，公摊面积增加，得房率下降。

以获得德国PHI认证的40号楼为例，按河北75％节能标准、住建部被动式超低能耗住宅标准、德国PHI认证标准三个标准分别对保温层厚度不同带来得房率等的不同进行比较，详见表1和表2。

表1　住宅户型介绍

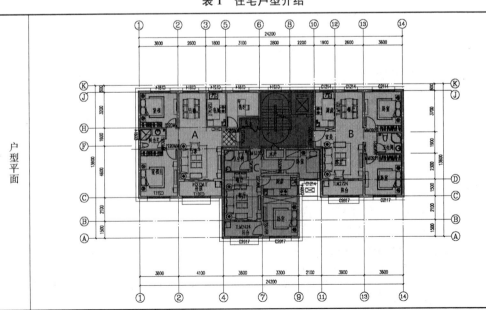

户型介绍	户型为9层住宅楼，层高2.95m。 A户型为紧凑三室两厅一卫，套内面积84.40m²； B户型为舒适两室两厅一卫，套内面积73.56m²； C户型为紧凑两室两厅一卫，套内面积60.39m²。

表2 相关指标比较

	河北省75%节能标准	被动式超低能耗住宅	德国PHI认证
传热系数要求［W/（m²·K）］	0.45	0.10～0.25	0.12
保温层厚度（mm）	110	250	300
公摊面积（m²）	47.25	58.40	62.42
建筑面积（m²）	265.60	276.75	280.77
得房率	0.82	0.79	0.78

由表2可见，套内面积作为衡量室内舒适空间的标准，以一个单元套内面积218平方米为例，由于保温层厚度的变化，被动式超低能耗住宅将减少住宅面积约11平方米，得房率降低3个百分点，而PHI认证情况下，损失面积约15平方米，得房率降低4个百分点；得房率降低，户型产权面积增加，总价增加，将对销售产生很大的不利影响。

2）吊顶式五位一体机影响层高，进而影响整体楼高

由于被动式超低能耗住宅不采用集中采暖和制冷设备，因此新风系统即五位一体机成为主要的能量来源，在住宅产品中一般采用吊顶式机器，该机器的安装及管道走向对住宅层高的影响，导致对整栋楼高度甚或整体小区面积的影响。以本项目9层住宅为例：普通住宅层高2.90m、室内外高差0.30m，建筑总高度为26.4m。此高度在《建筑设计防火规范》（2014年版）GB50016—2014中定义为多层住宅，无须设置消防登高场地。超低能耗住宅理想层高3.10m以上、室内外高差0.30m，建筑总高度为28.2m。此高度在《建筑设计防火规范》（2014年版）GB50016—2014中定义超过27m为高层住宅，则需设置消防登高场地。

本项目设计考虑下列三种情况：

一是降低层高，控制高度27米，成本较低，减少舒适度；

二是层高得到保证，但是楼高超过27米，算作高层建筑，除了增加消防登高场地外，建筑内部各项设计均为高层设计，诸如疏散楼梯间由敞开楼梯间改为封闭楼梯间，建筑外墙外保温系统保温材料的燃烧性能由B₂级升至B₁级，建筑外墙上门、窗的耐火完整性由无要求改为不应低于0.50h，住宅公共部分多层无须设置火灾自动报警高层则必须设火灾自动报警，电负荷从二级升级为三级，消火栓的用水量设计从5L/s升至10L/s，增加大量成本；

三是减少层数，从九层降为八层，成本可控，但整体容积率降低约0.11，减少住宅面积共3321m²。

鉴于项目容积率受限制，同时其他成本增加已很多，因此只能采取方案一，降低

层高，减少舒适度，局部降低品质。

3）产品溢价点减少，增加销售压力

常规商品房开发中，为了后期的运营销售特别注重产品开发的溢价点，一般采用凸窗设计，增加空间延伸感；低密度产品采用客厅通高，提高空间品质，也可为后期改造提供可能性；但本项目作为被动式超低能耗住宅，对建筑体形系数和热桥设计都有很高的要求，因此不能采用凸窗，降低空间舒适感，减少产品溢价。同时，超低能耗住宅对于外围护结构及内墙、保温、隔声等严格的要求，不建议二次改造特别是二次结构改造，通高空间的设计就不合适，这一部分溢价点也相应取消。

4）被动式超低能耗住宅对二次装修有严格的限制要求

为了控制过高的成本，本项目对交房标准进行了长时间的研究讨论，针对当地的消费水平、精装交房和毛坯交房的各自优缺点进行分析，特别是对精装交房的客户吸引力、施工质量、成本过高等系列疑虑，一度提出介乎两者之间的精细化毛坯交房标准，但最终权衡，为保证被动式超低能耗住宅的各项节能指标控制，采用精装交房。而精装交房存在的问题是若业主希望二次装修改造的话，存在一些严格的限制要求，诸如在建筑各种材料交接处密封透汽膜，如梁与砌体墙之间、门窗洞口周围、水、电管线穿外墙等位置，建筑保温等在进行二次装修时均需严格保护不可破坏，这就影响了业主个性化装修的需求。

5）被动式超低能耗住宅在施工过程中培训、检测增加的额外时间

被动式超低能耗住宅在施工中有严格的流程控制，施工前期有施工培训、准备周期，施工中有气密性检测流程、随时监控施工工艺流程，这些均为额外增加的时间成本，会给开发商的财务成本带来增加。

综上五点均为被动式超低能耗住宅建设中增加的隐性成本，对于开发商的销售策略有很大的影响；政府相关部门对这几方面如果有一个更详尽的了解，在政策上的支持更多一些，则更加有利于被动式超低能耗住宅的推广。

4 现行被动式超低能耗住宅的政策支持

现阶段，国家层面已经意识到超低能耗住宅对能源、环境的有利影响，各级政府对被动式超低能耗住宅的支持力度也越来越大，从中央到地方各级政府均有下发正式文件给予支持。

1）住房城乡建设部：建筑业发展"十三五"规划

提高建筑节能水平。推动北方采暖地区城镇新建居住建筑普遍执行节能75％的强制性标准。政府投资办公建筑、学校、医院、文化等公益性公共建筑、保障性住房要率先执行绿色建筑标准，鼓励有条件地区全面执行绿色建筑标准，加强建筑设计方案审查和施工图审查，确保新建建筑达到建筑节能要求。夏热冬冷、夏热冬暖地区探索实行比现行标准更高节能水平的标准，积极开展超低能耗或近零能耗建筑示范。大力发展绿色建筑从使用材料、工艺等方面促进建筑的绿色建造、品质升级。制定新建建筑全装修交付的鼓励政策，提高新建住宅全装修成品交付比例，为用户提供标准化、高品质服务。持续推进既有居住建筑节能改造不断强化公共建筑节能管理，深入推进可再生能源建筑应用。

2）北京市：《北京市超低能耗建筑示范工程项目及奖励资金管理暂行办法》

示范项目的奖励资金标准根据示范项目的确认时间进行确定。2017年10月8日之前确认的项目按1000元/平方米进行奖励，且单个项目不超过3000万元；2017年10月9日至2018年10月8日确认的项目按照800元/平方米进行奖励，且单个项目不超过2500万元；2018年10月9日至2019年10月8日确认的项目按照600元/平方米进行奖励，且单个项目不超过2000万元。

3）河北省：《河北省建筑节能专项资金管理暂行办法》

资金补助标准：低能耗建筑示范每平方米补助5元，单个项目补助不超过50万元；超低能耗示范每平方米补助10元，单个项目补助不超过80万元。

4）石家庄市：《石家庄市建筑节能专项资金管理办法》

资金补助标准：超低能耗建筑示范项目，2017年建成的，每平方米补贴300元，单个项目不超过500万元；2018年—2019年建成的，每平方米补贴200元，单个项目不超过300万元；2020年建成的，每平方米补贴100元，单个项目不超过200万元。

5）定州市：《提高住宅建筑节能标准发展被动式超低能耗绿色建筑的实施方案（试行）的通知》

市财政每年在城建资金中设立500万元建筑节能专项奖励资金，对建筑节能率达75％以上、耗热量指标10W/m²的新建居住建筑，按每平方米10元奖励，奖励总额不超过50万元；对达到被动式超低能耗绿色建筑的按每平方米20元奖励，奖励总额不超过100万元，同时土地出让底价每亩下浮20万元。对开展被动式超低能耗绿色建筑的项目，免收城市建设配套费；其他政府性基金和地方性行政收费，可按收费标准下限执行。被动式超低能耗绿色建筑可免于保障房配建，同时政府可优先购买其库存房用于保障性住房。城乡建设和财政部门将优先推荐申报国家级、省级示范项目，并申请国家、省级财政补贴。

此奖励机制仅适用于试点项目，有效期两年。

6）山东省：《山东省省级建筑节能与绿色建筑发展专项资金管理办法》

被动式超低能耗绿色建筑示范按照增量成本（与新建节能建筑相比）的一定比例给予资金奖励。其中，示范方案批复后拨付50％，通过验收后再拨付50％。

7）青岛市：关于组织申报2013年度青岛市绿色建筑及被动式建筑奖励资金的通知

被动式建筑示范工程，给予200元/m²的奖励，单个项目300万元封顶。对于通过示范项目经验形成本市被动式建筑工程建设标准或适用性技术研究等技术成果的，分别给予50万元的额外奖励。被动式建筑示范工程通过图纸专项审查后，拨付应奖励资金的30％，在工程项目竣工后拨付应奖励金额的40％；后通过三年运行状态监测后，拨付剩余全部资金。

5 被动式超低能耗住宅的政策扶持建议

由上述各级政府出台的政策可以发现，现阶段的政策支持基本都是财政补贴的形式，但是通过对上述隐性成本的分析，建议从法规层面上对被动式超低能耗住宅设计给予更具针对性的优惠政策，例如：

1）被动式超低能耗住宅面积增加的问题。可以考虑保温层增加的厚度不计入容积率，或者被动式超低能耗住宅项目容积率可上浮至 1.1 倍等。

2）层高问题。建议被动式超低能耗住宅项目，控制层高 3.1～3.2 米，消防控制高度按照层数进行控制，而不是现行的高度控制，这样能更好地解决层高问题与居住的舒适性问题。

3）鉴于被动式超低能耗住宅在施工中额外时间的增加，建议在此类项目的报建、审批流程中开通绿色通道，缩短前期手续办理时间，减少开发商的建设时间周期。

上述三条是针对隐性成本增加的解决建议，相信这样的政策扶持会更具有针对性和目的性，可以更好地促进被动式超低能耗住宅建设的全面推广。

参考文献

[1]　中国建筑设计研究院. GB50096—2011 住宅设计规范［S］

[2]　中华人民共和国住房和城乡建设部. 被动式超低能耗绿色建筑技术导则（试行）（居住建筑），2015.

[3]　中国建筑科学研究院. JGJ75—2012 夏热冬暖地区居住建筑节能设计标准［S］

[4]　河北北方绿野居住环境发展有限公司. DB13（J）185—2015，居住建筑节能设计标准（节能 75%）［S］

[5]　北京市超低能耗建筑示范工程项目及奖励资金管理暂行办法（京建法〔2017〕11 号），2017.

[6]　河北省建筑节能专项资金管理暂行办法（冀财建〔2014〕75 号），2014.

[7]　石家庄市建筑节能专项资金管理办法，2017.

[8]　定州市《提高住宅建筑节能标准发展被动式超低能耗绿色建筑的实施方案（试行）的通知》，2016.

[9]　山东省省级建筑节能与绿色建筑发展专项资金管理办法，2016.

[10]　关于组织申报 2013 年度青岛市绿色建筑及被动式建筑奖励资金的通知，2013.

北京市超低能耗建筑技术集成研究

——以某建筑为例

武艳丽[1]，赵鹏[2]，曹璐佳[1]，梁征[2]

（1. 北京建筑技术发展有限责任公司，北京　100055；

2. 北京新城绿源科技发展有限公司，北京　101100）

摘　要　本文以北京市某栋住宅建筑为例，研究适用于北京地区的超低能耗建筑集成技术。在围护结构、机电设计等方面提出超低能耗优化集成方案，并与北京市住宅建筑 75％ 节能标准比较，估算增量成本。

关键词　北京市；超低能耗建筑；技术集成

1　背　景

被动式超低能耗建筑是指适应气候特征和自然条件，通过保温隔热性能和气密性能更高的围护结构，采用高效新风热回收技术，最大程度地降低建筑供暖供冷需求，并充分利用可再生能源，以更少的能源消耗提供舒适的室内环境的建筑[1]。

"十三五"时期北京市建筑节能领域将深入贯彻落实创新、协调、绿色、开放、共享的发展理念，大力推进生态文明建设，提升建筑能效水平。超低能耗建筑的发展，实现大幅节能减排，积极应对气候变化，减少能源浪费。《北京市民用建筑节能"十三五"时期发展规划》和《北京市推动超低能耗建筑发展行动计划（2016—2018 年）》均提出"十三五"期间北京市开展 30 万平方米超低能耗建筑示范，其中在政府投资的项目中建设 20 万平米超低能耗示范项目的目标。

为推动北京市超低能耗建筑发展，本文经调研国内外已有超低能耗建筑技术标准、导则、示范项目设计方案，结合北京市气候条件、资源条件、政策要求等，以北京市某栋建筑为例，从围护结构设计、遮阳设计、空调采暖系统设计、通风设计等方面提出适用于北京地区的被动式超低能耗集成技术，并与北京市住宅建筑 75％ 节能标准比较，估算增量成本。

2　研究对象概述

北京朝阳区某栋住宅建筑，建筑面积 13929m²，共 18 层，其中地上 16 层，地下 2 层。地上部分 1～4 层为商业，5～16 层为住宅，其中住宅部分做被动式超低能耗设计。

作者简介：武艳丽（1968.7—），女，高级工程师，北京市西城区广莲路 1 号建工大厦 14 层，100055，010-63928570。

北京市科技计划项目《超低能耗建筑技术研究与集成示范》D151100005315001。

住宅部分共 8308.29m²，层高 2.8m，共 88 套住宅，每套住宅面积 77.6m²。建筑标准层平面图如图 1 所示。

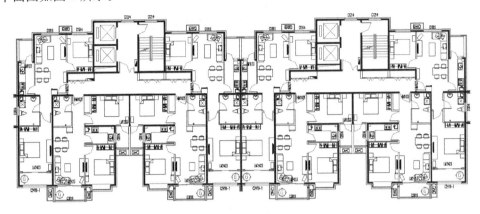

图 1　建筑标准层平面

研究对象原设计方案为：外墙传热系数 0.45W/（m²·K），屋面传热系数 0.4W/（m²·K），住宅部分地面无隔热处理措施，外窗传热系数 2.0W/（m²·K），无遮阳措施。冷热需求解决方式为：冬季采用燃气壁挂炉供热，夏季采用分体空调制冷，无新风系统。研究对象原设计方案可满足节能 75% 标准要求。冷负荷需求 22.41kWh/m²，热负荷需求 23.81kWh/m²。

3　北京市超低能耗建筑指标要求

北京市发布的《北京市超低能耗建筑示范工程项目及奖励资金管理暂行办法》（以下简称《暂行办法》）[2]中，针对北京市超低能耗示范建筑分别从室内环境参数、能耗性能指标以及关键部品性能参数三方面做出规定，见表1~表3。

表1　超低能耗居住建筑室内环境参数

室内环境参数	冬季	夏季
温度（℃）	≥20	≤26
相对湿度（%）	≥30	≤60
新风量［m³/（h·人）］	≥30	
噪声 dB（A）	昼间≤40；夜间≤30	

表2　北京市超低能耗商品住宅能耗性能指标

		建筑层数			
		≤3层	4~8层	9~13层	≥14层
能耗指标	年供暖需求［kWh/（m²·a）］	≤15	≤12	≤12	≤10
	年供冷需求［kWh/（m²·a）］	≤18			
	供暖、空调及照明一次能源消耗量	≤40kWh/（m²·a）［或 4.9kgce/（m²·a）］			
气密性指标	换气次数 N_{50}	≤0.6			

表3　超低能耗居住建筑关键部品性能参数

建筑关键部品	参数及单位	性能参数
外墙	传热系数 K 值［W/（m²·K）］	防火性能 A 级时，≤0.20； 防火性能 B₁ 级时，≤0.15
屋面	传热系数 K 值［W/（m²·K）］	≤0.15
地面	传热系数 K 值［W/（m²·K）］	≤0.20
与非采暖空调空间的楼板	传热系数 K 值［W/（m²·K）］	≤0.20
外窗	传热系数 K 值［W/（m²·K）］	≤1.0
	太阳得热系数综合 SHGC 值	冬季：SHGC≥0.45 夏季：SHGC≤0.30
	气密性	≥8 级
	水密性	≥6 级
	抗风压级	≥9 级
空气-空气热回收装置	全热回收效率（焓交换效率）（％）	≥70％
	显热回收效率（％）	≥75％

4　研究对象优化

为使研究对象住宅部分达到《暂行办法》指标要求，项目团队针对项目特点，依托 IES 模拟软件建立模拟模型如图 2 所示，从围护结构和机电系统等方面对研究对象进行优化设计，针对不同的适应技术集成组合，开展能耗模拟，并进行比较分析。

4.1　围护结构设计

1）外墙

为满足《建筑设计防火规范》GB50016—2014 要求，研究对象的外保温系统应采用 A 级保温系统或 B₁ 级保温系统且外墙上门、窗建筑的耐火完整性不应低于 0.5h。本项目选择 A 级保温材料岩棉，针对保温系统厚度设计提出优化方案。外墙构造示意图如图 3 所示。

岩棉厚度的设计从 50～350mm，间隔 10mm 进行分析，所得到的分析结果如图 4 所示。从图 4 可知，外墙保温厚度随着外墙保温厚度增加，热需求逐步下降，并下降幅度逐渐趋缓。外墙保温厚度对冷需求影响较小。

本研究通过分析外墙保温层厚度造价和冬季采暖费用总和对采暖热需求的影响，对外墙保温厚度进行经济性分析。其中冬季采暖费用按照北京市供暖热计量取费标准，建筑使用寿命按照 70 年计算，分析结果如图 5 所示。由图 5 可知，当外墙保温层厚度为 200mm 左右时，经济效益最优。为满足《暂行办法》中对关键部品性能参数要求，研究对象选取保温层厚度为 230mm。

图 2　研究对象模拟模型

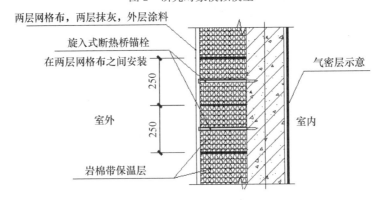

图 3　研究对象外墙构造示意

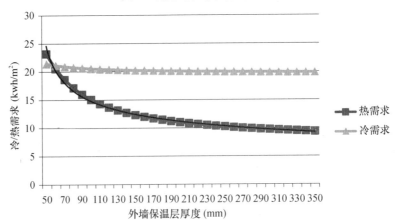

图 4　外墙保温厚度对热需求的影响

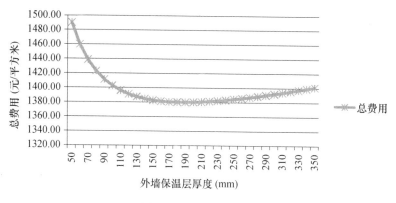

图5 总费用分析结果

2）外窗外遮阳

为分析外窗外遮阳对建筑冷热负荷需求的影响，本研究选取一组满足《暂行办法》的围护结构参数，针对加装外窗外遮阳前后冷热负荷需求进行模拟对比，由表5可知，外遮阳对冷热需求影响较大，在安装外遮阳的情况下，建筑热需求增加26％，冷需求减少32％。

为满足北京市超低能耗示范建筑指标要求，建议采用活动式外遮阳，夏季使用外遮阳，冬季收起外遮阳。根据建筑特点，选择适宜的活动外遮阳类型。

表5　外遮阳对冷热需求影响分析

有无外遮阳	无	有
热需求（kWh/m²）	9.91	12.54
冷需求（kWh/m²）	19.91	13.42

3）外窗

超低能耗建筑外窗传热系数对建筑热负荷影响较大，本研究通过模拟分析外窗传热系数对建筑冷热需求的影响，分析结果如图6所示。由图6可知，外窗传热系数对冷需求影响较低，对热需求影响呈增长趋势。

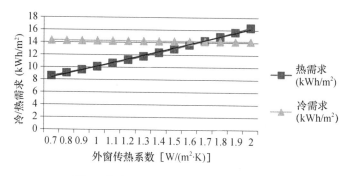

图6 外窗传热系数对冷热需求影响分析

当外墙保温层厚度在最经济厚度取230mm时，为满足《暂行办法》要求，外窗传热系数需不大于0.9W/（m²·K），当外墙保温层厚度增加时，外窗传热系数可适当增加。

4.2 空调系统及通风设计

目前住宅建筑能源供应形式主要包括：市政热力、区域燃气锅炉、地源热泵系统、污水源热泵系统及空气源热泵系统等。以研究对象为例，上述不同系统的能源消耗估算见表6。地源热泵和污水源热泵能源消耗量最低，但是地源热泵系统和污水源热泵系统需建筑周边资源条件负荷要求才可应用，若有条件应优先使用。空气源热泵系统能源消耗量次之，但无使用受限条件，可推荐使用。

表6 不同能源供应形式能耗

	市政热力和分体空调	燃气锅炉和分体空调	地源热泵	污水源热泵	空气源热泵
能耗（kgce/m²）	2.38	2.59	1.46	1.71	2.31

新风系统方面，北京市超低能耗示范建筑指标要求新风量不得小于 $30m^3/$（h·人），新风热回收效率需不小于70%（全热回收效率），不小于75%（显热回收效率）。为满足指标要求，超低能耗建筑需安装新风机组，若能源供应系统为市政热力＋分体空调、地源热泵、污水源热泵则考虑单独安装具备热回收功能的新风机组，若能源供应系统为空气源热泵，可考虑采用具备供冷供热供新风的一体机。

5 能耗及增量成本分析

研究对象经优化后的设计方案见表7。目前建筑负荷及能耗水平与北京市超低能耗研究对象指标对比结果见表8。

表7 研究对象经优化后的设计方案

序号	项目		内容
1	建筑功能		住宅-商业
2	建筑特点		办公住宅一体
3	节能工程概况	围护系统节能	墙体节能工程	230mm 厚岩棉，综合传热系数：0.197
4			门窗节能工程	综合传热系数：0.9
5			屋面节能工程	300mm 岩棉，综合传热系数 0.148
6			地面节能工程	非采暖空调间与采暖空调间采用230mm 厚岩棉毡，综合传热系数：0.197
7		供暖空调设备及管网节能	通风与空调节能工程	住宅建筑采用空气源热泵满足冷热需求，并提供新风，其中新风热回收效率达75%
8				

表8 研究对象负荷与能耗

项目		数值	示范要求	是否满足要求
能耗指标	年供暖需求 kWh/（m²·a）	9.56	≤10	满足
	年供冷需求 kWh/（m²·a）	13.41	≤18	满足
	供暖、空调机照明一次能源消耗量［kgce/（m²·a）］	4.74	≤4.9	满足
结论	本项目的技术满足指标《北京市超低能耗建筑示范工程项目及奖励资金管理暂行办法》的要求			

项目优化后，产生的增量成本包括外墙、屋面、地面保温材料，外窗，外遮阳，密封系统，新风系统等。研究对象进行超低能耗优化后，对比 75% 节能标准建筑增量成本约为 900 元/m²。

6 小 结

本文以研究对象为例，通过对围护结构和机电系统的分析，研究超低能耗优化集成技术，并得出以下结论：

（1）外墙保温厚度随着外墙保温厚度增加，热需求逐步下降，且下降幅度逐渐趋缓。外墙保温厚度对冷需求影响较小。

（2）以研究对象为例，当外墙保温层厚度为 200mm 左右时，经济效益最优。

（3）为满足北京市超低能耗示范建筑指标要求，建议采用活动式外遮阳，夏季使用外遮阳，冬季收起外遮阳。根据建筑特点，选择适宜的活动外遮阳类型。

（4）外窗传热系数对冷需求影响较低，对热需求影响呈增长趋势。

（5）地源热泵和污水源热泵能源消耗量最低，但是地源热泵系统和污水源热泵系统需建筑周边资源条件负荷要求才可应用，若有条件应优先使用。空气源热泵系统能源消耗量次之，但无使用受限条件，可推荐使用。

（6）超低能耗建筑需安装新风机组，若能源供应系统为市政热力＋分体空调、地源热泵、污水源热泵则考虑单独安装具备热回收功能的新风机组，若能源供应系统为空气源热泵，可考虑采用具备供冷供热供新风的一体机。

（7）研究对象进行超低能耗优化后，对比 75% 节能标准建筑增量成本约为 900 元/m²。

参考文献

[1]　河北省住房和城乡建设厅. DB13（J）/T177—2015 被动式低能耗居住建筑节能设计标准［S］
[2]　北京市住房和城乡建设委员会. 北京市超低能耗建筑示范工程项目及奖励资金管理暂行办法.

被动式低能耗建筑常犯错误解析

张小玲

（住房和城乡建设部科技与产业化发展中心，北京　100835）

摘　要　我国已有12省开始了被动式低能耗建筑的建设，涉及四个气候区。被动式低能耗房屋的建造同以往工程不同，必须按高标准建造，但是存在于传统建筑的一些陋习或是一些习惯一时很难改变，工程实践中出现一些常犯错误。主要有：盲目限制增量成本，为房屋使用寿命埋下隐患；热工与能耗计算不准确；构造错误；以多用设备为荣耀；材料和产品没有必要的保护措施；错用材料。

关键词　被动式低能耗建筑；常犯错误

随着被动式低能耗建筑良好的室内环境、极低的能源消耗和长久的使用寿命等良好品质逐渐被人们认知，被动式低能耗房屋的建造已呈蓄势待发之势。被动式低能耗房屋必将在不久的将来在我国普及推广。目前，我国已经有中德认证的被动房省市有河北、山东、辽宁、青海、黑龙江、福建、内蒙古、湖南、江苏、四川、北京、河南，气候区涉及严寒、寒冷、夏热冬冷、夏热冬暖、青藏高原等气候区，建筑类型包括各类建筑如住宅、工业厂房、办公楼、幼儿园、教学楼、纪念馆、学生宿舍等。从事被动房建造的建设者大多意识到：被动式低能耗房屋的建造同以往工程不同，必须按高标准建造，但是存在于传统建筑中的一些陋习或是一些习惯一时很难改变。为了吸取教训，这里为大家分析一些常犯错误。

1　盲目限制增量成本，为房屋使用寿命埋下隐患

自2013年10月，秦皇岛"在水一方"C15＃楼通过德国能源署和我国住房城乡建设部科技发展促进中心的质量验收，成为中国首例成功实施的被动式低能耗建筑示范项目后，行业中出现了追求更低成本建造被动房的现象。甚至市场上出现了这样的承包公司：承诺以400~500元的增量成本完成从普通节能房屋到被动房的升级，并保气密性测试通过。

这种承包模式的后果十分严重。它导致的直接结果是选最廉价的材料，简化掉必要的材料和工序。虽然它能通过气密性测试，但是一定是一个伪劣的被动房。它很可能在很短的时间出现工程质量问题，而一个合格的被动式低能耗房屋第一次大修的时间应该是在四十年之后。举几个省钱的方法：

1）用劣质锚栓。劣质锚栓（图1）是合格锚栓（图2）十分之一的价格。这种劣

作者简介：张小玲，住房城乡建设部科技与产业化发展中心国际合作处处长，教授级高工。电话：13901240347；邮箱：xlzhang666@126.com。

质锚栓圆盘使用的是再生塑料，没有防热桥的结构构造。用劣质锚栓每平方米外墙外保温系统可节省几十元的材料费。使用劣质锚栓会产生非常严重的热桥（图3），并且严重影响保温系统的使用年限。

图1　劣质锚栓

图2　合格锚栓

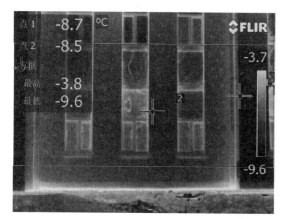

扫码看图

图3　红外线照相下的劣质锚栓所形成的热桥

2）外墙外保温系统不使用配件

二十世纪引入到我国的外墙外保温系统直到今天，绝大多数工程是不使用配件（图4）的。这种现象一直延续到中国被动房的出现。在外墙外保温系统出现在我国的二十多年的历史里，没有配件产品性能标准要求。如果省掉这部分配件，外墙外保温系统每平方米又将节省几十元钱。但这些标准配件的使用对于工程质量和外墙外保温系统的寿命起了至关重要的作用。一个刚竣工不久的项目中的雨篷没有使用滴水线条（图5），已经呈现出污渍。

3）使用劣质保温材料

劣质的保温材料比正常的材料便宜很多。图6中的石墨聚苯板的密度不到正常产品的一半，发泡颗粒粘接强度低，极易剥落。一旦上墙，外墙外保温系统极易产生开裂、脱落现象。图7是劣质岩棉，内部出现开裂，这种岩棉上墙后极易吸水和剥落。

护角线

预压密封带

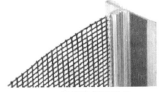
门窗连接线条

滴水线条

图 4　外墙外保温系统配件

图 5　雨篷内侧出现污渍

图 6　劣质的石墨聚苯板

图 7　劣质岩棉

4）使用廉价外窗

外窗的性能由多方面因素决定：型材、五金、玻璃、胶条、加工精度等等。可以找出很多省钱的途径：一樘窗好的五金件与次的五金件相差百元以上；高质量耐久性能好的玻璃与普通玻璃每平方米可相差 300 元以上；外窗所需要的三道抗紫外线完全闭合的密封条如用劣质材料替代，也可省百元左右。

加工精度不好的外窗会产生严重的漏风现象（图 8、图 9）。某些项目气密性测试就会通不过。即使气密性测试通过了，窗后期需要频繁的维护也会给业主带来困扰。

图 8　窗框拼缝过大

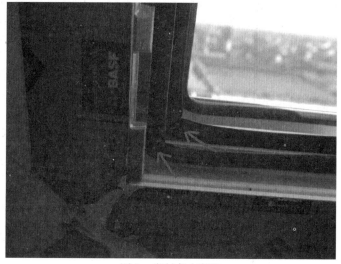

图 9　密封条有断缝

5）使用劣质防水卷材

我国的防水卷材质量和屋面防水系统与德国相差甚远。中国防水协会 2014 年全国建筑渗漏状况调查项目报告表明：中国屋面样本渗漏率达 95.33%，地下样本渗漏率达 57.51%。造成这种情况基本原因有两点：一是防水材料本身性能太差，二是防水构造错误。在两个因素的影响下，屋面漏水就成了一个必然现象。

钢筋混凝土屋面非常适合选用 SBS 高聚物改性沥青卷材。这种材料是由橡胶与沥青共混而成，兼聚橡胶优越的防水性能和沥青易施工的性能，而德国的 SBS 的橡胶含量达到 12%。SBS 改性沥青在显微镜下的状态应如图 10 所示。而我国市场上大部分的 SBS 改性沥青卷材橡胶含量非常低，甚至用废旧轮胎打成的胶粉代替原生胶（图 11）。这种卷材的耐久性非常差。合格的 SBS 高聚物改性沥青防水卷材合理的价格至少是我国市场上普通防水卷材价格的 3 倍以上。

图 10　SBS 高聚物改性沥青卷材

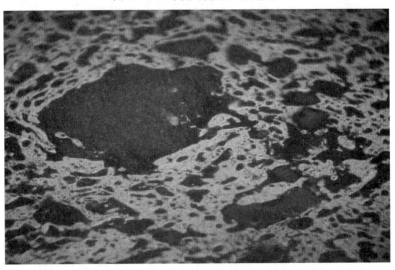

图 11　劣质的胶粉改性沥青卷材

使用低价的劣质卷材给我国建筑工程造成的损失是巨大的。房屋漏水不仅仅需要更换防水材料，还要更换整个屋面保温系统，有时漏水还会对房屋结构和室内财产造成破坏。它唯一的好处就是带来房屋初始投资的降低。我国屋面防水质保期是五年。现实情况是房屋竣工后五年，房屋必漏雨的现象很常见。

6）使用便宜的管材

我国市场上很难看到优质的雨落管系统材料。工程上常用塑料管，其质量参差不齐。有塑料管在房屋刚竣工不久就破裂了（图12）。这种管材与我国只有几十年寿命的建筑匹配，但完全不适合有长久寿命的被动式房屋。而国外优质的雨落管（图13）会有非常长久的使用寿命，或许建设者考虑到房屋会有几百年以上的使用寿命。

 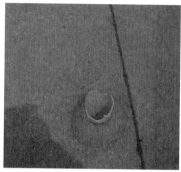

图 12　国内常见 PVC 管材

图 13　国外优质落水管

以上举的几个常见节省成本的方法或许与我国行业存在的低价中标市场环境有关。这里希望被动房的建设者不要急功近利，还是要按照党中央的要求"永远把人民对美好生活的向往作为奋斗目标"。

2　热工与能耗计算不准确

被动式低能耗建筑热工计算和能耗计算非常重要，是设计一个完美被动房的基础，被动式低能耗建筑的无热桥和良好的气密性的特性使建筑的失热得热可以准确地计算出来。中国三个最早建成的被动式低能耗建筑表明其计算结果与实际能耗计算非常吻合。我中心主编的《河北省低能耗居住建筑设计标准》、《黑龙江低能耗居住建筑设计标准》和《北京市超低能耗农宅的设计导则》提供了完整计算方法和相应的数据库。

被动式低能耗建筑热工计算应按现行国家标准《民用建筑热工规范》GB 50176 检验内表面温度、结露和隔热等热工性能是否满足要求；按《民用建筑供暖通风与空气调节设计规范》GB 59736 规定的方法进行采暖负荷、采暖需求、制冷负荷、制冷需求、采暖一次能源需求、制冷一次能源需求以及总一次能源需求计算。计算可以帮助设计师正确选择建筑构造、决定窗的性能与保温材料的厚度，设备选型等。

计算结果准确取决于以下三个因素：一是计算方法正确；二是使用的数据正确，这里的数据库包括温度、太阳、湿度和材料性能等近四十多个数据库；三是使用工况参数设置正确。图 14、图 15 和表 1 中列出了住房城乡建设部科技与产业化发展中心对被动房某项目所做的参数设定和部分能耗计算结果。

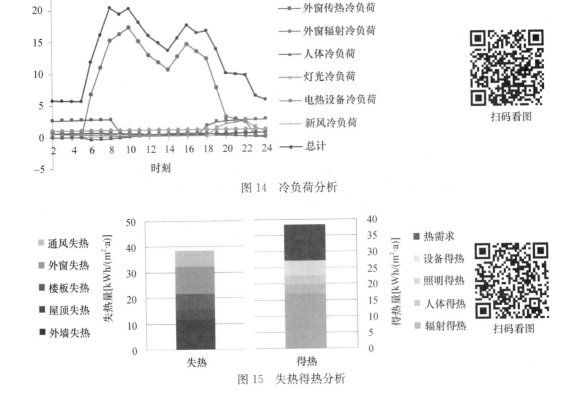

图 14　冷负荷分析

图 15　失热得热分析

表 1　计算参数设定

项目	冬季	夏季
室内设计温度（℃）	20	26
空气调节室外计算温度（℃）	−13	29
最高/最低室外计算温度（℃）	−7.7	28.2
极端温度（℃）	−18.8	35.3
室外空气密度（kg/m³）	1.3019	1.1625
最大冻土深度（cm）	90	—
计算日期（月/日）	10/20～4/30	—
采暖/制冷计算天数（d）	193	—
计算方式	采暖、制冷期连续计算热、冷需求	—

续表

项目	冬季	夏季
设备工作时间（h）	24	24
通风系数回收率（%）	75	0
通风系统换气次数（h^{-1}）	0.1	0.1
换气体积（m^3）	2475	2475
小时人流量（次/h）	10	10
开启外门进入空气（m^3/次）	4.75	4.75
套内人数（人/套）	男 4，女 4	男 4，女 4
人体显热散热量（W）	男：90；女：76.50；	男：61；女：51.85；
人体潜热散热量（W）	男：47；女：39.95；	男：73；女：62.05；
灯光照明密度（W/m^2）	7（同时使用系数 0.5）	7（同时使用系数 0.5）
设备散热密度（W/m^2）	1	1

使用市场上一些计算软件出错主要是因为所用数据库或是计算参数设定不准确。

3 构造错误

被动式建筑构造的基本思路是要满足无热桥、气密性和耐久性要求，与我国建筑构造发生最大变化的是外门窗安装构造和屋面防水构造。

1）外门窗安装构造

很多人已经知道被动式低能耗房屋窗基本上是外挂的。它与墙体及外窗的联接方式，如图 16 所示。金属窗台板两侧端头应上翻，并嵌入进窗侧口的外墙外保温层中 20～30mm。金属窗台板两侧的上翻端头与外墙保温层的接缝处，应采用预压膨胀密封带密封。这种构造方式会让外门窗系统在暴风雨时阻止雨水入侵墙体内部。而我们的实际工程会出现图 17 和图 18 的情况。

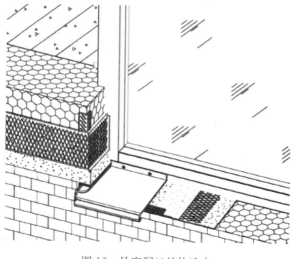

图 16　外窗洞口的构造点

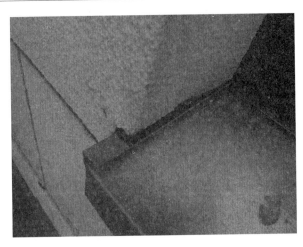

图 17　预压密封带安装错误

　　窗洞口的预压膨胀密封带在一定的膨胀状态下可以起到阻止雨水侵入的作用。而图 17 中的预压膨胀密封带呈完全膨胀状态，成了吸水海绵。

图 18　窗台板构造错误

　　图 18 中的窗台板构造的错误在于窗台板里侧与窗底部交接形成缝隙会将雨水直接灌入保温层内部。

　　2）屋面防水系统构造

　　被动式超低能耗建筑屋面防水保温系统追求的是在 50 年之内不需要维修。图 19 是正确的屋面防水保温构造系统，它的特点是构造简单。紧贴屋面板设置一道防水隔汽层，使用无水胶粘材料铺设保温层，保温层上部设置两道高性能防水卷材。女儿墙保温层与屋顶保温层用防水材料隔出不同区域。这种防水构造非常耐久牢靠。图 20 分别是施工中的防水隔汽卷材、保温层和防水卷材。我国防水卷材的质量很难达到图中防水卷材的质量，带有铝箔的防水隔汽卷材更是很少有工程采用。

　　我们国家常用的防水保温构造如图 21 所示。图中的正置式屋面防水保温构造存在的问题是：防水卷材与隔汽层之间水蒸气不易排出，会引起屋面防水卷材起鼓开裂。图中的倒置式屋面保温层会在雨水长期侵入后保温失效。

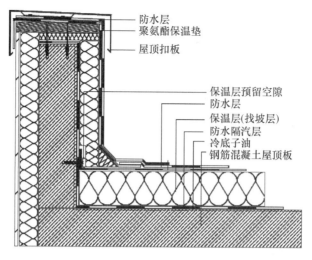

图 19 正确的防水保温构造

防水隔汽卷材　　　　　　　保温材料　　　　　　　防水卷材

图 20 施工中的防水

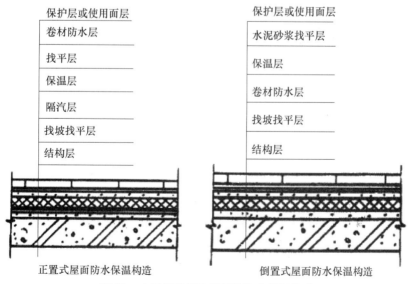

图 21 中国目前普遍采用的防水保温构造

3）雨落管系统构造

雨水经雨落管妥善排出室外不得对建筑造成破坏是最基本常识，但在实际工程中雨水排出系统的处理存在较严重的问题。一些工程的建筑好像根本不考虑雨水会对建筑造成的危害。图 22 中的落水口雨水直冲下层屋面，导致外墙外保温系统损坏造成室内一侧结露发霉（图 23）。国内很多建筑的雨落管排水方式如图 22 和图 24 所示，这种排水方式会让雨水管排出雨水直接冲刷下部外墙结构。正确的排水方式如图 25 和图 26所示：或是将雨水导入排水槽，或是将雨水排入地下排水系统。

图 22　雨水直排屋面

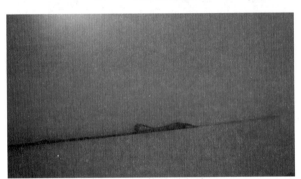

图 23　墙体结露发霉

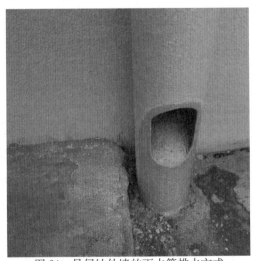

图 24　易侵蚀外墙的雨水管排水方式

图 25 雨水落入排水沟

图 26 雨水导入地下水井

4 以多用设备为荣耀

被动式低能耗建筑诞生的目的是提高建筑本体的性能，保持室内环境的舒适性，最初是为了取消采暖系统。被动式低能耗建筑因本体性能大大优于普通建筑，其配备的暖通空调设施应大幅度减少。而一些被动式低能耗建筑却以多用设备为荣耀，不考虑技术的实用性。被动低能耗建筑的设计对每项技术不但要进行投入产出分析，还要考虑它的负面影响。

在建筑中应用可再生能源是件荣耀的事。但在被动式低能耗建筑中可再生能源要考虑两个问题：一是该不该用；二是用了之后有没有负面影响。有一个寒冷地区的项目，原本只需安装一个空气源热泵就可以满足全年的冷热需求，但该项目为了满足某些标识认证的需要，同时配备了地道风、地源热泵、太阳能热水溴化锂机组，同时还安装了空气源热泵。该项目用在新风空调的投资超过 1200 元/m^2，是普通项目的三倍以上。同时，过多产品的使用给房屋使用带来了负面影响。一是屋面太阳能热水系统占用了使用面积。该项目屋面设计是屋顶花园。由于屋顶太阳能热水系统占据了三分之二以上的屋顶面积（图 27），使原本可利用的 300m^2 休闲使用空间，剩下不到 100m^2；二是

图 27 屋顶太阳能热水系统占据了屋顶大部分面积

室内机组运行发热给夏季带来了负面影响，楼内的机组设施有些部位烫手，增加了夏季的负荷；三是带来了维护成本的提升，设备用得越多，维护工作越繁重，成本也越高；四是运行成本的大幅度上升。空调系统的使用年限一般在 15 年左右，太阳能热水系统 10～15 年。将设备投资折合进使用费用中，就能够判断出减少建筑用能所付出的代价。这种代价绝不同于我们将普通建筑的使用寿命从几十年延长到几百年的增量成本。前者是每隔 10～15 年就要投入一次，而后者仅是初始成本的一次性投入。

5　材料和产品没有必要的保护措施

被动式低能耗建筑要求精细化施工，但某些工程施工管理粗放，这种粗放式施工会造成比较严重的后果。没有对材料和产品采取必要的保护措施是一些工地的常见现象。

一些工程门窗在施工中没有采取必要的保护措施，往往工程还没验收，窗户已遭到严重的破坏。譬如，密封条脱落（图 28）；真空玻璃已经损坏（图 29），真空玻璃室内表面结露表明真空度下降，良好的保温性能已不复存在。在这种工程中，原本漂亮的外门窗在工程还没有交付使用时就已经变成旧的了。

图 28　密封材料在施工中被损坏

图 29　玻璃保温性能下降

一些工程中没有对保温材料采取有效的保护措施。譬如，岩棉材料不能淋雨，而图 30 中的堆积在室外的岩棉没有良好的防雨措施，一场暴风雨就会让这些岩棉报废。

图 30　岩棉没有采取防雨措施

6　错用材料

工程中经常会出现使用不该使用材料的现象，被动房的工地也出现了这种情况。屋顶保温材料错用了 XPS 板（图 31），这种 XPS 板极易变形，一旦用于屋顶，极易将屋面保温系统破坏。屋顶错用了保温浆料（图 32），保温浆料应严禁使用，原因是保温浆料含有水分不但保温性能没有保证，保温材料所产生的水蒸气会破坏防水层。外窗使用了没有弹性的隔汽膜（图 33），如果隔汽膜没有变形能力，外窗在温度应力变形的作用下会发生移动，从而拉破隔汽膜使房屋的气密性遭到破坏。

图 31　屋顶错用 XPS 板

图 32　屋顶错用浆料

图 33　防水隔汽膜无弹性

说明：

[1] 图 19 来自德国威达公司。

[2] 图 21 由自大连博朗房地产开发公司提供。

德国 PHI 被动房数据库及世界
被动房大奖赛获奖案例研究

张时聪，吕燕捷，徐伟

（中国建筑科学研究院，北京 100013）

摘 要 德国被动房研究所作为被动房研究和认证的权威机构，其官方发布的被动房数据库目前共收录全球范围内 48 个国家共 3867 例被动房项目信息，其中有 1004 个建筑取得被动房认证。被动房研究所分别于 2010 年和 2014 年举办"世界被动房大奖赛"，从数据库中评选出优秀被动房案例并授予"被动房建筑奖"。本文根据被动房研究所官方数据库中的被动房建筑信息以及两次"世界被动房大奖赛"共 45 例获奖项目，针对其基本建筑概况，技术进展，参数指标和使用情况等内容进行分析。

关键词 被动房；被动房数据库；被动房优秀建筑奖

1 概 述

"被动房"建筑的概念是在德国 20 世纪 80 年代低能耗建筑的基础上建立起来的，1988 年瑞典隆德大学（Lund University）的阿达姆森教授（Bo Adamson）和德国的菲斯特博士（Wolfgang Feist）首先提出这一概念，认为"被动房"建筑应该是不用主动的采暖和空调系统就可以维持舒适室内热环境的建筑[1]。自 1991 年在德国的达姆施塔特（Darmstadt）建成第一座"被动房"建筑（Passive House Darmstadt Kranichstein）至今，被动房的发展已经遍布世界近 50 个国家和地区。德国被动房研究所（Passive House Institute，PHI）被认为是目前世界上最具权威性的被动房设计研究机构，为进一步拓展被动房在全球的影响力，被动房研究所联合其旗下被动房服务有限公司（Passivhaus Dienstleistung GmbH）、德国被动房联合会（IG Passivhaus Deutschland）和国际被动房协会（International Passive House Association，iPHA）共同建立并发布了被动房信息数据库（Passive House Database），该数据库由被动房项目方自行申请填报项目的相关参数信息，并由数据库管理员核对后收录发布，目前该数据库收录了全球范围内 48 个国家共 3867 个建筑信息，其中获得被动房认证的建筑达 1004 个[2]。

被动房研究所于 2010 年举办第一届"世界被动房大奖赛"，针对数据库中的案例评选出 24 个优秀被动房建筑授予"被动房建筑奖"（Passive House Award I）。2014 年，被动房研究所评选出 21 个优秀建筑授予第二届"被动房获奖建筑"（Passive House Award II），两届评选获奖项目共计 45 个。这 45 个建筑可以代表目前全球被动

作者简介：张时聪（1980.6—），男，副研究员，单位地址：北京市朝阳区北三环 30 号中国建筑科学研究院，zhangshicong01@126.com，010-84270181

房发展的最高水平建筑。本文将针对这 45 个获奖案例的建筑基本信息以及技术参数，并结合数据库中其他建筑信息，对被动房的发展历程、技术指标以及发展趋势展开分析，并结合中国被动房的发展情况，给出中德被动房体系发展的差异分析。

2 被动房研究所官方数据库

2.1 数据库基本概况

被动房数据库（Passive House Database）中建筑的建成时间可以从 1935 年涵盖至今，信息库中的项目信息部分来源于被动房研究所官方认证项目，其余则来自项目持有方自行申报。申报方需提交项目基本概况和所有关键设计参数信息。所有录入数据库的案例都经过被动房性能设计工具包（Passive House Planning Package，PHPP）进行计算验证，计算得到的各项指标需符合被动房性能要求，所有建筑信息完全公开。因此，被动房数据库中的信息根据被动房项目的实施进展实时更新，截止到 2016 年 11 月，数据中共收录被动房建筑 3867 个，其中有 1004 个案例已取得由被动房研究颁发的符合《被动房质量标准》（The Passive House Standard Criteria，Version 9）的认证。数据库中可以根据国家地区、建筑年代、建筑类型、建筑形式、项目编号以及是否取得被动房认证等具体信息进行项目查询。

被动房的发展也并非是短时间内一蹴而就的，纵观被动房的发展历程，可以总结归纳为三个阶段：根据数据库中的数据，最早的建筑年限为 1935 年，直至 1991 年第一栋受世界公认可以达到被动房标准的被动房完成，被动房的概念和体系也在一步步探索中不断完善和强化，这段时期可以被称为被动房诞生的"孕育期"。图 1 为数据库中每年被动房总量的变化情况。1991 年—2005 年期间，被动房的发展仍然经历较长一段时间的普及和认知，被动房的理念逐渐自上而下地渗透到德国建筑领域各个阶层，这段时期可以被称为"初步发展期"。2005 年德国新版《建筑节能法》正式发布，对建筑能耗限值和认证计算提出了明确的规定，被动房数量大幅提升，正式步入"快速发展期"。

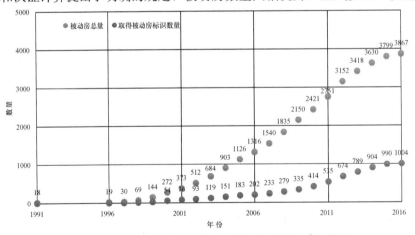

扫码看图

图 1 被动房累计数量增长变化情况

从图中可以看出，被动房的"飞速发展期"应该是从 2005 年开始，并于 2014 年以后增长开始放缓。

2.2 被动房数据库类型数量分布

数据库中依据建筑功能共划分为 24 个建筑类型，为统计方便，本文依据我国建筑功能划分习惯将 24 个建筑类型归为 9 种，图 2 为被动房数据库中不同类型建筑所占数量。

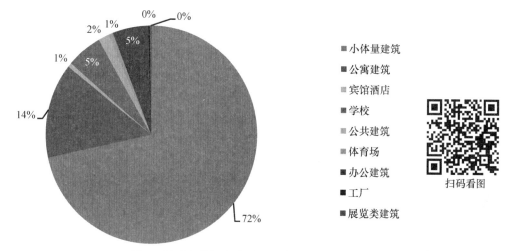

图 2 被动房数据库建筑不同建筑类型的建筑数量

从图 1 中可以看出，小体量建筑（Small Scale houses）的项目数量为 2784 个，总面积达 55.6 万平方米，其中获得认证的是 617 个，占总量的 72%，居住建筑占被动房项目总量的 85.5%，大体量公共建筑，如学校、体育场馆、工厂等占项目总量的 7.3%，中小体量公共建筑，如办公建筑等占总体量的 7.5%。从统计数据可以看出，目前被动房的发展主要还是集中在小体量居住建筑中。

2.3 被动房国家分布

目前拥有被动房数量最多的几个国家分别是：德国、奥地利、法国、美国和英国（图 3）。通过对数据库中各国被动房案例的研究可以发现，由于气候、文化、建筑分布特点等因素，被动房在欧洲中部德语体系中有着较高的接受程度。

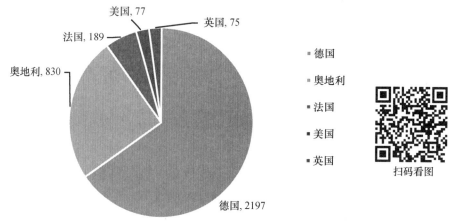

图 3 主要被动房持有量国家分布

3 被动房建筑奖

3.1 被动房建筑奖基本情况

为了提升被动房数据库的影响力，推动被动房在全球范围内的发展，在 2010 年被动房研究所对在库的被动房建筑进行评选，决出 24 个最能代表被动房设计理念和建筑性能的优秀被动房案例并授予第一届"被动房建筑奖"。此次评奖在被动房领域产生了广泛的影响，德国交通部长彼得·拉姆绍尔对该次评选做出评价："被动房是建筑节能领域的巨大进步，被动房建筑奖评选出的建筑充分说明高能效能源利用和优化的建筑设计之间可以相互融合[3]。"之后，被动房研究所于 2014 年对 2010 年—2014 年间的入库项目进行评选，并再度决出 21 个优秀案例授予第二届"被动房建筑奖"。两届被动房获奖案例的评选共评选出 45 个被动房案例，这些案例充分体现了被动房的设计理念，其高效的能源利用效率和良好的建筑性能代表了目前世界范围内被动房建造的最高水平。

从 1991 年第一栋"被动房"建成，至 2005 年被动房正式步入发展，再到 2010 年第一届"被动房建筑奖"的颁发，被动房经历 20 年的发展。然而业界对于两届"被动房建筑奖"评选的关注度持续升高，则充分说明了被动房的发展迎来了历史上的黄金时期。

3.2 获奖项目基本情况

两届获奖建筑以 2010 年为时间划分，首届评奖 24 个，建筑建成时间集中在 2004 年—2010 年之间，第二届评奖建筑 21 个，建筑建成时间集中在 2010 年—2014 年间。表 1 给出两届获奖建筑的国家分布。

表 1　两届获奖建筑的国家分布

第一届获奖建筑家分布	德国	奥地利	丹麦	日本	瑞士	中国				
数量	16	3	2	1	1	1				
第二届获奖建筑国家分布	德国	美国	奥地利	韩国	英国	法国	丹麦	新西兰	芬兰	比利时
数量	9	3	2	1	1	1	1	1	1	1

对比两次建筑的评选，可以发现，相比于第一届获奖建筑，第二届获奖建筑的国家更加分散，参与被动房研究的国家也在逐渐增多。相比于第一届评奖，第二届获奖建筑项目信息存在以下特点：

① 大体量建筑逐渐增多。

② 建筑形式更加多样化，从单一住宅向多功能公共建筑扩展。

③ 建筑评价指标中增加冷负荷和冷需求指标，指标体系更加完善。

表 2 为两届获奖项目的建筑类型和项目规模统计。对比两届项目基本概况信息可以得到，相比于第一届获奖建筑，第二届获奖建筑从体量上和建筑功能上有明显增大增多的趋势。由此可以看出，随着被动房技术的发展，大体量建筑实现被动房已逐渐成为可能。

表 2　两届获奖项目建筑类型和项目规模统计

		小体量住宅	公寓	公共建筑	办公建筑	体育场馆	学校
第一届获奖	数量	4	9	3	2	2	4
	单体面积	78～280	147～2538	528～6462	176～2096	738～1000	358～773
第二届获奖	数量	6	4	5	4	0	2
	单体面积	88～413	2535～9439	82～12442	442～20984	0	3275～12625

为方便叙述，本文将对两次被动评奖的获选建筑进行统一对比，并分别从建筑能耗指标、围护结构性能、建筑冷热技术支持和通风系统四个方面进行分析。

4　"被动房建筑奖"获奖建筑研究

被动房通过采用先进节能设计理念和施工技术使建筑围护结构达到最优化，极大限度地提高建筑的保温、隔热和气密性能，并通过新风系统的高效热（冷）回收装置将室内废气中的热（冷）量回收利用，从而显著降低建筑的采暖和制冷需求。因此，能耗指标是被动房标准中最为关键的衡量要素。

表 3 为被动房标准中对于能耗的指标的要求，表 4 给出被动房对于舒适性指标的具体要求[4]。

表 3　被动房能耗技术指标

被动房能效控制指标	被动房标准
供热能源需求量	≤15kWh/（m² · a）
最大采暖负荷	≤10W/m²
供冷能源需求量	≤15kWh/（m² · a）
生活热水、家庭用电的年一次能源总消耗	≤120kWh/（m² · a）

表 4　被动房舒适性指标

被动房舒适性指标	要求
室内温度	20～26℃
超温频率	≤5%
室内相对湿度	40%～60%
室内 CO_2 含量	≤1000ppm
室内噪声	卧室≤25dB，起居室≤30dB
房屋气密性	N_{50}≤0.6/h，即在室内外压差为 50Pa 时，每小时的换气次数不得超过 0.6 次

4.1　供热供冷需求研究

图 4 为两届"被动房建筑奖"获奖项目的年供热需求和供热负荷需求。可以看出，获奖项目的年供热需求基本都能够控制在 15kWh/（m² · a），满足被动房的供热能耗需求。一期获奖项目的平均年供热需求为 13.82kWh/（m² · a），二期获奖项目的平均年供热需求为 11.63kWh/（m² · a）。

随着围护结构的保温性能和气密性能的提升，建筑室内温度由于受室外环境的影响而产生的温度波动将会大大减小，建筑的冷热负荷也将会大幅减小，统计结果显示，图 4 中所有获奖建筑中热负荷并非完全低于 $10W/m^2$，由于被动房标准中要求，年供暖需求与建筑热负荷的满足条件之间是"或"的关系，当被动房热负荷超过规定值，但年供暖需求仍然控制在 $15kWh/（m^2·a）$，且年一次能源消耗小于 $120kWh/（m^2·a）$ 时，仍然可以认为满足被动房建筑能耗指标要求。

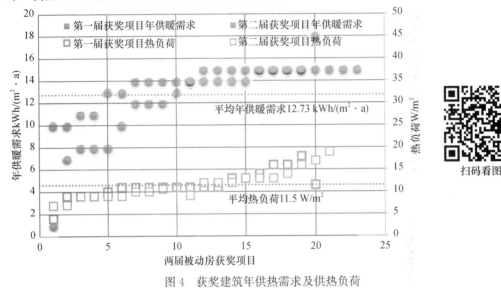

扫码看图

图 4　获奖建筑年供热需求及供热负荷

图 5 是第二届"被动房建筑奖"获奖建筑年供冷需求及供冷负荷对比。前后两届评选工作，第二届评选建筑的参考指标中明确加入了单位建筑面积年供冷需求和冷负荷指标，而第一届获选项目中并未将供冷作为考量指标。这也显示出随着被动房的发展，能耗评价指标更加全面，且统计发现，在第二届"被动房建筑奖"获选的 21 个项目中，有 12 个项目的供冷需求为 0，即这部分地区夏季没有供冷需求。这与我国北方地区气候特点并不相同，我国寒冷、夏热冬冷以及夏热冬暖地区的夏季供冷需求是不容忽视的，尤其在我国南方地区，夏季供冷需求占全年冷热需求的 70% 以上。

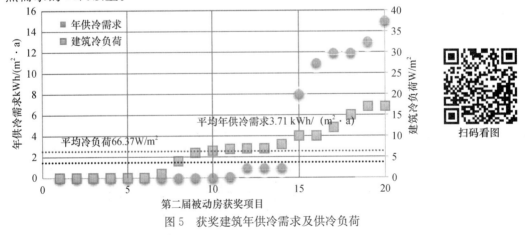

扫码看图

图 5　获奖建筑年供冷需求及供冷负荷

4.2 围护结构性能研究

被动房的围护结构是其达到能耗需求的首要环节。对于非透光围护结构，我国标准规范规定包括外墙、屋面、地下室外墙、地面、底面接触室外空气的架空或外挑楼板等。德国被动房技术体系中要求非透光外围护结构的 U 值须小于 0.15 W/($m^2 \cdot$ K)。为叙述方便，选取获奖建筑中外墙、屋面和地面三个主要参数，与我国建筑节能设计标准进行比对，如图 6 所示。从统计数据可以看出，获奖建筑的围护结构传热系数参数大部分满足这一限值要求，且皆远低于我国对应气候区的标准限值。

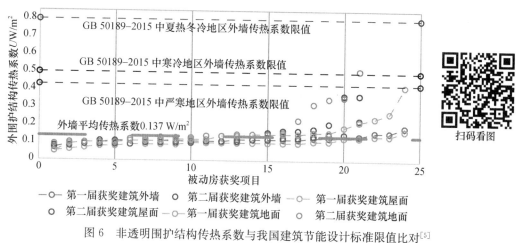

图 6 非透明围护结构传热系数与我国建筑节能设计标准限值比对[5]

图 7 为获奖建筑整窗传热系数和 g 值与我国建筑节能设计标准中对窗户限值的比对。德国被动房技术体系中要求透明的围护结构（窗户、幕墙等，含窗框）的 U 值须小于 0.8 W/($m^2 \cdot$ K)，总能量穿透率 G 值小于 50%。从图中可以看出，相比于非透明围护结构性能参数，我国对窗户的性能要求与被动房项目的实际性能水平相差较大。其中严寒地区项目的窗户传热系数高于我国建筑节能标准《公共建筑节能设计标准》GB 50189 为 70.4%，寒冷地区高于我国标准中对应限值 72.8%，夏热冬冷地区高于我国标准中对应限值为 77.1%。

4.3 气密性

根据被动房研究所编制的《被动房设计手册》（Passive House Planning Package, PHPP）中对于被动房建筑气密性的要求，被动房建筑气密性应达到 0.6 次以下（在室内外 50Pa 压差下）[6]。图 8 为两届获奖建筑的建筑气密性实测值统计，所有建筑均能够满足被动房建筑气密性的要求，其平均值可以达到 0.34 次。

建筑气密性受施工工艺影响较大，这也是最考验建筑施工水平的环节。随着建筑体量的增大，保证建筑气密性的难度也将不断增大。在两届获奖建筑中可以看到，不乏大体量的公共建筑及体育场馆，其仍然能够保证气密性符合被动房设计标准，为大体量建筑实现被动房提供了实际依据。

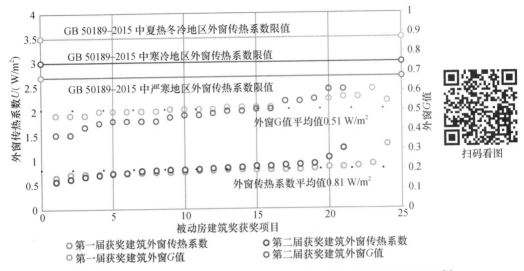

扫码看图

图 7　获奖建筑透明围护结构传热系数与我国建筑节能设计标准限值比对[5]

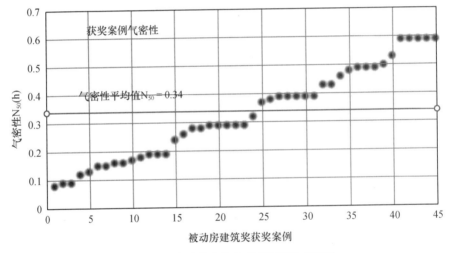

图 8　被动房建筑奖获奖案例气密性能统计

5　供热供冷系统及通风系统形式

5.1　供热供冷系统（图 9）

被动房的冷热源系统形式与建筑体量及建筑功能有关。在对两期获奖建筑的冷热源进行统计时发现，在两期 45 个项目中，40 个项目采取不同形式的热源系统，其中，有 14 个项目直接利用区域外网作为热源，占项目总数 31％，采用热泵的项目有 15 个，占总数的 33％，其他热源形式还有燃气锅炉、燃料锅炉等，完全不采用热源的建筑只有 5 个，占总数的 11％。

在冷源系统方面，由于一期 24 个项目中均没有对冷源方式的统计，因此仅对二期

21 个项目中的冷源系统形式进行统计。其中，无供冷需求的项目为 12 个，占 57.1%，有 15% 的项目采用地道风冷却室外空气，采用空气源热泵和地源热泵作为建筑冷源的占 29%。

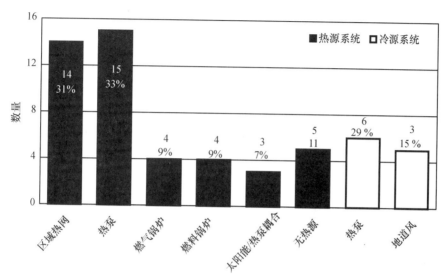

图 9   热源系统及冷源系统形式

5.2   通风系统

按照被动房设计手册（PHPP）的要求，被动房室内新风量应不低于 20～30m³/(h·人)，机械通风系统热回收效率不得低于 75%。被动房的机械通风系统是寒冷地区最受瞩目的环节，通风系统形式以及防霜冻问题是寒冷地区被动房需要着重解决的问题。表 5 为两届 45 个获奖建筑中，通风系统形式及对应的新风预热方式统计。

表 5   通风系统形式及新风预热方式统计

通风系统形式	分散式	半集中式	集中式	无（passive）
项目个数	36	5	2	2
新风预热方式	区域热网	电加热	热泵	
项目个数	5	5	4	

在 45 个获奖建筑中，通风系统形式以分散式新风机为主（占 80%），部分大型公共建筑采用半集中式或集中式通风系统。新风热回收的主要方式为转轮热回收（占 52.1%）和板式热回收（46.8%）。在 45 个项目中，有 31 个项目由于地域气候因素不需要对室外新风进行预热，在 14 个需要对室外新风进行预热的项目中，新风预热方式主要采用直接利用板换接区域热网的热水进行新风预热（35.7%）、电加热（35.7%）以及热泵加热（28.6%）。

6   可再生能源系统

在德国，被动房是指建筑仅利用太阳能、建筑内部得热、建筑预热回收等被动技术,而不使用主动采暖设备、实现建筑全年达到 ISO 7730 规范要求的室内舒适温度范围和新风要求的建筑。因此在被动房案例中,可再生能源的利用并不作为评价建筑性能的重点,建筑是否能够通过被动式手段满足室内舒适环境要求才是被动房认证评价的重点。

然而,对比两届被动房评选结果,可以看到,可再生能源的利用主要集中在空气源热泵、太阳能以及生物质锅炉的应用上。表 6 为两届获奖案例中可再生能源的应用情况与数据库中总对比。

从表 6 中数据可以得出,可再生能源的利用在被动房获奖建筑中的占比相对较小,在整个被动房数据库中占比也并不高。在太阳能光热利用中,有 60%~70% 的项目太阳能用于生活热水的制备,有 30% 的项目用于太阳能热泵与地源热泵联合供暖。

表 6　可再生能源应用情况

获奖时间	可再生能源			
	太阳能光热	太阳能光伏	生物质锅炉	空气源热泵
第一届	3	1	3	0
第二届	2	0	0	3
数据库	244	174	383	29

虽然在获奖案例中太阳能光伏的应用实例较少,只有一例,但是在被动房数据库中,仍然有 174 例项目采用了太阳能光伏板,这些案例中太阳能光伏板产生的电能,或用于室内照明或花园、车库等配套设施的照明,或用于电动汽车的充电。可以看出,虽然被动房强调通过被动式手段,但随着生活方式的多样化,可再生能源的利用也逐渐开始显现。

7　中德被动房比较

7.1　气候差异决定指标体系

德国被动房标准的指标体系是根据德国以及北欧当地的气候条件制定的,然而中德两国气候差异明显,我国严寒地区是否应该追求完全依靠被动式手段实现被动房本身就是值得研究的议题。图 10 为两届获奖建筑主要所在地区供暖度日数(HDD18)、供冷度日数(CDD26)与我国严寒、寒冷地区主要城市对应参数的比较。选取我国北方严寒地区典型城市哈尔滨和牡丹江,寒冷地区典型城市北京(图中紫色为典型城市供暖度日数,红色为供冷度日数)。可以看到相比于被动房获奖建筑地区的气候参数,我国北方严寒地区冬季供暖度日数明显大于项目所在地区,而寒冷地区以北京地区为例,对供冷的需求也远远高于被动房项目实施地区。

由此可见,欧洲地区虽然纬度与我国北方地区相近,但是气候上差距非常大,被动房获奖建筑所在地区大部分气候相对温和,属于温带海洋性气候,与我国极端天气形成鲜明对比。因此,被动房相关技术措施是否能够直接应用于我国尚还需要科学计算和严谨认证。如何根据采暖度日数、空调度日数建立适合中国的超低能耗建筑标准,确立中国建筑室内舒适度标准,而非完全照搬德国被动房指标体系至关重要。

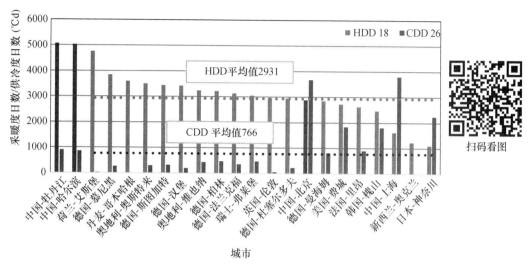

图 10　我国严寒、寒冷地区典型城市供冷供暖度日数与获奖建筑地区对比

7.2　政策推动因地制宜

和欧美发达国家一样，被动房以及零能耗建筑等高性能建筑的增量成本是阻碍这类建筑发展的一个重要因素，示范项目先行带动产业发展也将是我国未来高性能建筑的必经之路。"被动房建筑奖"获奖作品不仅得到德国政府的重视，更是在世界范围引起广泛的影响，我国应积极开展高性能建筑示范项目建设工作，增加大体量公共、居住建筑的示范项目实施，增加示范项目的影响力。

8　总结

本文通过对被动房数据库中被动房项目信息以及两届被动房建筑奖获奖建筑的各项性能参数进行统计分析和对比研究，对目前全球范围内被动房的基本发展概况进行了梳理，从被动房数据库中的既有案例可以看出，目前被动房项目主要集中在欧洲地区，占被动房总量的90%。其中小体量居住建筑占比达到85%，随着近年来被动房技术的完善，越来越多的大体量公共建筑、场馆建筑以及办公建筑在逐步出现。

通过对两届"被动房建筑奖"获奖建筑技术参数的统计和比对可以发现，被动房的设计并非完全取消冷热源，而是尽可能通过被动式手段将建筑冷热需求降至最低，在 45 个获奖建筑信息中，外墙平均传热系数为 $0.137W/m^2$，外窗平均传热系数为 $0.81W/m^2$，远低于我国建筑节能标准中要求限值。经过统计，45 个项目中有 5 个项目完全无需任何形式热源，18 个项目通过热泵、太阳能系统耦合的形式可以满足供暖需求，22 个建筑通过区域热网或小型锅炉对供暖需求进行补充。

通过对获奖建筑所在地区的供冷度日数和供暖度日数进行计算可以看出，大部分被动房地区的采暖度日数远低于我国严寒寒冷地区城市（平均采暖度日数 HDD 为 2931，我国哈尔滨地区采暖度日数为 5066），属于相对温和地区。因此被动房技术体系对于我国不同地区是否能够直接应用尚需要进一步研究和验证。

参考文献

［1］ 张时聪，徐伟，姜益强. 国际典型"零能耗建筑"示范工程技术路线研究［J］. 暖通空调，2014，44（1）：52-59.

［2］ Passive House Institute. Passive House Database［EB/OL］.［2016-11-1］. http：//www. passivhaus-projekte. de/index. php.

［3］ First Passive House Award［M］. 1. Passive House Institute，2010.

［4］ Passive House Institute. Criteria for the Passive House，EnerPHit and PHI Low Energy Building Standard［EB/OL］.［2016-11-1］. http：//passiv. de/downloads/03 ＿ building ＿ criteria ＿ en. pdf.

［5］ GB50189—2015 公共建筑节能设计标准［S］

［6］ Passive House Institute. Passive House Planning Package（PHPP）［EB/OL］.［2016-11-1］. http：//passivehouse. com/04 ＿ phpp/04 ＿ phpp. htm.

建筑能源及其综合利用方法

尹宝泉，王梓

（天津市建筑设计院，天津　300074）

摘　要　建筑能源，是从建筑与环境的角度提出的建筑自身的属性，伴随着建筑而存在，因场地、建筑设计方案、建筑构成的不同而不同。建筑能源系统节能是相对独立的具有特殊归属的自然能源系统的高效集成，不同于常规建筑节能，更强调通过被动式设计手段及主动式技术的合理利用，最大化地发掘建筑能源供给建筑用能需求的可能，从而降低建筑用能对环境的影响。本文通过提出建筑能源概念，分析影响建筑能源的因素，提出了建筑能源利用的基本技术路线及建筑能源系统节能方法。

关键词　建筑节能；自然能源；能源综合利用；被动式设计；建筑与环境

1　引　言

作为人与自然之间的一种物质存在，建筑对外承载着自然界对人类施加的一切作用，对内则影响着人的生理心理变化乃至进化与生存。陈启高[1]指出，建筑中用能量应当压缩，发展自然能源建筑。即以风水四合院为依托，利用太阳能实现自然采暖建筑，利用大气的长波辐射作为能源实现自然空调建筑。付祥钊[2]等提出了建筑自然冷热资源的概念并构建了建筑自然冷热资源的评价指标，分别评价了太阳能、夜间天空、空气、水、岩土作为自然冷热资源的特性，提出了建筑自然冷热资源利用的基本技术路线。

建筑物很有可能在未来的能源图景中发挥重要的作用。通过屋顶和立面上安装光电电池以及在建筑物中安装微型热电联供设备，使其在白天成为能源站。英国节能基金会认为，到2050年，英国电力的30％～40％将出自住宅安装的发电设备[3]。

本文提出了建筑能源的概念，分析了影响建筑能源利用的因素，对建筑能源的综合利用方法进行了分析，并结合实例初步分析了建筑能源综合利用的方法及性能，提出了建筑能源利用的技术路线及建筑能源系统节能的方法。

2　建筑能源

2.1　建筑能源理论

在某种意义上建筑和生命一样，已经演化成一个不断与环境进行物质、能量和信息交换的新陈代谢系统。在生态和文化背景下，建筑学、太阳能、风能、住宅生物学

作者简介：尹宝泉（1984.1—），男，高级工程师，天津市河西区气象台路95号，300074，电话：15102257442。

及电力科技、食物生产和废物利用的综合将成为开创后石油时代新设计科学的基础[4]。

能源是一种呈多种形式的，且可以相互转换的能量的源泉。"建筑能源"是伴随建筑的产生，因建筑而存在的具有一定属性的能源，其中大部分为自然能源，也有建筑自身的产能。建筑用能系统应最大程度地利用建筑能源，整合其他能源形式，形成高效的建筑供用能系统，尤其是通过建筑本体充分利用建筑能源，如太阳能、太空低温能、地热能、空气能、风能等，降低建筑对能源的本质需求，并辅以适宜的设备以确保建筑供用能系统在极端条件下的适用性。利用有限的能源，以最低的能耗创造出人们所需要的环境，便是性能最好的建筑。建筑能源，是随建筑所处地域及建筑属性的不同而不同的，如图1所示。

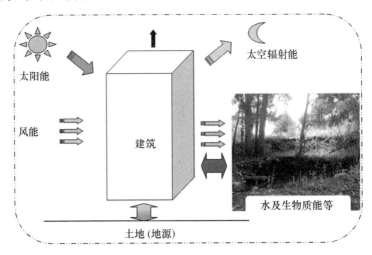

图 1　建筑能源

建筑能源更强调因建筑设计及构造而构成的太阳能、风能、太空辐射能等可再生能源的不同量的能源，即不同的建筑形式和结构构造，其建筑能源的大小不同，对能源利用的难易程度也不同。遵循生物气候学的设计原则，在一定功能需求下，存在最合理的形式及综合利用策略。这不仅不会限制建筑师的创造性，还会为建筑设计提供新的理论基础，改善"人－建筑－自然"的关系。从这个角度分析建筑节能，不仅可以通过被动式建筑设计策略充分挖掘能源解决方案，降低建筑用能需求，提高能源利用效率，还可以充分利用人、建筑与环境复合系统所提供的信息，使人的需求与建筑能源实现同步优化。

2.2　建筑能源系统集成

"在风水理论看来，宅的经营，无论其座向方位、规模大小高卑、内外空间的界合与流通，都要同自然环境相称，通过对'生气'的迎、纳、聚、藏等细腻处理，来接受或调节自然环境的影响，参与到宅中，进而使宅的人工生态系统同自然生态系统有机协同地运作，萌人养物，安身立命，人宅相扶，感通天地。"[5]

大自然的进化生生不息，而人工自然的进化却是以大自然的退化为代价的。其中一个重要的原因是大自然的进化动力能源来自于太阳，是地球以外的能源，而人工自然进化的动力能源绝大部分来自地球——大自然进化的结果本身，同时其排出的能源进一步提高了地球系统的熵，也就是说人工自然的发展是以地球自身的"内耗"为代价的。所以只有缩短人工气候能耗的路径，降低其环境负荷，将太阳能及其他气候能源的利用最大化，简化能量形式的转换路径，提高效率，同时通过多种手段，降低熵增，减轻大自然的退化。建筑中所蕴含的能量和物质材料的流动，是整个能量系统的一部分。建筑和其他生命体一样具有新陈代谢的活动，进行着自身和整个系统的能量交换和平衡。建筑需要和外界保持物质、能量和信息平衡交换，以提供健康舒适的空间环境。通常为了协调和适应来自于自然界的气候、湿度、阳光等物质环境的影响，建筑空间必须通过自身的结构形式，形成特殊的微气候环境，实现与外部能量的最优化交换模式，如图2所示。

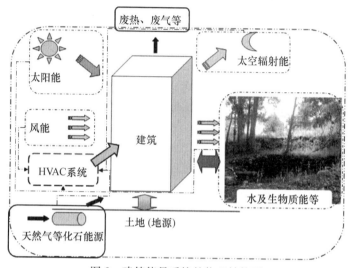

图2　建筑能量系统的物理结构图

　　整个地球被相关的生物圈支配着，和谐生物圈在任何时刻都应广泛地达到平衡，而从长远来看生物圈又是进化和变化的。从生态气候学建筑的角度意识到这些循环，并通过设计来支持它们，而不是破坏它们来满足自己的生活需要，如图3所示[6]。建筑能源理论的提出为建筑本体节能及建筑与可再生能源的一体化提供了理论依据。

3　影响建筑能源的因素分析

　　建筑设计中需要考虑的因素，基本对建筑能源都产生影响，如地形（地势及斜坡方位），可能会形成不同微气候环境，涉及风环境及湿度分布等；植被类型，尤其是树木，不但能非常有效地遮阳和减少得热，还能产生空气压差，促成空气流动，影响空气环境等；水体，不仅会影响微气候环境，作为自然的冷热源，还可以与建筑的供暖制冷需求互动；街道宽度及方位，不仅影响日照分布，还会影响风环境；室外空间及建筑形式，建筑围护结构应具有良好的保温隔热性能及一定的调节能力；地表特征，不同材料的吸收和反射系数不一，会影响辐射得热和散热；规划形式，规划要素，可营造舒适的微气候环境；建筑朝向，体形系数，屋顶形式，门窗形式及布置，门窗朝向，门窗调节构件，室外色彩与纹理，屋顶材料，墙体，室内布置与分隔，室内材料，室内装修等将对建筑利用太阳能，得热与散热等起到重要影响，既而会影响风环境，影响整个场地气候环境。

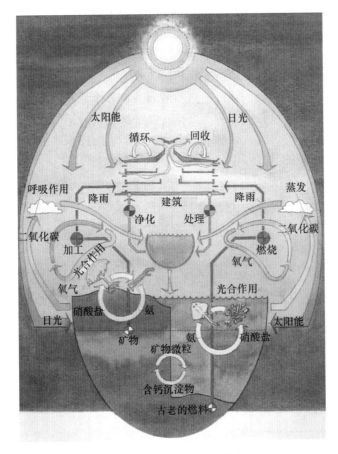

图3 建筑与生物圈的联系

综合上述，建筑要素都对建筑能源产生影响，且往往是多个要素复合产生多元的影响。如建筑的形体及其组合对太阳能和风能的利用产生多种的影响，如图4所示。

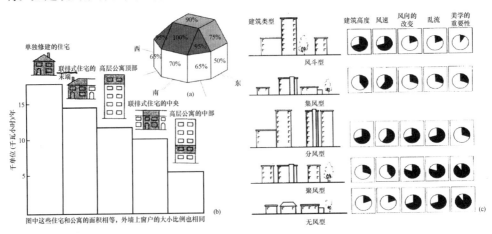

图4 建筑要素对建筑能源利用产生的影响

（a）倾斜度和朝向变化的 PV 效率[3]；（b）建筑形式和能源消耗的关联[7]；

（c）建筑组合类型及对风力发电的影响[3]

日本三分一博志认为："美丽的景色是通过能源所创造出来的景色，即能源景观。为了创造出这样的风景，建筑的存在应该像该地区特有的植物一样。在地下具有像根一样的交换能源的场所，地上具有像叶子一样的吸收太阳能的场所。然后，在这里产生出各种各样的能源，各种追求能源的生物聚集于此。地球上存在着很多事物，建筑物由某种事物来产生循环，并且建筑或风景也像植物一样被养育。"[8]

4 建筑能源综合利用方法

建筑师在建筑设计中主动地合理利用各种保温隔热措施以及自然通风、遮阳等设计手段以适应地区气候特点，节约能源、利用太阳能、太空辐射制冷等可再生能源，是建筑节能的主要途径，也是绿色建筑的主要方面。这要求建筑师了解环境地理状况（气候、地形、地貌、风向、植被等），学习并继承传统建筑中蕴含的生态智慧，采用低成本、低造价或者是造价适当的技术组合与材料。

建筑能源是依托建筑存在的环境能源系统，建筑能源系统的开发利用，应当遵循与建筑用能需求匹配的原则，通过提高建筑围护结构的性能，被动式利用自然能源，降低建筑用能的需求，提高建筑本体的性能，此外结合分布式能源，从群体乃至区域的角度平衡各种可再生能源，实现集成互补，从而可实现建筑能源的自给自足。

建筑能源为不同建筑能源系统的整合提供了条件。可以和终端用户的需求系统进行协同优化，通过信息技术将供需系统有效衔接，进行多元的优化整合，在燃气管网、低压电网、热力管网和冷源管网以及信息互联网上实现联机协作，及时快捷地提供用户所需要的个性化能源服务，互相支持平衡，构成一个多元化的能源网络，为可再生能源利用的发展提供了新的动力，使能源供应与能源的实际需求更加匹配，如图5所示。

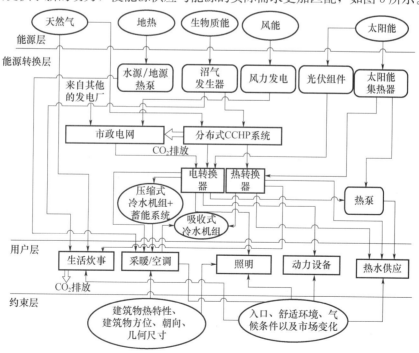

图5 建筑物分布式能量系统的能流网络图[9]

综合上述，建筑能源综合利用的技术路线，可以总结为：首先，需要建筑本体设计（体型、朝向、构造层次等方面），最大限度地综合利用建筑能源，良好地适应用户功能及相应的负荷等特点，降低建筑本体的用能需求；其次，通过可再生能源利用技术，提高建筑能源主动利用层面集成互补的可能性；第三，充分发挥科学用能的手段，从用户末端的用能设备，运行控制等方面进行节能。简而言之，即"开源节流，本体节能"。

5　结　语

通过建筑本体节能，可最大限度地利用建筑能源，降低建筑对供能系统的需求，这一方面可降低建筑设备系统的装机容量，降低成本，另一方面，较小的装机容量，使得建筑供能系统具有更多的灵活性，通过综合利用多种可再生能源，实现建筑能源需求的自给自足。

建筑物与建成环境在人类对自然环境及生活质量的影响中起着重要的作用。建筑能源具有复杂的系统属性，首先它是一个个体的行为，即是建筑自身所具有的属性。其次，它还是一个从属于城市环境的因子，应在一定程度上优化城市环境，减小城市的热岛效应等环境问题；第三，建筑作为人与自然交流的媒介，还具有一定的生态属性，应对维持自然与社会复合生态系统的动态平衡起到积极的作用。建筑能源概念的提出，为建筑设计理论的发展提供了新的途径，为建筑供用能系统提供了新的起点。

参考文献

[1]　陈启高，传统中国建筑四合院的研究［J］．重庆建筑大学学报，2000，22（1）：1-4.

[2]　付祥钊，张慧玲，王子云．建筑自然冷热资源的评价与利用［J］．建设科技，2008，10：77-80.

[3]　［英国］彼得·F·史密斯．尖端可持续性：低端耗能建筑的新兴技术［M］．（原著第2版）邢晓春，郁漫天，沈小钧，等译．北京：中国建筑工业出版社，2010.

[4]　［美］弗瑞德A斯迪特，汪芳等译．生态设计——建筑·景观·室内·区域可持续发展设计与规划［M］．北京：中国建筑工业出版社，2007.

[5]　王其亨．风水理论研究［M］．天津：天津大学出版社，1999.

[6]　［英］大卫·劳埃德·琼斯．建筑与环境——生态气候学建筑设计［M］．王茹，贾红博，等译．北京：中国建筑工业出版社，2006.

[7]　［英］布赖恩·爱德华兹．可持续性建筑［M］．（第二版）周玉鹏，宋晔皓译．北京：中国建筑工业出版社，2003.

[8]　日本株式会社新建筑社，建筑与环境［M］．大连：大连理工大学出版社，2011.

[9]　黄素逸，王晓墨．节能概论［M］．武汉：华中科技大学出版社，2008.

被动式技术在首堂创业家的应用

刘丽红[1]，董华[1]，马安远[2]

（1. 北京首钢国际工程技术有限公司，北京　100043；

2. 京冀曹妃甸协同发展示范区建设投资有限公司，唐山　063200）

摘　要　在首堂创业家项目设计过程中，通过采用各种被动式节能技术构造最佳的建筑围护结构，极大限度地提高建筑保温隔热性能和气密性，采用高效新风热回收技术，充分利用可再生能源，使建筑对采暖和制冷需求降到最低，提供健康绿色舒适的居住空间。

关键词　高效的保温隔热围护结构；无热桥技术；良好的气密性；高效新风热回收技术

1　引　言

在全球变暖的背景下，霾等极端天气气候事件多发重发。2015 年 11 月入冬，随着建筑供暖季节的到来，我国京津冀地区共发生多次持续性中到重度霾天气，严重影响人们的健康和生活。在寒冷的季节里，建筑供暖为室内空间提供了舒适的温暖环境，也产生了大量的能源消耗，带来了环境污染。据统计：建筑能耗约占社会总能耗的三分之一，且其能耗总量逐年上升，在全社会总能耗中所占比例已从 20 世纪 70 年代末的 10%，上升到近年的 30%，而这仅仅是建筑物在建造和使用过程中消耗的能源比例。建筑能耗的大部分被建筑采暖和空调所消耗，所以建筑节能又是重中之重[1]。

被动式建筑是指在实现舒适的冬季和夏季室内环境的同时，将采暖和空调的能源需求最小化。被动式技术作为建筑节能技术的重要性更是尤为突出。

京冀曹建投公司作为京冀曹妃甸协同发展示范区两省市指定的唯一开发建设主体，承担示范区的投资、开发、建设、运营和管理，服务于北京非首都功能疏解的同时，构建宜居宜业、健康舒适、节能环保、绿色低碳的现代化产城融合新城、协同发展示范新区。

京冀曹建投公司在京冀协同发展示范区产城融合先行启动区的设计中全面采用了被动式技术建设首堂创业家。

2　工程概况

首堂创业家为 2017 年住房城乡建设部的科技示范项目（图 1）。总建筑面积 15.17 万平方米。由三层联排、四层叠拼（图 2、图 3）以及多层花园洋房组成，是专为创业者量身打造的绿色环保、超低能耗的被动式住宅。该项目由首钢曹建投公司先行启动

作者简介：刘丽红（1978.7—），女，工程师，单位地址：北京石景山区石景山路 60 号；邮政编码：100043；联系方式：010-88299608，13718036953；电子邮箱：ARCH _ liulihong@163.com。

开发，首钢国际工程技术有限公司负责施工图设计，北京首钢建设集团有限公司施工。项目地点位于曹妃甸新城核心区域，地处渤海湾中心地带。按照国家住房城乡建设部被动式低能耗绿色建筑技术导则并结合本地气候条件进行优化设计建设。目前，项目正在申请 PHI 认证。截至发稿前，一期一步全部单体已经完工，预计 2018 年 6 月 30 整个项目将全部竣工。

图 1　首堂创业家总体规划效果图

图 2　低层别墅实景照片

3　被动式建筑概念

被动房是指适应气候特征和自然条件，通过保温隔热性能和气密性能更高的围护结构，采用高效新风热回收技术，最大程度地降低建筑供暖供冷需求，并充分利用可再生能源，以更少的能源消耗提供舒适室内环境并能满足绿色建筑基本要求的建筑。根据《北京市超低能耗建筑示范项目技术要点》要求，被动房的室内环境参数应满足的要求，详见表 1；能耗和气密性指标应满足的要求，详见表 2。

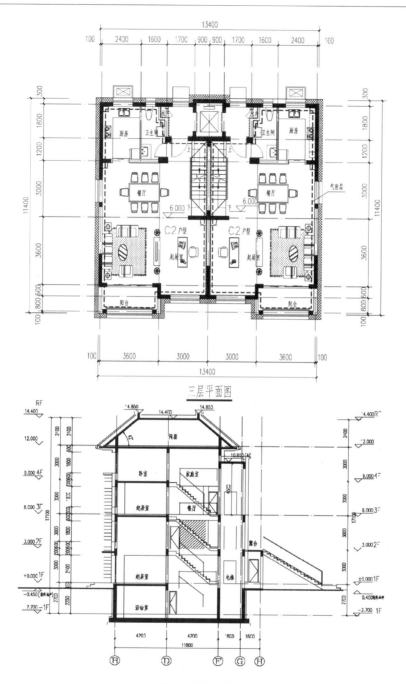

图 3　单体平剖面

表 1　被动房室内环境参数设计表

室内环境参数	冬季	夏季
温度（℃）	≥20	≤26
相对湿度（%）	≥30	≤60
新风量［m³/（h·人）］	≥30	
噪声 dB（A）	昼间≤40；夜间≤30	

表 2　能耗指标及气密性指标

		建筑层数			
能耗指标	年供暖需求［kWh/（m² · a）］	≤3 层	4～8 层	9～13 层	≥14 层
		≤15	≤12	≤12	≤10
	年供冷需求［kWh/（m² · a）］	18			
	供暖、空调及照明一次能源消耗量	≤40kWh/（m² · a）［或 4.9kgce/（m² · a）］			
气密性指标	换气次数 N_{50}	≤0.6			

4　首堂创业家采用的被动式技术

4.1　热惰性大的建筑外保温系统

围护结构的热惰性是指围护结构对外界温度波动的抵抗能力。围护结构热惰性越大，建筑物内表面温度受外表面温度波动影响越小。超低能耗建筑应采用保温性能更高的围护结构。设计在经过性能化的能耗模拟计算进行优化分析后确定建筑的外围护结构外墙、屋面传热系数均应小于 0.15W/（m² · K）。

4.1.2　外墙外保温设计

综合比对国内市场上经常采用的保温材料的保温性能和燃烧等级，石墨聚苯板对于底层居住建筑具有比较好的优势。石墨聚苯板燃烧性能经国家固定灭火系统和耐火构件质量监督检验中心检测完全能通过《建筑材料燃烧性能分级方法》GB/8624—2010B 级。这种发泡聚苯乙烯隔热材料通过添加石墨颗粒，通过反射长波红外线，使导热系数比普通 EPS 减少 30%，石墨聚苯板导热系数为 0.030～0.032W/（m · K）。外墙外保温设计采用了 250mm 厚的 B_1 级石墨聚苯板，并按照规范要求在每层设置 300mm 高岩棉防火隔离带，保证整个建筑防火保温性能。

为了避免出现保温通缝影响墙体的保温效果，外墙外保温板均采用双层错缝粘贴方式安装，保温层表面用抗裂耐碱网格布及抗裂砂浆抹面。保温层在建筑外围护结构表面形成完整连续而不间断的隔热保护层，如同是保温筒一样有效阻隔室内外空气的热传递，保证室内恒定舒适的温度（外保温系统详见图 4）。

4.1.2　屋面保温设计

为了确保屋面保温性能的高效不潮湿，在保温层的底部先粘贴防水隔汽层，再满粘一层保温板，保温板用粘接砂浆抹面平整后，再粘贴 2 道防水层，避免雨水及水气进入保温层。顶部采用混凝土保护层保护后再做饰面层。屋面女儿墙采用石墨聚苯板完全包裹，避免出现热桥。女儿墙顶设置铝合金盖板，盖板通过角钢固定，坡度坡向屋顶，外侧多出墙 10cm，对女儿墙顶部进行保护，保证女儿墙的耐久性。并对外墙面的污染也能起到很好的防护作用。

4.2　高性能的建筑外门窗系统

外窗是影响被动式建筑节能效果的关键部件，窗户在保证舒适的室内环境方面意义重大。即使在一年中最冷的一天，室内窗户的表面包括所有连接节点在内的平均温

图 4　外墙保温系统

度不能比室内温度低 3 度以上。窗户既是散发热量的窗口，也是获得太阳得热的窗口。因此，如何在寒冷季节既能获得良好的采光和太阳得热，又能使得室内的热量损失最小，是选择窗户的传热系数和太阳得热系数的重要考量因素。按照《被动式超低能耗绿色建筑技术导则》的要求：寒冷地区外门窗传热系数应满足 0.70～1.20W/（m² · K），太阳的得热系数（SHGC）应大于 0.45。

通过对各大门窗厂家产品构造和玻璃配置的对比，本项目最终采用的高保温性外门窗传热系数低至 0.72W/（m² · K），玻璃的太阳得热系数（SHGC）高达 0.49，均高于住房城乡建设部技术导则的要求。考虑到在京津冀一体化的国家战略背景下，多数项目的业主均为异地创业，周末大多返家探亲，周末空置时间多，需要更多的安全保障措施，在低层和多层的底层及顶层的窗户玻璃均采用 4 玻夹胶 2 腔的防砸玻璃，在保障保温性的同时更是提高了窗户的安全性。

影响外窗传热的因素除了窗户主体的性能外，窗户的安装也是主要的因素，被动房外门窗的安装应注意以下几点：

（1）被动房用窗与外墙保温层安装在同一垂直位置。

（2）外窗与洞口的金属连接件采用隔热处理技术。

（3）外窗与洞口间隙采用自粘性的预压自膨胀密封带。这种密封带比传统的聚氨酯发泡填充物安装简便，用于门窗和墙体及保温板接缝的密封，也可用于墙体接缝的密封。

（4）窗框与外墙连接处采用防水膜密封系统（图5）。室内侧采用防水隔汽密封布，室外侧使用防水透汽密封布，这种构造比传统的窗洞口密封性要好得多。这类密封布应具有不变形、抗氧化、延展性好、不透水、寿命长等特点。密封布含自粘胶带，能有效粘接在窗框或副框上，再通过专用粘结剂粘结在墙体上。

（5）窗台设置金属挡水板。窗台板设有滴水线构造。

（6）窗框与保温系统间安装塑料连接线条。这是一种由密封条和网格布构成的材料，安装后实现柔性防水连接，保证构造无裂纹。

（7）外窗洞口上边沿部位安装塑料滴水线条。这种塑料线条带加强网布和滴水线条，可以减少外墙立面污水流入屋檐部位或流到外窗表面[2]。

图5　外门门窗安装照片

4.3　无热桥设计

热桥就是建筑围护结构中热流密度显著增大的部位，成为传热较多的桥梁。在被动房设计中，为保持室内热量不向外散失和防止室内结露霉变，杜绝热桥产生，如图6所示。外围护结构易产生热桥部位主要有：外保温的粘接点，外窗门洞交接处，女儿墙、门、窗与结构连接处，阳台、空调板与结构连接梁板处，出屋面烟道、排水通气管穿屋面楼板处，空调、太阳能支架与墙面连接处等。凡是热桥的部位均做隔断热桥处理，设计时采取了以下原则：

（1）避让原则：尽可能不破坏或穿透外围护结构。

（2）击穿原则：当管线等必须穿透外围护结构时，在穿透处增大孔洞，保证足够的间隙进行密实无空洞的保温。

（3）连接原则：保温层在建筑部件连接处应连续无间隙。

（4）几何原则：避免几何结构的变化，减少散热面积[3]。

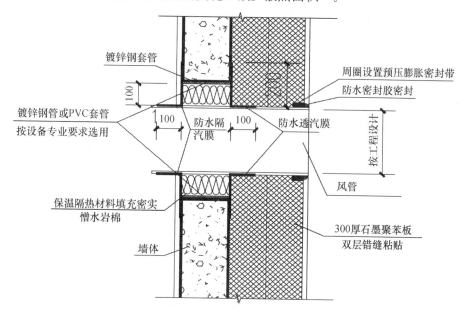

镀锌钢套管

周圈设置预压膨胀密封带

防水密封胶密封

镀锌钢管或PVC套管
按设备专业要求选用

防水隔汽膜

防水透汽膜

按工程设计

风管

保温隔热材料填充密实
憎水岩棉

300厚石墨聚苯板
双层错缝粘贴

墙体

风管穿外墙做法1∶20

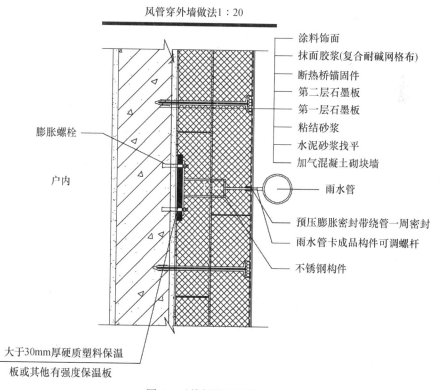

涂料饰面

抹面胶浆(复合耐碱网格布)

断热桥锚固件

第二层石墨板

第一层石墨板

粘结砂浆

水泥砂浆找平

加气混凝土砌块墙

膨胀螺栓

户内

雨水管

预压膨胀密封带绕管一周密封

雨水管卡成品构件可调螺杆

不锈钢构件

大于30mm厚硬质塑料保温
板或其他有强度保温板

图6　无热桥节点设计

4.4 建筑气密性设计

建筑气密性能对于实现超低能耗目标非常重要。良好的气密性可以减少冬季冷风渗透，降低夏季非受控通风导致的供冷需求增加，避免湿气侵入造成建筑发霉、结露和损坏，减少室外噪声和空气污染等不良因素对室内环境的影响，提高居住者的生活品质。

提高建筑气密性，能够减少由渗风带入的冷量或热量，节省处理这部分负荷的能量。由于温差明显，渗风对冬季采暖能耗造成的影响十分明显；提高气密性对节能有明显的影响。

为保障户内空间的密闭性，所有在外墙上开凿的洞口均采取严密的气密性构造措施。外窗洞口与窗框连接处应进行防水密封处理，室内侧粘贴隔汽膜，或刷防水保温涂料，避免水蒸气进入保温材料；室外侧采用防水透汽膜处理，以利于保温材料内水气排出。当管道穿外围护结构时，预留套管与管道间的缝隙采用发泡剂填充，待发泡完全干透后，平整处理并用抗裂网和抗裂砂浆封堵严密粘贴气密胶带。

4.5 外遮阳设计

建筑遮阳主要技术思想是，一方面凭借高保温隔热与高密闭性建筑围护结构，来抵御冬季室外低温与夏季太阳辐射、室外高温给室内热环境造成的影响；另一方面在冬季充分利用太阳能采暖，夏季充分利用通风、遮阳给蓄热墙体降温。

为控制夏季的辐射得热，多层住宅东、西、南向窗采用户外升降百叶外遮阳构件，有效减少夏季太阳辐射热进入室内，降低空调制冷负荷，达到降低能耗目的。户外升降百叶具有几大特点：

（1）采用链条驱动结构，运行精准、稳定、结构牢固、防风性能好。

（2）外结构采用全铝挤压型材，内部全金属，使用寿命长。

（3）具有遮阳、防盗、调光、隐私等功能。

（4）可升可降，根据阳光照射角度调光，保证室内的采光、通风。

4.6 高效热回收新风系统

设计新风量按 30 立方米/（人·时），新风量的大小空调机组可进行变频调节，根据人员多少调节新风量，保证室内人员的新风需求。室内新风系统机组采取 CO_2 浓度自动控制方式自动控制，CO_2 浓度控制在 1000ppm 之内。主要房间出风口均设置了自动控制风口，根据房间 CO_2 浓度自动开启风口供新风。通风系统平面布窗如图 7 所示。

室内新风系统采用了全热回收技术措施，显热回收率为 80%，全热回收率为 60%。

热回收类型及热回收效率：显热回收装置的温度交换效率不应低于 75%；全热热回收装置的焓交换效率不应低于 70%；热回收装置单位风量风机耗功率应小于 0.45W/（m³/h）。

室内新风系统采用了全热回收技术措施，显热回收率为 75%，全热回收焓交换率为 70%。新风机采用变频风机，最大功率为 90W，风量可进行变频调节，热回收装置单位风量风机耗功率最大为 0.1W/（m³/h）。

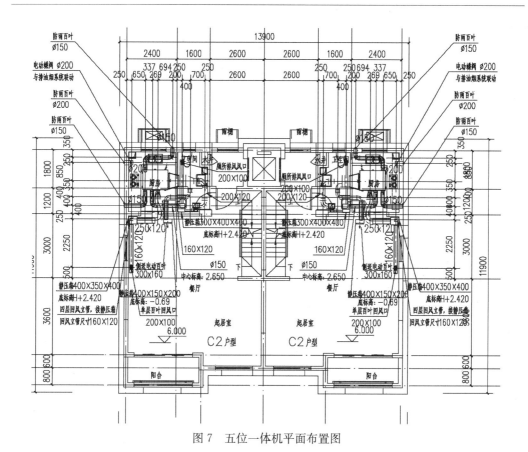

图 7　五位一体机平面布置图

唐山地区是雾霾严重地区，冬季空气污染严重。针对这一地区的空气特点，新风机组采用了过滤 $PM_{2.5}$ 的高效过滤器，两套过滤器装在新风入口处和循环风口处。

吊顶式机组过滤器采用粗效（G4）＋高效（H11）双重过滤，$PM_{2.5}$ 一次过滤效率高达 98％以上，有效去除室外有害颗粒。排风方向，采用粗效（G4）过滤，有效避免热交换机芯积灰。

柜式机组新风过滤器采用粗效（四层尼龙）＋中效（G4）＋高效（F7）多重过滤，过滤 $PM_{2.5}$ 高达 90％以上，有效去除室外有效颗粒，室内送风采用粗效（G3）＋中效（G4）循环过滤 $PM_{2.5}$ 高达 95％以上。

新风系统设计和机组选用时充分考虑了节能和降噪问题。新风机组本身噪声控制在 45dB 以下，机组外部采用了降噪隔声毡包裹措施，使整个机组噪声不超过 35dB。风道布置时进了优化设计，并以最短的风道达到最好气流组织，风道采用自保温铝膜风道，具有风阻小、降噪好的特点。每个房间回风采用隔声溢流风口，风阻小，隔声效果好。风机出口处的风道设置了降噪隔声风道装置。

4.7　卫生间通风措施

卫生间排风分两种排风方式，第一种方式是新风热回收机组离卫生间近，设置单独的排风道与热回收机组连接，通过热回收机组排风。第二种是独立直接排风方式，新风机组设在地下室离卫生间距离远，性价比不合理的情况下，单独设置排风道排出室外，卫生间风口处设置自闭密封阀，保证气密性，减少能耗损失。

4.8 可再生能源利用技术

根据当地的气候条件及唐山曹妃甸填海造地的条件，工程供热供冷采用空气源热泵系统，生活热水采用太阳能热水器。普通住宅每户设100L太阳能热水器一台。

每户安装100L太阳能热水器：

年总辐照量$H=5844.4MJ/(m^2 \cdot a)$；年总日照小时数$S=2755.5$小时；集热器总面积$A=1.46m^2$；日产热水量$T=80L$；

全年光照日平均温升45度；太阳能保证率为50%；电发热功率按$1kWh=860kcal$，电加热系统效率按$n=95\%$计算；

利用太阳能全年得到热量$Q_0=0.5 \times (T \times 45 \times 365)/860=764.3kWh$

产生同样的热量全年需耗电量$q=Q_0/0.95=804.5kWh$

节约标煤量$804.5 \times 0.37=297.67kg$

4.9 其他

根据我们对国内已建成并投入使用的被动式建筑住宅进行调研学习，经与技术咨询单位、设计单位共同研究，主要在设计、施工、成本控制方面进行了创新。

1）房间回风采用隔声溢流风口

目前国内被动式住宅房间内由风道直接往房间送风，回风由房间门底部预留缝隙回风（缝隙约1.5cm）。这种靠门缝隙回风的方式存在着回风阻力大，每个房间回风不均匀，房间之间隔声效果差的问题。为了改进利用门缝回风的缺点，我们采用每个房间单独设置隔声溢流风口回风的方式，溢流风口隔声可达40dB，通风量大小根据需要确定。该隔声溢流风口制作简单、经济适用、设置灵活，可直接砌筑在墙体内，并与墙体形成整体效果，不影响装修和空间使用。如图8所示。

立式隔声风口节点透视图

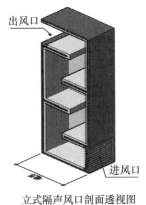

立式隔声风口剖面透视图

图8　隔声溢流风口图

2）利用橱柜组织好厨房补风排风系统气流

被动式建筑住宅中，厨房都装有补风装置，但在使用中补风和排油烟机的排风过程中气流组织不合理，造成室内温度下降，人在厨房操作会造成凉风吹身，油烟不能直接排出造成室内串味等问题。厨房排风和补风系统进行了单独的气流组织，使补风和排风控制在炉灶范围，并保证不影响室内温度变化（图9）。

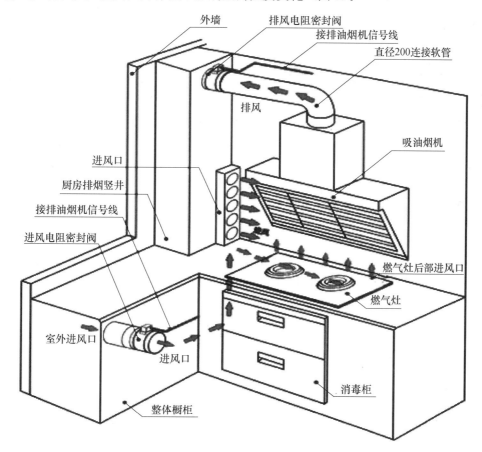

图9　被动房屋室内油烟机排风方案

为了改变这些问题，我们采用了北京绿烽盛烨的专利产品，并在气流组织上与橱柜制成安装结合起来，进行了局部改进（见图），使补风气流全部集中在炉灶四周和靠墙面流动，对室内的空气不产生扰动，而且对操作人员也不会出现吹凉风的感觉。

3）分户墙隔声技术措施

国内目前已建成的被动式建筑住宅分户墙隔声还存在隔声效果不好的问题。为了解决分户墙隔声效果差的问题，我们主要采取了下列技术措施：

① 避免在分户墙上设计电器管线、开关、插座线盒，如必须设计时严禁背靠设计安装，应将两边的线盒错位设计安装，错位距离不小于20cm。

在砌筑墙体上必须二次开槽安装线管和线盒，施工安装时一定要做好密封性能。具体做法是在开槽内光抹入粘接砂浆，而后压入管线和线盒，并保证密实，然后用粘接砂浆抹面平整密实。

② 分户墙砌筑时严禁使用空心砖，使用加气混凝土砌块砌筑。砌筑时必须保证砌块四周灰浆饱满密实，不能出现空隙，砌块勾缝要严密。墙体顶部与混凝土梁交接处，

采用细石混凝土浇注的方法，浇注密实。砌块墙体与混凝土梁柱交缝处，抹灰后再粘贴密封布进行密封处理。

③ 对浇注混凝土墙体的模板拉杆孔，采用素灰填塞密实，外用抗裂砂浆抹平封口。

5 结 语

被动房是以建筑能耗值为指标导向，本项目采用 75％显热热回收设备对新风余热（冷）回收利用后，采用清华大学 DeST（Designer's Simulation Toolkit）软件进行全年逐时动态模拟计算分析得出：供暖能耗需求均满足德国被动房指标限值，即 15kWh/（m² · a），空调能耗需求指标为 9.73kWh/（m² · a）。供暖空调能耗显著降低。被动式超低能耗建筑在能源消耗、居住环境改善、应对气候变化、资源保护等方面具有重大的意义。

参考文献

[1] 潘广辉，李占文，权红，张云朋 . 被动房节能技术理论与实践浅谈［J］. 建设科技，2013（12）：77-79.

[2] 易序彪 . 被动房的发展与外窗的要求［J］. 中国建筑金属结构，2015-9-24.

[3] 中华人民共和国住房和城乡建设部 . 被动式超低能耗绿色建筑技术导则（试行）（居住建筑）.

寒冷（北京）地区超低能耗居住建筑能耗分析及空调系统设计

——北京百子湾保障房项目公租房地块 2♯楼示范

王颖

（北京市建筑设计研究院有限公司，北京　100161）

摘　要　本文基于百子湾保障房项目公租房地块2♯楼住宅项目实际工程设计，阐述寒冷（北京）地区超低能耗居住建筑的能耗及空调系统设计方法。根据当地室外气象参数，适合的室内设计参数，研究寒冷（北京）地区超低能耗建筑的供暖需求、供冷需求以及全年能耗分析，根据本项目特点，提出供暖供冷系统设计方案及技术措施，厨卫通风解决方案，中庭空调通风解决方案。保证室内舒适度的前提下，变革传统供暖方式，采用高能效比热泵技术，利用可再生能源，高效热回收新风系统，为住户提供清洁新风，并满足供暖、供冷需求，使室内达到人体舒适度要求。

关键词　超低能耗居住建筑；高效热回收新风系统；供热需求；供冷需求；一次能源需求

1　引　言

超低能耗绿色建筑是指适应气候特征和自然条件，通过保温隔热性能和气密性能更高的围护结构，采用高效热回收技术，最大程度地降低建筑供暖供冷需求，并充分利用可再生能源，以更少的能源消耗提供舒适室内环境并能满足绿色建筑基本要求的建筑[1]。

国家"十二五"期间，在新型城镇化建设过程中，遵循控制能耗总量的原则，紧紧围绕绿色建筑、节能减排这个主题全方位展开技术研究。超低能耗建筑的优势主要表现在：更加节能、更加舒适、更好空气品质、更高质量保证。住房城乡建设部"十三五"发展规划要求，北方寒冷地区，京津冀重点区域城市积极开展超低能耗建筑、近零能耗建筑建设示范，结合气候条件和资源禀赋情况，探索实现超低能耗建筑的不同技术路径，总结形成符合我国国情的超低能耗建筑设计、施工及材料、产品支撑体系。《北京市推动超低能耗建筑发展行动计划（2016—2018年）》的发展目标，三年内建设不少于30万平方米的超低能耗示范建筑，建造标准达到国内同类建筑领先水平，争取建成超低能耗建筑发展的典范。

超低能耗建筑中如何解决建筑所需的较低供暖供冷需求是根本，如何做好系统设

作者简介：王颖（1965—），女，教授级高级工程师；单位地址：北京市丰台区莲花池西里十号路桥大厦10层，100161；联系方式：010-63963700转842，邮箱：biad2473@126.com。

计使得能耗较少，需要研究和变革传统技术和方式，应充分利用可再生能源，采用高效空气能热泵技术。

2 项目概况与技术目标

2.1 项目概况

百子湾保障房项目公租房地块 2♯楼，由北京市保障性住房建设投资中心建设，地处北京市朝阳区百子湾地区，首层为配套商业，二至六层为居住建筑，有中庭贯穿各层，住户 29 户。二至六层做超低能耗示范设计，其建筑面积为 1300 m²，每户建筑面积约 35m²，体形系数为 0.35，如图 1 所示。

图 1 百子湾保障房项目公租房地块 2♯楼

2.2 技术指标

作为北京市超低能耗居住建筑示范项目，在设计之初，首先需要确定一个要达到的技术目标。由于目前尚无国家标准，参照《被动式超低能耗绿色建筑技术导则（试行）（居住建筑）》[1]和河北省地标《被动式低能耗居住建筑节能设计标准》DB13（J）/T177—2015[2]，确定的能耗指标和气密性指标见表 1，室内环境参数见表 2。

表 1 能耗指标和气密性指标

	指标项目	指标数值
能耗指标	年供暖需求［kWh/（m²·a）］和热负荷（W/m²）	≤15 和（≤10）
	年供冷需求［kWh/（m²·a）］和冷负荷（W/m²）	≤15 和（≤20）
	供暖、空调及通风一次能源消耗量［kWh/（m²·a）］	≤60
气密性指标	换气次数 N_{50}	≤0.6

表2 室内环境参数

室内环境参数	冬季	夏季
室内温度（℃）	≥20	≤26
相对湿度（%）	≥30	≤60
噪声 dB（A）	昼间≤40，夜间≤30	昼间≤40，夜间≤30
新风量［m³/（h·人）］	≥30	≥30
温度不保证率（%）	≤10	≤10

超低能耗居住建筑既要保证气密性指标，又要保证人员卫生要求，供给足够的新风量，最大限度地利用室内发热量，降低供热供冷需求，还需确定新风热回收设备的效率和通风系统的通风电力需求的技术指标，见表3。

表3 关键设备性能参数

关键设备	参数名称	性能参数
空气-空气热回收装置	全热回收效率（焓交换效率）（%）	≥70%
	显热回收效率（%）	≥75%
	热回收装置单位风量风机耗功率［W/（m³·h）］	<0.45

3 寒冷（北京）地区超低能耗居住建筑能耗分析

3.1 全年能耗计算输入参数的确定

与传统住宅的暖通空调设计过程相同，首先需要进行负荷计算。而根据超低能耗建筑的特点，为了最大限度地降低一次能源需求，需要进行建筑的全年能耗计算分析。北京的气候分区属于寒冷 B 区，冬季寒冷，需供热；夏季炎热，需供冷。供暖供冷计算方式按照计算天数供暖期供冷期连续计算冷热需求，冬季计算天数为 163 天，夏季计算天数为 92 天。输入参数包括室内室外设计参数、设备参数、换气参数、内部发热源参数等，见表4。通风系统平均换气次数是按新风设备在一天 24 小时内不同的运行时间不同的换气次数得出的平均值；小时人流量是考虑每人每天进出 8 次，每天 16 小时的活动时间计算得出，属于经验统计值。

由于首层是配套商业，仅按一般节能公共建筑设计，二层住户与首层商业房间楼板的传热温差按冬季临室温度为 15℃取值，各户与楼梯间之间的隔墙也按冬季临室温度 15℃取值，夏季时则分别按室外逐时温差的 0.2 倍和 0.5 倍取值。

住宅用电设备包括冰箱、电视、洗衣机、洗碗机、热水器、计算机、显示器和其他随机用品，通过各设备散热量数据计算得出设备散热密度，即年均得热密度，为 3.05W/m²。

表4 2#楼居住部分能耗计算输入参数

项目	参数名称	冬季	夏季
环境参数	室内设计温度（℃）	20	26
	空调室外计算温度（℃）	−9.9	33.5
	最高/最低室外计算温度（℃）	−8.1	32.4
	极端温度（℃）	−18.3	41.9
	室外空气密度（kg/m³）	1.3112	1.1582
	最大冻土深度（cm）	66	—
供暖制冷期参数	计算日期（mm/dd）	10月25日~4月5日	6月1日~8月31日
	供暖/制冷计算天数（d）	163	92
	计算方式	供暖期连续计算热需求	制冷期连续计算冷需求
设备参数	设备工作时间（h）	0：00~24：00	0：00~24：00
	通风系统显热回收效率（%）	75	60
换气参数	通风系统平均换气次数（h⁻¹）	0.66	0.66
	换气体积（m³）	2787	2787
	小时人流量（次/h）	36（06：00~22：00）	36（06：00~22：00）
	开启外门进入空气（m³/次）	4.75	4.75
内部热源参数	套内人数（人/套）	2.45	2.45
	总人数（人）	72（男36，女36）	72（男36，女36）
	人员室内停留时间	18：00~8：00 全部停留	18：00~8：00 全部停留
		8：00~18：00 1/3.6停留	8：00~18：00 1/3.6停留
	人体显热散热量（W）	男：90，女：75.60	男：61，女：51.24
	人体潜热散热量（W）	男：46，女：38.64	男：73，女：61.32
	灯光照明时间	6：00~7：00，18：00~22：00	6：00~7：00，18：00~22：00
	灯光照明密度（W/m²）	6	6
	照明同时使用系数	0.4	0.4
	设备散热时间	00：00~24：00	00：0~24：00
	设备散热密度（W/m²）	3	3
	设备同时使用系数	1	1

3.2 外围护结构热工性能参数选择

建筑的超低能耗主要是靠外围护结构超强的保温隔热性能和更高的气密性能获得的。2#楼采用外墙外保温系统，保温层连续完整，不出现结构热桥，外保温系统的连接锚栓采用阻断热桥措施。还应具有包绕整个供暖体积的连续完整的气密层。外窗的气密性不低于8级，水密性不低于6级，抗风压不低于9级。寒冷地区的供暖能耗在全年建筑总能耗中占主导地位，太阳辐射可降低冬季供暖能耗，但也会增加夏季空调能耗，因此，寒冷地区的东、西、南向的外窗均应考虑遮阳措施。表6的外围护结构的热工性能参数取值，作为本楼超低能耗的保障。

表6 2♯楼外围护结构热工性能参数（传热系数单位为［W/（m²·K）]）

围护类型	传热系数	附加传热系数	g 值	围护材料
各朝向外墙	0.14	0.05		250mm 厚石墨聚苯板 λ＝0.032W/（m·K）
屋顶	0.1	0.05		250mm 厚硬泡聚氨酯 λ＝0.024W/（m·K）
架空楼板 （接触室外空气楼板）	0.13	0.05		200mm 厚改性酚醛板 λ＝0.025W/（m·K）
二层底板 （采暖与不采暖楼板）	0.13	0.05		200mm 厚改性酚醛板 λ＝0.025W/（m·K）
隔墙 （分隔采暖与不采暖隔墙）	0.25	0.05		100mm 厚改性酚醛板 λ＝0.025W/（m·K）
外窗（带外遮阳窗）	1.00	0.05	0.35	三玻双 Low-E 中空充氩气，铝木框
外门不带外遮阳窗	1.00	0.05	0.35	三玻双 Low-E 中空充氩气，铝木框

3.3 全年能耗计算结果及分析

3.3.1 能耗计算结果

全年能耗计算采用 BEED 软件。得出整栋楼热负荷、冷负荷、供暖需求、供冷需求、一次能源消耗量和通风系统电力需求及二氧化碳排放量等计算结果。见表7和表8。

表7 能耗计算结果

项目	计算值	与能耗指标的比较（北京市超低能耗公共租赁房技术指标[3]）（户均建筑面积≤40m²）
热负荷（W/m²）	6.77	＜10
冷负荷（W/m²）	19.16	＜20
年供暖需求［kWh/（m²·a）]	3.51	＜8
年供冷需求［kWh/（m²·a）]	25.92	＜35
供暖、空调及通风一次能源消耗量［kWh/（m²·a）]	43.23	＜55
热回收装置单位风量风机耗功率［W/（m³·h）]	0.31	＜0.45

表8 终端能耗量、一次能源需求及二氧化碳排放量计算结果

项目	终端能耗量 ［kWh/（m²·a）]	一次能源需求 ［kWh/（m²·a）]	二氧化碳排放量 ［kg/（m²·a）]
供暖	1.25	3.76	1.25
制冷	9.26	27.77	9.23
通风	3.90	11.70	3.89
照明	4.38	13.14	4.37
生活热水	20.53	61.60	20.48
电器	17.52	52.56	17.47
总计	56.84	170.53	56.69

3.3.2　结果分析

能耗构成分析如图 2～图 6 所示。分析其构成可以引导我们找到着重解决的方向。从热负荷和供暖需求构成分析中可看出，围护结构失热占比 2/3，通风失热占比 1/3。其中，外墙、外窗和通风传热是巨大的。因此，着重解决外围护结构的传热和通风传热是超低能耗建筑降低供暖需求的主要方向，因而需要对外围护结构传热系数和气密性换气次数提出要求。在满足人体卫生标准需求的前提下尽可能减小通风传热并将排风中的热量极大限度回收，需采用高效热回收新风系统，热回收效率需持续提高。传统建筑计算冬季热负荷时不扣除人体和设备、灯光等的得热量，并以稳态传热原理进行计算，供热量是保守的。而超低能耗建筑的理念就是最大限度地降低供暖需求，则需将所有得热量扣除后得出最小供暖需求量。

对冷负荷和供冷需求构成分析的结果，除了围护结构的传热外，外窗的太阳辐射热以及人体和设备的散热量也是占比较多的。夏季着重解决的方向则是降低外窗太阳辐射热和设备得热。

结果与设计之初确定的技术指标相比，基本满足指标要求。计算结果中，供暖、供冷需求是输出端的需求，终端能耗量是输入端折合成的耗电量，一次能源需求是耗费自然界的一次能源的量。这里，供暖、空调及通风一次能源消耗量是体现超低能耗居住建筑在保证一定舒适度和卫生质量的前提下所必需的关键数值，是超低能耗建筑特别需要控制的。

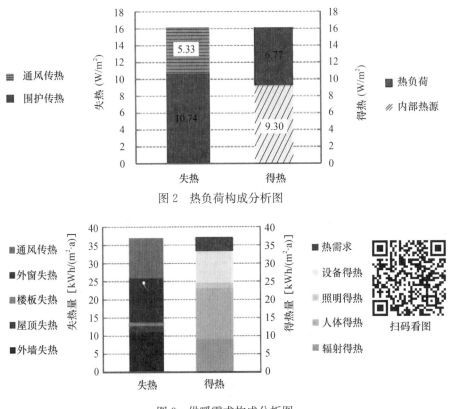

图 2　热负荷构成分析图

图 3　供暖需求构成分析图

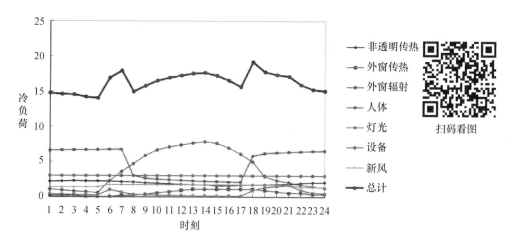

图 4　全天冷负荷随时间变化图

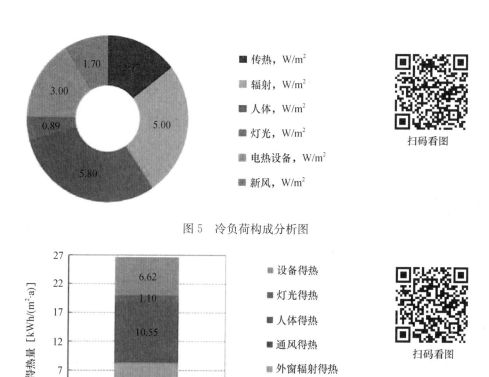

图 5　冷负荷构成分析图

图 6　供冷需求构成分析图

　　计算结果表明，所有输入参数都是预设的数值，实际工程中采用的材料、产品、设备的性能参数必须严格按照预设值控制，这是建造成功的超低能耗建筑的必要前提。

3.4 各户型各层冷热负荷计算结果统计

2#楼二至六层每层 6 户，有 D1，D2，D3 三种户型，每户建筑面积约 35m²；各户围合一个面积为 289m² 的中庭。各户型各层逐时综合最大冷、热负荷计算结果统计见表 9。结果看出，每户的综合最大冷、热负荷值都在 0.5～1kW。

表 9 各户型各层逐时综合最大冷、热负荷计算结果统计表

户型名称	夏季冷负荷 （全热）（kW）	夏季新风冷负荷 （全热）（kW）	冬季围护结构 热负荷（kW）	冬季新风热负荷 （全热）（kW）
D1 户型二层	1.08	0.139	0.34	0.271
D1 户型三至五层	1.07	0.139	0.34	0.271
D1 户型顶层	1.13	0.139	0.45	0.271
D2 户型二层	1.08	0.139	0.24	0.271
D2 户型三至五层	1.07	0.139	0.24	0.271
D2 户型顶层	1.13	0.139	0.34	0.271
D3 户型二层	1.06	0.139	0.27	0.271
D3 户型三至五层	1.06	0.139	0.27	0.271
D3 户型顶层	1.12	0.139	0.37	0.271
中庭	1.58	0.454	0.22	0.740

4 通风空调系统设计

4.1 问题的提出

能耗计算结果显示，超低能耗建筑的冷、热需求非常小，冬夏季在满足户内人员新风卫生条件的前提下，只需辅助供给极少量冷、热。这就提出一个问题，是不是还需要采用传统的住宅散热器或地板辐射供暖、分体空调供冷的方式。20 世纪 80 年代，美国加州大学伯克利学院研究近零能耗建筑，提出采用供给 30℃ 以下水温的供暖系统。这需要解决从哪获得 30℃ 水，是否仍然需要采用化石能源？有没有新技术、新能源可以替代？

科学技术发展到今天，地源热泵技术、空气源热泵技术、太阳能供暖供冷技术、高效热回收技术等一系列新技术和新设备，使得解决这些问题成为可能。暖通空调设计需要改变传统的主动供暖系统方式，正是遵循了超低能耗建筑的"被动优先，主动优化"的总原则，充分回收室内排风中的热量，充分利用可再生能源做辅助的供暖供冷，最大限度减少化石能源的使用。

4.2 空调系统形式确定

本楼地下车库小区联通，无地埋管空间，屋面面积也较小，没有设置太阳能集热板的足够空间，地源热泵技术和太阳能技术都无法采用。本楼的空调系统形式选择为集中高效新风热回收系统加户内新风冷热源一体机（以下简称"一体机"）的空气源热泵空调系统。

4.2.1 高效新风热回收系统及运行

如图 7 所示，由于每户面积较小，考虑经济技术原因，采用了每层集中处理新风的方式，每层设置新风净化系统。采用带冷热源热回收新风机组，显热回收效率不低于 75%，排风量为新风量的 90%～100%，COP 值为 2.8。热回收新风机组设置在每层的中庭通廊吊顶内。中庭内设置竖向新风、排风竖井，并伸出屋面，从屋面采风、排风。

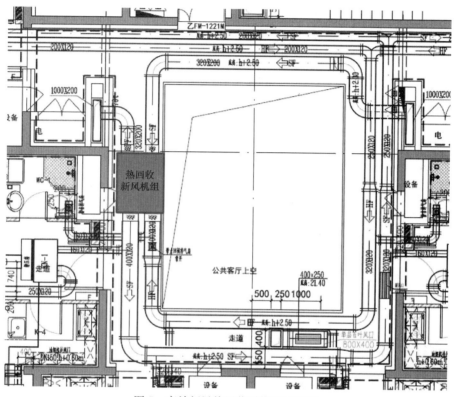

图 7　高效新风热回收系统平面布置

各层热回收新风机组向竖井取风、排风，新风机组进风口处设置 G4/H11 等级的过滤器，有效控制室外污染物及 $PM_{2.5}$ 浓度，为室内提供更加洁净的新鲜空气，有效减小雾霾天气对室内空气品质的影响。热回收新风机组处理后的新风通过送风管送至每户一体机；每户卫生间设置回风口，各户回风管在中庭回廊汇合后接至热回收新风机组回风口。同时，中庭设置送回风口，给中庭送风。与竖向风竖井相连的进排风管道安装密闭阀门，当通风系统处于关闭状态时，确保进排风管路密闭阀处于关闭状态。

在中庭设置热回收新风机组的控制面板，每户设置温度、CO_2 传感器，机组根据各户室内温度、CO_2 浓度参数自动变风量运行。热回收材料应用高分子纳米材质的全热交换芯体，可与卫生间排风进行全热热交换。既能有效地杜绝卫生间有害气体和异味，又可以最大限度地应用室内排气中的热量进行全热回收。卫生间集中排风全热热交换的控制运行分为使用和未使用两种模式。卫生间未使用模式，室内设计参数会根据各项指标设定值，判断需要室外空气进行置换时，卫生间的排气扇会与新风一体机联动启动，实现室内的空气置换及风压平衡，此时卫生间排气装置处于从动状态；卫生间使用模式时，卫生间排气扇会引导一体机联动启动送风，实现室内的空气置换和风压平衡，此时卫生间排气装置处于主动驱动状态。这样的气流组织模式，可最大程度控制室内污染空气区域的负压状态，进而避免室内污浊污染空气对其他区域的污染，同时又最大程度地保证了建筑整体能源效率。

4.2.2 户内空调系统形式

如图8所示，每户内设置一套新风冷热源一体机，作为辅助的供暖供冷系统。室内机吊装于吊顶内，室外机设置在阳台处空调板上。热回收新风机组送风管接入一体机内。户内设置送风管和回风管，卧室及起居室设置送风口，起居室的另一角设置回风口，并保证室内气流组织的合理性。

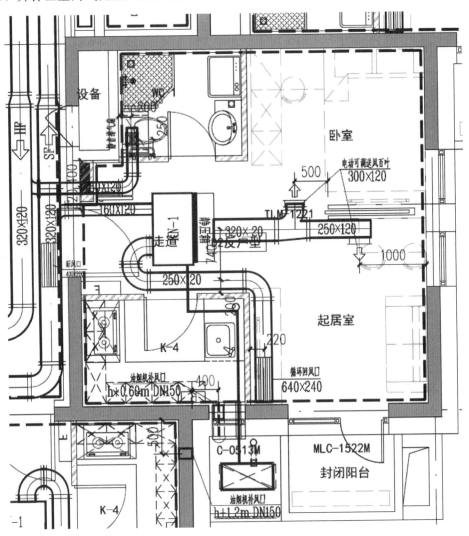

图8 户内冷热源一体机空调系统平面布置

空调系统运行中需要特别重视控制要求，才能更好地获得节能效果。当热回收新风机组处理量能够承担室内冷热负荷时，室内一体机不运行，室内送风为直流式；当不能承担时，一体机启动，机内阀门动作，送风风量加大，户内回风启动，形成新风及循环送风系统，直至室内温度达到设计要求，一体机停止工作。

4.2.3 厨房通风设计

每户厨房设置独立的排油烟补风口。补风从室外直接引入，风道入口处设置保温密闭电动风阀，电动风阀与排油烟机联动，排油烟机未开启时，应关闭严密不漏风，排油烟机启动时，应与补风口连锁开启，达到风量平衡。补风口设置在灶台附近下部，缩短补风距离。

4.3 管道穿气密层的密封措施

我国普遍为多层和高层住宅，管道需要穿越户间隔墙和楼板，而超低能耗建筑的气密性要求极高，要求不得破坏建筑设计中规定的房屋气密层。当需要在气密层中开洞时，需要特殊处理穿管道部位，必须采取密封措施。管道穿越外围护结构时，预留套管与管道间的缝隙采用岩棉密实封堵，套管周边 200mm 再用密封带（防水隔汽材料）与结构墙专用密封胶粘接密封。如图 9 所示。

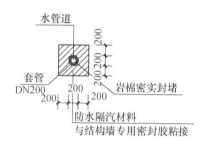

图 9 管道穿气密层密封措施

5 结束语

超低能耗建筑设计，应注重气候、环境的适应性设计、一体化设计和性能化设计。为实现超低能耗的目标，需根据不同气候区的特点，确定围护结构的性能，尽量利用被动式建筑设计手段，降低建筑对主动式建筑环境和能源设备的依赖，暖通空调系统仅作为辅助手段，需要对设计方案权衡优化，因此在方案阶段就要求暖通、建筑物理专业设计人员参与到设计中。

超低能耗建筑设计，需要准确的建筑负荷及能效预测，全年能耗计算的准确性相当重要，基础数据的取值需要准确。需要改变传统的供暖方式，充分利用可再生能源，利用热泵技术。还需要热泵能效大幅提高，还需要研发适用范围更广的新产品。

超低能耗建筑需要特别注重气密性。设计时，宜尽可能减少管道穿墙和楼板，穿越处必须采取密封措施。风管宜采用高气密性的风管，需特别注意做好新风管道负压段和排风管道正压段以及接口易漏气的部位的密封。

参考文献

［1］ 住房和城乡建设部．被动式超低能耗绿色建筑技术导则（试行）（居住建筑）．

［2］ 住房和城乡建设部科技发展促进中心．DB13（J）/T 177—2015 被动式低能耗居住建筑节能设计标准〔S〕

［3］ 北京市住房和城乡建设委员会．北京市超低能耗建筑示范工程项目及奖励资金管理暂行办法．

焦化厂高层装配式公租房超低能耗空调设计

贾岩

（中国建筑设计院有限公司，北京 100089）

摘 要 焦化厂超低能耗公租房项目是第一个在高层建筑及装配式建筑领域进行超低能耗技术设计的住宅建筑，超低能耗住宅具有良好围护结构性能和严密的气密性，本文研究如何根据其围护结构特点计算冷、热负荷，如何设计适合小户型公租房的空调新风系统并对各种空调新风系统优缺点进行对比。

关键词 超低能耗；装配式；公租房；负荷计算；空调新风系统

1 引 言

建筑节能和绿色建筑是推进新型城镇化、建设生态文明、全面建成小康社会的重要举措。《国家新型城镇化规划（2014—2020)》提出了到 2020 年，城镇绿色建筑占新建建筑的比重要超过 50％的目标。国务院在《关于加快推进生态文明建设的意见》中要求：要大力发展绿色建筑，推进城乡发展从粗放型向绿色低碳转变。2016 年 10 月 9 日，北京市政府联合发布《北京市推动超低能耗建筑发展行动计划（2016—1018 年)》确定：三年内建设不少于 30 万平方米的超低能耗示范建筑。

北京市焦化厂公共租赁住房项目由北京市保障性住房建设投资中心建设，作为政府投资建设的保障性住房，率先实践装配式建筑及超低能耗被动房。

2 项目概况

焦化厂公租房项目位于北京市朝阳区垡头地区，总建筑面积 54 万平方米，其中地上建筑面积 27 万平方米，建设 4646 套公租房。

超低能耗示范工程位于项目东区的北侧，共三栋公租房，560 户。分别为 17♯、21♯、22♯公租房，总建筑面积 34940 平方米，其中地上建筑面积 29400 平方米，地下建筑面积 5540 平方米。21♯、22♯公租房高度为 80 米，结构体系中水平构件采用预制装配式生产，其他部分为现浇混凝土结构。17♯公租房高度为 60 米，结构体系中主要水平及竖向构件均采用预制装配式生产，是全装配式混凝土建筑。

3 超低能耗公租房的特点

首先，公租房的户型面积限制。

根据北京市公租房的设计要求，户型面积要控制在 60 平方米以下，户均人数达到

作者简介：贾岩（1977.3—），男，暖通高级工程师，单位地址：北京市海淀区西三环北路 89 号中国外文大厦三层，邮编：100089，电话：13520541834。

2.45 人。本项目户型面积为 40～60 平方米，每层 8 户，人均建筑面积只有 20 平方米，低于城镇人均住宅面积，更远低于已有的被动式住宅的人均面积。大户型和小户型其实人体散热和电器设备散热量相差不多，因此本项目人体散热和电器对能耗计算的影响要比一般住宅大很多。经过被动式能耗模拟软件计算，冬季，建筑采暖能耗需求很低，只有 1kWh/（m²·a）左右，但夏季的制冷能耗达到 27kWh/（m²·a），超过了超低能耗被动房设计导则的一般要求，但总的能耗并没有超过 30kWh/（m²·a）。焦化厂超低能耗公租房 17♯楼能耗计算见表 1。

表 1　焦化厂超低能耗公租房 17♯楼能耗计算表

17♯公租房	项目	计算结果
住宅部分	热负荷（W/m²）	6.44
	冷负荷（W/m²）	21.36
	热需求［W/（m²·a）］	0.79
	冷需求［W/（m²·a）］	27.16
商业部分	热负荷（W/m²）	18.65
	冷负荷（W/m²）	40.23
	热需求［W/（m²·a）］	4.18
	冷需求［W/（m²·a）］	37.66
整楼	热需求［W/（m²·a）］	1.10
	冷需求［W/（m²·a）］	28.12

其次，建筑朝向对能耗的影响。

焦化厂公租房住宅的朝向为南偏西 32 度，建筑西南向的夏季及冬季的得热均较大，夏季是不利因素，冬季又成为有利因素。因此，冬季热负荷较小，夏季冷负荷较大。

4　超低能耗空调新风系统的设计

由于建筑本身具有良好的围护结构及气密性，带热回收的新风系统也是超低能耗建筑中必不可少的技术措施。通过新风系统能够回收建筑中排除的热量，同时提升居住空间的舒适度，满足温湿度、二氧化碳等的指标要求。

4.1　负荷计算

首先我们对每户都进行了详细的冷、热负荷计算。公租房户型面积很小，套型建筑面积 40 平方米、60 平方米两种，但户均人口的计算标准与普通住宅相同，均按 2.45 人/户计算，新风量与普通住宅一样，为 30 立方米/（人·小时），即每户新风量约 75 立方米/小时，照明负荷按 3 瓦/平方米，家用电器设备负荷按 3 瓦/平方米。冬季考虑照明和电器设备发热量和部分太阳得热，不考虑人体得热，考虑新风热回收率为 65%。室内设计参数见表 2，超低能耗公租房标准层平面图如图 1 所示。

表2 室内设计参数

	房间名称	计算温度	相对湿度	允许噪声值	房间名称	计算温度	房间名称	计算温度	允许噪声值
冬季	起居室、卧室、餐厅	20℃	35%	30（dB）	卫生间	25℃	厨房	16℃	35（dB）
夏季	起居室、卧室、餐厅	26℃	55%	30（dB）	卫生间	26℃	厨房	26℃	35（dB）

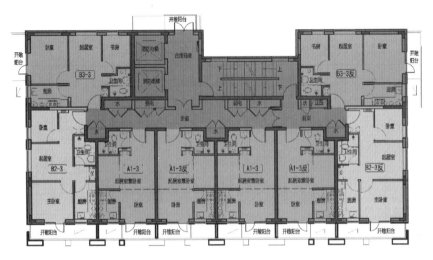

图1 超低能耗公租房标准层平面图

经过计算得出夏季最大户室内冷负荷为1374W，热回收后新风负荷为220W，冬季最大室内热负荷为395W，热回收后新风负荷为373W。根据焓湿图（图2）计算得出每户用经过热回收然后再冷、热处理后的75立方米/小时的新风不足以负担其冷、热负荷，所以必须采用一次回风系统，新风加上室内回风加大冷、热处理的送风量，才能提供室内所需的冷、热负荷。过渡季节及非极端天气时仅开启新风，新风经热回收及冷热处理后就可负担室内冷热负荷，不用开启室内回风循环系统。极端天气时，开启室内回风，增大冷热处理的循环风量，来保证室内冷、热负荷需求。

4.2 空调新风系统设计

首先说明一下，为了减少空气渗透，卫生间不设竖向土建排风道，要求卫生间排风从新风的排风系统排出室外；厨房排油烟不设竖向土建风道，改为每户水平排出，排油烟系统设直通室外的排风口、补风口，进、排风口处设电动保温阀门，连锁排油烟机。

带新风热回收及一次回风的空调系统，应用在超低能耗住宅中一般有三种类型：分户式、半集中式、集中式。不同类型的空调系统适合于不同类型的住宅。以本项目为例，我们研究了两种适合小户型公租房的空调系统。

分散式系统：每户设置一台分户空调新风一体机组，集新风热回收及冷热处理、循环风冷热处理、卫生间排风热回收为一体，卫生间及客厅分别设置一个排风口，卫生间不使用时排风由客厅的排风口排出，系统可以使用新风模式，也可以使用一次回风模式，卫生间使用时排风由卫生间排风口排出，仅开启新风模式。

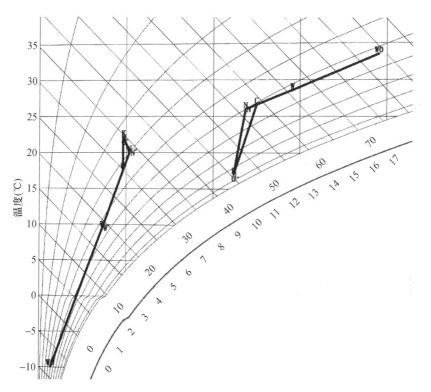

图2 夏季、冬季带新风热回收的一次回风系统焓湿图

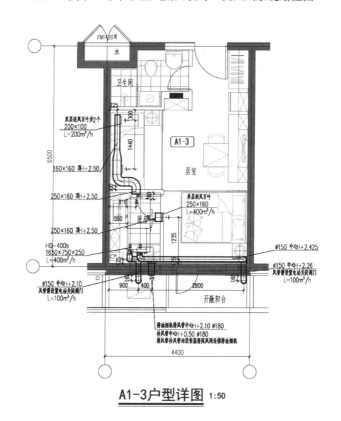

A1-3户型详图 1:50

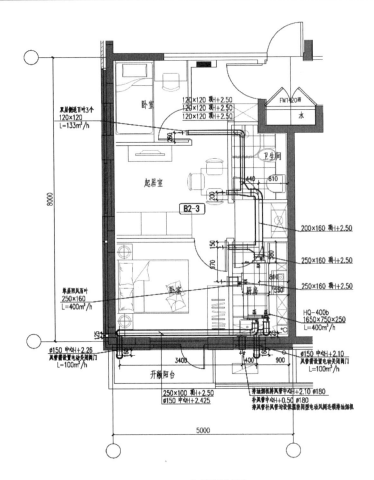

B2-3户型详图 1:50

图 3 分户式空调新风系统户型详图

由于公租房户型面积较小，层高仅为 2.8 米，考虑到噪声以及进排风的要求，分户空调机组室内机的位置仅能设置在厨房的吊顶中，要求空调机组的尺寸规格不得大于 1650mm×750mm×250mm，每户需要一台室外机。此种系统的优点是每户独立，互不干扰，每户根据需要开启空调机组，节能效果最好。缺点是对小户型来说每平方米造价较高，厨房吊顶占用空间较大，每户均需在厨房外墙上设两个风口，增加气密性施工的难度。

半集中式系统：半集中式热回收空调系统由每层公共空间处设置的一台新风机组通过走廊公共风管提供每户的新风及热回收，新风送入每户的空气处理机内，负担新风负荷和室内负荷，新风排风统一通过各户的卫生间，经过走廊公共风管排至新风机组，并经过热交换回收能量后排至室外，每层新风机组带一台室外机；每户内设置一台空气处理机，负担剩余负荷，每户空气处理机带一台室外机。此种系统的优点是集中新风处理总负荷低，设备造价低，每户外墙没有新风口和排风口，户内设备尺寸小，可集中管理新风系统。缺点是公共走廊有风管，影响走廊层高，新风管连接每户，每户容易串味。

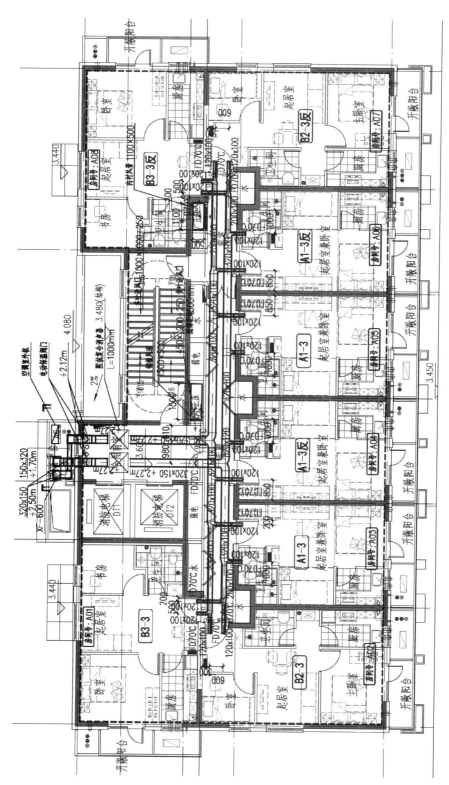

图 4　每层集中式空调新风系统平面图

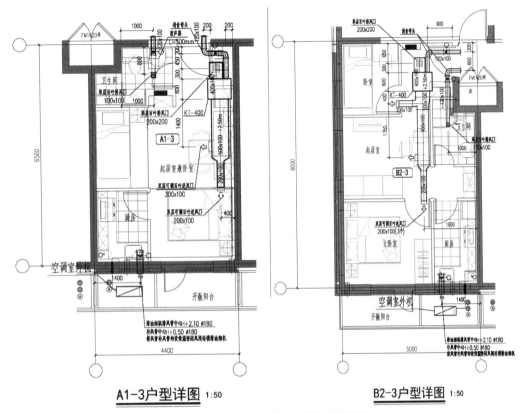

A1-3户型详图 1:50　　　　　　　　**B2-3户型详图** 1:50

图5　每层集中式空调新风系统户型详图

　　此两种系统各有优缺点，开发企业可根据自己的需求和产品定位选择合适的系统。从节能和灵活使用的角度，笔者还是建议采用分散式系统。

5　结　语

　　超低能耗技术是未来的趋势，也是国家大力推进的方向。由于已有项目少，经验不足，也没有国家规范和标准图集可参考，相关的空调产品少，有的产品还需要厂家专门针对此项目进行研发，所以在设计过程中遇到了诸多困难，我们在甲方、施工单位、设备厂家以及住房城乡建设部科技发展促进中心等多方的努力和帮助下提出了解决的方案。在项目后续的施工配合过程中，我们还有很多问题需要解决，我们要通过不断地尝试来促进装配式技术与超低能耗技术的发展，为国内在超低能耗绿色建筑的发展出一份力。

参考文献

[1]　GB 50736—2012 民用建筑供暖通风与空气调节设计规范［S］

[2]　陆耀庆．实用供热空调设计手册［M］．（第二版）北京：中国建筑工业出版社，2008.

[3]　中华人民共和国住房和城乡建设部．被动式超低能耗绿色建筑技术导则（试行）（居住建筑），2008.

[4]　DB13（J）/T177—2015 被动式低能耗居住建筑节能设计标准［S］

[5]　电子工业部第十设计研究院．空气调节设计手册［M］．（第二版）北京：中国建筑工业出版社，2005.

高层小户型超低能耗居住建筑探索

李聪聪[1,2]，刘月[1,2]，张佳阳[1,2]，诸葛继兰[3]，初子华[3]，刘明珠[3]，王瑛[4]，魏俊勇[4]

（1. 北京市被动式低能耗建筑工程技术研究中心，北京　100041；

2. 北京建筑材料科学研究总院有限公司，北京　100041；

3. 北京金隅嘉业房地产开发有限公司，北京　100079；

4. 北京建都设计研究院有限责任公司，北京　100079）

摘　要　本文以金隅嘉业西砂西区12♯楼超低能耗公租房为例，介绍超低能耗建筑关键技术在高层小户型居住建筑中的应用，通过对外保温、节能门窗及新风系统等技术方案的研究，为小户型超低能耗建筑建设提供参考。

关键词　超低能耗建筑；高层建筑；小户型

1　工程概况

本项目位于北京市海淀区西郊砂石场，建筑类型为高层居住建筑，东西朝向，地下一层，地上十六层，建筑高度44.9m，建筑面积约6400m²，共238户，每户为建筑面积约15m²的小户型。本项目超低能耗建筑面积约6000m²，包含全部地上楼层及地下室核心筒。

项目的主要技术指标见表1，建筑立面图如图1所示，户型图如图2所示。

表1　超低能耗建筑主要技术指标

建筑关键部品	参数及单位	设计性能参数
外墙	传热系数 K 值 [W/（m²·K）]	0.19
屋面	传热系数 K 值 [W/（m²·K）]	0.13
地面及非采暖地下室顶板	传热系数 K 值 [W/（m²·K）]	0.16
外窗	传热系数 K 值 [W/（m²·K）]	1.0
	太阳得热系数综合 SHGC 值	0.46
	气密性	8级
	水密性	6级
显热回收效率	效率（％）	75％

作者简介：李聪聪（1986.9—），男，工程师，单位地址：北京市石景山区金顶北路69号；邮编：100041；电话：18210581037。

图 1　建筑立面图

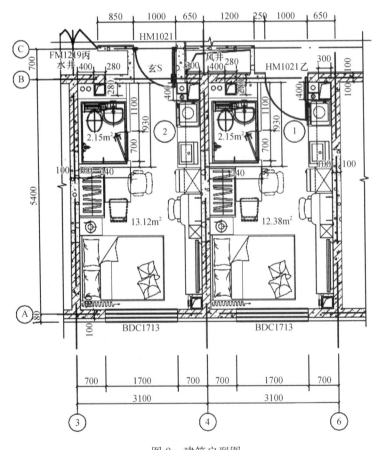

图 2　建筑户型图

2 超低能耗建筑技术方案

2.1 外保温技术

超低能耗建筑外保温材料厚度应通过能耗计算确定，在满足能耗指标的前提下，应通过技术经济分析确定较优的保温方案。

本项目建筑高度 44.9m，按照《建筑防火设计规范》（GB50019—2015）要求，外保温体系有两种方案：一是采用 A 级保温材料＋普通被动式节能窗；二是采用 B 级保温材料＋满足耐火完整性 0.5h 的被动式节能窗。鉴于制订方案时市场尚无能够满足耐火完整性 0.5h 的被动式节能窗产品，方案选择燃烧性能为 A 级的岩棉带做保温材料。

外保温厚度与建筑能耗密切相关，本项目通过试算不同厚度岩棉带外保温体系对建筑总能耗的影响，确定外保温的最终方案。

外保温厚度及建筑冷热需求之间的关系如图 3 所示：

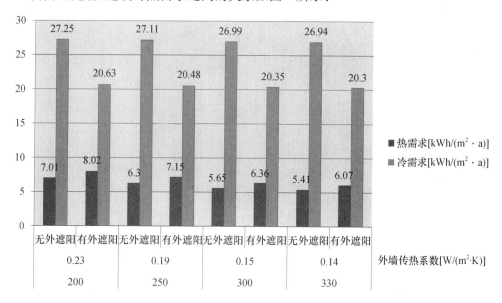

图 3　外保温厚度对建筑能耗的影响

由图 3 可见，无论是否设置外遮阳设施，小户型超低能耗建筑制冷需求都显著高于采暖需求，这与小户型建筑相对于普通住宅，人员密度大，单位面积内部发热量大，单位面积新风量大等特点导致小户型建筑冬季采暖负荷相对较低、夏季制冷负荷相对较高的结果相一致。

通过对比不同厚度的保温材料计算出的建筑全年冷热需求可知，在不设置活动外遮阳的情况下，外保温厚度由 200mm 增加到 330mm，建筑年冷热需求分别降低了约 0.31kWh/（m² · a）与 1.6 kWh/（m² · a），降低幅度分别为 1.1％与 22.8％。由于冷需求高于热需求，可见单纯增大保温层厚度并不能明显降低建筑制冷采暖能耗，反而会由于保温层厚度增加带来施工及安全性问题。

当安装活动外遮阳后，不同厚度下建筑全年冷需求均能降低 6.6 kWh/（m² · a）左右，虽然全年热需求增加约 1kWh/（m² · a）。但建筑总体能耗呈现下降趋势，可见对于东西朝向的小户型超低能耗建筑，减少夏季得热已经成为降低建筑冷热需求的主要影响因素，因而本项目未采用外墙传热系数低于 0.15W/（m² · K）的 330mm 厚岩棉带保温外墙，考虑到外保温施工便利及体系的安全性，同时保留一定的余量，外墙外保温选择 250mm 厚岩棉带，外墙传热系数为 0.19W/（m² · K）。

2.2 被动式节能窗系统

超低能耗建筑外窗除了兼顾采光及自然通风等功能外，还承担着冬季保温得热的作用，本项目为东西朝向，经过能量平衡计算，无外遮阳设施时建筑冬季总得热约 40.99kWh/（m² · a），夏季室内总得热 34.18kWh/（m² · a）。外窗冬季日射得热约 8.68kWh/（m² · a）。夏季日射得热为 7.5kWh/（m² · a），分别占比 21％与 22％，如图 4 及图 5 所示：

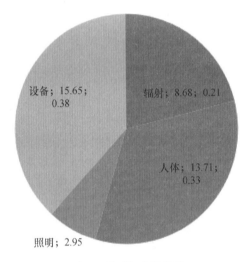

图 4　采暖期建筑得热

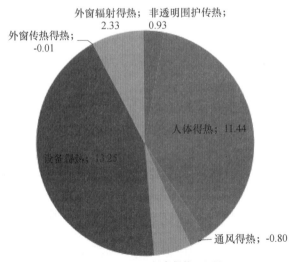

图 5　制冷期建筑得热

为降低夏季太阳辐射得热，可采取降低玻璃 g 值的方法，降低透过玻璃的太阳光总辐射热量，兼顾冬季得热和夏季采光。本项目外窗采用 g 值为 0.46 真空/中空复合玻璃。另外，采用活动外遮阳设施可以最大限度降低夏季西向房间的日射得热。本项目采用电动百叶活动外遮阳设备，可自动根据太阳光的照度自动调节遮阳帘的角度及升降高度，以保证降低日射得热的同时不影响室内自然采光。

整窗传热系数的选型也依据建筑能耗计算结果确定，在采用活动外遮阳设施的情况下选择整窗传热系数为 $1.0\mathrm{W}/(\mathrm{m}^2 \cdot \mathrm{K})$ 的被动式铝木复合节能窗（图6）即可满足能耗要求。

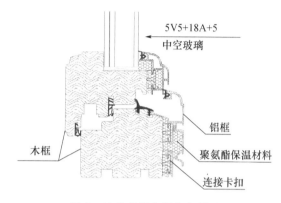

图 6　被动式铝木复合窗断面

2.3　新风系统

超低能耗建筑由于其良好的气密性，为保证内部人员的健康，必须设置新风系统。新风系统可以为室内人员提供室外新鲜空气，利用高效过滤系统可将空气中的大部分颗粒物去除，从而减少重污染天气对室内人员的危害。新风系统通过合理的气流组织可以保证人员主要活动区域的空气品质，避免卫生间等房间异味扩散。为降低新风系统能耗，采用高效热回收装置回收排风中 75% 以上的显热用于预热/预冷新风。

本项目户型小，房间多，每户冷/热负荷不超过 500W，分户式新风冷热源一体机单台制冷量通常在 2kW 以上，如果分户安装新风冷热源一体机将造成浪费，所以拟采用集中或半集中式辅助冷热源。经过论证可选新风方案有以下几种类型：

（1）采用呼吸式分户新风系统，新风由两台安装在外墙上的风机组合而成，当一台风机送风时，另一台排风，两台风机交替进行送、排风。风机安装有陶瓷蓄热器，可将排风的能量保留在蓄热器内，当转换为送风模式时用于预热/预冷新风。该方案需要另外设置辅助冷热源以满足制冷制热需求，辅助冷热源可采用集中式或者半集中式。

（2）采用半集中式新风系统，在每层的走廊吊顶设置 2 台新风机组，由风管送至各个房间，机组采用空气源热泵作为辅助冷热源。

（3）采用集中式新风系统：集中设置新风机组与辅助冷热源，新风通过新风及排风竖井送至各层，再分配至各个房间。辅助冷热源采用空气源热泵制备冷/热水，末端为风机盘管。

若采用方案 1，则需要在外墙安装 476 台新风机，在外墙上开设 476 个洞口，每个洞口都需要专门的气密性处理，增加了气密性处理节点数量，降低了气密性处理的可靠性；方案2由于建筑层高仅2.73m，且厨房通风系统补风管道安装在走廊吊顶内，新风机组无法安装；方案3新风竖井横截面积较大，占用室内空间，若整栋楼由一套设备送风排风，则风机输送能耗较高，需要合理分区。

最终通过专家论证及设计单位沟通，选定方案3。并根据建筑实际进行调整，将建筑竖向分成高低两个区，每个区8层，设置一套新风及冷热源机组。高区机组位于屋面机房内，低区机组位于地下室机房内。为减少通风竖井尺寸，不设置专门的新风及排风竖井，在户内靠近外墙的角落设置直通8层的新风立管，排风借由卫生间排风井回到机组，经热交换之后排出室外。辅助冷热源为空气源热泵，通过管道井将冷/热循环水供应到各户的风机盘管内。

新风系统采用定风量系统（入住率大于50%），房间内设置CO_2传感器，与新风口、排风口的电动风阀联动，通过测量室内CO_2的浓度控制电动风阀的开启角度从而调节新风量。新风机组设有带排风的旁路，过渡季节开启旁路排风和新风机组送风，实现新风供冷。

2.4 厨房通风系统

中餐厨房由于其烹饪特点会产生大量油烟，相对于室内的新风量，油烟机通常具有较大的排风量，新风机组的排风被油烟机抽走后，热回收设备无法正常运行会增大新风能耗，当油烟机排风量大于系统新风量时，室内出现负压，室外空气通过气密性薄弱环节渗透进房间内，会对结构层和保温体系产生破坏。为此需要针对厨房排油烟进行专项设计。

本项目为敞开式厨房，且厨房排油烟位置靠近新风排风口，解决方案为设置独立的油烟机通风系统。油烟通过专门的竖井排出，排油烟的补风通过吊装于走廊顶板的补风管道送至各房间。补风管道的进风口总管与各房间的支管均设置电动密闭风阀，且与油烟机连锁，平时为关闭状态，以保证建筑的整体气密性。当油烟机启动时，开启进风总阀门与相应房间支管阀门进行补风。

3 建筑计算能耗

采取前文所述技术措施，最终计算的超低能耗建筑总能耗见表2。

表2 超低能耗建筑主要技术指标

项目	计算值	北京市示范项目指标
热负荷（W/m²）	6.86	—
冷负荷（W/m²）	20.57	—
热需求 [kWh/（m²·a）]	0.82	8
冷需求 [kWh/（m²·a）]	28.8	35

通过表2可见，该项目能耗满足《北京市超低能耗建筑示范工程项目及奖励资金管理暂行办法》对超低能耗公共租赁住房能耗的要求。

4 结 语

本文介绍了北京市高层小户型超低能耗建筑建设过程中遇到的实际问题，并对解决方案进行优化分析，最终实现能耗达到指标要求，同时保证人员的健康舒适。希望为同类别超低能耗建筑的建设提供参考。

参考文献

［1］ 北京市住房和城乡建设委员会，北京市财政局，北京市规划和国土资源管理委员会．《北京市超低能耗建筑示范工程项目及奖励资金管理暂行办法》京建法［2017］11 号．

［2］ DB13（J）/T177—2015 被动式低能耗居住建筑节能设计标准［S］．

［3］ GB50736—2012 民用建筑供暖通风与空气调节设计规范

［4］ ［德］贝特霍尔德·考夫曼，［德］沃尔夫冈·费斯特．德国被动房设计和施工指南［M］．徐智勇译．北京：中国建筑工业出版社．2015.

凯祥花园 48、49 号楼既有
建筑被动式超低能耗改造项目

尹宝泉，张津奕，董璐璐

（天津市建筑设计院，天津　300074）

摘　要　既有建筑的绿色化、节能改造，对于我国既有建筑的发展具有重要意义，本文针对天津市凯祥花园 48、49 号楼的改造，提出了基于德国被动房标准及天津市被动式建筑指标体系的绿色化改造。结合对改造措施的适宜性、经济性、操作性、可靠性等分析，采用了功能布局调整、围护结构节能改造、冷热源系统方案改造等措施，项目达到了预期设计效果，节能效果显著。

关键词　既有建筑；被动式超低能耗建筑；凯祥花园；性能化设计

1　引　言

我国既有建筑面积已超过 600 亿平方米。截止到 2013 年 12 月，全国共有 1290 个项目获得绿色建筑评价标识，总建筑面积达到 14260.2 万平方米。在获得标识项目的构成当中，新建建筑仍然占据绝对的多数，仅有 31 个项目通过既有建筑改造而获得绿色建筑评价标识，总建筑面积为 156.6 万平方米，仅占所有标识项目总建筑面积的 1%[1]。

而绝大部分的非绿色"存量"建筑，都存在资源消耗水平偏高、环境负面影响偏大、工作生活环境亟须改善、使用功能有待提升等方面的不足。庞大的体量加之诸多的缺陷，使既有建筑节能改造成为我国建筑节能工作的重头戏。基于目前大部分地区 100% 绿色建筑的政策，绿色化改造无疑是解决上述问题乃至整个国民经济中能源与环境问题日益尖锐化的利器。

推进既有建筑绿色化改造，可以集约节约利用资源，提高建筑的安全性、舒适性和健康性，对转变城乡建设模式，破解能源资源瓶颈约束，培育节能环保、新能源等战略性新兴产业，具有十分重要的意义和作用。

2　项目简介

项目位于天津市南开区长实道南侧，为凯祥花园 48、49 号楼，建筑总面积 578.12m²，高 7.62m，主要功能为办公，1996 年设计，1998 年建成，2010 年进行了节能改造，外墙（36 砖墙）增加了 4cm 的聚苯板外保温，外窗为塑钢单玻推拉窗，如图 1 所示。

作者简介：尹宝泉（1984.1—），男，高级工程师，天津市河西区气象台路 95 号，300074，电话：15102257442。

图1　凯祥花园48、49号楼改造前后的实景图

改造目标：以德国被动房的指标为依据，基于"被动优先、主动优化"的原则进行综合性能提升改造，改造前后的指标见表1。

表1　部分指标的现状值及目标值

序号	名称	现状值	目标值
1	单位建筑面积年采暖能耗	109.4kWh/（m² · a）	≤15kWh/（m² · a）
2	单位建筑面积年制冷能耗	4.12kWh/（m² · a）	≤15kWh/（m² · a）
3	热负荷指标	70W/m²	≤10W/m²
4	单位建筑面积全年一次能源消耗	244.3kWh/（m² · a）	≤130kWh/（m² · a）
5	热回收效率	—	≥70%
6	气密性	17	N_{50}≤0.6
7	超温频率	—	≤10%
8	外墙传热系数	0.66W/（m² · K）	≤0.15W/（m² · K）
9	外窗传热系数	4.2W/（m² · K）	≤1.0W/（m² · K）
10	热桥部位导热系数	—	≤0.01W/（m² · K）

针对项目的既有建筑改造特点，项目伊始进行了节能诊断，根据检测结果，结合模拟分析，进行了建筑布局、窗墙比、外墙外保温、外窗及能源系统形式等的优化设计；施工阶段遵循被动式建筑无热桥、较高气密性的原则；项目建成后，经检测，大部分指标虽未达到预期值，但能耗的降低幅度巨大，达到了被动式超低能耗改造的初衷。

3　节能诊断

3.1　室内机电系统概况

项目采暖系统为散热器采暖，采暖热源为2台燃气热水炉，单台供热量42kW，热效率88%，空调为分体式空调；常规照明系统，开关形式为手动开关控制。年耗气总量为4800Nm³，单位面积耗气量为16.6Nm³/（m² · a），其中年采暖耗气量约为

2463Nm^3，年炊事耗气量为 2337Nm^3。年总耗电量为 8942kWh，单位面积耗电量为 30.9kWh/（m^2·a）。冬季 12 月至次年 3 月耗电量大，经分析，主要是因为冬季室内温度不足，各房间开启空调制热，如图 2 所示。

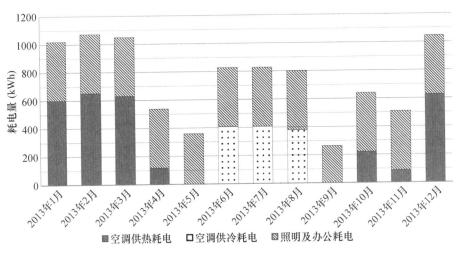

图 2　逐月耗电量

3.2　建筑性能检测

对室内温度、湿度、CO_2浓度、外墙内表面温度、围护结构的热工性能、气密性进行了检测，检测发现，外墙的传热系数为 0.72W/（m^2·K），传热系数为 4.2W/（m^2·K），整个建筑物的每小时换气次数大于 17 次，室内存在明显的冷热桥，如图 3 所示。

图 3　热工性能检测

经检测分析，该栋建筑存在下述问题：

1）建筑室内温度及湿度无法满足舒适要求，冬季部分空间温度偏低，湿度较低。

2）热桥现象明显，冬季存在较强的冷辐射。

3）室内 CO_2 浓度在办公时间内明显过高，大于 1000ppm。

4）围护结构热工性能较差，外窗传热系数达到 4.2［W/（m^2·K）］，外墙传热系数 0.72［W/（m^2·K）］。

5）建筑气密性非常差，大于 17 次/小时，导致过多能源消耗与室内舒适度降低。

4 改造方案

基于"被动优先、主动优化"的原则进行综合性能提升改造，在现状调研、性能检测以及被动房指标的基础上，通过被动式、主动式改造方案，经计算机模拟辅助设计判断建筑是否达到了被动房绩效指标，全年提升建筑的性能，技术路线如图 4 所示。

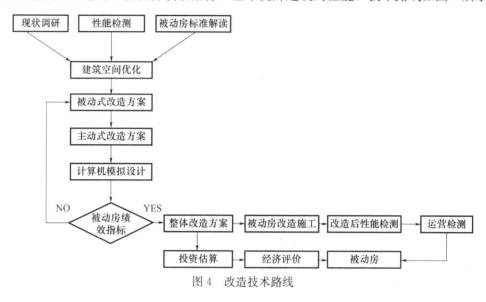

图 4　改造技术路线

4.1　被动式改造

1）使用功能改造

项目最初功能为居住，空间分散、狭小。

2）外墙/屋顶，49 号楼，STP 真空保温板，（20＋20）mm；48 号楼，EPS 挤塑保温板，240mm，$K_{wall}＝0.15W/（m^2·K）$；屋顶，300mm 混凝土＋330mm EPS 挤塑保温板，$K＝0.1W/（m^2·K）$。

3）外窗，玻璃采用 5 透明＋0.2V＋5 透明＋12A＋5 透明 low-E，窗框采用玻璃钢（三腔 56B）（20％）$[K＝1.0W/（m^2·K）]$。

4）气密性，房屋的气密性必须满足 $N_{50}≤0.6$，即在室内外压差为 50Pa 的条件下，每小时换气次数不得超过 0.6 次。

5）无热桥设计，保证外保温系统的连续性，避免结构、构造性热桥的出现，小构件处也通过绝热垫层进行阻隔。

6）采光优化，设计原则为控制各房间的采光系数≥3％的面积在 75％左右，在尽量利用自然采光的前提下不过度采光，目的是在最优自然采光的基础上，减少因外窗过大产生的建筑能耗。

7）通风优化，建筑室内流线明显、通畅，无明显的气流死区，建筑室内具备良好的空气质量，其中 48 号楼和 49 号楼连接处存在涡流，改造将连廊缩至污水井处，故能够较好地避免涡流问题。

4.2　主动式改造

1）暖通空调系统

48 号楼——温湿度独立分控的变频多联机系统，提高室内机蒸发温度，制冷能效较常规变频多联机系统高约 15％，减少制冷能耗，同时溶液调湿机组具备杀菌功能，可提高室内空气品质。49 号楼——常规变频多联机＋高效新风热回收系统，控制灵活，减少供热、供冷能耗约 14％。新风机组采用直膨式，减少用能需求，热回收效率≥70％。

2）照明系统

采用高效光源＋照明控制，办公区域采用高效照明光源，手动控制开关；卫生间采用高效照明光源，声控。

3）自控及配电系统

设置供热、制冷自动控制，根据室内温湿度，控制冷热源及末端设备启停。原有配电箱设置位于公共区。缺点是影响室内视觉效果，远离大用电负荷，改造中将总配电箱移至监控室，将办公、会议区原有荧光灯改造为 LED 灯盘，降低建筑照明能耗，减小热负荷，降低空调能耗延长使用寿命，减少维护量。

4）生活热水系统

增设太阳能生活热水系统，太阳能热水系统保证率≥60％。

5）能耗分项计量

设置能耗分项计量，单独计量供热、供冷、插座、生活热水、末端设备、燃气、照明能源消耗量。

5　改造后的效果评估

5.1　被动式改造效果

1）建筑物热工缺陷检测

于 2016 年 1 月 13 日早晨 6：00～7：00 无太阳光和路灯影响时间段，采用红外热像仪对 48、49 号楼建筑物热工缺陷进行相关检测，如图 5 所示，依旧有一些热桥，但较不明显。

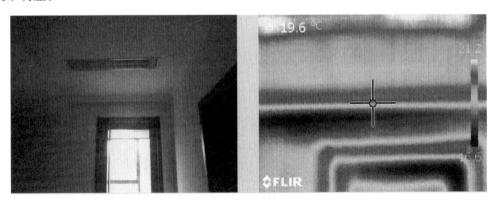

图 5　49 号楼室内二层走廊南墙热工可见光及红外对照图

2）围护结构（外墙）传热系数检测

2015 年 12 月 30 日至 2016 年 01 月 04 日现场检测及后期数据计算处理，48 号楼建筑外墙的传热系数为 0.19W/（m² · K）；49 号楼建筑外墙的传热系数为 0.25W/（m² · K）。

3）48、49 号楼外墙内表面温度、室内温湿度，CO_2 检测

在室外最低温度为－2.4℃的情况下，室内外墙最不利点的温度依旧超过 10℃；

室内房间温湿度达到设计要求，办公时间室内温度在 20℃左右，湿度在 40％以上；

CO_2 浓度，低于 800ppm，达到设计要求。

4）建筑物整体气密性检测

建筑物整体气密性能主要测量的是整栋建筑物每小时的换气次数，测试部位选择了 48 号楼与连廊连接的入户门位置以及 49 号楼入户门的位置。检测的两栋建筑物均采取了关闭供暖和空调新风系统的措施，由于现场条件所限，对空调通风口、地漏口未采取进一步密封措施，建筑物内部的部分房间房门未开启。经测试，48 号楼整栋建筑物在减压测试时，房间的换气次数为 3.09 次/小时；增压测试时，房间的换气次数为 1.66 次/小时。49 号楼整栋建筑物在减压测试时，房间的换气次数为 2.02 次/小时；增压测试时，房间的换气次数为 3.09 次/小时。

5.2 建筑总能耗分析

天津的冬季采暖期室外温度的平均值为－0.6℃，如要满足"被动式房屋"标准，对建筑外围护结构性能的要求会高于西欧国家而低于北欧国家，所以在同样的围护结构条件下，天津的热指标要比德国的高。经能耗模拟分析，房间的能耗情况，如图 6 所示。

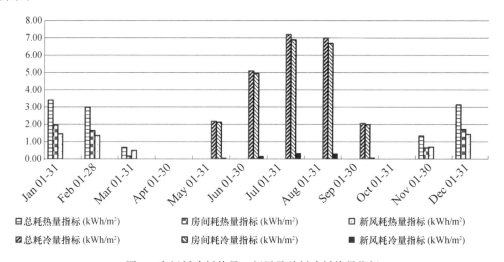

图 6　房间耗冷耗热量、新风及总耗冷耗热量指标

经模拟计算可知，项目供热耗能指标为 11.54kWh/m²，小于 15kWh/m²，供冷耗能指标为 16.88kWh/m²，略大于 15kWh/m²，如图 7 所示。建筑能耗（折合一次能源消耗）为 107.06kWh/m²，小于德国被动房 120kWh/m²，需要注意的是，德国能耗是含着炊事和热水的，目前本项目的能耗模拟不含炊事用能，厨房的热回收，如表 2 所示。

建筑电耗为 42.63kWh/m²，改造前为 54.28kWh/m²，降低 22.6％，一次能源消

耗改造后为 107.06kWh/m²，改造前为 320.9kWh/m²，降低 235%，相对于 20 世纪 80 年代初的非节能建筑，改造后的建筑节能率为 71.6%，能源费节约指标为 45.59 元/m²，年节约能源费总量 2.64 万元。

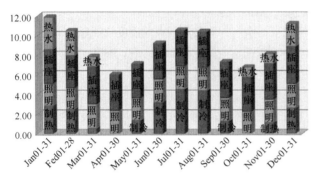 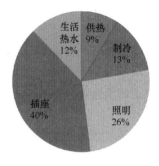

图 7 用能比例

表 2 现状和改造后的节能评价、能源费用

节能评价	现状	模拟
电力消耗（kWh/m²）	54.28	42.63
燃气消耗（kWh/m²）	111.49	0.00
折合一次能源消耗（kWh/m²）	320.9	107.06
电力费（元/m²）	46.64	36.63
燃气费（元/m²）	35.58	0
能源费节省指标（元/m²）	45.59	
年节约能源费总量（万元）	2.64	

注：上表数据未包含炊事能耗。

比较改造前、改造后、模拟值的差异如表 3 所示：

表 3 现状、模拟及运行指标对比表

序号	名称	指标限值	现状对应指标数值	模拟结果及改造限值	实际运行改造值
1	单位建筑面积年供热耗热量［kWh/（m²·a）］	≤15	143.7	11.54	18.97
	热负荷指标（W/m²）	≤10	91.9	21.8	28
2	单位建筑面积年制冷能耗［kWh/（m²·a）］	≤15	8.4	18.88	5.27
3	单位建筑面积全年一次能源消耗［kWh/（m²·a）］	≤120	320.9	107.1	85.9
4	热回收效率（%）	≥70	0	70	80
5	气密性	N₅₀≤0.6	17	0.6	3.09
6	超温频率（%）	≤10	—	10%	—
7	外墙传热系数［W/（m²·K）］	≤0.15	0.66	0.15	0.19/0.25
8	外窗传热系数［W/（m²·K）］	≤1.0	4.2	1.0	1.0
9	热桥部位导热系数［W/（m·K）］	≤0.01	—	0.01	—

注：上表数据未包含炊事能耗。

从表 3 中可以看出，很多指标并未达到设计值，与德国被动房指标也仍有差距，这也再一次说明精细实施的施工工法的重要性以及实际运营方式的重要性，都直接决定了数据能不能达到设计值的要求。

单位建筑面积年供热耗热量运行值为 18.97kWh/（m²·a），是改造前的 13%，仅此一项年供热量节约 87%，节能潜力巨大。

单位建筑面积年制冷能耗运行值为 5.27kWh/（m²·a），是改造前的 63%，远低于被动房标准 15kWh/（m²·a）的要求，这同样与实际运行有关，被动房由于气密性较好，只要室内能够保持在 26～28℃，使用者都可以接受，使得空调开启时间较少，这也说明，实际的运行情况能耗数据的影响是巨大的，作为公共建筑，我们有条件通过物业人员来专业、统一地管理设备高效运行，来尽可能地降低运行能耗。

单位建筑面积全年一次能源消耗改造后为 85.9kWh/（m²·a），小于被动房指标120kWh/（m²·a），改造前为 320.9kWh/（m²·a），节约比例达到 73%，节能巨大，这也说明改造确实起到了很大的作用，加强外围护结构的保温性能、气密性、断热桥、遮阳以及高效的机电设备对于能耗的节约是非常重要的。

6 结 语

基于被动房目标的改造，首先是基于建筑本体的改造，将功能空间分区，同时减少了建筑的热损失，通过提高建筑热工性能，调整外窗大小，更换采暖空调系统等方式，实现了较低的能耗。但也发现部分问题，如依旧存在冷热桥，实测热工性能与设计指标还存在一定的差距，这也说明，对于既有建筑的改造，设计是一个层面，施工质量的监管也是关乎改造性能的重要指标。

致谢：数据检测由天津建科建筑节能环境检测有限公司开展，项目建设单位为天津市建设科技发展推广中心，在项目检测及数据采集过程中，给予了大力的帮助。

参考文献

[1] 孟冲. 既有建筑绿色化改造标识项目现状分析 [J]. 建设科技，2014，7：18-20.

被动式低能耗建筑技术在承德地区的实践

刘少亮

（河北建研科技有限公司，石家庄　050227）

摘　要　本文通过对河北省承德地区的被动式低能耗公共建筑进行研究，重点分析了该项目运用的典型节能技术和成功经验，为该地区被动式低能耗建筑尤其是公共建筑的推广和发展提供参考。

关键词　被动式低能耗建筑；寒冷 A 区；土壤预冷热

1　气候特点

承德市属于温带大陆性季风型山地气候，夏季凉爽，基本无炎热期，同时又属于寒冷区，冬季寒冷，昼夜温差较大。承德市在建筑热工气候区划中属于寒冷 B 区的最北部，该地区气候条件接近严寒 C 区，采暖能源需求大，制冷能源需求小。承德地区太阳能资源丰富，年日照小时数平均为 3000～3200h，为太阳能资源 II 类地区，太阳能具有较大的开发利用价值。

2　项目概况

承德中天建设工程检测试验有限公司综合办公楼是集办公、试验、物资储备于一体的公共建筑，也是承德市首个被动式低能耗建筑，该项目分为小型设备物资库和物资试验办公楼两部分。总建筑面积 6688.46m²，其中物资试验办公楼框架结构，建筑面积 2853.26m²，地上五层，地下一层，建筑高度 23.12m。小型设备物资储备库建筑面积 3835.2m²，建筑高度 17m，框架结构，地上四层，一、二层为物资库，三、四层为小型办公室，项目效果如图 1 所示。本项目自方案阶段开始，拟建为被动式低能耗公共建筑，所以依据其典型的气候条件，该建筑在设计阶段采用了国内外先进的节能技术，并且在建筑的主体结构设计、保温层厚度选取、门窗系统的构造方面，通过能耗模拟软件进行全方位的优化分析设计，以达到在满足室内环境舒适的同时显著降低能源消耗的目的。

3　优化分析

根据被动式低能耗建筑特点，在兼顾建筑造型与立面效果的同时对本项目体形系数进行优化，最终将本项目体形系数限定在 0.25。受地理位置影响，本项目主朝向为东西朝向，根据本地区气候特点，应尽可能地获得冬季太阳得热，故将物资试验办公楼的南向与小型设备物资库的西向开窗面积尽量变大，见表 1。

作者简介：刘少亮（1985.10—），男，工程师。单位地址：河北省石家庄市槐安西路 395 号，邮政编码：050200；联系电话：18033878768。

图 1　项目效果图

表 1　体形系数与各朝向窗墙面积比

体形系数		窗墙比			
		东向	南向	西向	北向
物资试验办公楼	0.25	0.07	0.24	0.16	0.21
小型设备物资库	0.25	0.14	0	0.3	0.08

建筑方案确定后，对本项目可满足被动式低能耗建筑要求的外围护结构热工性能进行计算，并通过能耗模拟计算予以确定。经计算，本项目外围护结构构造与热工性能见表 2。

表 2　外围护结构构造与热工性能

围护结构部位		主体构造及保温层材质与厚度	传热系数 K [W/(m²·K)]
屋面		120 厚混凝土板＋220 挤塑聚苯板	0.14
外墙（包括非透明幕墙）		200 厚加气混凝土砌块＋220 石墨聚苯板	0.135
底面接触室外空气的架空或外挑楼板		120 厚混凝土板＋220 石墨聚苯板	0.14
地下室顶板		120 厚混凝土板＋220 挤塑聚苯板	0.14
	窗墙比	窗框材质及玻璃品种规格	传热系数 K [W/(m²·K)]
外窗（包括透明幕墙）	东 0.04	多腔塑钢型材	0.8
	南 0.23	(6mm 三银 Low-E＋16Ar＋5mm 单银	0.8
	西 0.14	Low-E＋16Ar＋5mm 单银 Low-E)	0.8
	北 0.21	暖边间隔条	0.8

同时，对本项目进行无热桥节点设计和气密性保障措施，使本项目气密性满足 $N_{50} \leqslant 0.6$ 的要求。

4　通风、空调系统

承德地区冬季室外通风计算温度：$-9.1℃$，为保证新风系统在冬季正常运行，需对新风进行预热。本建筑为公共建筑，新风系统间歇开启，同时考虑降低供热能源需求，利用土壤对新风进行预冷热，土壤预冷热方案如图 2 所示。新风由室外进风口引入埋地管道，经土壤预冷（热）后，由新风竖井送至各层；每层设独立的新风机组，为本层提供人员所需新风量，新风机组内设置高效板式热回收段，热回收效率不低于 75%。

经计算，冬季 −9.2℃ 的室外空气，与年地面平均温度 9.1℃ 土壤进行换热，至出口处新风温度为 2~4℃，再与室内排风在新风设备内进行热交换，新风出口温度可达 12~14℃。

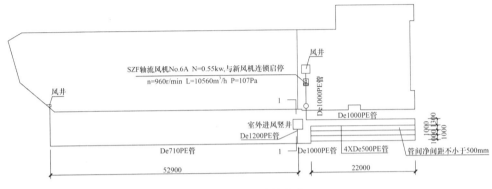

图 2　土壤预冷热方案

经计算本项目单位面积供热负荷为 33.40W/m²，制冷负荷为 24.68W/m²。结合当地气候条件及本项目负荷特点，为本项目选择超低温多联机系统，既满足本项目间歇开启的特点，同时也减少了运行维护成本。

5　太阳能热水系统

本项目热水全部由太阳能热水系统提供，太阳能集热器布置于办公楼屋面，设置 3300×2380 集热器 20 组，有效集热面积 132.4m²，储热水箱有效容积 8.43m³。同时，为保障阴雨天的热水供给，太阳能热水系统配有 40kW 的电辅热，电辅热系统仅在连续阴雨天时启用。

太阳能系统采用智能化、全自动控制，在安装调试投用后无需专人值守操作，能够保证贮热水箱中的水达到使用要求。自动上水、定时加热、手动加热、恒温控制、防干烧、防冻、漏电保护、故障报警等多重保护性能。集热器应能达到热性能稳定，整体性好，寿命长，抗冷热冲击性能强的要求。集热器可以实现紧凑式或无间隙安装，在生产热水的同时，还具有保温、隔热、遮光等屋面性能。

太阳能部分采用温差强制循环的加热方式，在热媒回水管上设置有温度传感器，即当 T1 小于 10℃ 时，防冻功能开启。可以设置一个防冻值（由厂家依据产品性能设置），当温度传感器检测到的温度小于这个设定值时，循环泵开启，水箱中的水通过循环经过集热器，同时由于水箱中的水温较高对集热器也有一定的加热作用。集热器受到水的传热温度升高，当温度大于该设定值时，循环泵停止运行。由此集热器不结冰，保证系统正常使用。在太阳能热水系统非使用时段，通过泄水阀排空防冻。

热保护分为水箱过热保护和集热器过热保护。在天气情况良好的情况下，贮热水箱内热水能在较短的时间内升至要求温度，若此时用水量很少，此时水箱内水仍会通过热媒循环泵循环并加热持续升温，当贮热水箱中温度＞设定 75℃时，微电脑控制器停止循环加热，使太阳能系统不再实行温差循环集热。当水箱中水温＜70℃时，温差循环重新启动运行。集热器过热保护：当集热器上的温度＞180℃时，循环泵开启，通过水箱中的水给集热器降温，防止干烧降低集热器寿命。

6 结 语

通过建筑优化设计，增加冬季太阳得热，设置新风土壤预冷热和太阳能热水系统，承德中天建设工程检测试验有限公司综合办公楼项目最终单位面积年累计热需求为 15.88kWh/（m² · a），单位面积年累计冷需求为 6.24kWh/（m² · a），年一次能源消耗总量为 92.98kWh/（m² · a），满足被动式低能耗建筑要求。本项目已于 2015 年 11 月竣工，运行效果良好，项目实景图如图 3 所示。

图 3 项目实景图

参考文献

[1] 住房和城乡建设部科技发展促进中心，河北省建筑科学研究院，河北五兴房地产有限公司 . DB13（J）/T 177－2015 被动式低能耗居住建筑节能设计标准 [S].
[2] 中华人民共和国住房和城乡建设部 . 被动式超低能耗绿色建筑技术导则（试行）（居住建筑），2015.

基于被动式设计理念的产能房设计

——以甘肃会宁河畔小学"趣味智能仓"项目为例

张骁[1,2]，陆游[1,2]

（1. 天津市建筑设计院 BIM 设计中心，天津　300074；

2. 天津市建筑设计院绿色建筑机电技术工程中心，天津　300074）

摘　要　本项目以甘肃会宁河畔小学为例，以基于大量的气候、能耗数据分析，通过仿真模拟建筑运行情况、环境与建筑的关系等方法来指导设计进行。以被动措施为主，降低能耗、优化节能措施为辅的设计思路，来实现对环境的最小影响和最大收益。避免刻意追求高新科技堆砌而形成华而不实的设计，以实事求是的态度对秉持可持续理念的产能房设计进行了有益的尝试

关键词　可持续设计；被动式设计；产能房设计；旱厕通风设计；节能措施及策略；光伏发电的产能及储能

1 引　言

本项目位于甘肃会宁县河畔镇中心小学内，由上海真爱梦想公益基金－宁波诺丁汉大学发起并援建，纳米比亚建筑设计师 Nina Maritz、天津市建筑设计院绿色机电研发中心和 BIM 设计中心联合设计，该项目获得了 2016 全球 BIM 大奖赛（AEC Excellence Awards）特别慈善奖。援建方希望该建筑除了能达到教育功能之外，还能成为供能、与环境和谐的北方第一栋农村教育产能示范建筑，未来在甘肃及其他地区复制。项目总建筑面积 253.66m²，首层152.26m²，为开敞式教室，楼梯休息平台处设淋浴室和卫生间；二层 101.40m²，功能为简易厨房和支教老师的 2 间卧室（图1，图2）。

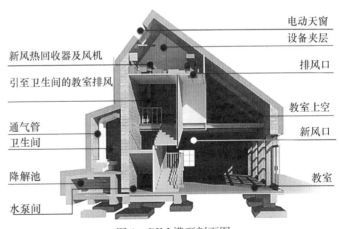

电动天窗
设备夹层

新风热回收器及风机

排风口

引至卫生间的教室排风

教室上空

新风口

通气管
卫生间

降解池

教室

水泵间

图 1　BIM 模型剖面图

作者简介：张骁（1979—），男，高级工程师，单位地址：天津市河西区气象台路 95 号，邮编：300072，联系电话：13116021160，邮箱：north1979@126.com。

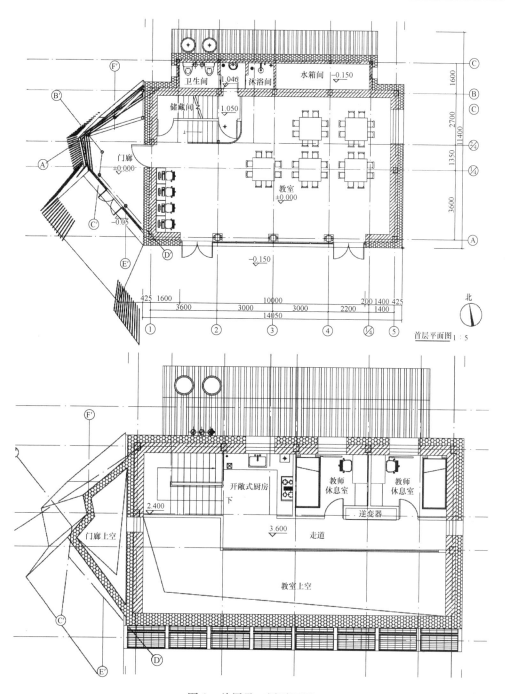

图2　首层及二层平面图

　　为了应对能源和气候挑战，欧洲提出了一种前瞻性的"active house（产能房）"建筑理念，它倡导未来建筑应该实现气候平衡、居住舒适、感官优美、具备充足的日光照明和新鲜的空气，即实现能耗效率与最佳室内气候之间的平衡，同时保证建筑以动态方式适应周围环境，实现碳中和。即建筑开发应重视低能源消耗、健康舒适的室内环境，适应具体建筑特性和地区气候条件之间的良性互动及这几种因素相互制约达到的经济平衡性。

在这一理念指导下，建筑将自主生产能源，以可持续发展形式利用资源，有效改善人们的健康水平和居住舒适度。它将有效地沟通人类与生存环境的关系，促进未来技术与普通生活常识之间的良性互动。分析建设方的设计目标后，决定本项目以产能房的理念来进行设计。

同普通建筑相比，产能房实际上是通过低能→零能→产能三个阶段的进化来实现的，主要核心为节能、挖潜、输出能源。前两项是在有限产能条件下实现输出能源的必要条件。增加不切合实际需求、不适应实地条件、只能部分利用的系统，会带来额外的能耗，随之降低产能的输出，降低整个系统的性价比。这些问题在实际设计中就转化为怎样将能耗降到足够低的水平、怎样将资源充分利用、怎样提高各构成部件的性价比。相关的应对措施有围护结构的优化、节能低耗设备的选用、自然环境的分析和利用、可再生能源的充分使用、现有外部资源的规划与调配等，如何将这些措施有机地结合起来，既要避免短板效应，还要避免某项过于突出，以达到整体效果最佳，这是设计的难点。

2 气象条件利用

会宁县河畔镇离白银市靖远县城公路 60km，按《民用建筑供暖通风与空气调节设计规范》GB 50736—2012 中白银市靖远站气象参数选取，年平均温度 9 ℃，供暖季室外计算温度 −10.7 ℃，供暖时间为当年 11 月 1 日至次年 3 月 31 日，夏季空气调节室外计算干球温度 30.9 ℃，湿球温度 21 ℃，夏季通风室外计算温度 26.7 ℃，该地区在供冷、供热时的走向，如图 3 所示。依据数据，并结合建设地点居民的实际生活情况，确定本项目冬季供暖、夏季自然或机械通风的全年能源方案。

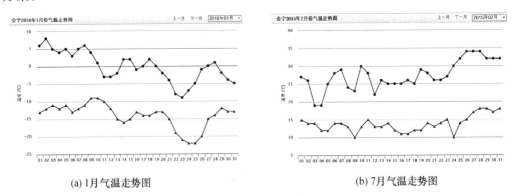

(a) 1月气温走势图　　　　　　　　　　(b) 7月气温走势图

图 3　会宁县 1 月和 7 月气温走势图

此外，会宁地区年蒸发量 1800mm，年均降水量 340mm，为极度缺水地区，需要考虑生活用水的节水措施。

3 能源对策

会宁地区水平面太阳辐照量 5400～6700MJ/（m² · a），冬季日照百分率 66%[1]，属于日照资源较丰富区，会宁地区风电资源也较为丰富，县域南部有国家级风电场。但项目所在地河畔镇在县域北部山谷中，位于三叉河口处，受山谷及河床导向影响，即使在1月也没有较为稳定的风向，且风力较低，常年小于三级，故本项目的产能系统选用光伏发电。利用 IES（VE）模拟全年太阳辐照情况后，得知光伏发电系统全年发电均匀性较差，夏季峰值约为冬季发电量的4倍[2]。电能储存成本高，蓄能电池制造过程对环境有污染，占地大，寿命较短，性价比不高，故不设电蓄能装置。夏季所产生的电力直接上网出售，冬季产生的电能主要用于室内供暖，从电网回购电力不经济，也有悖于产能建筑的设计初衷，最终决定通过冬季产能转化为热能后利用热水蓄热的方式来蓄能，光伏发电板的面积以冬季需求为准。经计算，需要152m² 光伏板。

4 建筑物被动措施

4.1 热惰性

从历史气象数据来看，会宁地区昼夜温差很大，为减少室内温度波动，需要增加墙体的保温蓄热能力，即需要增大建筑物热惰性。同时，蓄热能力强的墙体也可以被利用于夏季夜间通风冷却蓄冷。设计团队通过现场调研甘肃会宁镇，发现当地建筑大量采用生土砖作为建筑围护结构，如图4所示。

图4 传统生土建筑

生土砖由土壤中粒径稍大的部分组成（包括粗砂、中砂、粉土等），如图5所示，黏土是生土粒径≤0.002mm的部分，由于其较好的黏性，被用于常用砌体生土砖的胶结剂。同时，生土砖作为重质墙体即有利于空调、采暖负荷的延迟和衰减，又有利于提高室内空气状态的稳定性以及人员的舒适性。

但是天然生土砖由于强度不够，人们普遍采用黏土砖作为生坯，经烧结来提高其强度，这会从根本上改变黏土的化学性质，而且是不可恢复性的，从而会对环境造成破坏，导致水土流失[5]。考虑到生土砖的生态环保效应，且与当地文化相契合，采用黏土生土砖作为建筑蓄热层，围护结构兼外保温层为300mm的塑模石墨聚苯板。建筑主体结构为钢结构，为了室内空间美观，生土砖厚度400mm，与钢柱齐平。生土砖之间通过钢筋拉结来加强其粘结性、强度以及抗震能力。

图5　土壤断层及粒径分类示意[5]

4.2　建筑朝向选择及优化

受场地限制，本项目被夹在两个垂直分布的建筑之间，在冬季处在经"狭管效应"加速后的气流中，为了减少迎风面积，降低迎背风面间风压差，有必要对建筑朝向进行调整。通过模拟比较南偏西10°、正南向、南偏东10°三个方案的场地风环境气流组织和迎背风面的风压差（表1），比较冬季工况室外风环境对建筑热负荷的影响，如图6左侧图中所示，图6右图为选定朝向后整体风环境矢量图。经比较可知方案一最优。

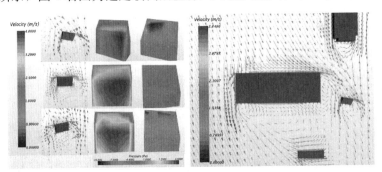

图6　不同朝向布置的建筑的场地及单体风环境图

表1　不同朝向建筑风环境数据表

	方案一	方案二	方案三
朝向	南偏西10°	正南	南偏东10°
来流风速（m/s）	3.0	3.5	3.5
迎背风面压差（Pa）	6~8	6~8	6~8
迎风面面积	最小	居中	最大
热能损耗	最小	居中	最大

4.3　冷风渗透处理

为了进一步降低项目冬季西北风带来的热损耗，在项目西北侧结合甲方梦想基金的标志设置红色纸飞机造型，造型与墙面形成建筑入口的过渡空间，既降低了寒风对于西北侧墙面的冷风渗透和温差换热，也提高了室内的热稳定性和舒适度，如图7所示。同样在北侧设置卫生间等无人员长期停留空间，在多功能教室与室外之间形成过渡区域，降低冬季室内的能源消耗。同时将项目整体向南侧平移，将项目移出经"狭管效应"加速后的气流的核心区，降低迎风面风速及迎背风面压差，如图8所示。其他朝向为控制冷风渗透热损失，选用的外窗气密性极好，但渗风量不能满足室内卫生要求，因此需要设置新风系统。

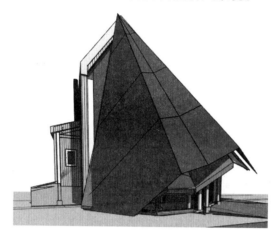

图7　西北侧LOGO造型挡风构件

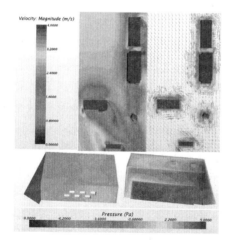

图8　优化后场地风环境及建筑物南北立面风压差图

4.4　太阳得热的处理

太阳得热是增加室内温度的一个主要因素，在夏季需要尽可能减少以降低室内温升，冬季需要尽可能增加以增加室内温升，以此可以实现全年节能的目的。本项目南侧窗为主要自然采光光源，需要计算合理窗高及窗距地高度。此部分可以利用Revit的日光轨迹对室内模型的光影效果直接获得可视化的分析结果，使建筑设计师获得窗尺寸与室内外效果之间的直观的逻辑关系，避免大量的计算。夏至时，基本无阳光直射进入室内，而冬至日尽可能多地获取了阳光，从而达到节能的目的。

4.5　其他措施

建筑物屋面北侧开设天窗形成"穿堂风"以获得较好的自然通风条件。将光伏板优先置于南向屋面上用于遮挡较强的太阳辐照，减少夏季屋面日晒得热对室内的影响，余下部分按最佳倾角布置于地面上。

5　蓄能对策

供暖系统的容量取决于恶劣日的时长，将低于−11 ℃的温度视作恶劣温度进行统计，将 2011—2016 年供暖季中低于−11 ℃的温度及天数取平均值，结果为−13.5 ℃。以此作为恶劣天气的室外计算温度。根据会宁多年天气统计，自 2011 年 1 月 1 日至 2016 年 4 月 1 日，会宁共出现：晴天 693d，多云 661d，雨天 383d，雪天 95d，阴天 16d，沙尘天 8d。查阅 2011—2016 年各年供暖季天气后发现连续恶劣天气一般不超过 2d，连续多云并有恶劣天气的一般不超过 7 d，考虑到多云定义为总云量占天空面积的 5/10～7/10，将多云天气折算为 0.6 个恶劣日，故连续恶劣天气估算为 5 d，即系统要有能满足连续 5 个恶劣天气日供暖需求的蓄能能力。

因建筑为间歇使用，故将供暖调节方式设计为质调节。开敞教室的供暖时段与教室宿舍不一样：将供暖日分为节假日和工作日两种，节假日全天室内温度为 5℃（防冻），工作日分成两个时段：上课时段和无课时段，上课时开启新风，室内计算温度为 18 ℃（考虑使用地板辐射系统），时间为 08：30—18：30；无课时段，温度设定为 5℃（防冻），时间为 08：30—18：30，关闭新风。教师宿舍按学期进行设置，学期时为白天 18 ℃，夜间 20℃（考虑使用散热器系统），假期时为全天 5 ℃（防冻）。在 IES（VE）内，以该时间温度控制参数进行逐时能耗模拟计算。因蓄能对逐时负荷不敏感，为了简化模拟，未考虑墙体蓄热导致的室内温变延时情况，在实际使用中，可以将墙体蓄热作为一种有时效的安全措施加以利用。经模拟后得到冬季恶劣天气的日供暖负荷为 157kW。

考虑到蓄能材料的经济性和便于维护的要求，使用热水蓄能的方式。项目所在地海拔不超过 1600m，水的沸点温度约为 94.7 ℃。为保证恶劣天气连续 5d 的供暖需求，并附加 3% 的水箱热量损耗，需要 14.2 t 热水。为尽可能地降低水箱的热损耗，水箱选用绝热水箱，而且水箱和外墙之间的 100mm 的间隙、外墙保温层都可以视作保温层，大大降低了水箱箱体的热损失。结合建筑条件，最后确定水箱尺寸为 7m×1.5m×1.7m，有效容积为 14.45t。尽可能地提高水箱蓄水的温度，同时尽可能地降低采暖系统的供水温度，才可使蓄热水箱的出力达到最高。

在水箱底部设置温控器，当水温低于 94℃时，使用光伏产电对设置在箱内的电热棒功能，直接加热箱体内储水，实现蓄热。当水温等于 94.5℃时，切换光伏产电至国家电网出售。供暖季结束后人工关闭加热系统。

6　供暖系统及控制策略

室内主要采用地板辐射系统，考虑到增大热水利用温度范围，实际运行中可将供回水温度设置为 40～30℃，充分利用低温热源；其次建筑主要空间为高空间，采用以辐射为主的供暖方式，使人体舒适且节能，还可降低因对流换热供暖方式形成的室内自然对流加热了无人的上空空间而带来的热量浪费。热辐射除对人体加热外，还有部分对室内侧黏土砖加热使其蓄热，提高了室内舒适度，充分利用了热能。

地板辐射系统设置了两台混水泵，一用一备，将水箱内热水与室内回水混合后送至地板盘管内。混水阀为电动调节阀，由室内的温控传感器控制其开度，当室内温度高于设定调节范围时，关闭混水泵。

楼上两间教师宿舍为散热器系统，为水平双管异程系统，可实现分室温控，设置微型管道循环泵，泵体需配置手动三挡调速或变频器，因散热器能承受较高水温，所以管路上不设置混水阀。宿舍内设置温度传感器，控制水泵的启停或变频。亦可按需求调节水泵转速以调整流量。

7 室内通风系统及控制策略

开敞教室师生设计最多人数为 52 人，依据《中小学校设计规范》GB 50099—2011 中普通教室 19m³/（h•p）计算，新风量为 988m³/h。新风热负荷是热负荷中较大的部分，因此设置叉流板式新风热回收器。考虑设备安全性和室内排风量的调节，设置 2 台，各负责全部新风量的 50%。冬季新风热负荷计入室内采暖系统内。考虑到热交换后新风仍较冷，采用单层百叶，将气流导向墙壁侧避免直吹人员聚集区，同时将喉部风速控制在 1m/s。

开敞教室体积约为 608m³，新风量带来的换气次数为 1.65 次，出于节能考虑，采暖季无课时段停止新风供应，在上课前一小时开启新风，排除夜间室内聚集的污浊空气。平时视上课人数的多少，按需由人工手动控制启停及台数。

考虑到会宁地区有沙尘天气，送排风管道上设置了中效过滤器，用于保护热回收器，新排风管道各设置 1 台低噪声管道风机，提供气流顺利通过过滤器、叉流板及风口送风所需的压头。新风口设置在东侧山墙上，结合开窗位置进行取风。将新风热回收机组拆解成三部分，而不是采用高度集成化的设备，主要是考虑到乡镇缺乏维修保养技术支持的现实情况，避免高集成化的设备故障导致整个系统瘫痪，并降低维修难度。系统内的换热器、过滤器、风机三大部件只需更换备件，将故障件寄回厂家维修或直接购入新件即可。

室内排风口设置在屋内左侧吊顶上，为室内最高处，新风口设置于右侧的架空楼板下，机械通风时气流贯穿整个空间，通风效率较高，如图 9、图 10 所示。

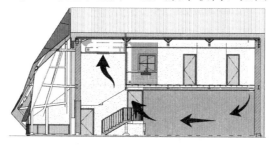

图 9 机械通风状态下室内气流流向示意图

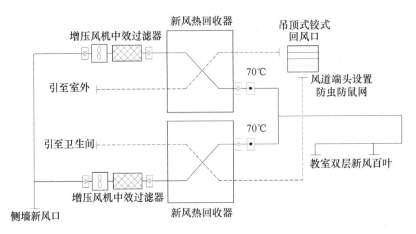

图 10　机械通风系统流程图

会宁县夏季温度较高的天气时多为西南、南、东南风向，风掠过屋顶时在屋脊后形成的空气动力阴影区将会引导室内气流流出，提高自然通风效率，如图11所示。自然通风时，开启左侧屋顶上的电动天窗，室外低温气流通过窗流入，经吊顶排风口，从屋面天窗排出。

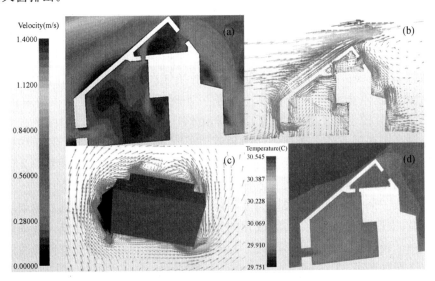

图 11　室内夏季自然通风冷却模拟

（a）通风状态下室内气流速度标量图（m/s）；（b）通风状态下室内气流速度矢量图（m/s）；
（c）室外风环境矢量图（m/s）；（d）通风状态下室温图（℃）

8　旱厕及通风系统对策

会宁地区水资源匮乏，年蒸发量远大于年均降水量，经计算，卫生间坐便器年用水量约为22 t，该系统不仅消耗资源，生成产物还污染环境。结合当地生活习惯，并注意到当地室外高温时段较短，将卫生间设计为冷堆肥旱厕[3,4]。排泄物混合其他发酵辅助材料后，经充分发酵后杀死其中的病原体，同时增加有益的微生物，变成了营养丰富、对环境无危害的腐殖质，可作为有机肥料。在旱厕设置两个降解池，间隔1年轮换使用。在长达 1 年的发酵期中，对降解池进行通风，不仅能改善好氧微生物的生存环境，也能避免发酵过程中的异味污染空气。在冬季由于温度过低，发酵降解缓慢，几乎停滞，异味产出较少。

卫生间位于降解池的上方，坐便器联通卫生间室内和降解池，为避免异味通过坐便器扩散至室内，其中一台新风热回收器经热交换后的排风被引入卫生间作为正压补风，将排至卫生间的排风通过坐便压至降解池，再通过设置在降解池的两根排风管道排至室外。同时冬季排入卫生间的室内排风也会提高卫生间的热舒适度。

在没有室内机械排风的情况下（当无人和过渡季时），设置在降解池的排风管室外端头处的自力式风帽在室外风力和降解池内与室外热压差共同作用下，形成管内负压，诱导池内脏空气通过管道排至室外，如图 12 所示。

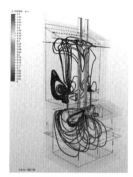 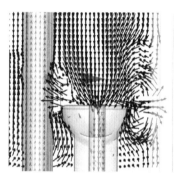

(a) 卫生间降解池空气流动流线图（m/s）　　(b) 坐便器上空气流速度矢量图（m/s）

图 12　旱厕负压排气系统模拟

9　其他系统耗能对策

校园中有燃气供食堂使用，本建筑所需能耗较低，采用燃气不影响食堂运作，也不会额外增加建设初投资，故选用燃气作为备份能源，作为长期、极端恶劣天气时能源的补充与替代。

生活热水系统主要是提供洗澡热水，蓄热水箱内的热水不宜直接用作淋浴热水，需换热后再使用，需要增设微型水泵。水换热器不但使系统复杂，而且引入了新的耗电单元——生活热水水泵，且夏季为避免人为疏忽而开启水箱蓄热功能，已将电能切换至电网中出售，水箱中无热水可用。如果单独设置 1 套太阳能生活热水系统使现有系统过于复杂，储水箱设置在屋面上影响建筑整体观感；若设置在地面上，在使用时需开启加压泵将热水送至淋浴间。还需要考虑敷设室外管道冬季防冻等措施，且在暑期中无人使用该系统，此时无论集热管内是否有水，都会对集热管寿命有所影响。从整体考虑对该系统的保护措施以及其对建筑整体的影响大于该系统本身的贡献，故弃用太阳能生活热水系统。生活热水所需的能量，直接由作为备份能源的燃气提供。选用 24kW 供暖生活热水两用燃气壁挂炉，平时提供生活热水，当恶劣天气蓄热不足时开启供暖功能，直接为室内供热，如图 13 所示。

建筑内其他用电设备如电脑、投影仪、灯具、混水泵等按个数统计后计算其用电量，将其全年耗电量计入光伏发电系统产出中，但为保证用电设备的安全和寿命，从市政电网取电。

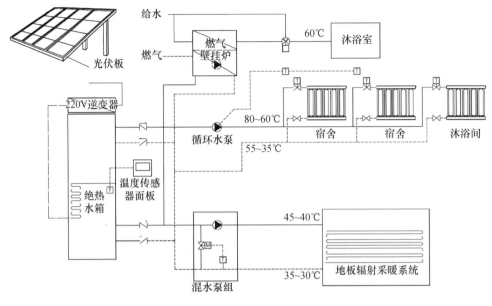

图 13　供暖流程图

10　能耗模拟计算

经 IES（VE）模拟全年运行情况得知，全年逐时热负荷，如图 14 所示，逐时光伏发电量如图 15 所示，各分项能耗组成，如图 16 所示。项目供暖系统能耗 8865kW·h，单位面积耗能指标 35.4kWh/（m²·a），其中新风处理能量较多。项目总能耗为 13337kW·h，单位面积耗能指标 53.3kWh/（m²·a）。光伏发电系统全年发电 16892kW·h，除去项目运行本身能耗，全年可输出能量 3555kW·h[1]。

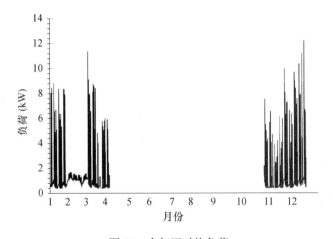

图 14　全年逐时热负荷

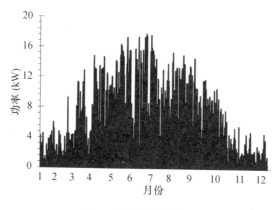

图 15　逐时光伏发电量

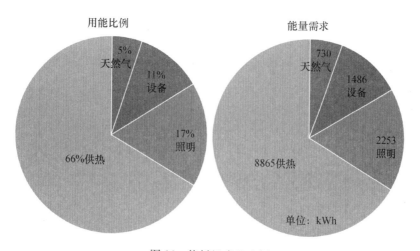

图 16　能耗组成及比例

11　结　语

设计之初，援建方和外方设计师期望能设计成一个孤岛运行建筑。但是房屋作为一个人类社会的产物，其自身就具有社会属性，不能脱离人类社会单独存在，追求建筑自身能量"内循环"而忽视周边的社会资源，不但需要更多的额外系统来辅助运行，还浪费了其他可用的社会资源。在本次设计中，将设计目标定为一个需要借助外部少量资源即可驱动的产能单位，同时其空间可被利用的具有舒适环境的建筑物。考虑建筑物耗能和产能之间的平衡，将社会资源视为接纳容器与储备仓库，注重经济投入产出的分析，不过于追求内部能耗细节，努力将各系统整合在一起，使其相互关联。除此之外，在乡镇里使用超前的新技术还面临着建设成本过高、设备维护困难、需要考虑设备的耐受性等问题。我方与外方设计师经多次讨论后形成了目前的方案：在成熟的节能技术基础上，将节能设备、产能设备有机地组合在一起，使之配合互补，同时舍弃部分干扰项，提升整体效率。

在设计过程中，借助了 BIM 技术与仿真模拟、能耗分析技术，提升了设计效率。

产能房作为人类居住建筑的一个新形式，被赋予太多希望，但其载体依旧为人类生活的一部分，不能脱离现有资源及现状。充分利用现有条件，深度整合现有资源，提高建筑的多角度利用率，在节能基础上提高使用舒适度，其意义远远大于新技术堆砌的建筑。如何在建筑设计中平衡能源、舒适和环境三者之间的关系，才是建筑设计师要关注的问题。

参考文献

[1] 中国气象局气象信息中心气象资料室，清华大学建筑技术科学系 . 中国建筑热环境分析专用气象数据集 . 北京：中国建筑工业出版社 . 配套光盘内数据库，2005.

[2] 陆游，张骋 . 可持续设计方法在产能房设计中的应用——以甘肃河畔小学为例［J］. 建筑节能，2017，3：82-87.

[3] 盛保华，高良敏，钱新，等 . 堆肥式生态厕所处理人类排泄物变化规律研究［J］. 江苏环境科技，2007，20（2）：15-17.

[4] Thomas Redlinger, Verónica Corella-Barud, Jay Graham, eatl. 干热地区的干式堆肥厕所［J］. 国际生态卫生科学大会 ，2001，88-90.

[5] 林挺，张雯，等 . 黏土"混凝土"-生土材料与夯土建造［J］. 建筑技艺，2013（3）：238-242.

被动式超低能耗农村建筑设计研究

尹宝泉，陈奕，王梓

（天津市建筑设计院，天津　300074）

摘　要　建筑围护结构热工性能差和供暖、炊事能源利用率过低是导致目前农村建筑能耗高、室内热环境差的两类重要原因。为降低农村建筑能耗，改善农村建筑室内环境，改变农村建筑用能模式导致农村建筑能耗升高等问题，本文基于某项目设计方案，提出了基于低成本原则，通过被动式设计，降低建筑用能需求，并在设计中延续农村的一些特质空间，实现农村建筑被动式低能耗设计的方法及途径。

关键词　被动式；超低能耗；农村建筑；太阳能；集成设计

1　引　言

随着我国城镇化进程的推进，农村的居住生活模式产生了很大的变化，如农村住宅商品能耗总量大幅增加，而生物质能使用量持续快速减少，农村能源供应方式正逐步由传统的"自给自足型"转变成"外部输入型"，这种转变对于农村生态环境具有重要影响。

而近期北京的煤改电，引发了人们对于农村散煤治理的关注。有相关专家指出，农村的燃煤燃烧是城市雾霾的主要成因之一。中国工程院院士江亿曾公开表示，不能忽视我国农村建筑能耗。相关研究表明[1]，2015 年，我国农村地区年生活用能总量已超过 3 亿吨，其中煤炭、电、液化石油气等商品能源为 2.25 亿 tce，增幅较高，已占 2015 年全国建筑总商品能耗的 27%。

目前，我国北方大部分地区的农宅并没有很好的保温措施，这使其在消耗较多能源的前提下，室内舒适度依旧得不到保证。根据农村住宅的总量和住宅类型特点，如果其室内环境和用能模式都以城市住宅标准为目标，则未来农村住宅的用能可能会超过目前城市建筑用能的总量。

基于对天津市乡村建筑用能现状、室内舒适度的调研，结合一个既有乡村建筑的提升改造，本文对天津市及北方寒冷地区的被动式超低能耗乡村建筑设计方法、技术措施选择等进行了探讨，提出被动式超低能耗建筑非常适宜于乡村建筑，本文的研究成果可用于指导天津市后续的乡村建筑规划与设计。

作者简介：尹宝泉（1984.1—），男，高级工程师，天津市河西区气象台路 95 号，300074，电话：15102257442。

2 农村建筑设计现状

2.1 农村建筑设计现状

1）自建房为主

目前，我国大多数农村住宅建筑依旧是农民自建为主，即按照当地的传统建筑设计方法，在无"正规"设计师介入，未开展相关节能设计的情况下，进行开工建设，且施工方也多为临时组建的施工队，同时由于建安成本、施工技能等原因，较少采用保温及高性能的门窗，而这也导致目前大量新建农房建筑能耗依旧较高，虽然人们的生活方式较前些年有了较大的改变，但是建筑室内热舒适度、空气品质依旧较差，且卫生间多位于室外，人们的生活水平仍有待提升。

2）围护结构无保温措施

目前，我国北方农村大多数房屋的墙体、屋顶等围护结构没有任何保温措施，见表1。冬季墙体室内侧壁面温度可达到零度，甚至会结霜，这导致冬季围护结构热损失过大，室内热环境较差。

表1　北方地区各省（自治区、直辖市）农宅墙体有保温措施的比例[1]

省份（自治区、直辖市）	北京	天津	山东	甘肃	辽宁	黑龙江	内蒙古	青海	陕西	宁夏
保温比例（％）	30.7	2.9	0	2.6	10.8	3.3	4	1	1.9	1

2.2 农村建筑用能现状

1）商品能源占主导，可再生能源整体利用水平偏低

据清华大学的调研，农村建筑年商品能耗占其总能耗的68.8%，秸秆等生物质能仅占31.2%。商品能的使用量呈现逐年增长的趋势，这很大程度上与煤炭价格较低，使用起来较为方便，且燃烧的耐久性好于生物质等因素密切相关。

目前，农村地区可再生能源整体利用水平偏低，太阳能热水器普及程度较高，但多存在着冬季无法使用的问题。目前简易的南向被动式太阳房等技术在北方农村较为普及，这主要得益于其以较低的造价，营造了相对舒适的过渡空间，如图1所示。

图1　简易的太阳能暖房

2）能源利用效率较低，排放较高

我国北方农村的采暖方式主要为火炕和土暖气，如图2所示。再辅以热泵、电暖气等作为改善及辅助的采暖方式。土暖气受自身结构及封火燃烧方式所限，炉体散热、

排烟、不完全燃烧等热损失较大，采暖效率仅为30％～40％，远低于城镇地区所采用的大型锅炉的热效率，造成了煤炭资源的浪费。火炕与柴灶相连，由于传统火炕对烟气热量的有效吸收比例偏低，仅为40％左右，采暖时需要消耗大量薪柴和秸秆等燃料。

图2　典型农村的采暖及室内末端

2.3　室内环境

1）冬季室内空气品质较差

冬季北方农村的室内环境空气品质不容乐观，由于冬季寒冷，人们很少开窗通风，甚至会用塑料薄膜将窗封上，以减少冷风渗透，但由于煤炭、生物质等的不完全燃烧，导致炊事以及供暖产生大量的污染物，严重威胁到人们的身体健康。大量实测数据表明，由于农村建筑很少安装抽油烟机及排风扇，导致其室内CO、SO_2、可吸入性颗粒物（$PM_{2.5}$）等污染物浓度普遍偏高，尤其厨房，可吸入性颗粒物浓度经常达到严重雾霾浓度的数倍。农村供暖和炊事活动是我国$PM_{2.5}$主要来源之一。其中北京农村地区$PM_{2.5}$本地污染排放的贡献率达到14.4％～18.5％[1]。

2）冬季室内温度较低，热舒适度较差

尽管消耗了大量能源，但是农村建筑夜间室内温度依旧较低，室内温度与采暖炉子的燃烧状态线性相关，如图3所示。线1是较富裕村民，夜间采暖炉子一直燃烧，温度相对平稳；线2为一般家庭，夜间会封采暖炉，温度下降明显。

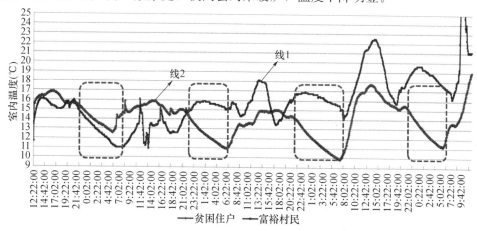

图3　2016.1.28—2017.2.1天津某村两典型农户的卧室温度

从投入产出比而言，农村住宅围护结构和能源系统的改造可以获得 2～3 倍于城市居住或者公建节能改造的节能减排收益。但乡村建筑节能，是一个系统工程，除了用能模式，还涉及保温隔热、室内舒适度、功能空间布局等多方面的系统研究。

3 被动式超低能耗农村建筑设计理念及方法

3.1 被动式超低能耗建筑的发展

目前，住房城乡建设部已经编制出台了《被动式超低能耗绿色建筑技术导则（试行）（居住建筑）》，量化了建筑围护结构的热工性能，按气候区给出了供暖制冷能耗及总能耗指标。河北省、山东省等出台了被动式超低能耗建筑地方设计标准。北京市昌平区延寿镇沙岭村 36 户农宅，已按被动房标准建设实施，为全国首个农村被动房项目，目前主体已完工。

3.2 被动式超低能耗农村建筑设计方法

农村建筑的被动式超低能耗设计，应首先分析当地农村建筑的功能特点，人们的用能需求，然后基于当地的气候、能源资源条件，本着"被动优先、主动优化、最大化利用可再生能源"的设计原则，在充分考虑经济性、操作性、适宜的舒适度前提下，进行集成设计和技术筛选，此外，还宜应用本地材料，简化施工工艺及降低后续的运维管理要求，如图 4 所示。

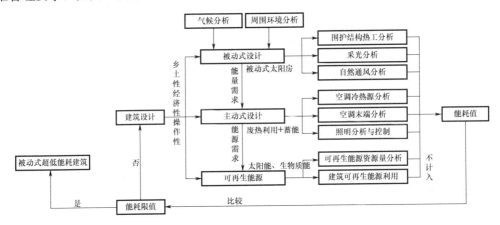

图 4 被动式超低能耗乡村建筑设计方法

3.2.1 农村住宅建筑被动式节能设计

农村住宅建筑被动式节能设计，首先，应优化农村建筑布局，降低因其主要功能房间卧室在室内，而卫生间在室外，造成室内门频繁开启，而产生大量的冷风渗透；其次是建筑围护结构保温，应采用适宜于农村地区的保温形式，应采用较高传热系数的外窗；第三，是被动式太阳能的利用，应充分利用南向的窗及简易太阳房，应考虑冬季夜间的保温措施；第四，是低成本、高效的供暖方式，火炕、空气源热泵等，应是目前主要的供暖方式。

在设计过程中，应注意下述内容：

（1）适宜的热舒适度标准。基于对农民热舒适度需求的调研，针对不同房间的功能需求，设计相应的供暖温度，确定相应的热舒适度标准。

在已有的农村住宅节能设计标准中，多将农村住房主要房间冬季采暖室内设计计算温度设为14～18℃。由于农民起居及生活习惯与城市有较大差别，使得其对冬季采暖温度的要求也不相同，经统计分析，舒适的采暖温度为14～15℃。

（2）低成本、相对简单的施工工艺，耐久性能好的产品。由于农户多为自建房，且施工队伍多为乡邻，因此，应简化施工工艺，明确相应节点构造要求。

（3）通俗易懂的使用说明。对于采用的一些技术措施，应简化使用的要求，同时向农户解释清晰。

保温材料应尽可能选用当地材料，新建建筑窗户宜选用单框双玻中空塑钢窗，塑钢窗的开启方式宜选择平开。既有建筑，宜在已有窗的基础上，再增加一层窗，可显著改善窗的保温性能。农村住宅通常会有院落，这是其较大的特点，因此在农村建筑设计过程中，还应高效利用合理规划庭院空间，充分利用被动式太阳能。

3.2.2 主动式节能设计

农村建筑用能模式，应充分发掘农村建筑的特性，基于农村地区的能源资源条件，充分利用当地的资源与能源条件，通过经济技术分析，为每一个建筑量身定做其冷热源及能源系统形式，最大化地利用可再生能源，降低化石能源消耗。这其中较为典型的方式，就目前在北京等地区推行的煤改电，通过空气源热泵，替代散煤燃烧的锅炉，但其是否是最佳的模式，还有待进一步对推广应用的效果进行后评估。

从提高系统能效、强化管理的角度，基于空气源热泵、太阳能利用、一定程度集中的分布式小能源站，对于一个相对独立的聚落空间，也极有可能成为一种最佳的方式，通过专人值守、多能互补，可大幅提高系统能效，降低对于使用人员的运维要求，可一定程度上，形成农村特有的综合性分布式集中能源站，可以形成集中的洗浴中心、活动中心、文化中心。

4 被动式超低能耗农村建筑设计实践

该项目为天津某村的水处理间改扩建设计，改造前现状如图5所示。改造的目的是将其功能从单纯的水处理间，改为水处理、阅读及活动的村活动中心。

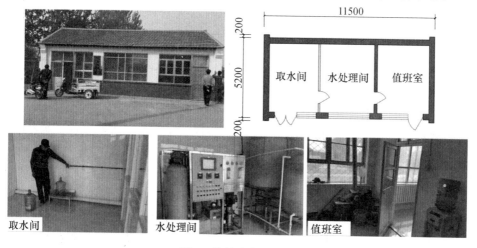

图5 某村取水间现状

　　项目从设计伊始，就本着降低建造及使用成本，提高使用者舒适度的原则进行技术经济分析。项目方案设计强化了被动式设计，如对既有的建筑主体增加保温，对新建的部分，采用高性能的墙体材料及保温材料，更换性能更好的门窗，同时增加了南向阳光间，改善了整个建筑日间的热环境（其主要是在白天使用）。同时还考虑天窗采光及太阳能墙的利用，如图6所示。

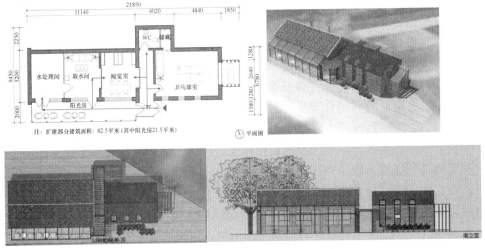

图6　天津某村取水间提升改造设计

　　因其是一个公共建筑，为了降低能源及维护成本，因此未设置常规供暖系统，拟采用太阳能集热器＋蓄能水箱，解决生活热水及部分采暖问题，辅助电加热。为引导行为节能，降低热水能耗，拟收取一定的洗澡费用，补充电加热等的运维成本。使得这个项目成为一个公共活动中心的同时，成为宣传和推介被动式超低能耗建筑理念的平台，引导村民在各村开展相关的被动式超低能耗建筑建设示范，改善人们的生活质量，同时引导低碳绿色的生活理念。

5　结论与展望

　　应对国家绿色发展战略，美丽中国建设，探讨被动式超低能耗农村建筑的设计方法、技术体系，对于转变乡村设计模式、建筑用能形式，提高乡村建筑室内环境质量，保护乡村生态环境具有重要意义。

　　农村建筑节能，除了应做好围护结构保温、利用被动式太阳能，大幅度降低建筑冬季供暖需求外，在能源供应模式上应探讨多元化的能源供应模式，其中应充分考虑生物质能源太阳能、小水电、风能等的利用，再辅之以电力驱动的热泵及厨房排风扇等，形成适宜于农村的建筑供能系统。在室内空气品质方面，应在设计中强化自然通风及排风设施，改善人们的生活环境。

　　相较于目前城市存在的拥堵、空气污染等问题，农村地区（准确地说是乡村地区）因其环境优美已成为另一种资源，另一种生活方式。因此，强化立足于乡村文脉进行规划设计、立足于农村建筑特点进行被动式设计、立足于建筑能源资源条件及用能特点进行能源系统集成设计，对于挖掘传统建筑文化、乡土文化等的内涵，营造美丽舒适宜人的农村建筑环境具有重要意义。

参考文献

[1] 清华大学建筑节能研究中心，中国建筑节能年度发展研究报告［M］. 北京：中国建筑工业出版社，2016.

[2] 王宝刚，中国乡村社区环境调研报告［M］. 北京：中国建筑工业出版社，2016.

德国被动房技术体系及最新案例研究

卢求[1,2]

（1. 德国可持续建筑委员会（DGNB）国际部，北京　100097；

2. 洲联集团-五合国际，北京　100097）

摘　要　论文第一部分系统介绍了被动房的起源，德国被动房的技术体系，包括被动房的核心技术指标，被动房计算模型边界条件，被动房住宅的设计要点，既有建筑被动房技术改造。分析了被动房的优点和发展趋势，被动房的成本增量与政府资助措施；论文第二部分介绍了海德堡列车新城被动房城区的开发建设，较详细地分析了德国被动房研究院对该项目 2014 年、2015 年实测能耗的研究报告；论文结尾处对中国被动房的发展提出了思考与建议。

关键词　德国被动房；被动房技术；被动房设计；被动房能耗监测

1　德国被动房技术体系

1.1　被动房的起源

被动房最初是指在寒冷的气候条件下，建筑不需要采暖设备，仅通过围护结构保温就能实现较舒适的室内环境。按照该理念实现的第一件作品是 1883 年在挪威建造的弗拉姆（Fram）号极地考察船（图 1）。这艘 35m 长、用橡木建造的考察船，载重量为800t，配有三桅风帆和 220 马力的柴油动力螺旋桨，曾是当时世界上深入极地最远的考察船。在南极、北极极度寒冷气候条件下，该船不需要开启采暖火炉，即可保持船体内较为舒适的温度。实现这一效果主要依靠优秀的保温构造，船壁和甲板构造厚度达40～50cm，由多层材料组合而成，窗户由 3 层玻璃构成。如今，这艘船作为一座博物馆在奥斯陆被保护下来。

在欧洲寒冷地区，建造一栋不用采暖就能过冬的房子，对很多人来说是梦想也是挑战。20 世纪，在北欧和英国，有建筑师、工程师小范围地尝试建造不用采暖设备就可以过冬的住房。1973 年，位于哥本哈根的丹麦科技大学建造了一栋试验性被动房建筑，实际上它还没有达到被动房的水平，只能被称作低能耗建筑，但它为后来被动房技术体系的完善积累了宝贵的经验。早期的被动房实践暴露出许多问题，缺少高性能窗户，人们没有意识到建筑气密性的重要性，不少项目采用了复杂的技术设备和构造机关，使建筑后期使用维护复杂且成本高。人们在不断摸索，尝试各种技术组合，进行理论研究、模拟计算，但还是没能找到最佳技术组合。为减少热能损失，必须提高建筑气密性，提

作者简介：卢求（1962.9—），男，洲联集团—五合国际副总裁、德国注册建筑师。单位地址：北京海淀区紫竹院路 77 号；邮政编码：100089；联系电话：010-57353333。

高气密性就必须通过新风系统保证室内空气质量，而根据当时的技术，仅维持室内新鲜空气一项就需要 35kWh/（m²·a）的电能，高于现代被动房采暖能耗标准的 2 倍以上。

图 1　挪威弗拉姆（Fram）号极地考察船

1.2　德国低能耗建筑的分类标准和近零能耗建筑发展目标

德国经过几十年的努力与实践，建筑节能技术和标准大幅提高。德国低能耗建筑根据建筑能耗水平划分为 3 个等级。在达到相关规范所要求的建筑室内舒适度和健康标准的前提下，建筑物对一次性能源的需求量见表 1。

表 1　不同建筑一次能源需求量

类型	采暖能耗
低能耗建筑（low energy house）	30～60kWh/（m²·a）
三升油建筑（three liter house）	15～30kWh/（m²·a）
被动房超低能耗建筑（passive house）	≤15kWh/（m²·a）

除此之外，还有两个重要的概念，零能耗建筑（zero energy building）和产能建筑（plus energy building）。零能耗建筑通常是通过被动设计，使建筑的能源需求量降到很低，进一步采用可再生能源（太阳能、生物质能等），覆盖所需能源，建筑不依靠外部能源；产能建筑采用可再生能源（太阳能、生物质能等），覆盖所需能源之外，建筑向外部输出能源。

需要注意的是，这里的能耗是指一次性能耗（primary energy），房屋采暖使用的能耗为终端能耗（end energy），一次性能源（石油、煤、天然气等）经过燃烧和输送才能把热能送到房间里，这一过程中有相当的损耗，因而，如果房间里采暖使用 1kWh 的能源，则需要大于 1kWh 的一次性能源供应。如果使用煤炭发电，用电直接加热，使用 1kWh 的电则大约需要消耗 3kWh 的煤炭，是一次性能源消耗量的 3 倍。

德国 2014 版节能条例于 2014 年 5 月 1 日生效。新版节能条例在 2009 版节能条例的基础上，提高了建筑节能要求，分两步共降低建筑一次性能源消耗量 25%。执行新版节能条例后，建筑采暖能耗约为 50kWh/（m²·a），即德国新建建筑都必须达到低能耗建筑的标准。

德国要求自 2021 年起新建建筑达到"近零能耗建筑"（nearly zero-energy building）标准。"近零能耗建筑"是指建筑物具有非常高的节能性能，建筑物在运行过程中按照欧盟指令 2010/31/EU 附件 1 方法计算出的运行所需的一次性能源消耗几乎为零或非常低，而这部分能源消耗的大部分由建筑自身或附近生产的可再生能源提供。

德国《节能法》（EnEG 2013）要求自 2019 年起新建政府公共建筑达到近零能耗建筑标准，2021 年起所有新建建筑达到近零能耗建筑标准，2050 年所有存量建筑改造成近零能耗建筑。采用被动房超低能耗建筑技术体系和提升可再生能源使用比例是德国实现上述宏伟目标的主要技术路线。

1.3 德国被动房和被动房研究院的诞生

1988 年瑞典隆德大学（Lund University）的阿达姆森教授（Bo Adamson）和德国的菲斯特博士（Wolfgang Feist）在共同进行的低能耗建筑研究项目过程中，首先提出完整的"被动房"建筑技术体系，找到了被动房技术的最佳技术组合（图 2）。阿达姆森教授和菲斯特博士都是建筑物理学家和工程师。1991 年，在菲斯特博士的参与下，达姆施塔特克兰尼斯坦区（Darmstadt-Kranichstein）成功建造了世界上第一栋被动房试验建筑（图 3～图 5）。这是一座 4 户连排私人投资建设的住宅，每户 156m²，建筑师是 Bott/Ridder/Westermeyer 设计公司。项目受到德国黑森州政府的资助，这座被动房非常成功，至今一直有 4 个家庭居住在里面，多年实际运行监测数据显示，其采暖能耗小于 12kWh/（m²·a）。

图 2　Bo Adamson（左）和 Wolfgang Feist 1998/杜塞尔多夫
在第二届被动房年会上（资料来源：PHI）

图3 世界上第一栋被动房建筑德国 Darmstadt-Kranichstein
连排住宅（资料来源：PHI）

图4 德国 Darmstadt-Kranichstein 连排住宅室内环境（资料来源：PHI）

1996年，菲斯特博士在德国达姆施塔特创建了"被动房"研究院（Passive House Institute 简称 PHI），该研究院作为独立的科研学术机构，是被动式建筑研究领域的权威机构，为世界上第一栋被动式住宅、第一栋被动式办公建筑、第一栋被动式学校建筑、第一栋被动式体育馆、第一栋被动式游泳馆、第一栋被动式工业建筑、第一栋既有建筑被动式改造等提供设计咨询、技术支持及后续跟踪研究。同时，被动房研究院编制出版了被动房设计手册（PHPP，Passive House Planning Package）、被动房计算软件、被动房评价认证标准、被动房部品认证标准，并不断进行设计方法和认证标准的维护与更新，并对达到被动房标准的建筑、建筑部品（门窗、保温系统、空调、新风设备等）进行认证（图 6）。

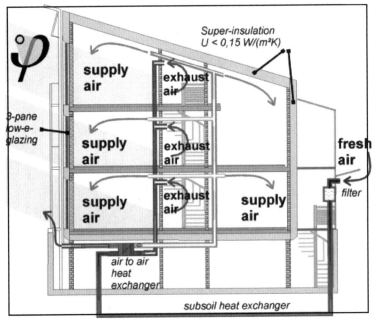

图 5　德国 Darmstadt-Kranichstein 连排住宅剖面（资料来源：PHI）

图 6　德国被动房认证标识

1.4　德国被动房的技术体系

1.4.1　德国被动房的定义

在德国，被动房是指仅利用太阳能、建筑内部得热、建筑余热回收等被动技术，而不使用主动采暖设备，实现建筑全年达到 ISO7730 规范要求的室内舒适温度范围，室内空气质量（CO_2、VOC、$PM_{2.5}$ 等有害物质含量指标）达到相关要求的建筑。

德国被动房舒适度核心指标包括：室内温度 20～25℃；围合房间各面的表面温度不低

于室内温度3℃；空气相对湿度：40%～60%；室内空气流速小于0.2m/s。室内表面不能出现凝结水和长霉。德国被动房标准不仅能耗超低，而且室内舒适度明显高于我国现行规范要求。

德国被动房核心能耗指标包括：被动房的采暖一次能源消耗量≤15kWh/（m² · a），一次能源总消耗量≤120kWh/（m² · a）。

1.4.2 被动房住宅建筑的设计（针对中欧地区气候条件）

被动房需要细致精心的设计与施工。设计建造被动房，需从以下几方面入手：紧凑的建筑体型系数，控制窗墙比，极好的外围护结构保温隔热性能（屋面、墙体、地面、门窗），适当的遮阳设施，严格的建筑气密性要求，带有高效热回收的通风换气系统（图7）。在设计过程中通常须满足以下要求：

（1）高效外保温：不透明的外维护结构的 U 值必须小于 0.15W/（m² · K）。即当室内外温差为10℃时，外墙散热量不超过 1.5W/m²。

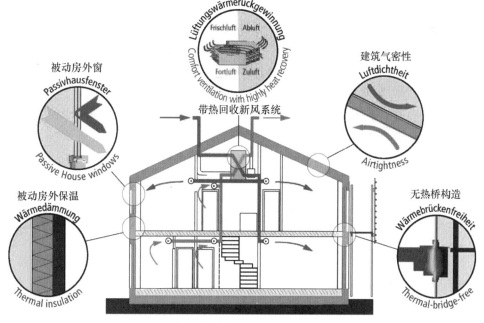

图7　被动房构成要素示意图

（2）高效外窗：透明的围护结构（窗户、幕墙等，含窗框）的 U 值必须小于 0.8W/（m² · K），总能量穿透率 G 值小于50%。

（3）东西向窗（±50°）和水平窗（坡度小于75°）的窗地比小于15%，南向窗的窗地比小于25%，超过限值须设置遮阳系数大于75%的可移动式遮阳设施。

（4）舒适新风系统，保持室内有足够的新鲜空气，余热回收率75%以上。在室内出风口的送风温度不得低于17℃。必须保证均匀流过所有领域和所有房间（通风效率）。通风设计应满足空气卫生要求（DIN1946）。通风系统的噪声值要小于25分贝。

（5）每个居室、卧室等主要房间至少有一扇可开启窗户，尽量保证建筑对流通风降温。

（6）杜绝冷桥，所有建筑外围护结构，特别是阳台、挑檐、女儿墙、飘窗等出挑部件必须严格保温处理。

（7）建筑气密性达到0.6倍以下（在室内外50Pa压差情况，换气量小于每小时0.6倍）。

1.4.3 被动房核心技术指标

被动房的采暖一次能耗量≤15kWh/（m²·a），或采暖负荷≤10W/m²；制冷（含除湿）一次性能耗小于15kWh/（m²·a）＋0.3W/（m²·aK）·TGH（Trockengradstunden）。或制冷负荷≤10W/m²，同时制冷需求≤4kWh/（m²·a K）.ϑe＋2×0.3W/（m²·aK）.TGH-75kWh/（m²·a）。但最高不超过45kWh/（m²·a）＋0.3W/（m²·aK）·TGH。按照被动房设计手册（Passive House Planning Package，PHPP）计算方法计算。

其中，ϑe为年平均室外温度，℃；TGH为干度时数，指全年之中，露点温度和参考温度（13℃）的差值为正数时，所有时间的积分数值。

一次能源总消耗量不超过120kWh/（m²·a）（含采暖、制冷、生活热水、家用电器，辅助电源、公摊用电等，按照被动房设计手册PHPP方法计算）；建筑气密性N_{50}小于0.6/h（在室内外空气压差为50Pa的情况下，换气量小于每小时0.6倍）。

1.4.4 被动房设计计算模型边界条件

按照被动房设计手册（PHPP）的要求，被动房设计计算模型边界条件如下，采暖设计温度20℃，空调设计温度25℃，人员密度35m²/人，换气量20～30m³/（h·人），最小换气量0.3倍，室内CO_2含量小于1000ppm，生活热水需求60℃，25L/（人·天），室内热源2.1W/m²，夏天室温超温频率（超过25℃时间）小于10％等。

此外，被动房的设计建造还需满足德国其他相关规范，如：

（1）舒适度标准：《适中的热环境——PMV与PPD指标的确定及热舒适条件的确定》（ISO7730）；

（2）外墙U值：EN6946；

（3）冷桥：ISO10211；

（4）外窗：ISO10077；

（5）玻璃U_g值：EN673、g-Wert EN 410等。

1.4.5 德国被动房标准对既有建筑改造的评价和认证

对既有建筑改造的认证（EnerPHit）可以通过两种方法获得：

（1）计算方法：即按照被动房标准提供的计算方法和边界条件，通过计算，证明改造后单位建筑面积的采暖能耗值QH≤25kWh/（m²·a）。同时须满足外围护结构基本传热系数限值要求。

（2）建筑构件认证：通过使用获得被动房标准认证的构件系统，如外保温系统、外窗系统进行改造；或通过提供相关资料证明建筑构件达到相关要求。

主要技术要求如下：

（1）不透明外墙外保温，传热系数≤15W/（m²·K）；

（2）不透明外墙内保温，传热系数≤35W/（m²·K）。内保温系统只适用建筑外保温法规上被禁止使用，如历史保护建筑、或建筑构造上无法实施、或全寿命周期成本评估不经济的情况下；

（3）外窗传热系数≤0.85W/（m² · K）（安装到建筑上的综合 U 值）；

（4）户门传热系数≤0.85W/（m² · K）（安装到建筑上的综合 U 值）；

（5）所有采暖房间都须安装带有热回收设备的通风换气装置，系统热回收效率≥75%；

（6）气密性最低要求 N_{50}≤1.0/h，目标值 N_{50}≤0.6/h；

（7）采取适当的构造措施，保证建筑内墙不出现任何潮湿结露现象。

1.5 被动房的优点和发展趋势

被动房是最初主要针对中欧地区住宅建筑而研发的技术体系（图7），其最大优点是相比其他低能耗技术体系建设投资少，运维成本低；有较高的热工舒适度，使用舒适方便，经久耐用、不易出现建筑损伤。

目前被动房技术体系不断发展完善，除居住建筑以外，已扩展到其他建筑类型，包括办公、学校、酒店、体育馆、博物馆、工业建筑等，项目也拓展到其他气候地区：包括欧洲、亚洲、北美洲、南美洲、澳洲（图8～图11）。

图8 德国弗来堡 Weingarten-West20 世纪 60 年代的
高层住宅改造成被动式住宅项目（资料来源：PHI）

图 9　2012 年落成的世界上最大规模的被动式办公建筑，

维也纳 RHW2 办公楼，使用面积 21000m² （资料来源：PHI）

图 10　维也纳 RHW2 办公楼门厅　　　　图 11　维也纳 RHW2 办公楼室内

（资料来源：PHI）

1.6　欧洲被动房的成本增量与资助措施

被动房的成本增量，主要体现在增加的外保温、消除冷桥构造、高性能门窗、带热回收的新风装置和提供气密性的建筑措施。根据欧洲低成本被动房标准（CEPHEUS，Cost-Efficient Passive Houses as European Standards）提供的数据，被动房的成本增量为建筑造价的 5%～8%，但 30 年使用运行下来，考虑前期成本增量和资金成本，对照 30 年节约能源的效果，二者经济效益基本持平。而被动房可以获得更好的室内舒适度，更好的抵抗能源价格浮动的风险，更好的环境效益。

被动房如果设计得好，可以节省常规建筑的采暖设备投入，包括冷热源设备和末端设备的投入。这部分成本基本可以抵消被动房的成本增量，这种情况下，在 30 年的使用运行中，被动房节约能源部分的成本就非常可观了。

在德国，复兴银行（Kreditanstalt Fuer Wiederaufbau）为被动房提供低息贷款。

此外，还有很多联邦州的区域财务资助计划。

奥地利对被动房的资助力度更大。国家最高资助可达被动房建造成本的 10%。在蒂罗尔州（Tirol）为被动房提供最高 14 个点额外的资助，满足资助条件的住房每平方米每个点可获得 8 欧元的资助。例如一个 4 口之家，最高可补贴建筑面积为 110m²，即 880 欧元每个点，14 个点相当于 12320 欧元的补贴（数据时间：2007 年 6 月）。

在福拉贝格州（Vorarlberg），如果满足要求（包括收入、建筑平面、家庭人数等），对被动房的资助最高可达 1100 欧元/m²，最大面积 150m²，最大支持力度为 165000 欧元。资助形式为长期低息贷款，贷款时间可达 30 年，利率极低，因而这种贷款对于年轻家庭和建筑业具有强烈的刺激作用。

欧洲被动房技术发展到今天，经历了漫长的路径，有众多的机构、科研工程技术人员参与其中。随着技术的进步与突破，特别是能源价格的增长和建筑环保压力的增大以及政府相关经济资助政策的扶植，才有欧洲今天被动房建设项目的大规模实施。

1.7 有关被动房的争议

虽然大规模被动房项目的建设大幅降低了建筑采暖能耗，改善了室内热舒适度。但被动房技术对建筑节能和环境保护方面的贡献程度在西方国家存在一定争议。对被动房的批评，也集中在支持被动房一方所宣传的被动房的优点：

（1）相关被动房的节能量计算，常常以二战以前没有节能措施的老房子为比较对象，因而得出被动房所带来的巨大的节能效果。对比最新节能规范要求下的新建住宅，节能量并没有那么大。

（2）经济比较计算时，没有考虑现实情况，即被动房项目增量成本超过 70% 是由银行提供贷款支持，利息成本往往没有考虑在计算中。

（3）被动房所增加的保温和其他技术设备没有在建筑全寿命周期生态评价指标性能（Oekobilanz）中反映出来。

（4）带热回收的通风装置、三层双中空玻璃窗等技术已越来越多地用在节能住宅项目上，并不是被动房的专用产品。

被动房室内舒适度标准，相当于德国"全空调"（vollklimatisiert）室内环境标准，由此带来的问题是：舒适的室内环境需要精心设计、安装的通风系统。内部功能需要调整时就不那么简单。常规住宅如果将储藏间改成卫生间，只需要改变使用方式，增加开窗通风习惯或增设一个排风扇即可，而被动房可能不能轻易改动，否则技术系统就被破坏了。

有人认为，与被动房技术相比，在低能耗建筑的基础上，结合太阳能利用，能够在同样投资规模下，达到同样能耗水平、获得一个可以根据个人需求可调节的室内舒适环境，而且运行成本还能更低。通过降低外保温厚度，还能够有效改善建筑的生态评价指标性能（Oekobilanz）。

1.8 被动房建设及应用情况

被动房研究院官方网站（www.passivhausprojekte.de）2017 年 10 月底的数据显示，已有 4196 栋落成的建筑获得被动房认证，包括居住、办公、学校、博物馆、工业建筑等类型，总建筑面积超过 100 万平方米。相关资料和实地考察显示，还有许多建筑按照被动房标准建造，但没有申请被动房认证，如正在建设的德国海德堡列车新城（Bahnstadt Heidelberg），项目用地 116hm²，包含居住、教育、研发、商业、工业的全部建筑；法兰克福欧洲新城区（Europavietel）和雷德贝格新区（Riedelberg）中相当数量的住宅建筑群都是按照被动房标准建设的，但没有申请被动房认证。估计已建成的被动房建筑总面积已超过数百万平方米。

被动房研究院每年举办一次世界范围的被动房年会。近年来被动房年会每年都有超过 1000 多位代表参会，行业内影响可谓巨大，亦有不少部品厂家积极参与其中。

2 德国海德堡列车新城被动房城区案例研究

2.1 海德堡列车新城（Bahnstadt Heidelberg）简介

海德堡列车新城位于海德堡市中心，用地范围 116hm²，是目前世界上落成的最大的被动房建设项目。这里曾经是德国铁路系统编组、仓储用地，随着铁路运输式微，用地被腾出成为城市开发用地。2007 年进行城市规划深化设计，2010 年开始建设，整个项目将成为提供居住、研发、商业和文化的充满活力的综合城区。

整个城区规划承诺按照被动房标准建造（表 2），包括办公、实验室、商业、电影院、学校、幼儿园、大学生宿舍、住宅等建筑类型（图 12～图 16）。海德堡城建部门与海德堡气候保护和能源咨询机构（Klimaschutz and Energieberatungsagentur Heidelberg）及社区联盟（Nachbargemeinden）合作，共同负责被动房的实施质量保障。

表 2　海德堡列车新城主要建筑外围护结构热工性能技术指标

外墙	混凝土或灰砂砖，200～325mm 聚苯板，WLG032
地下室外墙及底板	混凝土墙、板，150～300mm 聚苯板，WLG035
屋顶	混凝土板 400 保温层，WLG035，种植物面
外窗	大部分采用经过认证的被动窗

图 12　海德堡列车新城规划总图（资料来源：www.heidelberg-bahnstadt.de）

图 13 海德堡列车新城被动房住宅（资料来源：卢求摄）

第一期开发用地：60hm²，其中包括：居住 9hm²，产业研发 16.5hm²，校园 4.5hm²，开放空间 16hm²，社会基础设施 3hm²，道路用地 11hm²，公共设施包括：2 个幼儿园，1 个小学，1 个文娱中心，3 个儿童游戏场。城区远期通过可再生能源提供市政供暖。园区还将实行智能电网系统。

图 14 海德堡列车新城被动房办公研发建筑（资料来源：卢求摄）

2.2 海德堡列车新城能耗数据分析

受海德堡市政府委托，德国被动房研究院 PHI 对海德堡列车新城被动房城区建成入住的七个地块的建筑在 2014 年、2015 年期间的运行能耗情况进行了分析研究，于 2016 年 10 月完成报告，2017 年 4 月对外发表。

图 15 海德堡列车新城被动房住宅内庭园（资料来源：卢求摄）

图 16 海德堡列车新城被动房住宅（资料来源：卢求摄）

海德堡列车新城项目从城市建设规划方面要求 116 公顷用地之内所有建设项目按照被动房标准进行设计建设。开发企业提交项目建设审批文件时，要求提供按照德国被动房研究院 PHPP 能耗模拟软件完成的计算文件，证明新建建筑采暖能耗小于 15kWh/（m² • a），才能通过审批。施工过程中，还有一套质量监督保证机制，努力保证被动房技术措施能够保质保量、得以落实。此次能耗情况分析研究，旨在检验列车新城被动房建筑实际能耗是否达到上述目标。

2.2.1 PHI 能耗数据分析结果综述

研究报告显示，海德堡列车新城已经入住的 7 个地块（包括约 1400 套住宅及学生公寓，总面积近 90000 平方米）的建筑实际采暖能耗平均值，2014 年为 14.9kWh/（m² • a），2015 年为 16.4kWh/（m² • a），该数值是德国同类现存多层、集中供暖居住建筑（包含新建和既有建筑）采暖能耗平均值 112kWh/（m² • a）［Techem 2013 数据］的约 1/8。2015 年的采暖能耗值稍高，是因为 2015 年冬天气温较 2014 年低且太阳辐射量较少导致。

上述 7 个地块的平均终端热能耗量（Endenergie）（包括采暖、生活热水、换热站损失、管道损失、地下车库坡道加热等）2014 年为 55kWh/（m²·a）和 2015 年为 53kWh/（m²·a），比德国同类多层、集中供暖居住建筑减少约 2/3。

上述地块居住建筑户内的平均用电量为 17.9kWh/（m²·a），分担公共区域用电量为 8.6kWh/（m²·a），上述用电量包含新风设备用电量。这一数值相比德国同类建筑也是相当节约的。

此外入住 2～3 年的住户普遍反映，建筑冬暖夏凉，对室内空气质量也表示满意，天气好时可以开窗通风，天气不好时，由于有新风系统、特别是冬天夜晚关闭所有窗户睡觉也有舒适充足的新鲜空气。

2.2.2　对 PHI 单一地块能耗研究方法的分析与解读

在上一节 "2.2.1 能耗数据分析结果综述" 所引用的数据，特别是建筑总能耗量是具有统计学意义、令人信服的。被动房技术体系确实能够保证在提高舒适性的前提下大幅度降低运行能耗。

在对该报告进行进一步分析与研究过程中，可以发现许多细节，对于我们全面理解被动房技术体系、客观权衡各种技术的优劣与投资取向、正确设计和建设被动房有重要参考意义。

本次研究工作由 PHI 与海德堡市政局合作完成。能耗研究的对象是海德堡列车新城建成入住的 7 个地块的建筑（包含 5 个居住地块 834 套住宅、2 个学生公寓地块 564 套公寓，共 89675 平方米采暖面积），分析研究的基础数据是海德堡市政局提供的 2014 年、2015 年的采暖能耗及 2015 年的用电能耗数据。

图 17　列车新城 2014 年航拍图（本次能耗研究的 7 个地块就在照片中）（资料来源：PHI）

列车新城的居住建筑（含学生公寓）都是按被动房标准建设，拥有集中或分户式新风系统和采暖设施。采暖热源通过集中式市政供热管线输送到每家住户。每个地块（含 2～5 栋多层居住建筑、100 多户住宅）只有一个市政集中供热管道和计量表。

笔者注：供热管道进入地块建筑地下室换热站之后，制备不同温度的采暖（地暖用水、散热器用水）和生活热水。在住户内部采暖和生活热水有计量表。但各户采暖能耗表读数除以各户使用面积并不是住宅每平方米采暖能耗，因为管线传输损失等能耗没有考虑进去，所以用总表数据计算更准确。

海德堡市政局提供的是地块总表每月耗热量的读数。而地块热力总表耗热量的读数是该地块每月的总耗热量，包括：

① 供暖能耗；

② 生活用热水能耗；

③ 管道输送损失能耗；

④ 地块换热站损失能耗；

⑤ 热水存储器热损失能耗；

⑥ 其他，如地下车库入口坡道加热能耗。

从地块总表月度耗热量读数不能直接分解出上述各分项能耗量，PHI 是如何确定住宅采暖能耗的呢？

PHI 的计算方法如下：

PHI 认为被动房由于保温和热惰性能非常好，夏天不会出现采暖能耗，将夏季（6～9 月）每月的热耗平均值作为无采暖的基本热耗值，如图 18 某一地块夏季基本能耗为 3.72kWh/（m²·月），图 18 中绿框以上的能耗为采暖能耗量。（笔者注：德国 5 月到 10 月之间偶尔会出现较寒冷的天气，地下室换热站采暖热水设备全年开启处于准备状态，住户可根据自己的需要，随时开启户内采暖设备）。图 18 显示列车新城中某一地块全年能耗为 67.9kWh/（m²·a），基本能耗（不含采暖能耗）为 3.72kWh/（m²·月）×12 个月＝44.6kWh/（m²·a）。二者相减可以得到采暖能耗近似值。

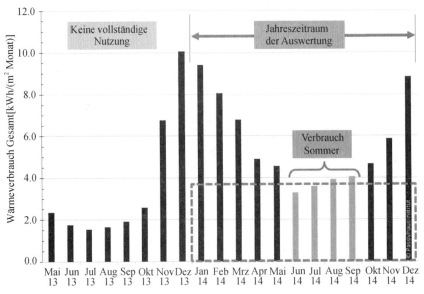

图 18　列车新城其中一个地块城市集中供暖每月热耗情况，
换算成单位采暖面积年热耗量

但采用这种简化计算方法不够准确，会导致对供暖能耗量的过高估算，需要进行一下修正。考虑到居住建筑夏季生活热水能耗量比冬季低、冬季热水分配管线较夏季热损失大等因素，参考其他被动房项目精确实测能耗值，PHI 计算得出不同地块的采暖能耗修正值在 2.8～3.7kWh/（m²·月）之间。

2.2.3　对 PHI 多个地块能耗数据研究方法的分析与解读

考虑到供暖面积因素之后的加权平均值为 2014 年 54.6kWh/（m²·a），2015 年为

53.2kWh/（m²·a）。按照上述方法，计算每一地块夏季（6～9 月）基本能耗值，总是选取夏季热水能耗的平均值。之后按照上述方法进行修正计算。这种修正只是调整了地块内部不同领域的热耗分配，并没改变地块的总热耗量。

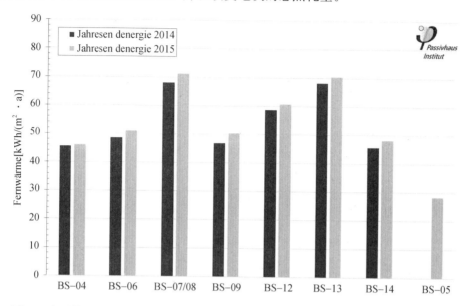

图 19　各地块 2014 年、2015 年城市集中供暖热量读表数值换算到年平方米能耗的数值
（城市集中供暖管线耗热量读表数值包含采暖、生活热水、管线损失等能耗）

图 20 为 2014 年各地块市政集中供暖能耗情况。根据 2.2.2 节的计算方法，蓝色为各地块 2014 年建筑终端热耗量（Endenergie），红色为生活热水＋管线损失和热水存储器损失能耗量，绿色为采暖能耗量。虚线标示地块是 2014 年经过 1～3 个月之后才住满的地块（部分入住地块）。

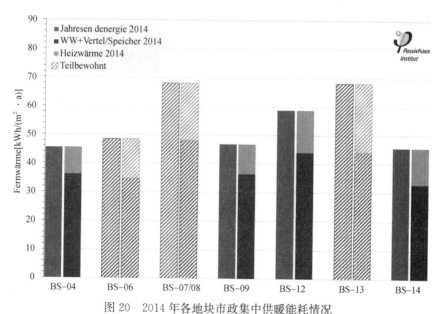

图 20　2014 年各地块市政集中供暖能耗情况

图 21 为 2015 年各地块市政集中供暖能耗情况。根据 2.2.2 节的计算方法，蓝色为各地块 2015 年建筑终端热耗量（Endenergie），红色为生活热水＋管线损失和热水存储器损失能耗量，绿色为采暖能耗量。2015 年新增了 BS-05 地块的数据。

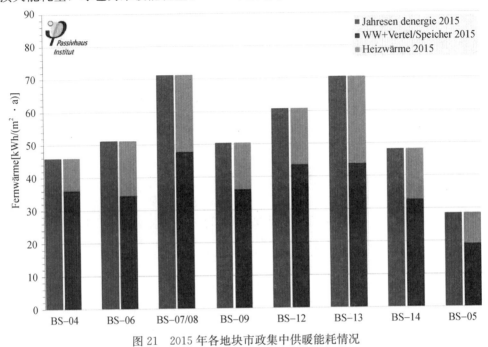

图 21 2015 年各地块市政集中供暖能耗情况

归纳汇总上述分析数据得到表 3，表 3 数据显示海德堡列车新城建筑采暖能耗 2015 年为 14.9kWh（$m^2 \cdot a$），2016 年为 16.4kW/h（$m^2 \cdot a$）。

表 3 列车新城单位建筑面积采暖能耗值

能耗情况 ［kWh/（$m^2 \cdot a$）］	2014 年	2015 年
地块使用的城市集中供热量	44.5～68.2	28.4～71.1
生活热水＋管线损失能耗	33.0～48.0	19.1～47.9
采暖能耗	9.3～24.2	9.3～26.6
考虑不同地块采暖面积因素的加权平均能耗值	14.9	16.4

分析数据可以看出，不同地块的城市集中供热总能耗和采暖能耗所占比例数据差别较大，而 2014 年及 2015 年每个地块自身能耗情况和能耗比例大体维持不变。PHI 认为导致这样的结果的原因可能是：

① 不同的使用功能（住宅和学生公寓）或住宅户型不同的大小；

② 住户使用偏好（室内温度的设定，生活热水使用量）；

③ 建筑设备以及输配管线的不同（管线长度、管线保温措施、换热站性能、热水储水器的大小和质量）；

④ 建筑设备的控制系统（给水回水温度设定、控制系统）；

⑤ 建筑外围护结构及气密性等。

由于每个地块的住户数量超过 100 户，个别住户个人因素导致的过高或过低的能耗对整个地块平均能耗数值影响较微小，因此不同地块建筑能耗的差别，应该是建筑本身（建筑设备系统和建筑围护结构）造成的。

2.3 PHI 列车新城能耗情况研究报告的结论分析

（1）海德堡列车新城被动房城区能耗实测数据研究结果显示，已经入住的 7 个地块（包括约 1400 套住宅及学生公寓，总面积近 90000 平方米）的建筑实际采暖能耗平均值，2014 年为 14.9kWh/（m²·a），2015 年为 16.4kWh/（m²·a），达到了被动房采暖能耗的设计标准要求，对比 2013 年德国现存同类建筑（150 万套集合住宅能耗数据，含新建和既有建筑）平均采暖能耗量 112kWh/（m²·a），节能 87％。相对于德国现行新建建筑节能条例 EnEV2014 所要求的采暖能耗指标约 60kWh/（m²·a），节能 75％。

（2）其他被动房住宅项目冬季实测室内温度平均为 21.5℃，比被动房室内设计温度 20℃高 1.5℃，能耗相应增加 3kWh/（m²·a），考虑到这一因素，海德堡列车新城被动房城区建设可以说达到并超过了被动房采暖能耗的设计标准要求。

（3）由于实测的数据有限（只有地块城市集中供热表每月读数，且该数据包含采暖、生活热水、管线热损失），上述单位采暖面积能耗是在参考其他项目实测数据基础上计算得出的。此次能耗数据研究只是初步分析（Minimalmonitoring），结果并不精确。

（4）分析计算结果显示，不同地块建筑单位面积采暖能耗值相差相当大，在 9.3～26.6kWh/（m²·a）之间。PHI 认为集合式被动式住宅建筑中某一套住宅的能耗实测数据不一定说明问题，通过整栋建筑的能耗值计算得出的单位面积能耗值更有意义。

（5）相对来说，这 7 个地块单位面积平均热耗量（含采暖、生活热水、管线热损失）2014 年为 55kWh/（m²·a）和 2015 年为 53kWh/（m²·a）是非常可靠、准确的数据。计算得出其采暖能耗在 15kWh/（m²·a）左右，而生活热水及管线损失热耗量平均值为 36.7kWh/（m²·a），超过被动房采暖能耗的 2.4 倍，因此在这一领域也是被动式建筑节能的重点。

（6）其他被动房实测数据，新风能耗平均为 4kWh/（m²·a），考虑到这个因素，列车新城被动房整体能耗也是非常低的，同时保证了全年室内健康新风，明显提高了住宅的健康舒适度。列车新城即使按采暖加新风总能耗 15＋4＝19kWh/（m²·a），相比德国现行 EnEV2014 节能条例所要求的采暖能耗指标也节能约 68％。

（7）列车新城是按照被动房标准建设的项目，由于项目建设时基地周边已有市政热力，因此建筑也安装了常规采暖设施（地暖或散热器），采用城市集中供热，中期将转换为生物质能源提供热源。

（8）海德堡列车新城的这 1400 套住宅（含学生公寓），总面积近 90000 平方米的被动房能耗数据由于样本数量较大，完全具有统计学意义，说明不同的设计师、施工企业，按照被动房技术标准设计建造的建筑完全能够达到被动房的节能目标，而且它们已经达到德国和欧盟规定的 2021 年要求达到的近零能耗建筑标准。

3 中国被动房发展的思考

研究欧洲被动房技术发展及其应用实践，我们可以看出推动其发展的 3 方面主要动力。

首先是技术进步，理论研究的深入，计算机模拟技术提高，技术系统的完善与简化，高质量的门窗、保温材料、高效新风机组等产品的研发与量产。其次是经济动力，上述技术的进步、产品成本不断降低，节能标准的提高，导致增量成本相对更低，被动房的建设经济上有吸引力。第三方面是政府的推动和社会意识的进步，社会范围环保意识的提高，摆脱对化石能源依赖的国家政策、政府资助政策都对被动房大规模发展起到重要推动作用。中国被动房超低能耗建筑的大规模应用和发展，也离不开高质量技术产品、市场经济吸引力和政府政策支持这三方面的动力。

德国被动房标准相当高，特别适用于当地的气候条件。中国幅员辽阔，有严寒到夏热冬暖等5个不同气候带，中国正在编制被动房标准。我认为中国必须建立与采暖度日数/空调度日数相关的中国被动房能耗标准，确立中国被动房室内舒适度标准和模拟计算边界条件，而不是一刀切地要求达到德国标准，采暖能耗≤15kWh/（m² · a）。从科学角度来看，要求中国被动式建筑强制达到德国标准也不尽合理，例如哈尔滨的建筑采暖度日数大于德国，同样的被动式建筑维持室内同样舒适度，在德国法兰克福和中国哈尔滨的能耗肯定不一样；而广州的建筑制冷除湿负荷远大于德国，建造被动房建筑所面临的将是全新的挑战，在这里冬季保温不是主要问题，夏季遮阳、通风、散热成为主要矛盾，德国被动房标准没有在这样气候条件下的大规模实践经验和成熟的解决方案，需要我们探索实践，建立不同地区相应的被动房标准。

考虑到中国目前的建筑部品和技术水平，建议被动房标准分步实施。严寒和寒冷地区先行，居住建筑被动房技术相对成熟，可以大规模推广，不同类型的公共建筑需要摸索和积累经验。只要按照被动房理念设计建设的建筑，其节能性效果就会显著提高，对节能减排有积极作用。研究世界范围建筑节能发展的历程，对照今天中国面临的环境及能源问题的巨大压力和挑战，可以预见被动式超低能耗建筑是中国建筑发展的必然方向。

参考文献

[1] 德国被动房研究院（PHI）官网：www. passiv. de.

[2] 德国被动房研究院认证项目数据库：www. passivhausprojekte. de.

[3] 《The world's first Passive House，Darmstadt-Kranichstein，Germany》PHI.

[4] 《Passivhaus-Projektierungspaket（PHPP）》PHI.

[5] 《Kriterien zur Zertifizierung von Passivhaus》PHI.

[6] www. heidelberg-bahnstadt. de.

[7] www. heidelberg. de.

[8] 《Baugebiet Bahnstadt in Heidelberg-Städtebauliches Energieund Wärmeversorgungskonzept》Ing. Buero EBOEK Energie-Monitoring von Wohngebaeuden im Passivhaus-Stadtteil Heidelberg-Bahnstadt 2016，PHI Energie Kennwerte 2016，Techem.

被动式超低能耗建筑用铝木复合窗的研发

张佳阳[1,2]，路国忠[1,2]，邱样娥[3]，张增寿[1,2]，赵炜璇[1,2]，李聪聪[1,2]

（1. 北京市被动式低能耗建筑工程技术研究中心，北京　100041；

2. 北京建筑材料科学研究总院有限公司，北京　100041；

3. 北京市住房和城乡建设委员会，北京　100036）

摘　要　被动式超低能耗建筑对建筑外窗的保温性、气密性等性能有着较高的要求，而铝木复合型材具有较好的保温性、耐候性，所以研发被动式超低能耗建筑用铝木复合窗以满足超低能耗建筑的需求。通过铝木复合型材结构设计，合理地使用中空-真空Low-E玻璃、暖边间隔条等提高窗框和整窗传热系数，通过在窗扇开启侧合理设置四道密封胶条和五个锁点，提高整窗的气密性、水密性、抗风压性能，其性能指标为窗框传热系数 K 为 $1.3W/（m^2 \cdot K）$，整窗传热系数 K 小于 $0.9W/（m^2 \cdot K）$，气密性 8级，水密 6 级，抗风压 9 级，抗结露因子 10 级，空气隔声性能 4 级，露点 $-60℃$，满足《被动式超低能耗绿色建筑技术导则（试行）（居住建筑）》、《被动式超低能耗居住建筑节能设计标准》中对透明围护结构的要求。

关键词　被动式超低能耗建筑；铝木复合窗；保温性；气密性

1　前　言

目前低能耗建筑在我国呈现出良好的发展势头，随着建筑节能工作的进一步推进和人们对居住舒适性要求的提高，被动式建筑将成为未来建筑发展的主流方向。随着建筑节能工作的深入推进，普通建筑对门窗性能的要求也会越来越高。由于门窗是外围护结构中散热占比很大的部位，性能良好的门窗在很大程度上可以减少室内风感，减少热量损失，减少结露发霉等现象发生，对建筑室内舒适性有重要影响。随着人们对居住舒适性要求的提高，对节能门窗的认识也逐渐提高，高品质节能窗在高档家装市场的应用也会越来越广。

2　被动式铝木复合窗的研发

门窗主要由窗框、玻璃、密封条及其他配套材料制作而成，如图 1 和图 2 所示，各部分材料性能的优劣都直接影响门窗整体节能效果，所以选用保温隔热性能优越的窗材料是被动式铝木复合窗的关键技术。

作者简介：张佳阳（1987.5—），男，工程师，单位地址：北京市石景山区金顶北路 69 号，邮编：100041，联系电话：15210262366。

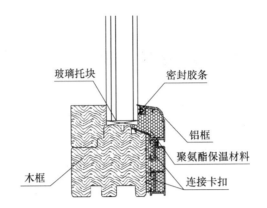

图 1 被动式铝木复合窗结构图

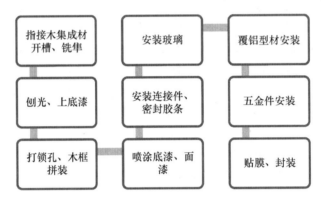

图 2 被动式铝木复合窗制作流程图

2.1 型材的研究

被动式铝木复合窗木型材为主体结构，采用进口松木，并经过阻燃、脱脂处理的 A 级指接集成材，玻璃槽口处镶嵌木质卡件，主要用于固定玻璃，木质卡件和覆铝型材固定玻璃更加安全。木框四周设置两道凹槽，主要防止木材因冷热等原因胀缩而引起的型材开裂。木材的含水率控制在 12%±2%，并且相邻两根指接板材含水率偏差不大于 1%。

2.2 玻璃的选择

2.2.1 真空玻璃

被动式铝木复合窗采用的真空玻璃是新型产品，真空玻璃的间隙层只有 0.15mm，空腔内抽真空无气体，真空层气压在 10^{-2} Pa 以下，四周支撑采用无机低熔点玻璃粉，制作时使用专用吸气剂吸附真空层的残余气体，使它具有更好的隔热、保温性能，其保温性能是单片普通玻璃的 4 倍左右；由于真空玻璃热阻高，具有更好的防结露、防霜性能，所以对严寒地区的冬天采光极为有利。

2.2.2 中空玻璃

中空玻璃是一种良好的隔热、隔声、美观适用、可降低建筑物自重的新型建筑材料，被动式铝木复合窗采用三片玻璃，使用高强度高气密性复合粘结剂，将玻璃片与内含干燥剂的铝合金框架粘结，使玻璃层间形成有干燥气体空间的高效能隔声隔热玻璃。中空玻璃多种性能优越于普通双层玻璃，因此得到了世界各国的认可。

2.2.3 Low-E 镀膜

被动式铝木复合窗采用的 Low-E 玻璃的镀膜层具有对可见光高透过及对中远红外线高反射的特性，其与普通玻璃及传统的建筑用镀膜玻璃相比，具有优异的隔热效果和良好的透光性。用这种镀膜玻璃制造的被动式超低能耗建筑用窗，可大大降低室内热能向室外的传递，达到理想的节能效果。高级保温玻璃由三层玻璃组成，一般有两层。这种选择性镀层"低辐射率"或"Low-E"镀层的作用像一面镜子，只反射热辐射，即红外光谱，所以热很难辐射出去。三玻保温窗的"Low-E"镀膜一般在第二和第五个面上，其传热系数可以做到 $0.5\sim0.8$ W/ $(m^2 \cdot K)$。

2.3 暖边间隔条的使用

暖边密封间隔条采用独特的材料和结构，利用连续复合挤出技术，把专用的密封胶、干燥剂和波浪形隔片等结合在一起，形成既具有中空玻璃间隔条功能，又起密封作用的复合暖边密封间隔系统。与传统的槽铝式双道密封方式相比，暖边密封间隔条在满足隔绝潮气、保证间隔的前提下，缩小甚至取消了中空玻璃边部的金属铝隔条，代之以中空结构或导热系数小得多的非金属材料，使得间隔条在中空玻璃边部形成的冷桥效应显著降低，从而提高了整个玻璃的保温隔热效果。

3 铝木复合窗保温性能研究

根据德国 IFT 罗森海姆大学门窗研究中心的报告显示，采用 68mm、78mm、92mm 云杉集成材制成的纯木窗框体 U 值分别为 1.21、1.08、0.99，可见单纯增加木材框体的厚度可以降低框体传热系数值，但是效率很低，被动式铝木复合窗采用型材内填充聚氨酯保温材料降低型材的传热系数，经检测这种新型铝木复合型材传热系数为 1.3W/ $(m^2 \cdot K)$。

玻璃部分采用三玻两腔高性能三玻两腔一中空一真空 Low-E 玻璃，其传热系数可达 0.516W/ $(m^2 \cdot K)$，为提高门窗的气密性能，采用高性能的密封材料和可靠的密封措施，减少接缝处的气密损失。

被动式铝木复合窗采用 SWISSPACER ULTIMATE A 级暖边间隔条，是唯一一个获得"被动房研究所认证"的品牌。由于其优异的隔热性能，超过 66% 的德国被动房研究所认证的被动式门窗及超过 93% 的被动式幕墙都采用 SWISSPACER（舒贝舍）暖边间隔条。

经检测，被动式铝木复合窗的窗框传热系数 K 为 1.3W/ $(m^2 \cdot K)$，整窗传热系数 K 为 0.8W/ $(m^2 \cdot K)$。

4 气密性、水密性、抗风压性能研究

被动式超低能耗建筑要求外门窗应有良好的气密、水密及抗风压性能。依据国家标准《建筑外门窗气密、水密、抗风压性能分级及检测方法》GB/T 7106，其外窗气密性等级不应低于 8 级、水密性等级不应低于 6 级、抗风压性能等级不应低于 9 级。被动式铝木复合窗气密性、水密性、抗风压性能主要措施为在窗扇开启侧与固定扇的室外侧、室内侧分别设计一道密封胶条，窗扇开启与固定扇中间设计两道密封胶条，共设计四道密封胶条，提高整窗的气密性、水密性，并在窗开启扇设计五个锁点提高整窗抗风压性。

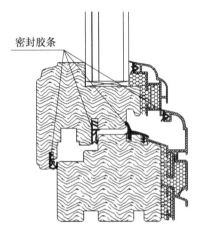

图 3　密封胶条的位置

　　框扇搭接的密封采用了四道密封胶条的设计，形成的 3 个密封腔室有利于减少气体的对流，大大提高了整窗的气密性。四道密封比三道密封的节能窗具有更好的密闭性能，水密性和抗风压性分别提升一个等级，五个锁点更增加了被动式铝木复合窗的抗风压性，现被动式铝木复合窗密闭性能分别是气密性 8 级，水密 6 级，抗风压 9 级，均达到国家最高标准。

5　结束语

　　被动式超低能耗建筑对建筑外窗的要求很高，所以研究被动式超低能耗建筑用窗要从型材、玻璃、间隔条及五金系统方面研究窗系统，并综合考虑窗的保温性能和气密性、水密性和抗风压性能。

参考文献

[1]　　住房和城乡建设部 .《被动式超低能耗绿色建筑技术导则》.
[2]　　住房和城乡建设部 .《北京市超低能耗建筑示范项目技术要点》.
[3]　　GB/T 8484—2008《建筑外门窗保温性能分级及检测方法》[S]
[4]　　GB/T 7106—2008《建筑外门窗气密水密抗风压性能分级及检测方法》[S]

系统门窗在超低能耗建筑中的设计应用研究

梁转平

（北京美驰建筑材料有限责任公司，北京　101318）

摘　要　本文通过分析系统门窗和超低能耗建筑的概念、建筑外门窗在建筑围护结构中的重要意义、建筑外门窗主要物理性能指标和超低能耗建筑对建筑外窗的主要性能要求等内容，从系统门窗选材、结构设计、生产制造、应用设计、安装设计等多方面综合考虑，提出适用于超低能耗建筑的外窗设计及选用思路。

关键词　系统门窗；超低能耗建筑；铝包木门窗；性能指标

1　系统门窗概念

系统门窗是指运用系统集成的思维方式，基于针对不同地域气候环境和使用功能要求所研发的门窗系统，按照严格的程序进行设计、制造和安装，具备高可靠性、高性价比的建筑门窗。系统门窗是由多要素、多个子系统相互作用、相互依赖所构成的有一定秩序的集合体，能够有效保证建筑性能。

系统门窗将建筑门窗设计分为门窗系统研发和系统门窗工程设计两个阶段。第一个阶段，门窗系统研发，即门窗系统供应商采用设计、计算、试制等研发手段，针对不同地域气候环境和用户要求预先研发出一个或数个门窗系统；第二个阶段，系统门窗工程设计，即门窗制造商根据具体建筑工程对门窗材质、开启方式、尺寸、颜色、风格、外观、有无纱窗及各项延伸功能的要求以及对门窗安全性、适用性、节能性、耐久性等性能要求在已研发完成的门窗系统的基础上，选择符合建筑工程要求的某门窗系统产品族，然后按照该门窗系统的系统描述，完成系统门窗的开启形式、尺寸、颜色、分格、节点与连接构造的选用设计；抗风压、节能等性能校核；加工工艺、安装工法的选用设计。

2　超低能耗建筑概念

超低能耗建筑是指在围护结构、能源和设备系统、照明、智能控制、可再生能源利用等方面选用各项节能技术，能耗水平远低于常规建筑的建筑物。设计理念在于吸收自然能量的同时减少建筑本身的能耗，并通过热（冷）回收装置将室内废气中热量回收，从而显著降低能源需求。通过围护结构的保温使热量传导的损失和通风系统中热损失最小化，取消了传统的采暖系统，年供暖能耗低至 15（kWh）/m^2，节约采暖费用的同时，还可节约管道井公摊面积，节约热交换站、热力管网所占用的

作者简介：梁转平（1980.9—），女，高级工程师，单位地址：北京市顺义区后沙峪镇吉祥工业区吉宁路4号，邮编：101318，联系电话：13381078195。

面积。超低能耗建筑使用后，可大大降低对能源的需求，同时可改善住宅舒适度和居家健康，大大提高居住品质，提升居民生活质量。

3 建筑外门窗在建筑围护结构中的重要意义

建筑外门窗属于建筑外围护结构，主要用来采光、通风、隔声、防盗、遮风挡雨及立面造型等，被誉为建筑的眼睛，承载建筑的呼吸。但建筑外门窗也是建筑能耗流失的"黑洞"，即能源得失的敏感部位。通过建筑外门窗流失的能量占建筑能耗的50％[①]。因此，门窗的质量、性能及应用设计等是建筑房屋品质的重中之重。

4 建筑外窗主要物理性能指标

建筑外窗因为直接对接室外气候环境，所以对于窗户的传热性能、结露性能、气密性、水密性、抗风力性、隔声性、采光性、遮阳性、启闭力、反复启闭性能，外观质量及装配质量等物理性能都有严格的要求。为适应不同地区及环境使用需求，我国国家标准对各项性能均有不同分级。具体如下：

（1）传热性能：依据《建筑外门窗保温性能分级及检测方法》GB/T 8484—2008中4.1的规定，外门外窗传热系数分级 K 值分为10级，如表1所示。

表1 外门、外窗传热系数分级 W/（m² · K）

分级	1	2	3	4	5
分级指标值	$K \geqslant 5.0$	$5.0 > K \geqslant 4.0$	$4.0 > K \geqslant 3.5$	$3.5 > K \geqslant 3.0$	$3.0 > K \geqslant 2.5$
分级	6	7	8	9	10
分级指标值	$2.5 > K \geqslant 2.0$	$2.0 > K \geqslant 1.6$	$1.6 > K \geqslant 1.3$	$1.3 > K \geqslant 1.1$	$K < 1.1$

（2）结露性能：依据《建筑外门窗保温性能分级及检测方法》GB/T 8484—2008中4.2的规定，玻璃门、外窗抗结露因子分级 CRF 值分为10级，如表2所示。

表2 玻璃门、外窗抗结露因子分级

分级	1	2	3	4	5
分级指标值	$CRF \leqslant 35$	$35 < CRF \leqslant 40$	$40 < CRF \leqslant 45$	$45 < CRF \leqslant 50$	$50 < CRF \leqslant 55$
分级	6	7	8	9	10
分级指标值	$55 < CRF \leqslant 60$	$60 < CRF \leqslant 65$	$65 < CRF \leqslant 70$	$70 < CRF \leqslant 75$	$CRF > 75$

（3）气密性能：依据《建筑外门窗气密水密抗风压性能分级及检测方法》GB/T 7106—2008中4.1的规定，气密性能分为8级，如表3所示。分级指标采用在标准状态下，压力差为10Pa时的单位开启缝长空气渗透量 q_1 和单位面积空气渗透量 q_2 作为分级指标。

---

① 50％数据来源于《建材与装饰》期刊2015年1月 邱晖盛《建筑外窗的节能设计探讨》。

表 3　建筑外门窗气密性能分级表

分级	1	2	3	4	5	6	7	8
单位缝长分级指标值 q_1/[m³/(m·h)]	$4.0 \geqslant q_1$ >3.5	$3.5 \geqslant q_1$ >3.0	$3.0 \geqslant q_1$ >2.5	$2.5 \geqslant q_1$ >2.0	$2.0 \geqslant q_1$ >1.5	$1.5 \geqslant q_1$ >1.0	$1.0 \geqslant q_1$ >0.5	$q_1 \leqslant 0.5$
单位面积分级指标值 q_2/[m³/(m²·h)]	$12 \geqslant q_2$ >10.5	$10.5 \geqslant q_2$ >9.0	$9.0 \geqslant q_2$ >7.5	$7.5 \geqslant q_2$ >6.0	$6.0 \geqslant q_2$ >4.5	$4.5 \geqslant q_2$ >3.0	$3.0 \geqslant q_2$ >1.5	$q_2 \leqslant 1.5$

（4）水密性能：依据《建筑外门窗气密水密抗风压性能分级及检测方法》GB/T 7106—2008 的 4.2 的规定，水密性能分为 6 级，如表 4 所示。分级指标采用严重渗漏压力差值的前一级压力差值作为分级指标。

表 4　建筑外门窗水密性能分级表　　　　　Pa

分级	1	2	3	4	5	6
分级指标值 ΔP	$100 \leqslant \Delta P < 150$	$150 \leqslant \Delta P < 250$	$250 \leqslant \Delta P < 350$	$350 \leqslant \Delta P < 500$	$500 \leqslant \Delta P < 700$	$\Delta P \geqslant 700$

注：第 6 级应在分级后同时注明具体检测压力差值。

（5）抗风压性能：依据《建筑外门窗气密、水密、抗风压性能分级及检测方法》GB/T 7106—2008 中 4.3 的规定，抗风压性能分为 9 级，如表 5 所示。分级指标采用定级检测压力差值 P_3 为分级指标。

表 5　建筑外门窗抗风压性能分级表　　　　　单位为千帕

分级	1	2	3	4	5	6	7	8	9
分级指标值 ΔP	$1.0 \leqslant P_3$ <1.5	$1.5 \leqslant P_3$ <2.0	$2.0 \leqslant P_3$ <2.5	$2.5 \leqslant P_3$ <3.0	$3.0 \leqslant P_3$ <3.5	$3.5 \leqslant P_3$ <4.0	$4.0 \leqslant P_3$ <4.5	$4.5 \leqslant P_3$ <5.0	$P_3 \geqslant 5.0$

注：第 9 级应在分级后同时注明具体检测压力差值。

（6）隔声性能：依据《建筑门窗空气声隔声性能分级及检测方法》GB/T 8485—2008 中 4.2 的规定，分为 6 级，如表 6 所示。分级指标外门、外窗以"计权隔声量和交通噪声频谱修正量之和（$R_w + C_{tr}$）"作为分级指标。

表 6　建筑外门窗隔声性能分级表　　　　　dB

分级	外门、外窗的分级指标值	内门、内窗的分级指标值
1	$20 \leqslant R_w + C_{tr} < 25$	$20 \leqslant R_w + C < 25$
2	$20 \leqslant R_w + C_{tr} < 25$	$25 \leqslant R_w + C < 30$
3	$20 \leqslant R_w + C_{tr} < 25$	$30 \leqslant R_w + C < 35$
4	$20 \leqslant R_w + C_{tr} < 25$	$35 \leqslant R_w + C < 40$
5	$20 \leqslant R_w + C_{tr} < 25$	$40 \leqslant R_w + C < 45$
6	$R_w + C_{tr} \geqslant 45$	$R_w + C \geqslant 45$

注：用于对建筑内机器、设备噪声源隔声的建筑内门窗，对中低频噪声宜用外门窗的指标值进行分级；对中高频噪声仍可采用内门窗的指标值进行分级。

（7）采光性能：依据《建筑外窗采光性能分级及检测方法》GB/T 11976—2015 的

规定，分为 5 级，如表 7 所示。

表 7　建筑外窗采光性能分级表

分级	1	2	3	4	5
分级指标值 T_r	$0.20 \leqslant T_r < 0.30$	$0.30 \leqslant T_r < 0.40$	$0.40 \leqslant T_r < 0.50$	$0.50 \leqslant T_r < 0.60$	$T_r \geqslant 0.60$

注：T_r 为窗的透光折减系数，大于 0.60 时应给出具体值，一般应 ≥0.45，即其采光性能分级不小于 4 级。

（8）遮阳性能：门窗在夏季阻隔太阳辐射热的能力，用遮阳系数 SC 表示。在我国《建筑玻璃　可见光透射比、太阳光直射透射比、太阳能总透射比、紫外线透射比及有关窗玻璃参数的测定》GB/T 2680 中称为遮挡系数，缩写为 Se。分为 7 级，如表 8 所示。遮阳系数 SC 在给定条件下，太阳辐射透过外门窗所形成的室内得热量与相同条件下透过相同面积的 3mm 厚透明玻璃所形成的太阳辐射得热量之比。在夏热地区，遮阳对降低建筑能耗，提高室内居住舒适性有显著的效果。其种类有：窗口、屋面、墙面、绿化遮阳等形式，在这几组措施中，窗口无疑是最重要的。

表 8　门窗遮阳性能分级

分级	1	2	3	4	5	6	7
分级指标值 SC	$0.8 \geqslant SC > 0.7$	$0.7 \geqslant SC > 0.6$	$0.6 \geqslant SC > 0.5$	$0.5 \geqslant SC > 0.4$	$0.4 \geqslant SC > 0.3$	$0.3 \geqslant SC > 0.2$	$SC \leqslant 0.2$

（9）启闭力：门窗应在不超过 50N 的启闭力作用下，能灵活开启和关闭。

（10）反复启闭性能：门的反复启闭次数不应少于 10 万次；窗的反复启闭次数不应少于 1 万次。门窗在反复启闭性能试验后，应启闭无异常，使用无障碍。

（11）外观质量及装配质量应满足相应标准要求。如门窗框扇偏差应控制在标准要求范围之内，中空玻璃、铝材或木材装饰面表面处理质量应满足设计要求等。

适用于不同省份地区的门窗的具体性能指标要求，相关地方标准一般会做出具体规定。

5　超低能耗建筑对建筑外窗性能要求

超低能耗建筑的设计、施工及运行以建筑能耗值为约束目标，针对建筑外围护结构门窗部分的特征为：（1）保温隔热性能、遮阳性能和气密性能更高的外窗系统；（2）无热桥的设计与施工。

《被动式超低能耗绿色建筑技术导则》提供了外窗传热系数（K）和太阳得热系数（SHGC）参考值，见表 9。

表 9　外窗传热系数（K）和太阳得热系数（SHGC）参考值

外窗	单位	严寒地区	寒冷地区	夏热冬冷地区	夏热冬暖地区	温和地区
K	W/（m²·K）	0.7～1.2	0.8～1.5	1.0～2.0	1.0～2.0	≤2.0
SHGC	—	冬季≥0.5 夏季≤0.3	冬季≥0.45 夏季≤0.3	冬季≥0.4 夏季≤0.15	冬季≥0.35 夏季≤0.15	冬季≥0.4 夏季≤0.3

——为防止结露，外窗内表面（包括玻璃边缘）温度不应低于13℃；在设计条件下，外窗内表面平均温度宜高于17℃，保证室内靠近外窗区域的舒适度；

——应根据不同的气候条件优化选择SHGC值。

北京市超低能耗建筑示范项目技术要点中提出超低能耗城镇居住建筑关键部品外窗性能参数传热系数K值［W/（m²·K）］，建筑外门窗应有良好的气密、水密及抗风压性能。依据国家标准《建筑外门窗气密、水密、抗风压性能分级及检测方法》GB/T 7106，其气密性等级不应低于8级（表3）、水密性等级不应低于6级（表4）、抗风压性能等级不应低于9级（表5）。

《民用建筑隔声设计规范》GB 50118—2010中4.1.1条规定，卧室、起居室（厅）内的噪声级，应符合表10的规定。4.2.5条规定：外窗（包括未封闭阳台的门）的空气声隔声性能，应符合表11的规定。

表10 卧室、起居室（厅）内的允许噪声级

房间名称	允许噪声级（A声级，dB）	
	昼间	夜间
卧室	≤45	≤37
起居室（厅）	≤45	

表11 外窗（包括未封闭阳台的门）的空气声隔声标准

构件名称	空气声隔声单值评价量＋频谱修正量（dB）	
交通干线两侧卧室、起居室（厅）的窗	计权隔声量＋交通噪声频谱修正量 R_w+C_{tr}	≥30
其他窗	计权隔声量＋交通噪声频谱修正量 R_w+C_{tr}	≥25

北京市超低能耗建筑示范项目技术要点中提出超低能耗城镇居住建筑室内环境参数中噪声dB（A）昼间≤40；夜间≤30。

6 适用于超低能耗建筑的外窗设计及选用思路

综合门窗性价比，占主导地位的适用于超低能耗建筑的建筑外窗有铝合金门窗、PVC塑钢门窗、铝包木门窗等。其中铝包木门窗又具有其独特的优势，下面主要以铝包木门窗为主，从系统门窗选材、结构设计、生产制造、应用设计、安装设计等多方面分类阐述建筑外窗在超低能耗建筑中的应用。

6.1 系统门窗选材

门窗系统材料主要包括主型材、密封材料、五金件、玻璃及辅材等。

铝包木门窗产品，主体受力结构为位于室内侧的实木集成材，实木集成材可选用不同树种的木材，如红松、落叶松、红橡、白橡或柞木等。木材为天然的热的不良导体，大多数木材导热系数在0.1～0.2W/（m·K）之间，软木较硬木导热系数还低，在不影响强度的情况下，木集成材还可做成多腔体结构，因此以实木集成材作为主体结构的整窗更容易达到超低能耗建筑对窗户传热性能的要求。木材表面具有天然纹理，可做不同颜色的水性漆表面处理，环保且提升室内整体装饰性能。

铝包木门窗产品，室外侧为占比较少的铝合金型材，合金牌号为 6063 的铝合金材料的传热系数为 201 W/（m·K），一般壁厚≥1.4mm，用专用尼龙卡扣与木材机械连接成一体，可以保护木集成材免受室外恶劣环境影响，提高整窗耐候性。外铝表面可作氟碳喷涂或粉末喷涂等不同处理，还可依据客户需求选择不同颜色。

为提高铝包木门窗产品非透明部分传热性能，木集成材或木铝之间可以设计集成一种绝热用挤塑聚苯乙烯泡沫塑料（简称 XPS），XPS 具有完美的闭孔蜂窝结构，这种结构让 XPS 板有极低的吸水性（几乎不吸水）、低热导系数〔优质材料一般是0.028～0.030（W/m·K）〕、高抗压性、抗老化性（正常使用几乎无老化分解现象）。

铝包木门窗产品，透明部分可选三玻两腔中空玻璃或真空复合中空玻璃。其中中空层宽度可有多种选择，最佳为 12～16mm，并可充氩气，单片或多片玻璃可选 Low-E 玻璃。中空玻璃间隔条应选暖边间隔条，降低边缘传热，避免冷桥。铝包木门窗产品整窗传热系数若希望≤0.8W/（m²·K），玻璃 U 值应达到 0.5W/（m²·K）左右。

五金件被誉为门窗产品"心脏"，目前铝包木门窗用五金均升级为 12-18-13 系五金，防盗锁点锁座及防盗把手。即五金承重更好，防盗等级更高，门窗开关更灵活。还可选用隐藏式五金，即从室内侧看不到上下合页，合页隐藏安装在框扇间五金槽内，这样密封和外观整体效果更佳。

密封胶条为门窗产品不可缺少部件，"小胶条，大功用"是门窗业内常强调的一句话。密封胶条材质也有多种，如 PVC、TPE、三元乙丙（EPDM）及硅橡胶等，目前性价比较高的密封胶条为三元乙丙材质的胶条。密封胶条在门窗整窗材料中占比相对较小，但其对门窗物理性能起着关键的作用。直接影响门窗气密、水密、保温、隔声及使用性能（胶条具有防震功效，开启关闭感觉更舒服）。

6.2　结构设计

结构设计应注重系统思维方法。需考虑门窗产品主要使用建筑物类型，使用气候区及使用环境，还应考虑门窗产品所选用部件材料，门窗产品加工制作及所要达到的各项性能指标等。设计阶段还可借助 therm、W5 等设计软件，模拟计算可能达到的传热性能。满足夏热冬冷地区超低能耗建筑用窗，传热性能为 0.8W/（m²·K）的铝包木窗截面热工计算模型如图 1 所示。

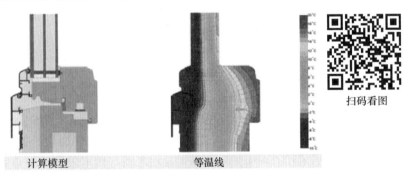

计算模型　　　　　等温线　　　　扫码看图

图 1　热工计算模型

窗体结构设计包括主型材木集成材结构设计，铝合金型材结构设计，中空玻璃结构设计及具体配置设计，密封胶条结构设计，五金件安装槽口设计及各部件之间的相互连接设计等。

因铝包木窗木材为主体结构，玻璃与五金均安装在木材部分，因此木集成材框内型、扇内型外型的设计均很关键。随着五金件的升级，木集成材五金槽口需设计为满足 12-18-13 系五金需求的槽口。为方便改变玻璃配置满足不同应用环境，在部分内型刀及榫型刀可通用的情况下，扇内型可设计 2~3 种玻璃槽口。

铝合金型材结构设计需注意几点：（1）框扇铝材与玻璃配合部位应设计合适的玻璃胶条槽口，并考虑其通用性。（2）铝材与木材连接卡槽，同时应考虑与角部组角部件的配合。（3）室外侧排水结构，可设计成明排水或暗排水两种方式。（4）外观效果，主要指铝材造型。

为提高整窗传热性能，木材边框部位可设计成导热系数极低的 XPS 材料。

中空玻璃厚度一般是固定的或有 2~3 种替换方式，具体规格是可调整的，如依据标准或设计要求可配真空复合中空玻璃或夹胶中空玻璃等。玻璃中间可充氩气等惰性气体，以提升玻璃的传热性能。玻璃中间还可配置隔条，增加整窗装饰性能。

铝包木门窗产品常用的密封胶条部位主要有两处，一处是用来密封固定框和开启扇上安装的玻璃，另外一处是开启扇与边框之间的密封。以往玻璃部分工艺为打密封胶处理，如果操作不到位，外观效果较差，现改进设计为安装密封胶条，且该部位的胶条设计为海绵发泡与三元乙丙共挤结构，不仅提升美观效果，更提高了门窗的密封性能。框扇间密封胶条也应依据所起作用进行优化设计，不同部位结构不同，且设计压缩量也不同。

6.3 生产制造

铝包木系统门窗产品加工制造应具备完善的工艺流程、工艺规程。工装设备应齐备，还应配备必要的检验设备。生产加工前应对操作人员进行培训，试制期间对操作人员进行指导，发现问题及时处理。工序流程详如图 2 所示：

图 2 铝包木门窗加工工序流程图

为提升外观和密封性能，铝包木门窗加工工艺有两项创新工艺：（1）铝材角部组角可升级为焊接方式；（2）胶条角部采用焊接或增加胶角方式。

6.4 应用设计

在新建超低能耗建筑工程市场或既有建筑改造中，使用方宜根据设计规范和地方法律法规的要求，提出具体建筑工程门窗的材料、功能和性能的要求。该要求可包括：材质、开发方式、尺寸、颜色、型材表面处理方式、风格、外观、有无纱窗、有无外遮阳及各项延伸功能的要求以及对门窗安全性、适用性、节能性、耐久性的要求。

窗墙面积比应通过性能化设计方法经优化分析计算确定，既要从全年气候特点出发考虑窗墙面积比对建筑供热供冷需求的影响，同时应兼顾开窗面积对自然通风和采光效果的综合影响。

建筑外窗的设计应用应注重与气候相适应，严寒和寒冷地区冬季以保温和获取太阳得热为主，SHGC 值尽量选上限，同时兼顾夏季隔热遮阳要求；夏热冬冷和夏热冬暖地区以夏季隔热遮阳为主，应以尽量减少夏季辐射得热，降低冷负荷为主，SHGC 值应尽量选下限，兼顾冬季的保温要求，即夏热冬暖和夏热冬冷地区当设有可调节外遮阳设施时，夏季可利用遮阳设施减少太阳辐射得热，外窗的 SHGC 值宜主要按冬季需要选取，兼顾夏季外遮阳设施的实际调节效果；过渡季节能实现充分的自然通风，建筑的空间组织和门窗洞口的设置应有利于自然通风，减小自然通风的阻力，并有利于组织穿堂风，实现过渡季和夏季利用自然通风带走室内余热。

6.5　安装设计

门窗"三分制作，七分安装"，充分强调了安装在保证门窗性能方面所起的重要作用。超低能耗建筑用门窗的安装方式与普通窗安装主要有几点不同：

（1）采用外挂式安装方式，该方式可有效避免安装冷桥，安装连接件应与门窗洞口主体结构固定。

（2）为增加水密气密性能，在洞口主体结构与窗体之间增加防水隔汽膜的使用。

（3）室外侧下框部位增加宽条披水板的使用。

7　结束语

门窗产品设计来源于市场需求与认可，适用[①]好用是关键。以系统门窗的理念设计的适用于超低能耗建筑的门窗产品，功能更全，使用范围更广且性能更有保障。

参考文献

[1]　住房和城乡建设部标准定额研究所．《建筑系统门窗技术导则》

[2]　住房和城乡建设部．《被动式超低能耗绿色建筑技术导则》

[3]　住房和城乡建设部．《北京市超低能耗建筑示范项目技术要点》

[4]　GB/T 8484—2008《建筑外门窗保温性能分级及检测方法》[S]

[5]　GB/T 7106—2008《建筑外门窗气密、水密、抗风压性能分级及检测方法》[S]

[6]　GB/T 8485—2008《建筑门窗空气声隔声性能分级及检测方法》[S]

[7]　GB/T 11976—2015《建筑外窗采光性能分级及检测方法》[S]

[8]　GB/T 2680—1994《建筑玻璃 可见光透射比、太阳光直接透射比、太阳能总透射比、紫外线透射比及有关窗玻璃参数的测定》[S]

[9]　Passive House Institute window certification．Passive House Institute

---

① "适用"指用系统思维方式设计的门窗系统，通过安装前的应用设计，保证所安装的产品满足其使用环境条件下的各项性能要求，且性价比较高。

中空内置百叶复合真空玻璃应用研究

侯玉芝[1,2]，许威[1,2]

（1. 北京新立基真空玻璃技术有限公司，北京　100176；

2. 北京市真空玻璃工程技术研究中心，北京　100176）

摘　要　真空玻璃具有较低的传热系数，但仅靠玻璃本身调节遮阳系数，有时不能满足某些地区的要求。在"中空＋真空"复合真空玻璃的中空腔体内置百叶，通过调节百叶状态可达到阻隔太阳辐射和调整室内采光的双重目的。但中空腔体内置百叶后是否会导致中空腔体积热、玻璃温度升高、增加真空玻璃破损几率呢？本文主要是研究"中空内置百叶复合真空玻璃"结构，在不同季节，不同安装方式下真空玻璃的变形和温差。研究结果表明，"中空＋真空"复合真空玻璃可以内置百叶，并且真空玻璃应朝向室内安装。

关键词　真空玻璃；内置百叶；变形；温差

1　引　言

　　京津冀属于我国寒冷气候区，《被动式超低能耗绿色建筑技术导则（试行）（居住建筑）》规定，外窗传热系数：$0.8W/（m^2 \cdot K）\leqslant K \leqslant 1.5W/（m^2 \cdot K）$，外窗太阳得热系数：冬季 $SHGC \geqslant 0.45$，夏季 $SHGC \leqslant 0.3$。真空玻璃具有传热系数低的特点，复合遮阳系统后可以做到太阳得热系数可变。

　　目前的遮阳措施有外遮阳、中置遮阳和内遮阳，外遮阳虽然节能效果好，但成本较高，操作和维护不太方便，对材料和构造耐久性要求也较高。内遮阳可以避免眩光，且造价低，便于操作、维护，但节能效果较差，主要是作为装饰和保护隐私的补充手段。中置遮阳除具有良好遮阳性、节能性和保护隐私等优点外，还将窗帘和玻璃进行了一体化处理，使得建筑整体看上去整洁、统一[1]。

2　中空内置百叶复合真空玻璃

　　中空内置百叶复合真空玻璃是指将百叶窗帘作为遮阳装置安装在真空玻璃与单片玻璃组合而成的中空腔体内，其示意图如图 1 所示。表 1 是百叶呈不同角度时复合真空玻璃技术参数。此种玻璃不仅传热系数低，而且可以通过控制中空玻璃内的百叶升降、调整角度等操作，实现玻璃采光和遮阳性能可调。中置遮阳百叶中空玻璃门窗的制作工艺与普通中空玻璃门窗的相似，区别在于遮阳百叶及传动装置需要安装在中空玻璃内部，因此中空玻璃的空气层宽度需要根据帘片的宽度而增加，最小宽度为 19mm

　　作者简介：侯玉芝（1981.1—），女，工程师，北京市亦庄经济技术开发区兴海三街 7 号，100176。

　　北京市科技计划项目：真空玻璃节能窗系统开发及产业化（D151100005315002）

（手动控制）、21mm（电动控制）。门窗型材也需相应调整到能够安装这一厚度的中空玻璃[2]。

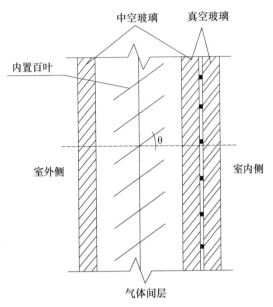

图1　中空内置百叶复合真空玻璃结构示意图

表1　百叶呈不同角度时复合真空玻璃技术参数

玻璃结构	可见光（%）		遮阳系数 Sc	太阳能总透射比 g	传热系数 K [W/（m²·K）]
	透射比	反射比			
T5＋27A百叶＋TL5＋V＋T5（与水平呈0°）	73.82	17.63	0.609	0.53	0.498
T5＋27A百叶＋TL5＋V＋T5（与水平呈45°）	14.8	40.29	0.172	0.15	0.492
T5＋27A百叶＋TL5＋V＋T5（与水平呈90°）	0.00	65.67	0.04	0.035	0.473

从表1可以看出，中空内置百叶复合真空玻璃使用一片Low-E玻璃，传热系数可达到0.498 W/（m²·K），通过调整百叶角度，传热系数可进一步降低到0.473W/（m²·K）。随着百叶角度变化，玻璃遮阳系数在0.04～0.609之间可调。此种玻璃结构可满足不同气候区的需求。

3　试验方案

本文以北京地区为例，对中空内置百叶复合真空玻璃进行温度和挠度的测试。试验装置在新立基公司7楼楼顶，复合真空玻璃安装在南向位置，共3樘窗，2个内置百叶，一个未内置百叶，有百叶的真空玻璃分别朝向室内外安装，无百叶的真空玻璃朝向室内安装，测试装置图如图2所示。窗框型材为铝包木，玻璃尺寸为945mm×1150mm。

用Pt100热电偶分别测试室内、外侧玻璃中心温度和腔体内真空玻璃中心温度，测温点如图3所示。用无纸记录仪每隔5min自动记录百叶垂直拉下（$\theta=90°$）时的温度，电动控制百叶的升降和翻转；每天 9：00，13：00，16：00 测试玻璃室内、外侧对角线交点部位挠度（以下简称挠度）。

用空调控制室内温度，夏季 26℃，冬季 20℃。

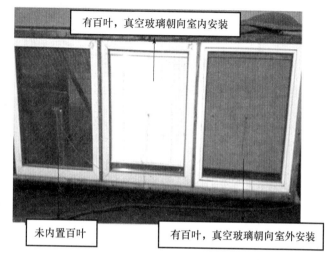

图 2　测试装置

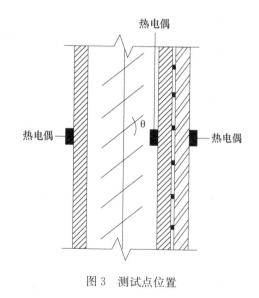

图 3　测试点位置

4　试验结果

4.1　温度测试结果对比与分析

将百叶调整到与水平方向呈 90°夹角放置，夏季和冬季各选取两个晴朗天气做温度和挠度对比试验，测试结果如下：

图 4 和图 5 分别为真空玻璃朝向室内或室外安装，夏季和冬季，中空腔内有百叶与无百叶，不同位置温度测试曲线。

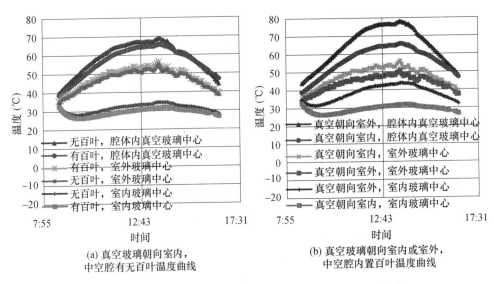

(a) 真空玻璃朝向室内，
中空腔有无百叶温度曲线

(b) 真空玻璃朝向室内或室外，
中空腔内置百叶温度曲线

图4 夏季，真空玻璃朝向室内外安装和有无百叶的温度曲线

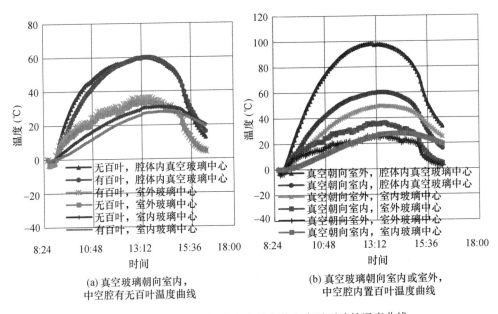

(a) 真空玻璃朝向室内，
中空腔有无百叶温度曲线

(b) 真空玻璃朝向室内或室外，
中空腔内置百叶温度曲线

图5 冬季，真空玻璃朝向室内外安装和有无百叶的温度曲线

　　从图4和图5可知，夏季和冬季，真空玻璃朝向室内安装时，由于百叶的遮挡和反射作用，有百叶腔体内真空玻璃中心温度和室内玻璃温度均略低于无百叶腔体内真空玻璃中心温度和室内玻璃温度，但温差基本相同。有百叶结构，真空玻璃朝向室外安装时，真空玻璃两侧温度均高于真空玻璃朝向室内安装时真空玻璃两侧温度。真空玻璃朝向室外安装时，冬季真空玻璃温差明显高于夏季。

　　表2和表3分别是夏季和冬季不同位置最高温度对比。

表 2 夏季不同位置最高温度对比

最高温度	有百叶，真空玻璃朝向室外（℃）	有百叶，真空玻璃朝向室内（℃）	无百叶，真空玻璃朝向室内（℃）
腔体内真空玻璃中心	78	65.7	69
室外玻璃中心	51.1	56.3	54.8
室内玻璃中心	43.8	32.6	34.6
真空玻璃两侧温差	26.9	33.1	34.4

从表 2 可知，有百叶复合真空玻璃，真空玻璃朝向室外安装时，腔体内真空玻璃中心最高温度达到 78℃，由于室外真空玻璃一侧温度也较高，因此真空玻璃两侧温差并不大，为 26.9℃。同一时间，相同结构真空玻璃朝向室内安装时，腔体内真空玻璃中心温度为 65.7℃，降低了 12.3℃，真空玻璃两侧温差为 33.1℃。无百叶复合真空玻璃，真空玻璃朝向室内安装，腔体内真空玻璃中心最高温度为 69℃，真空玻璃两侧温差为 34.4℃。

真空玻璃朝向室内安装时，由于百叶的遮挡，有百叶与无百叶结构相比，腔体内真空玻璃表面温度降低了 3.3℃，室内玻璃中心温度降低了 2℃。

真空玻璃朝向室外安装，遮阳系数增加，进入室内的太阳辐射增加，因此，室内玻璃中心温度比朝向室内安装高十多度。

夏季温度小结：

(1) 真空玻璃朝向室内安装时，有百叶和无百叶真空玻璃两侧温差基本相同。

(2) 真空玻璃朝向室外安装时，真空玻璃两侧本体温度较高，但温差并不大。

表 3 冬季不同位置最高温度对比

最高温度	有百叶，真空玻璃朝向室外（℃）	有百叶，真空玻璃朝向室内（℃）	无百叶，真空玻璃朝向室内（℃）
腔体内真空玻璃中心	98	60	60.1
室外玻璃中心	26	36.1	33.7
室内玻璃中心	49.4	27.8	30.8
真空玻璃两侧温差	72	32.2	29.3

从表 3 可知，有百叶复合真空玻璃，真空玻璃朝向室外安装时，腔体内真空玻璃中心最高温度达到 98℃，由于冬季室外温度较低，处于室外侧真空玻璃温度也较低，所以真空玻璃两侧温差较大，为 72℃。同一时间，相同结构真空玻璃朝向室内安装时，腔体内真空玻璃中心温度为 60℃，降低了 38℃，真空玻璃两侧温差为 32.2℃。无百叶复合真空玻璃，真空玻璃朝向室内安装，腔体内真空玻璃中心最高温度为 60.1℃，真空玻璃两侧温差为 29.3℃。

由于百叶的遮挡，有百叶比无百叶结构腔体内真空玻璃表面温度降低了 0.1℃，室内玻璃中心温度降低了 3℃。

真空玻璃朝向室外安装，遮阳系数增加，进入室内的太阳辐射增加，因此，室内玻璃中心温度比朝向室内安装高 21.6℃。

冬季温度小结：

（1）真空玻璃朝向室外安装时，有百叶真空玻璃两侧温差 72℃，远高于真空玻璃朝向室内安装时的 32.2℃。可见，冬季真空玻璃朝室外安装，极易破损。

（2）真空玻璃朝向室内安装时，有百叶和无百叶真空玻璃两侧温差基本相同。

4.2 挠度测试结果对比与分析

中空内置百叶复合真空玻璃结构，由于中空腔体积热，导致真空玻璃两侧出现温差，产生温差变形。另外，中空腔体内置百叶，有可能使中空腔体温度进一步升高，变形更大。真空玻璃朝向室外安装时，真空玻璃一侧为室外冬季低温环境（低于 0℃），另一侧处于高温的中空腔体中，内外温差极大，从而产生了严重变形，导致真空玻璃承受的应力过大。

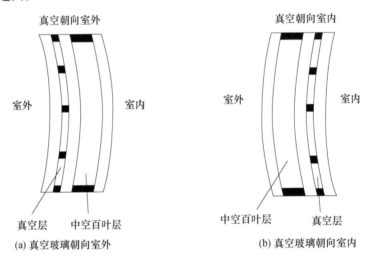

(a) 真空玻璃朝向室外　　　　　　(b) 真空玻璃朝向室内

图 6　复合真空玻璃变形示意图

无论是真空玻璃朝向室内还是室外安装，真空玻璃都朝向中空腔一侧凸起，中空玻璃向同侧凸起，如图 6 所示。这是因为在太阳辐照的作用下，中空腔体温度升高，真空玻璃一侧处于高温中空腔体中，一侧处于低温环境中，在温差作用下，处于中空腔体一侧玻璃膨胀，处于低温一侧玻璃收缩，由于真空玻璃四周是硬性连接，因此真空玻璃向高温一侧凸起，而中空腔内气体受热膨胀，中空外片也随之作同向凸起变形。

夏季和冬季，真空玻璃挠度测试结果见表 4 和表 5。

表 4　夏季，内置百叶复合真空玻璃内外挠度

时间	有百叶，真空朝室外		有百叶，真空朝室内		无百叶，真空朝室内	
	中空内表面	真空外表面	真空内表面	中空外表面	真空内表面	中空外表面
9：00	+2	−3	0	0	+1	+1，
13：00	+7.5	−6	−4	+2	−3	+7，
16：00	+2	−3	−2	+1	+1	+3

表5 冬季，内置百叶复合真空玻璃内外挠度

时间	有百叶，真空朝室外		有百叶，真空朝室内		无百叶，真空朝室内	
	中空内表面	真空外表面	真空内表面	中空外表面	真空内表面	中空外表面
9：00	−1	−2	1	1	0	−3
13：00	13	−9	−3	2	−2	8
16：00	6	−4	1	0	−2	−1

注："＋"表示玻璃向外凸，"−"表示玻璃向内凹陷。

从表4和表5测试数据可知，玻璃发生变形的方式与分析的结果一致。玻璃最大挠度发生在中午13：00左右，因为此时中空腔体温度最高，温差最大。

从表4可知，夏季，真空玻璃朝向室内安装时，有百叶，真空玻璃挠度最大为−4mm。无百叶，真空玻璃挠度最大为−3mm。可见，与无百叶相比，有百叶并没有使真空玻璃挠度增加很多。真空玻璃朝向室外安装时，真空玻璃挠度最大为−6mm，可见，真空玻璃朝向室外安装，增加了真空玻璃的破损几率。

从表5可知，冬季，真空玻璃朝向室内安装时，有百叶，真空玻璃挠度最大为−3mm。无百叶，真空玻璃挠度最大为−2mm。可见，与无百叶相比，有百叶并没有使真空玻璃挠度增加很多。真空玻璃朝向室外安装时，真空玻璃挠度最大为−9mm，可见，真空玻璃朝向室外安装，增加了真空玻璃的破损几率。

从冬夏季挠度测试结果可知，真空玻璃朝向室内安装，有无百叶真空玻璃挠度基本一致，真空玻璃朝向室外安装，真空玻璃最大挠度增加，特别是冬季，挠度增加更多。

真空玻璃因温差引起的挠度过大，会使真空玻璃与窗框型材发生接触甚至挤压，容易导致真空玻璃破损。目前，对真空玻璃因温差造成的变形许可值尚没有明确规定，参照《玻璃幕墙工程技术规范》JGJ 102中规定的在风荷载下四边支撑的玻璃变形挠度限值为：按其短边边长的1/60，对于本试验真空玻璃挠度最大许可值为945mm×1/60＝15.75mm。可见，真空朝向室外安装时，真空玻璃挠度更接近许可值，增大了其破损的风险。因此建议真空玻璃朝向室内安装。

5 结 论

以北京地区试验为例，分析了中空内置百叶复合真空玻璃的温度和挠度，可知，真空玻璃朝向室内安装，有无百叶真空玻璃温差基本相同，挠度也基本一致。真空玻璃朝向室外安装，真空玻璃两侧温差和变形远大于真空玻璃朝向室内安装，易造成真空玻璃破损。因此，"中空＋真空"复合真空玻璃结构中可以内置百叶，但真空玻璃应朝向室内安装。

参考文献

[1] 许威，唐健正．关于被动房用外窗玻璃的几点建议 [J]．建设科技，2016（17）：49-51.

[2] 李志忠．中置遮阳百叶中空玻璃门窗的应用研究 [J]．中国建筑金属结构技术，2016（6）：60-62.

基于实验室测试的被动式
超低能耗建筑外窗性能探讨

茵彦辉，谷秀志，王东旭，贾振胜，马涛

（北京建筑材料检验研究院有限公司，北京　100041）

摘　要　外窗作为被动式超低能耗建筑围护结构的重要组成部分，无论采光、得热还是保温隔热均起到十分重要的作用。本文以住房和城乡建设部科技与产业化发展中心发布的《被动式低能耗建筑产品选用目录》为准则，对被动式超低能耗建筑外窗的主控性能及某些性能兼顾问题展开讨论，通过测试现象分析和测试数据归纳总结，提出相应的解决方案和改进措施，旨在为超低能耗建筑外窗的研发与有效生产提供参考。

关键词　被动式超低能耗建筑；建筑外窗；主控性能；实验室测试

1　引　言

2014 年 2 月至 2016 年 1 月已有 20 余项省市级政策相继发布实施，鼓励发展被动式超低能耗绿色建筑（以下简称超低能耗建筑）。2016 年 2 月，国家发展改革委和住房城乡建设部、中共中央国务院分别发布《城市适应气候变化行动方案》、《中共中央国务院关于进一步加强城市规划建设管理工作的若干意见》提出积极发展超低能耗建筑。由此可见，提升建筑品质发展超低能耗建筑已成为我国政策引领的焦点，同时从侧面反映超低能耗建筑已是我国建筑节能技术的重要方向。

超低能耗建筑主要特征为大幅度提升围护结构热工性能和气密性，同时充分利用可再生能源。建筑用外窗是保证建筑围护结构保温隔热、采光得热及气密性的重要构件，高质量的外窗是实现超低能耗建筑的先决条件[1]，因此超低能耗建筑外窗的研发与生产至关重要。

笔者经过大量的超低能耗建筑外窗试验测试，发现一些产品不能完全满足要求，常出现顾此失彼的现象。为此，本文通过实践测试，对实际测试中常见性能不满足要求及不兼顾问题展开探讨与研究，并提出相应措施和建议，为超低能耗建筑外窗的优化设计和有效生产提供参考。

2　超低能耗建筑外窗性能要求

为引导超低能耗建筑较好且较快地发展，2015 年住房城乡建设部科技与产业化发展中心发布了《被动式低能耗建筑产品选用目录》（以下简称"目录"），目录将外窗部分放在首位且对超低能耗建筑外窗用型材、玻璃、玻璃间隔条及整窗的性能提出了明

作者简介：茵彦辉（1988.9—），男，工程师，北京建筑材料检验研究院有限公司，100041，010-81568966。

确要求。以寒冷地区为例，具体见表1，其中 d 为玻璃间隔条材料的厚度，m；λ 为玻璃间隔条材料的导热系数，W/（m·K）。玻璃的外观质量、尺寸偏差、露点、初始气体含量、耐紫外辐照性能、水气密封耐久性、气体密封耐久性按现行《中空玻璃》GB/T 11944—2012[2] 要求执行。

此外，在通常室内空气湿度下，为防止结露发霉现象，外窗内表面任意位置（包括玻璃边缘）温度不应低于 13℃；为避免室内临近外窗区域出现冷辐射现象，保证临近外窗区域的舒适度，在设计条件下外窗内表面平均温度宜高于 17℃。

表1中，标准 HB 002—2014、HBZ/T 003—2016 和 GB/T 2680—94 为笔者检索的相关标准，并非目录性能要求明确规定标准，仅供参考。

表1　外窗、型材与玻璃间隔条性能要求

部品	性能指标	指标要求	相关标准
整窗	传热系数	$K \leqslant 1.0\mathrm{W}/（\mathrm{m}^2 \cdot \mathrm{K}）$	GB/T 8484—2008
	气密性能	8 级	GB/T 7106—2008
	水密性能	4 级	
	抗风压性能	按 GB 50009 计算	
玻璃	传热系数	$K \leqslant 0.8\mathrm{W}/（\mathrm{m}^2 \cdot \mathrm{K}）$	GB/T 22476
	太阳能总透射比	$g \geqslant 0.35$	JGJ/T 151—2008
	玻璃可见光透射比	$\tau_v \geqslant 0.55$	GB/T 2680—94
	光热比	$LSG = \tau_v/g \geqslant 1.25$	HB 002—2014
型材	传热系数	$K \leqslant 1.3\mathrm{W}/（\mathrm{m}^2 \cdot \mathrm{K}）$	GB/T 8484—2008
玻璃间隔条	导热因子	$\sum（d \times \lambda） \leqslant 0.007\ \mathrm{W/K}$	HBZ/T 003—2016

3 整窗性能问题及其措施

据目前测试统计，多数超低能耗建筑外窗在进行传热系数、气密性能、水密性能、抗风压性能测试时，传热系数和气密性能基本能满足要求；抗风压性能失败较少，通常抗风压性能失败原因是由于受力杆件过长、窗型分格设计及未做抗风压强度计算的缘故；水密性能问题较为突出，常见水密性能失败现象主要有：① 开启缝漏水；② 玻璃压条漏水；③ 型材拼缝处漏水，如图1所示，具体分析如下。

(a) 开启缝漏水　　　　　(b) 玻璃压条漏水　　　　　(c) 型材拼缝处漏水

图1　常见3种水密性能失败现象

针对以上3种常见水密性能失败现象，对应的常见问题汇总如下：

① 外窗排水系统问题，例如未打排水孔，或是玻璃四周填充保温材料导致排水通道堵塞，如图 2 所示。

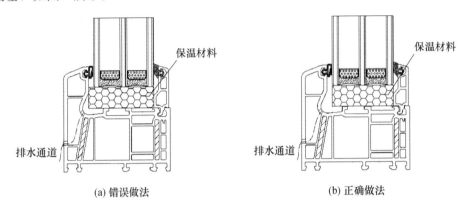

(a) 错误做法   (b) 正确做法

图 2 玻璃四周填充保温材料

② 五金件调试不当，密封胶条弹性不足、压缩量小、等压胶条的搭接量不足和胶条组角未作焊接或密封处理；

③ 未做等压平衡孔，导致进入第一道腔体（靠近室外侧腔体）内的水难以排出；

④ 室外侧采用干法密封时，密封胶条的选型不当，导致水从玻璃四周的胶条位置进入；

⑤ 型材组角处密封处理措施不当。

以上常见问题可归结为设计和工艺生产，因此应从设计和工艺两方面入手改善水密性能。设计方面，外窗应设计良好的排水系统，且其他组件不应与其产生干涉，并综合考虑排水孔的位置、数量、高度、开孔形式和有无扣盖等；根据等压平衡原理，设计大小合适的等压平衡孔，以确保进入第一道腔体的水通过自身重力由排水孔排除；选择弹性和耐久性良好的密封胶条。工艺方面，等压胶条组角须焊接或密封良好，玻璃密封胶条拐角须接近 90°直角并将玻璃和型材紧密贴合；型材组角必须进行密封处理，组装时可采用拼缝注胶等方式进行密封；必要时，对不同截面型材拼接缝用密封胶进行密封处理。

4 玻璃 K、τ_v 与 g 兼顾问题及其措施

外窗对超低能耗建筑来说不仅要起到保温隔热的作用，还要起到采光、得热的作用。保温隔热主要由传热系数 K 衡量，采光由可见光透射比 τ_v 衡量，得热由太阳能总透射比 g 衡量。影响外窗 K、τ_v、g 的主要因素有玻璃层数、Low-E 膜层、填充气体、型材材质、框窗比（框面积/整窗面积）、截面设计及开启方式等。

玻璃作为外窗重要的组成部分，是外窗传热系数 K、可见光透射比 τ_v 及太阳能总透射比 g 的决定性因素。如果要保证玻璃传热系数 $K \leqslant 0.8W/$（$m^2 \cdot K$），那么玻璃应选用三玻两腔 Low-E 中空玻璃或是真空 Low-E 玻璃，且中空层需填充惰性气体（一般填充 Ar），填充比例应至少 85%，填充比例高低与 K 值成正比。对于三玻两腔 Low-E 中空玻璃，通常需有两面镀双银 Low-E 膜才能满足 K 值要求。玻璃的 τ_v 和 g 主要与玻璃原片、颜色及 Low-E 膜有关。

测试发现，多数企业在采用 Low-E 玻璃时，并未考虑 K、τ_v 和 g 三者的兼顾，而是仅考虑 K 值。为了降低 K 值，使用多层 Low-E 膜，而膜层数越多 K 值越低，但同时 g 值和 τ_v 值也在降低。事实上，严寒和寒冷地区应以冬季获得太阳辐射量为主，g 值应尽量选上限，同时兼顾夏季隔热。

为综合考虑玻璃 K、τ_v、g 值，充分利用自然光照，保证 3 种参数满足寒冷地区要求，应采取以下措施：

① Low-E 中空玻璃采用三玻两腔，膜层数宜为 2 层，膜层应在第 2 面和第 5 面（从室外向室内数），如图 3（a）所示，或第 3 面和第 5 面，如图 3（b）所示。其中在第 3 面和第 5 面时可获得较好的 g 值（应对玻璃进行钢化处理，以减少中间层玻璃的破碎危险）；采用真空玻璃需将真空侧朝向室内侧安装以达到保温隔热的目的，应在第 4 面镀 Low-E 膜，即在真空层内侧；

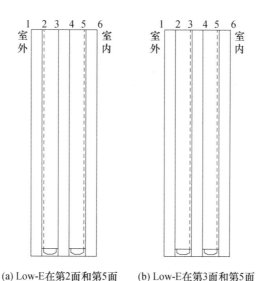

(a) Low-E 在第2面和第5面　　(b) Low-E 在第3面和第5面

图 3　三玻两腔中空玻璃示意图

② 为提升 τ_v、g 值，普通白玻宜用超白玻，Low-E 玻璃宜使用高透 Low-E 玻璃。

5　外窗舒适度问题及解决措施

被动房室内环境全年处于舒适状态，并规定：① 室内温度宜为 20～26℃，超出该温度范围的频率不宜大于 10%；② 室内相对湿度宜为 35%～65%；③ 围护结构非透明部分内表面温差不得超过 3℃，围护结构内表面温度不得低于室内温度 3℃；④ 门窗的室内侧不得出现结露现象（当室内温度低于 13℃时，可能引发结露现象）。

测试时，当设置室内温度为 20℃，室外侧 −20℃，湿度 40%～50%时，外窗室内侧玻璃四周密封胶或是密封胶条处经常出现严重的结露现象，且温度较低，越靠近边缘温度越低，密封胶或密封胶条处温度最低，最低温度仅为 5.6℃，测试中采集的红外摄像仪拍摄照片如图 4 所示。

温度低是由于玻璃边框有热桥而导致玻璃边框热量大量散失，温度降低。为减少热桥效应，可采取以下措施：① 增加玻璃在框内的安装深度；② 应采用暖边间隔条，减少热桥效应。

本文利用 MQMC－标识版软件，采用冬季标准计算条件，以 65 系列内平开塑料窗上左边框节点为例，对玻璃在框内不同的安装深度及相同安装深度时分别采用暖边和冷边玻璃间隔条进行了模拟计算，结果如图 5 所示。图 5（a）～图 5（d）分别设置安装深度分别为 17mm、19mm、21mm、17mm，通过等温线可判断各对应胶条处温度分别约为 5℃、6℃、7℃、8℃。由上可知，随着玻璃在框内安装深度的增加，玻璃四周胶条处的温度呈上升趋势；采用玻璃暖边间隔条时可明显提升玻璃四周温度，单节点提升约为 3℃。由此可见，增加玻璃在框内安装深度和使用暖边间隔条可有效减少玻璃边框热桥效应，提升玻璃四周温度。

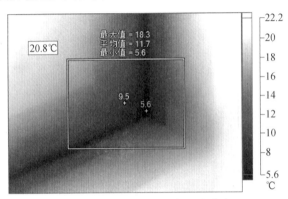

图 4　测试中外窗室内侧温度分布

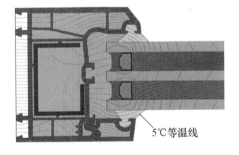

(a) 玻璃在框内安装为17mm

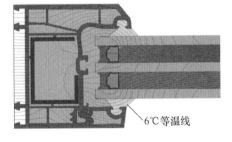

(b) 玻璃在框内安装为19mm

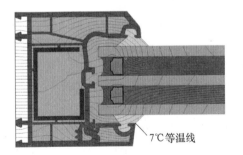

(c) 玻璃在框内安装为21mm

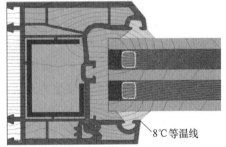

(d) 玻璃在框内安装为17mm，采用TGI暖边玻璃间隔条

图 5　不同条件下框节点模拟图

对于型材及玻璃间隔条，在寒冷地区超低能耗建筑窗用型材传热系数 $K \leqslant 1.3$ W/$(m^2 \cdot K)$，对于隔热铝合金型材一般较难达到要求（通常隔热条高度要达到 54mm 才能满足要求），宜采用未增塑聚氯乙烯、木材、复合材料等保温性能较好的材料，对于未增塑聚氯乙烯塑料型材通常需在 6 腔以上；木质型材或铝包木型材，实木厚度通常不低于 78mm。玻璃间隔条，一般采用暖边间隔条可使其导热因子不高于 0.007 W/K。

6 结 论

本文以寒冷地区为例，系统介绍了超低能耗建筑外窗的性能要求，结合测试经验对超低能耗建筑外窗主控性能进行了探讨，现得出以下结论：

（1）超低能耗建筑外窗传热系数、气密性能及抗风压性能已基本能满足要求，但水密性能问题较突出。本文从设计方面和工艺方面入手，对水密性能常见问题及相应改进措施做了详细介绍，所提改进措施已在实践中得到良好的应用。

（2）玻璃传热系数 K、可见光透射比 τ_v 与太阳能总透射比 g 各单项性能要求已不是问题，但三者的兼顾仍旧困扰企业。本文提出选用 Low-E 玻璃时选用高透 Low-E 玻璃，且白玻玻璃选用超白玻璃，可使三者的兼顾问题得到很好的解决。

（3）超低能耗建筑临近外窗区域冷辐射及外窗玻璃四周结露现象较为常见，直接影响超低能耗建筑的舒适度，究其原因是玻璃边框有热桥。本文借鉴国外经验，提出增加玻璃在框内的安装深度和采用暖边间隔条，以提高玻璃边缘温度。

通过测试发现我国技术标准及外窗产品性能和超低能耗建筑还存在一定的差距，现将发现问题总结如下：

（1）被动式超低能耗建筑外窗标准体系或考量指标尚待完善：① 被动式超低能耗建筑外窗抗结露性能缺乏明确且完整的标准进行考量；② 为精确核算超低能耗建筑的能效水平，太阳能总透射比应考量外窗整体，而非仅考虑外窗透明部分；③ 型材传热系数测试方法规定采用《建筑外门窗保温性能分级及检测方法》GB/T 8484—2008[3] 资料性附录 F，其测试的准确性和不确定度需深入探讨；④ 暖边间隔条导热因子的符合性亟须验证，其测试所采用的标准需做明确要求；⑤ 国外对整窗安装后的传热系数也有明确要求，而国内相关标准或是规范缺少对外窗安装后的传热系数进行要求。

（2）德国超低能耗建筑外窗采用模拟计算的认证模式，国内是否可在测试的基础上增加模拟计算，双向把控外窗质量。

参考文献

[1]　贝特霍尔德·考夫曼，沃尔夫冈·费斯特. 德国被动房设计和施工指南［M］. 北京：中国建筑工业出版社，2015.

[2]　GB/T 11944—2012.《中空玻璃》[S]

[3]　GB/T 8484—2008.《建筑外门窗保温性能分级及检测方法》[S]

被动式低能耗建筑岩棉条保温系统安全性研究

郜伟军[1,2]

(1. 北京市预拌砂浆工程技术研究中心，北京　100041，

2. 北京金隅砂浆有限公司，北京　102402)

摘　要　被动式低能耗建筑是一种现代化节能舒适的新型建筑形式，由于其具有优异的外保温系统、隔热良好的门窗系统、良好的气密性、高效的新风系统、无热桥等特点，因此其节能效果可以达到90％以上。目前我国多个省份已建成了多处被动式低能耗建筑，随着大面积被动式低能耗建筑的建造，出于对较厚外保温系统安全性的考虑，防火等级较高的岩棉外保温系统越来越受到设计者的青睐，尤其是在高层被动式低能耗建筑中。众所周知，岩棉系统的缺点是其自重较大，同时在被动式低能耗建筑中由于要求尽量避免热桥，这就意味着尽量不要使用金属托架予以辅助加固，厚层岩棉外保温系统是否在被动式低能耗建筑中安全可行成了困扰业界的一个主要问题。本文从厚层岩棉外保温系统安全性角度进行了研究，分别进行了抗风荷载试验和抗垂挂试验，并对试验结果进行了汇总分析，并初步得出了被动式低能耗建筑厚层岩棉保温系统安全性的建议。本文的试验结果可对新型被动式低能耗建筑岩棉外保温系统的实施提供一定的借鉴作用。

关键词　被动房；超厚保温；安全性；托架；抗风荷载

1　绪　论

被动房（Passive House），也称被动式超低能耗绿色建筑，起源于德国，是一种国际认可的集高舒适度、低能耗、经济性于一体的节能建筑技术。一般而言，节能建筑比普通建筑可节省30％的能耗，"被动房屋"则可减少高达90％的能耗。被动房主要是通过保温和密封技术，营造出一个与外部相对隔绝的空间，最大限度地阻止空气对流；并将阳光、家用电器甚至人体自身产生的热量留在室内。因此，保温隔热是被动房的关键之一。目前，主流的做法是采用保温材料加厚墙体和屋顶。通常外墙的保温层厚度能够达到20cm，屋顶保温层达到30cm；楼层之间的隔板也均加铺保温板；窗户采用三层玻璃，玻璃之间充填惰性气体，以提高保温性能。

目前，建筑节能问题已成为全社会的重要话题之一。由于被动房具有超低能耗、超微排放、超高舒适度的特点，对于解决我国建筑能耗高、碳排放量大及解决我国供暖、制冷能耗高等问题意义重大。住房城乡建设部科技与产业发展中心张小玲指出，我国北方新建建筑按现行节能标准建造，未来还要再增加至少5亿吨标准煤的采暖需

作者简介：郜伟军，男，助理工程师，北京市房山区窦店镇亚新路17号，邮编：102402，联系电话：15801106166。

求量[1,2]，被动房可缓解我国城镇化进程中对能源消耗和温室气体减排的压力。而南方建筑的气密性极差，家庭用电采暖造成的一次能源的耗费并不比北方少，被动房也可给南方地区提供舒适的生活环境。此外，被动房还可以缓解我国夏季用电负荷高、提高室内舒适度、延长房屋使用寿命、推动建筑节能产品产业升级和产业转型等[3,4]。据统计，截至目前，我国已在黑龙江、河北、福建、新疆、山东等多个省份（自治区）完成了被动房的建造。未来，被动房在完成我国前所未有的节能减排任务及应对气候变化等方面将起到不可忽视的作用。

但是在发展被动房的同时，有一个问题一直困扰着我们。岩棉条外保温系统有着很多优良的性能，比如岩棉保温材料是 A 级不燃防火材料，保温性能好，尺寸稳定性好，然而其自重较大，尤其是在高层[5]是否安全呢？是不是应该加托架对其进行辅助保护呢？对此各方持不同的意见，本文将对厚层岩棉条外保温抗垂挂性能，抗风荷载性能进行初步的研究，以判断厚层岩棉条外保温系统的安全性。

2　试验方案

2.1　抗风荷载性能试验

参照《外墙外保温工程技术规程》JGJ 144—2004、《模塑聚苯板薄抹灰外墙保温系统材料》GB/T 29906—2013 对 250mm 岩棉条外保温系统进行抗风荷载性能测试。

2.2　抗垂挂试验

按照 JGJ 144—2004 岩棉条外墙外保温做法分别粘结面积 800mm×2400mm 两部分岩棉条于墙体上，两部分区别为，其中之一在底部安装了托架，两部分墙体均安装千分表长时间观察其变化。

3　试验材料

250mm 岩棉条若干、被动房用外墙外保温岩棉粘结抹面砂浆、耐碱网格布、进口断热桥锚栓、千分表（带磁力支架）、抗风荷载实验仪器、抗风荷载实验基础墙体、其他辅助工具若干。

4　试验过程

4.1　抗风荷载性能试验

1）岩棉条粘结施工流程

（1）材料、工具、人员的准备。

（2）基墙清理：不得有油污、浮渣等。

（3）放线、找平（用抗裂抹灰），七天后继续施工。

（4）托架的安装：为保证超厚岩棉外保温系统的安全性，减少岩棉条竖向位移，从而减少饰面层开裂的可能性等，我们设计并委托加工了新型托架（图1）；在托架与墙体之间应使用隔热垫板，安装了经防腐处理的木垫块以断热桥，锚固深度应为 60mm 以上。

图 1　被动房用岩棉托架

（5）粘贴岩棉条。

① 使用"被动房"专用粘结砂浆。

② 先在岩棉条的待粘面上满压一薄层粘结砂浆，厚度 1～2mm，再于其上用粘结砂浆打出"点－框"，随之粘贴岩棉条，应使粘结砂浆与岩棉条之间的粘结面积≥70%、粘结砂浆与基墙之间的粘结面积≥50%。

③ 大面墙、阴阳角部位的岩棉条，横向应错缝 200mm 以上。

（6）薄涂面层砂浆。使用"533－RW 被动房"专用抹面砂浆；在粘好岩棉条的 2h 内，在岩棉条的外表面满压一薄层抹面砂浆，厚度 1～2mm。72h 后进行后续施工。

（7）一次抹面：使用"被动房"专用抹面砂浆，抹灰厚度约 3mm，随之压底层网布，网布之间对接。网布表面不能露色，否则应补抹砂浆。48h 后进行后续施工。

（8）打孔、安装锚栓。锚栓的锚盘应直接压在岩棉条上，而不是压在板缝（肉眼可见轮廓）处，数量应为 7～10 个/m²，阳角部位可适当增多；其中，标准岩棉条上的锚栓应为 2～3 个/条，单个岩棉条上的锚栓应≥1 个。锚栓进入基墙的深度应≥50mm。

（9）二次抹面。使用"被动房"专用抹面砂浆，抹灰厚度约 3mm，随之压面层网布，网布之间搭接 100mm 以上。网布应靠近砂浆外表面，但网布表面不能露色，否则应补抹砂浆。72h 后进行后续施工。

（10）刮柔性腻子。使用"外保温柔性腻子（被动房）"。7d 后进行后续施工。

2）按照标准 JGJ 144—2004、GB/T 29906—2013 要求养护完成后，吊装到抗风荷载试验机上进行试验。

4.2　抗垂挂试验

1）基本要求

进行平行试验的两个试件，均加锚栓，但一个设置钢质托架，另一个不设置钢托架。安装托架的试件，与不安装托架的试件在同一时间平行试验。岩棉条的长、高、厚分别为 800mm、200mm、250mm。试验墙应不受临近机器、车辆震动的干扰。基层墙面应坚实，不得有空鼓、酥松、灰尘、污垢、油渍及残留灰块等现象。

2）托架制作：角钢型托架尺寸：长，X 轴方向，200mm；高，Y 轴方向，70mm；宽，Z 轴方向 200mm。如图 2 所示。

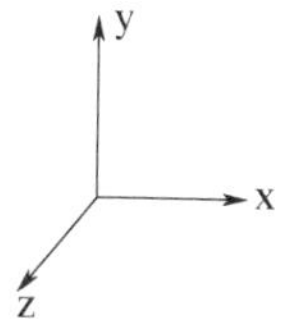

3）试验墙的施工（参照抗风荷载试验）

4）百分表安装

（1）用色笔在瓷砖表面画十字线，交叉点作为测点。

（2）面层抹面砂浆施工完毕后，安装百分表，读初始读数（从此刻起到试验结束，不得触碰百分表；注意安装百分表时，不得给试件施加附加荷载。）

图 2　托架方向示意图

① 百分表安装 A、B 两高度，并各设 2 点。为方便百分表磁性支座安装，百分表测点位置如下安排：z 轴方向距抹面砂浆表面 20mm（图 3）。

② 先在基墙上设置独立于试件的钢质平台，再安装百分表磁性支座与百分表。

图 3　千分表安装示意（左图为下侧千分表，右图为上侧）

③ 此后每隔 1h 读各测点百分表一次，共 4 次。第二天起，早（上班后即测）、晚（临下班前）各测一次所有百分表读数，至读数不再变化。

5　试验结果

5.1　抗风荷载试验

抗风荷载试验结果：抗风荷载试验未出现以下情形（即达到不小于风荷载设计值 8kPa）：

① 保温板断裂；

② 保温板中或保温板与其保护层之间出现分层；

③ 保护层本身脱开；

④ 保温板从固定件上被拉出；

⑤ 机械固定件从基底上拔出；

⑥ 保温板从支撑结构上脱离。

5.2 抗垂挂试验

对测试记录的数据进行汇总分析，形成各个测点的对比图，具体如图 4～图 7 所示。

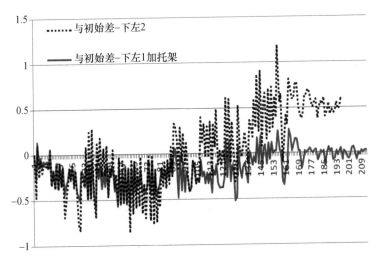

图 4 两个试件下左测试点数据对比

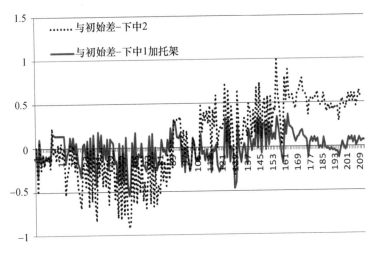

图 5 两个试件下中测试点数据对比

以上两个测点记录数据的变化趋势图可以明显地反映出，加有托架的测点波动小于未加托架的测点，并且加有托架的数据更接近于零点（说明加有托架的试件纵向变形更小），这说明，加托架的试验墙体下侧的位移变化受到了托架的限制，使其更加稳定，这将为岩棉系统的安全性带来更大的保障，仅由此结果来看，厚层岩棉条外保温系统应该加托架。

由试件上侧的两个测点数据对比分析可以得出，其变化规律仍是加有托架的试

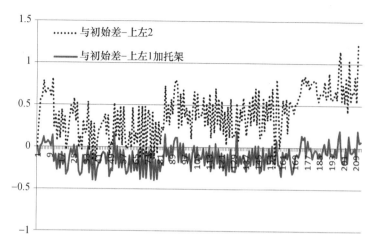

图 6　两个试件上左测点数据对比

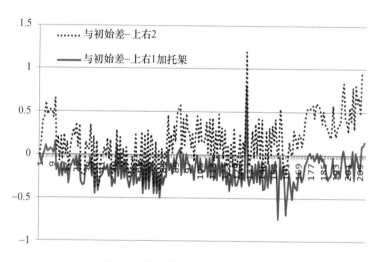

图 7　两个试件上右测点数据对比

验试件更加稳定，其变化较小，试件的纵向变形接近于零。其结果与试件下侧测点数据一致，证明托架在保持整个保温系统稳定性中的作用不可忽视。

6　结　论

（1）被动式低能耗建筑厚层岩棉外保温系统的抗风荷载能力可以达到标准 JGJ 144—2004、GB/T 29906—2013 要求。

（2）抗垂挂性试验结果表明，在不考虑岩棉金属托架对外保温造成的热桥影响的前提下，被动式低能耗建筑厚层岩棉外保温系统宜使用托架对其安全进行保障，减少系统的纵向位移，从而降低了饰面开裂的可能性，最终为整个系统的安全稳定性提供了有力的保障。（注：该文章研究结果仅供行业同仁参考，欢迎业内人士提出批评意见）

参考文献

［1］ 张小玲. 我国被动式房屋的发展现状［J］，建设科技，2015（15）：16-27.

［2］ 张小玲. 被动式房屋：理想的高舒适度超低能耗建筑［J］，建设科技，2012（10）：66-70.

［3］ 周正楠. 对欧洲"被动房"建筑的介绍与思考［J］，建筑学报，2009（5）：10-13.

［4］ 潘广辉. 被动房屋技能技术理论与实践浅谈［J］，建筑科技，2013（12）：77-79.

［5］ 李先立. 高层被动房外墙外保温系统的选择［J］，热点关注，2014（7）：46-51.

超低能耗高层建筑岩棉条外保温系统研究

章银祥[1,2]，郜伟军[1,2]，田胜力[1,2]

（1. 北京金隅砂浆有限公司，北京　102402；

2. 北京市预拌砂浆工程技术研究中心，北京　100041）

摘　要　国内的超低能耗高层建筑中，尚无使用岩棉板（条）作为主要保温材料的报道。本文通过相关计算、室内基础试验、耐候性与抗风压试验、室外抗垂挂性试验、样板房的施工等措施，结合国内外的先进经验，初步提出了超低能耗高层建筑中粘贴岩棉条薄抹灰外墙外保温系统的做法。可为同行提供参考。

关键词　超低能耗；高层建筑；岩棉条；外保温系统；研究

1　引　言

近几年来，我国已进行了不少超低能耗建筑试点。这些超低能耗建筑，目前多选用 EPS 板作为主要保温材料，但其防火性能令人担忧。岩棉板（条）的保温与防火性能均较好，目前部分低层超低能耗建筑采用了岩棉板（条）作为主要保温材料。但岩棉板（条）的自重较大、吸水率较高，岩棉板的拉伸强度很低，使得国内的超低能耗高层建筑中，尚无使用岩棉板（条）作为主要保温材料的先例。但岩棉条的综合性能优势明显。因此，有必要研究超低能耗高层建筑中岩棉条外保温系统的做法。本文主要研究建筑高度 50m 以内的全现浇剪力墙结构超低能耗建筑中岩棉条外保温系统做法（粘贴岩棉条薄抹灰外保温系统做法）。

2　耐候性试验

2.1　第一次耐候性试验结果与分析

2.1.1　试验依据

参照《模塑聚苯板薄抹灰外墙外保温系统材料》GB/T 29906。热雨循环 80 次、冷热循环 5 次。

2.1.2　第一次耐候性试验结果及分析

第一次 350mm 厚岩棉条外保温系统耐候性试验结果为：墙面出现可见裂纹（如图 1 所示）、拉伸强度不合格。

第一次耐候性试验结果不好的原因分析：

① 岩棉条偏厚。由于保温层过厚达 350mm，且岩棉本身具有易变形的特点，其本

作者简介：章银祥（1967.4—），男，安徽省枞阳县人，教授级高工，010-60344428，zhang-yx@163.com。

身可能产生了竖向变形，从而导致系统整体产生横向裂纹。

② 抹面砂浆的配比不太合适。抹面砂浆的柔韧性能不够好，在数十次热雨循环及冷热循环过程中，难以抵抗"膨胀-收缩"的反复循环而产生裂纹。

③ 施工工艺存在缺陷。第一次锚栓施工，是按照传统的施工方法施工的，即在底层抹灰和底层网格布施工完成一天后（抹面层已终凝，具有一定的强度）进行打眼、安装锚栓。后分析认为，此做法可能导致在打眼过程及安装锚栓过程中对底层抹灰砂浆层造成了伤害，使其在开始就受到较大的应力，而在后期逐渐产生裂纹。

④ 腻子的柔韧性不够。由于被动房具有较厚的保温层，尤其是此次试验采用的是350mm厚岩棉条，在耐候试验过程中，其系统在各个界面产生的应力应不同于一般保温构造的，因此对腻子的柔韧性能要求较高。

图1　第一次耐候性试验结果

2.2　第二次耐候性试验

第二次耐候性试验所做的改进：

① 将外保温系统材料厚度降低为250mm。

② 对被动房外保温用砂浆进行了配方调整，并进行了试验测试，发现新调整的砂浆（523-RW被动房、533-RW被动房）柔性更好、粘结力更强，更适合于被动房外保温施工使用。

③ 重新调整了施工工艺：在底层抹面加强网布施工完成后立即进行了锚栓的打眼、安装，在底层抹面砂浆还未硬化的状态下进行锚栓施工，这样可以避免原施工方法对抹面层的破坏，而且锚栓施工完成后与抹面层结合更加紧密，整个系统将更加安全、耐久、稳定。

④ 对柔性腻子配方进行了调整，增加了柔韧性组分，试验结果发现新设计的腻子［外保温柔性腻子（RW被动房）］具有更加优秀的柔韧性，更加适合被动房外保温系统使用。

第二次耐候性试验结果较好，满足耐候性检测要求：

① 未出现饰面层起泡或剥落、保护层和保温层空鼓或剥落等破坏现象，未产生渗

水裂缝。

② 抹面层和保温层的拉伸粘结强度≥0.08MPa，破坏发生在保温层。

③ 抗冲击性能≥3J 级。

3 安全性研究

影响外保温系统安全与耐久性的因素主要有：负风压、自重（尤其是吸水后）等。

3.1 负风压的影响分析

一般外保温系统的整体脱落都发生于大风天，而且多发生于受负风压的山墙上。

北京地区 50m 高楼房的最大负风压计算结果见表 1，相关数据来源见参考文献 [1]。

表 1 负风压计算一览表

	标高 （m）	基本风压，W_0 （kN/m²）	风压高度变化系数，μ_z	局部风压体型系数，μ_s	阵风系数β_{gz}	最大负风压，$1.5W_k$ （kN/m²）
墙面	50	0.45	1.62	−1.4	1.55	−2.373
屋面	50	0.45	1.62	−2.5	1.55	−4.237

注：$W_k = \beta_{gz} \cdot \mu_s \cdot \mu_z \cdot W_0$

在本文的外保温系统中：

① 粘结层与基层间的拉伸强度：一般要求粘结砂浆与基层间的粘结强度≥300kPa，为此，本方案要求：应使用自行研制的抗裂抹灰砂浆（抗-4）对混凝土基层进行预找平，并要求抗裂抹灰砂浆与混凝土基层间的拉伸粘结强度≥300kPa；同时，本方案要求粘结层与基层间的粘结面积≥50％，因此，粘结层与基层间的粘结强度≥300kPa×50％＝150kPa。

② 抹面层与保温材料间的拉伸强度：因抹面砂浆与岩棉条间是满粘，且一般抹面砂浆的本体拉伸粘结强度要优于粘结砂浆的，二者均高于 300kPa。

③ 保温材料的本体拉伸强度：本工程采用岩棉条作为保温材料。试验表明：所采用岩棉条的本体垂直拉伸强度 P_0 大于 100kPa。

因此，本系统在受负风压的垂直拉伸时，薄弱环节应在：粘结砂浆与岩棉条界面、岩棉条内部、抹面砂浆与岩棉条界面。试验发现，当粘结砂浆与岩棉条间满粘后进行拉拔时，破坏面一般在岩棉条内靠近界面处。

本系统拟采用"粘结为主、粘锚结合"的方式固定岩棉条。为了提高外墙外保温系统的安全性，本方案拟提高粘结砂浆与岩棉条间的界面强度。具体做法是：先在岩棉条的粘结面满涂一层粘结砂浆，厚度约 2mm，然后再用粘结砂浆打出"点-框"，"点-框"的面积约为岩棉条的 70％。由于"点-框"的边界效应，实际粘贴面积将高于 70％。

考虑到在实际施工中由于各种原因造成的粘结面积率不足以及多年使用后的拉伸粘接强度损失，系统安全性影响因子 γ 计算如下：

$$\gamma = \gamma_r \cdot \gamma_m \cdot \gamma_a = 0.7 \times 0.5 \times 0.4 = 0.14$$

式中　γ——系统安全性影响因子；

γ_r——本规程要求的最小粘结面积率，取0.7；

γ_m——粘结面积率影响因子，岩棉带外保温系统后期有效粘结面积与施工时要求的粘结面积的比值，取0.5；

γ_a——老化影响因子，根据我们对岩棉条力学性能耐久性的试验研究，取0.4。

因此，本系统的抗拉强度

$$P = \gamma P_0 \geq 0.14 \times 100 \text{kPa} = 14 \text{kPa}$$

所以，本系统在负风压的作用下，在不考虑锚栓的情况下：

对于墙面，安全系数$\geq 14/2.373 \approx 5.9$

对于屋面，安全系数$\geq 14/4.237 \approx 3.3$

因此，本系统在负风压的作用下，整体而言是安全的。

我们外保温系统的人工强制抗风荷载试验合格，验证了上述计算结果。

3.2　系统冷凝结露计算

表2为岩棉条外保温系统的冷凝计算一览表。相关计算公式、数据等见参考文献[2-4]。表2中，假设冬季室内温度20℃、相对湿度60%，室外温度−10℃、相对湿度15%。将表2中的P_s、P_m数据作图，如图2所示。

表2　岩棉条外保温系统的冷凝计算一览表

	室内(i)	内壁	找平层	混凝土剪力墙	粘结层	岩棉条	抹面层	找平层	室外(e)
δ (m)	—	—	20	200	10	250	8	2	
$\beta\lambda$ [W/(m·K)]	—	—	1.05	1.74	0.81	0.0495	0.81	0.81	
R (m²·K/W)	0.115	—	0.0190	0.1149	0.0123	5.0505	0.0099	0.0025	0.043
θ (℃)	20	19.36	19.25	18.61	18.54	−9.69	−9.74	−9.76	−10
P_s (Pa)	2337.1	2246.48	2231.15	2143.83	2134.52	266.87	265.56	265.04	260
μ [g/(m·h·Pa)]	—	—	0.000021	0.0000158	0.0000443	0.000448	0.0000443	0.0000443	
H (m²·h·Pa/g)	—	—	952.4	12658.2	225.7	558.0	180.6	45.1	
η (%)	60	60	—	—	—	—	—	—	15
P_m (Pa)	1402.3	1402.3	1313.5	133.1	112.1	60.0	43.2	39	39

注：δ—单层材料厚度；λ—导热系数；β—导热系数的修正系数；R—热阻；θ—温度；μ—水蒸气渗透系数；η—相对湿度；H—水蒸气渗透阻；P_s—饱和水蒸气分压；P_m—界面的实际水蒸气分压。

由图2可见，各界面处的实际水蒸气分压均小于该处的饱和水蒸气分压，因此，本系统的渗透水蒸气基本无冷凝结露可能。

3.3　自重的影响研究（抗垂挂性试验）

平行试验的两面岩棉条外保温系统试验墙，将岩棉条粘于混凝土基墙上，岩棉条250mm厚，试件宽800mm、高2500mm；均加锚栓，但一个设置钢质托架，另一个不设。仅岩棉外表面（800mm×2500mm）抹灰压双层网格布。试件直接暴露于室外，在试件的上下边安装百分表，监测其上下位移。

试验结果如图3、图4所示。图3、图4中，▲——与初始差（上左）；×——与初始差（上右）；◆——与初始差（下左）；□——与初始差（下中）。其中，折线值是实际监测值，平滑线为拟合线。

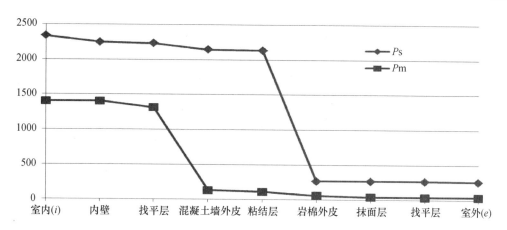

图 2　各界面的饱和水蒸气分压（P_s）与实际水蒸气分压（P_m）对比图（单位：Pa）

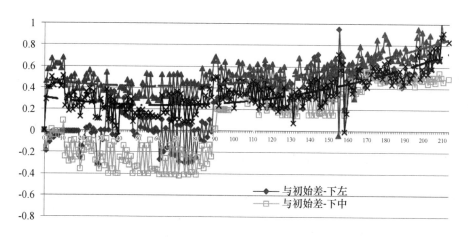

图 3　未加托架的监测值

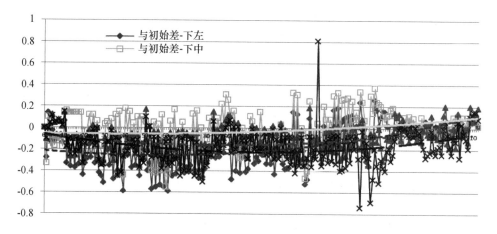

图 4　加托架的监测值

图 3 中的下左、下中数据可能不准（监测过程中调整过百分表），仅能作为参考。由图 3、图 4 可见，加托架的上下边位移都较小，不加托架的上下边位移都较大。将图 3、图 4 中的统计平均值进行简单计算如下：

加托架时，上左的平均值为－0.110mm，上右的平均值为－0.168mm，二者的平均值（即试件上边的变形平均值）为－0.139mm。下左的平均值为－0.159mm，下中的平均值为－0.014mm，二者的平均值（即试件下边的变形平均值）为－0.087mm。则试件上、下边变形平均值的差值为－0.053mm。除以试件高度2500mm，则相对变形为－0.0021%。

未加托架时，上左的平均值为0.524mm，上右的平均值为0.355mm，二者的平均值（即试件上边的变形平均值）为0.440mm。下左的平均值为0.225mm，下中的平均值为0.108mm，二者的平均值（即试件下边的变形平均值）为0.167mm。则试件上、下边变形平均值的差值为0.273mm。除以试件高度2500mm，则试件的相对变形为0.0109%。

可见，不加托架的相对变形约为加托架的5.2倍（本试验结果有待于进一步验证）。

因此，超低能耗高层建筑岩棉条外保温系统中，宜加设托架。

3.4 系统的防水要求

岩棉条的吸水率比EPS的高得多，吸水后的岩棉的机械性能、热工性能均会变差，因此，本方案中，一是考虑增加抹面砂浆的抗裂性、憎水性，二是提高各节点（女儿墙、门窗洞口四周、穿墙管、雨水管支架等处）的防水性能。相关节点图从略。

4 超低能耗高层建筑岩棉条外保温系统推荐做法

通过相关计算、室内基础试验、耐候性与抗风压试验、室外抗垂挂性试验、样板房的施工等措施，结合国内外的先进经验，初步提出建筑高度50m以内的全现浇剪力墙结构超低能耗高层建筑中岩棉条外保温系统做法（粘贴岩棉条薄抹灰外墙外保温系统大面墙做法，节点做法从略）如下：

（1）材料、工具、人员等的准备。

（2）基墙清理：不得有油污、浮渣等。

（3）放线。

（4）找平：用抗裂抹灰砂浆（抗-4）找平。7d后进行后续施工。

（5）被动门窗的安装（门窗厂家负责）：用"L"形窗托架、隔热垫板、膨胀螺栓、自攻螺丝等将被动门窗安装于基墙外。含防水隔汽膜、防水透汽膜、预压膨胀密封带的粘贴。其中，"L"形窗托架、膨胀螺栓、自攻螺丝应有防锈功能。

（6）各种穿墙管的安装；雨水管固定件、外遮阳系统、太阳能系统等的安装，须牢固但应可拆卸。含防水隔汽膜、防水透汽膜等的粘贴及密封圈等的安装。均为土建方负责。

（7）托架的安装。应使用隔热垫板，锚固深度应为60mm以上。

（8）粘贴岩棉条（250mm厚）：

① 使用"523-RW被动房"专用粘结砂浆。

② 先在岩棉条的待粘面上满压一薄层粘结砂浆，厚度为1~2mm，再于其上用粘结砂浆打出"点-框"，随之粘贴岩棉条，应使粘结砂浆与岩棉条之间的粘结面积≥

70%，粘结砂浆与基墙之间的粘结面积≥50%，局部使用竖向岩棉条。

③ 大面墙、阴阳角部位的岩棉条，横向应错缝 200mm 以上。

④ 门窗框的左、右、上部等处，在粘贴岩棉条前，应预先粘好门窗连接线条。

⑤ 门窗洞口、穿墙管等部位，岩棉条应预先按要求尺寸切好，粘贴时须使用预压膨胀密封带等。

⑥ 窗下口部位，岩棉条应预先切出适合于窗台板安装的尺寸和坡度。

（9）薄涂面层砂浆：使用"533-RW 被动房"专用抹面砂浆；在粘好岩棉条的 2h 内，在岩棉条的外表面满压一薄层抹面砂浆，厚度为 1～2mm。72h 后进行后续施工。

（10）滴水线条、护角线条、门窗洞口四角等处加强网布的粘贴：使用"533-RW 被动房"专用抹面砂浆；网布应对接。

（11）窗台板（自身的竖缝应满焊）的安装：应使用膨胀密封带、自攻钉等。

（12）一次抹面：使用"533-RW 被动房"专用抹面砂浆，抹灰厚度约 3mm，随之压底层网布，网布之间对接。网布表面不能露色，否则应补抹砂浆。随即进行后续施工。

（13）打孔、安装锚栓（应为绝热型）。锚栓的锚盘应直接压在岩棉条上，而不是压在板缝（肉眼可见轮廓）处，数量应为 7～10 个/m²，阳角部位可适当增多；其中，标准岩棉条上的锚栓应为 2～3 个/条，单个岩棉条上的锚栓应≥1 个。锚栓进入基墙的深度应≥50mm，锚栓安装到位后，随即用抹面砂浆将锚盘盖住。48h 后进行后续施工。

（14）二次抹面：使用"533-RW 被动房"专用抹面砂浆，抹灰厚度约 3mm，随之压面层网布，网布之间搭接 100mm 以上。网布应靠近砂浆外表面，但网布表面不能露色，否则应补抹砂浆。72h 后进行后续施工。

（15）刮柔性腻子：使用"外保温柔性腻子（RW 被动房）"。7d 后进行后续施工。

（16）涂抹透汽性较好的薄层涂料。

参考文献

［1］ GB 50009—2012 建筑结构荷载规范［S］

［2］ 杨善勤. 民用建筑节能设计手册［M］. 北京：中国建筑工业出版社. 1997.

［3］ DB11/ 891—2012 居住建筑节能设计标准［S］

［4］ DB11/T 1081—2014 岩棉外墙外保温工程施工技术规程［S］

超低能耗建筑外墙外保温系统防火性能研究

张博[1,2]，马国儒[1,2]，巍巍[1,2]，肖磊[1,2]，王聪[1,2]，侯博智[1,2]，陈红岩[1,2]，孔祥荣[1,2]

(1. 北京建筑材料检验研究院有限公司，北京 100041；

2. 国家建筑防火产品安全质量监督检验中心，北京 100041)

摘 要 由于超低能耗建筑外墙外保温所使用的有机保温层厚度为150～300mm，远远超过75％节能建筑的保温层厚度，火灾危险性进一步加大。对超低能耗建筑外墙外保温有机保温层进行合理的防火设计是建筑节能和消防安全领域共同急需解决的问题。本文旨在通过《建筑外墙外保温系统的防火性能试验方法》GB/T 29416—2012 的试验验证探究满足超低能耗建筑的外墙外保温层厚度条件下，考察燃烧性能达到 B₁ 级300mm 厚的白色聚苯板和黑色石墨苯板的外墙外保温系统在采用不同防火构造或措施的系统防火效果，进而提出适合超低能耗建筑外墙外保温防火构造或措施。试验结果表明：无机防火涂层对超低能耗建筑外墙外保温有机保温材料系统防火安全至关重要，对于 B₁ 级的聚苯乙烯保温板系统而言，按照《硬泡聚氨酯复合板现抹轻质砂浆外墙外保温工程施工技术规程》DB11/T1080—2014 中的施工工艺做法，20mm 的无机保温防火涂层可以有效阻止火焰传播，加之热辐射对保温层的影响，保温层几乎完好无损，可以大幅度降低超低能耗建筑外墙外保温火灾风险。

关键词 超低能耗建筑外墙外保温；防火隔离带；防火构造；系统防火

1 引 言

随着我国建筑节能30％、50％、65％、75％节能标准以及超低能耗和被动房屋标准要求的提高，建筑外墙所使用的保温材料的厚度也不断地增加，将会造成建筑材料火灾载荷的增加，探索满足被动房节能保温体系的火灾载荷，对于火灾风险评估、火灾模型建立和消防安全措施布局等具有重要的意义。

围护体系的保温性能是超低能耗建筑设计和建造中最重要的技术措施。建筑外墙和屋面是围护体系的主体，当围护结构的保温层达到一定厚度时，房屋通过外围护结构损失的能量达到最低。在冬季可以凭借房屋自然得热维持室内在20℃以上；在夏季足以抵抗太阳辐射传导到室内。在已建成的被动房项目中，保温材料通常在200mm 以上，防火等级 B₁ 以上，方能确保外墙及屋面的传热系数达到 0.15W/（m² · K）以下。

在研究中发现，对外墙外保温系统整体的防火性能进行测试和评价是评估外墙外保温系统防火性能的关键。外墙外保温系统的防火安全性能试验方法可归纳为 3 类，见表1。

作者简介：张博（1983.8—），男，工程师，地址：北京市石景山区金顶北路 69 号，邮编：100041，联系电话：010-60350462。

表1 外墙外保温系统的防火安全性能试验方法

类别	试验方法	对象
大尺寸规模	墙角火试验 UL 1040：2001 窗口火试验 BS 8414-1：2002 GB/T 29416—2012	针对整个构造系统
中等规模	SBI 试验 燃烧数炉试验	针对局部构造或单一材料
小尺寸规模	锥形量热计试验 可燃性试验 氧指数试验 潜热试验 NFPA 259	针对局部构造或单一材料

1.1 材料燃烧性能检测方法

按照《建筑材料及制品燃烧性能分级》GB 8624—2012 中对保温材料进行小比例、中比例燃烧性能测试，按照 NFPA 259 Standard Test Method for Potential Heat of Building Materials（《建筑材料潜热的测试方法标准》）对典型保温材料进行潜热测试。

1.2 大尺寸模型防火安全性能试验与评价方法

小型试验方法一般只能影响燃烧过程的某个特定的方面，而不能全面反映燃烧过程。相对来说，大型试验方法更接近于真实火灾的条件，具有一定程度的相关性。不过，由于实际燃烧过程的因素难以在试验室条件下全面模拟和重现，所以任何试验都无法提供全面准确的火灾试验结果，只能作为火灾中材料行为特性的参考。通过上述国外现有与外墙外保温系统大型试验方法，并针对目前我国防火技术条件，筛选出具有代表性的墙角火试验和窗口火试验，宋长友等[1]在《外墙外保温系统防火性能试验与评价方法》一文中具体对比了2种试验方法。

墙角火试验标准 UL 1040：2001 Fire Test of Insulated Wall Construction（《建筑隔热墙体火灾测试》）为美国保险商实验室标准。试验模拟外部火灾对建筑物的攻击，用于检验建筑外墙外保温系统的防火性能。其优点在于模型尺寸能够涵盖包括防火隔断在内的外墙外保温系统构造，可以观测试验火焰沿外墙外保温系统的水平或垂直传播的能力，试验状态能够充分反映外墙外保温系统在实际火灾中的整体防火能力。

窗口火试验标准 BS 8414-1：2002 Fire Performance of External Cladding Systems——Part 1：test method for non-load bearing external cladding systems applied to the face of the building（《外部包覆系统的防火性能——第1部分：建筑外部的非承载包覆系统试验方法》）。窗口火试验描述了应用于建筑表面并在控制条件下暴露于外部火焰的非承载外部包覆系统、包覆系统之上的遮雨屏及外墙外保温系统的防火性能评价方法。火焰的暴露方式表征外部火源或室内完全扩展（轰燃后）火焰，从窗口处溢出对包覆体形成外部火焰的影响。

窗口火试验，模拟内部火灾对建筑物的攻击，用于检验建筑外墙外保温系统的火焰传播性，模型尺寸能够涵盖包括防火分区在内的外墙外保温系统构造，试验状态能够充分反映外墙外保温系统在实际火灾中的整体防火能力，能够对外墙外保温系统工程的整体防火性能进行检验。其优点与墙角火试验相同，从实际火灾对建筑物的攻击概率来看，更具有普遍意义。

2 试验部分

2.1 试验材料

聚苯板、岩棉隔离带、防火砂浆、网格布、锚栓、粘结砂浆、抹面胶浆等系统组成材料均从市场上购买获得。

2.2 系统组成

本试验中外墙外保温系统组成有两个，其系统组成和安装示意图见表2。

表 2　外墙外保温系统窗口火试验安装情况

编号	隔离带位置/墙体安装方式	裸板安装	是否有20mm的无机防火涂料	表面抹面砂浆、饰面	安装示意图
系统 1	设置两条隔离带（宽 300mm）岩棉（厚度 300mm）第一条窗口上沿 第二条隔离带上沿距水平准位线 L2 下方 100mm	白色聚苯板 300mm 厚 是	是	是	
系统 2	设置两条隔离带（宽 300mm）岩棉（厚度 300mm）第一条窗口上沿 第二条隔离带上沿距水平准位线 L2 下方 100mm	石墨聚苯板 300mm 厚 是	否	是	

2.3 施工说明

固定方式为粘锚结合。粘结砂浆为点框粘，板背面四周预留 10mm 的出气缝，中间部分为点粘，总的粘结面积大于 60%。防火隔离带部位为满粘。设置两道防火隔离带，第一道位于窗口上方，第二道位于水平准位线 L2 下方 100mm 处。

2.4 检验依据

保温材料燃烧性能按照《建筑材料及制品燃烧性能分级》GB 8624—2012 进行试验。白色聚苯板和石墨聚苯板其他物理性能试验方法见表 3。岩棉防火隔离带的物理性能试验方法见表 4。

表 3 聚苯板物理性能试验方法

项目	试验方法
导热系数 [W/ (m·K)]	GB/T 10294
表观密度 (kg/m³)	GB/T 6343
垂直板面的抗拉强度 (MPa)	GB/T 29906
尺寸稳定性 (%)	GB/T 8811
水蒸气透过系数 [ng/ (Pa·m·s)]	QB/T 2411
吸水率 (%)	GB/T 8810
弯曲变形 (mm)	GB/T 8812.2
氧指数 (%)	GB/T 2406.2
燃烧性能等级	GB 8624

表 4 岩棉防火隔离带物理性能试验方法

项目		试验方法
导热系数 [W/ (m·K)]		GB/T 10294,GB/T 10295
酸度系数		GB/T 5480
密度 [kg/m³]		GB/T 5480
尺寸稳定性 (%)		GB/T 8811
垂直板面的抗拉强度 (kPa)		GB/T 29906
压缩强度 (kPa)		GB/T 13480
短期吸水率 (kg/m²)		GB/T 25975
憎水率 (%)		GB/T 10299
燃烧性能等级		GB/T 8624
匀温灼烧性能 (750℃,0.5h)	线收缩率 (%)	GB/T 5486
	质量损失率 (%)	
熔点 (℃)		DB11/T 1383—2016 附录 A

窗口火试验参照《建筑外墙外保温系统的防火性能试验方法》GB/T 29416—2012 进行,首先在试验墙上布置测温点,试验点火后自动记录各点瞬时温度,同时观察试验墙变化,直至木材烧尽。待试验墙自然冷却后,观察防护层烧损情况,然后去除防护层,观察保温层破坏情况。

3 结果与讨论

3.1 主要保温材料的测试结果

白色聚苯板性能指标见表 5，石墨聚苯板性能指标见表 6，岩棉隔离带性能指标见表 7，均符合相应的标准要求，其他辅助材料的技术参数由相应厂家提供，符合相应的国家标准要求。

表 5 白色聚苯板性能指标

项目	性能指标	试验方法	检验结果
导热系数 [W/ (m·K)]	≤0.041	GB/T 10294	0.037
表观密度（kg/m³）	≥18.0	GB/T 6343	20
垂直板面的抗拉强度（MPa）	≥0.10	JG 149	0.28
尺寸稳定性（%）	≤2.0	GB/T 8811	0.57
水蒸气透过系数 [ng/ (Pa·m·s)]	≤4.5	QB/T 2411	0.38
吸水率（%）	≤3.0	GB/T 8810	1.9
弯曲变形（mm）	≥20	GB/T 8812.2	18mm
氧指数（%）	≥32	GB/T 2406.2	32.7
燃烧性能等级	不低于 B₁ 级，且遇电焊火花喷溅时无烟气、不起火燃烧	GB 8624	B₁ （C）

表 6 石墨聚苯板性能指标

项目	性能指标	试验方法	检验结果
导热系数 [W/ (m·K)]	≤0.033	GB/T 10294	0.032
表观密度 [kg/m³]	≥18.0	GB/T 6343	20.0
尺寸稳定性（%）	≤2.0	GB/T 8811	0.8
垂直板面的抗拉强度（MPa）	≥0.10	GB/T 29906	0.17
水蒸气透湿系数 [ng/ (Pa·m·s)]	≤4.5	QB/T 2411	0.35
吸水率（%）	≤3.0	GB/T 8810	1.9
弯曲变形（mm）	≥20	GB/T 8812.2	20mm
氧指数（%）	≥32	GB/T 2406.2	33.0
燃烧性能等级	不低于 B₁ 级，且遇电焊火花喷溅时无烟气、无起火燃烧	GB/T 8624	达到 B₁ （C）

表 7 岩棉防火隔离带性能指标

项目	性能指标	试验方法	检验结果
导热系数 [W/ (m·K)]	≤0.048	GB/T 10295	0.042
酸度系数	≥1.8	GB/T 5480	1.8
密度（kg/m³）	≥100	GB/T 5480	120

项目		性能指标	试验方法	检验结果
尺寸稳定性（%）		≤0.1	GB/T 8811	0.08
垂直板面的抗拉强度（kPa）		≥80	GB/T 29906	125
压缩强度（kPa）		≥40	GB/T 13480	80
短期吸水率（kg/m²）		≤0.1	GB/T 25975	0.06
憎水率（%）		≥99	GB/T 10299	99.5
燃烧性能等级		A 级	GB/T 8624	A 级
匀温灼烧性能（750℃，0.5h）	线收缩率（%）	≤8	GB/T 5486	6
	质量损失率（%）	≤10		5
熔点（℃）		≥1000	DB11/T 1383—2016 附录 A	符合

3.2 外墙外保温系统窗口火试验结果与分析

窗口火试验的目的是检验外保温系统在火灾条件下阻止火焰传播的能力，主要判据：一是可见火焰是否越过允许范围；二是保温材料内部温度是否超出限值。设置了岩棉防火隔离带的外保温系统都有效地阻止了火焰传播。

外墙外保温系统 1 主要保温材料为白色聚苯板，其未覆盖砂浆时如图 1 所示，涂覆 20mm 防火砂浆后系统照片如图 2 所示，窗口火试验后照片如图 3 所示。从照片中可以看出，在 20mm 的无机保温防火砂浆的保护下，白色聚苯板几乎没有破坏，只有在窗口上沿有 0.2m² 的局部收缩，取得了良好的防火效果。

图 1　未涂覆防火砂浆　　　图 2　涂覆 20mm 防火砂浆后　　　图 3　窗口火试验后

外墙外保温系统 1 白色聚苯板窗口火的试验数据见表 8。

表 8　外墙外保温系统 1 白色聚苯板窗口火试验数据

序号	检验项目	标准要求	检验结果
1	建筑外墙外保温系统的防火性能（窗口火试验）	a. 试验过程中不应出现全面燃烧等不安全因素，导致试验被提前终止	试验过程中未出现全面燃烧等不安全因素，试验未被提前终止

序号	检验项目	标准要求	检验结果
1	建筑外墙外保温系统的防火性能（窗口火试验）	b. 在整个试验期间内，试样出现燃烧，且可见持续火焰在垂直方向上高度不应超过 9m，或在水平方向上自主墙与副墙夹角处沿主墙不应超过 2.6m 或沿副墙不应超过 1.5m	在整个试验期间内，试样出现燃烧，且可见持续火焰在垂直方向上高度未超过 9m，在水平方向上自主墙与副墙夹角处沿主墙未超过 2.6m，沿副墙未超过 1.5m
		c. 在试验开始时间（t_s）后的 30min 内，水平准位线 L2 上的任一外部热电偶的温度如果超过初始温度（T_0）600℃，持续时间应＜30s	在试验开始时间（t_s）后的 30min 内，水平准位线 L2 上的 4# 外部热电偶的温度超过初始温度（T_0）600℃持续时间为 3s
		d. 在试验开始时间（t_s）后的 30min 内，水平准位线 L2 上的任一内部热电偶的温度如果超过初始温度（T_0）500℃，持续时间应＜30s	在试验开始时间（t_s）后的 30min 内，水平准位线 L2 上的任一内部热电偶的温度均未超过初始温度（T_0）500℃
		e. 在整个试验期间内，从试样上脱落的燃烧残片火焰不应蔓延至垮塌区域之外；或者如果试样在试验过程中存在熔融滴落现象，滴落物在垮塌区域内形成持续燃烧，持续时间应≤3min	在整个试验期间内，试样上未出现脱落的燃烧残片；试样在试验过程无熔融滴落现象，但在试验至 840s 时窗口上沿至 5m 处外墙皮有脱落的现象
		f. 在整个试验期间内，试样因阴燃损害的区域，垂直方向上不应超过水平准位线 L2，且水平方向上在水平准位线 L1 和 L2 之间不应超过副墙 1.5m	试验样品无阴燃倾向
		g. 在整个试验期间内，试样不应出现全部或部分垮塌，且垮塌物（无论是否燃烧）不得落到垮塌区域之外	在整个试验期间内，试样未出现全部或部分垮塌

外墙外保温系统 2 主要保温材料为石墨聚苯板，其覆盖抹面砂浆时系统照片如图 4 所示，窗口火试验后照片如图 5 所示。从照片中可以明显看出，尽管每层均设置了防火隔离带，窗口火对石墨苯板的火焰攻击还是非常猛烈，保温层几乎完全被破坏。对比两个外墙保温系统的窗口火试验结果可以明显地看出防火构造对窗口火火焰攻击有非常明显的抑制作用。

图 4　涂覆抹面砂浆

图 5　窗口火试验后

外墙外保温系统 2 石墨聚苯板窗口火的试验数据见表 9。

表 9　外墙外保温系统 2 石墨聚苯板窗口火试验数据

序号	检验项目	标准要求	检验结果
1	建筑外墙外保温系统的防火性能（窗口火试验）	a. 试验过程中不应出现全面燃烧等不安全因素，导致试验被提前终止	试验过程中未出现全面燃烧等不安全因素，试验未被提前终止
		b. 在整个试验期间内，试样出现燃烧，且可见持续火焰在垂直方向上高度不应超过 9m，或在水平方向上自主墙与副墙夹角处沿主墙不应超过 2.6m 或沿副墙不应超过 1.5m	在整个试验期间内，试样出现燃烧，且可见持续火焰在垂直方向上高度未超过 9m，在水平方向上自主墙与副墙夹角处沿主墙未超过 2.6m，沿副墙未超过 1.5m
		c. 在试验开始时间（t_s）后的 30min 内，水平准位线 L2 上的任一外部热电偶的温度如果超过初始温度（T_0）600℃，持续时间应＜30s	在试验开始时间（t_s）后的 30min 内，水平准位线 L2 上的 4# 外部热电偶的温度超过初始温度（T_0）600℃持续时间为 11s
		d. 在试验开始时间（t_s）后的 30min 内，水平准位线 L2 上的任一内部热电偶的温度如果超过初始温度（T_0）500℃，持续时间应＜30s	在试验开始时间（t_s）后的 30min 内，水平准位线 L2 上的任一内部热电偶的温度均未超过初始温度（T_0）500℃
		e. 在整个试验期间内，从试样上脱落的燃烧残片火焰不应蔓延至垮塌区域之外；或者如果试样在试验过程中存在熔融滴落现象，滴落物在垮塌区域内形成持续燃烧，持续时间应≤3min	试样在试验进行到 660s 时开始出现熔融滴落并在垮塌区域内形成持续燃烧，一直持续到试验停止；试验进行到 1200s 时窗口上方第一道隔离带处外墙皮出现裂缝，至 1860s 时窗口上方 5m 以下的位置有墙皮脱落的现象
		f. 在整个试验期间内，试样因阴燃损害的区域，垂直方向上不应超过水平准位线 L2，且水平方向上在水平准位线 L1 和 L2 之间不应超过副墙 1.5m	试验样品无阴燃倾向，但因内部已大面积熔融，主墙附墙熔融高度均已到顶，宽度熔融范围已超过主副墙边缘
		g. 在整个试验期间内，试样不应出现全部或部分垮塌，且垮塌物（无论是否燃烧）不得落到垮塌区域之外	在整个试验期间内，试样未出现全部或部分垮塌

被动房或超低能耗房外墙保温防火设计应满足有关规定：

（1）防火设计必须符合现行国家标准《建筑设计防火规范》GB 50016 的规定。

（2）应采用燃烧性能等级不低于 B_1 级的保温材料。

（3）防火隔离带的基层墙体应为砌体或混凝土墙体。

（4）当采用燃烧性能等级为 B_1 级的保温材料做外墙外保温材料时，应设置水平环绕型防火隔离带或在门窗洞口三侧设置防火隔离带。

（5）防火隔离带应采用遇火时结构足够稳定且不可燃的岩棉材料。

（6）当采用环绕型防火隔离带时，应符合下列规定：

① 外墙外保温系统中应沿楼层每层设置环绕型的岩棉防火隔离带；

② 岩棉防火隔离带的宽度不应小于 300mm，过梁下沿与防火隔离带下沿之间的最大距离不得超过 500mm。内外两层岩棉防火隔离带应错缝处理，错缝宽度不得小于 50mm，内外两层岩棉防火隔离带的搭接高度不得小于 200mm；

③ 如果位于防火隔离带区域的窗户在高度上有位移，可以通过"下移"下沉窗户处的防火隔离带来确保其和过梁之间的距离不超过 500mm；对于向上延伸的窗户，必须将防火隔离带围绕窗洞上移，移动的高度不得超过 1000mm。

（7）当在门窗洞口三侧设置防火隔离带时，必须在其三侧即上侧和双侧满贴至少 300mm 高/宽的符合标准规定的岩棉条。内外两层岩棉防火隔离带应错缝处理，错缝宽度不得小于 50mm，内外两层岩棉防火隔离带的搭接高度不得小于 200mm。

（8）防火隔离带的安装，应符合下列规定：

① 防火隔离带只允许采用水泥（矿物）聚合物砂浆满贴在基层墙体上；

② 除满贴之外，还应对防火隔离带进行锚固。按照每个岩棉条至少配置两个锚栓且满足外墙外保温系统最少锚栓数的要求，将锚栓固定在防火隔离带的半高处，相邻锚栓间距不得超过 600mm；

③ 当防火隔离带由双层岩棉构成时，第一层按照规定满贴，第二层同样用允许的水泥（矿物）聚合物砂浆满贴在第一层上，随后再用外墙保温锚栓穿过两层岩棉锚固。

窗口火试验的目的是检验外保温系统在火灾条件下阻止火焰传播的能力，主要判据：一是可见火焰是否越过允许范围；二是保温材料内部温度是否超出限值。试验墙内外最高温度及持续时间不同程度反映了保温材料内部的燃烧状况，但内部温度最直接。外部温度比较间接，受火源温度干扰较大。热塑性材料有较低的熔点（EPS 是 180℃），到达熔点就开始熔融，并从防护层破裂处向外流淌，只要周围温度超出燃点（EPS 是 351℃）并有氧气供应，就会燃烧。因此热塑性保温材料外保温系统在试验过程中有熔化滴落物沿墙流淌，严重的在地面形成池火是必然现象，与火焰沿外墙面传播没有直接关联。

满足超低能耗房或被动房要求的 300mm 厚的白色聚苯板和黑色石墨苯板外墙外保温系统均可通过 GB／T 29416—2012 的试验验证，特别值得注意的是，白色聚苯板在采取了保护措施，在承受窗口火的火焰攻击后，保温层只有少量的收缩和熔融，保温层白色聚苯板仍然保持较好的白色，而石墨苯板外墙外保温系统保温层大部分已经全部熔融，可见无机防火涂层对被动房有机保温材料系统防火安全至关重要，对于 B_1 级的聚苯乙烯保温板系统而言，按照《硬泡聚氨酯复合板现抹轻质砂浆外墙外保温工程施工技术规程》DB11/T 1080—2014 中的做法，20mm 的无机防火涂层可以有效阻止火焰传播以及热辐射对保温层的影响，可以大幅度降低火灾风险。

4 结 语

在满足现行国家标准《建筑设计防火规范》GB 50016—2014 以及超低能耗房外墙保温防火设计有关规定的前提下，通过大型窗口火试验的方法，验证了无机保温防火涂层对超低能耗建筑外墙外保温有机保温材料系统防火安全至关重要。

对于能够满足超低能耗房或被动房节能要求的 B_1 级普通聚苯乙烯保温板和石墨聚苯板外墙外保温系统而言，按照《硬泡聚氨酯复合板现抹轻质砂浆外墙外保温工程施工技术规程》DB11/T 1080—2014 中的做法，20mm 的无机防火涂层可以有效阻止火焰传播以及热辐射对保温层的影响，保温层几乎完好无损，可以大幅度降低超低能耗建筑外墙外保温火灾风险，为 B_1 级保温材料应用于超低能耗建筑，特别是高层超低能耗建筑提供了一种新的系统防火解决方案。

参考文献

[1] 宋长友，季广其，朱春玲，等. 外墙外保温系统防火性能试验与评价方法 [J]，建筑科学，2008，(2)：24-29.

基于红外热像技术的既有居住建筑围护结构
热工缺陷案例分析

刘慕伊[1]，赵彦彦[1]，刘伟斌[1]，刘建林[2]

（1. 河北建研工程技术有限公司，石家庄 050021；

2. 河北建研科技有限公司，石家庄 050021）

摘　要　掌握建筑围护结构热工缺陷状况是既有居住建筑节能改造的重要基础工作之一。通过红外热像技术确定建筑围护结构热工缺陷快速、明了，提高节能改造针对性。文章给出了既有居住建筑围护结构热工缺陷常见部位，为既有居住建筑节能改造提供参考。

关键词　红外热像技术；围护结构；热工缺陷；节能改造

《国务院关于印发"十二五"节能减排综合性工作方案的通知》（国发〔2011〕26号）明确提出了到 2015 年，北方采暖地区既有居住建筑供热计量和节能改造 4 亿平方米以上[1]。

根据《既有居住建筑节能改造技术规程》JGJ/T 129—2012，既有居住建筑实施节能改造前，应先进行节能诊断，并根据节能诊断的结果，制定全面的或部分的节能改造方案[2]。

围护结构热工缺陷诊断是指通过对建筑资料的搜集、现场检查及检测，掌握围护结构可能存在的热工缺陷状况，对围护结构改造的设计、施工提供指导[3]。

本文结合工程案例，简要介绍红外热像技术在建筑围护结构热工缺陷诊断中的应用，同时给出既有居住建筑围护结构热工缺陷检测的真实案例，为既有居住建筑节能改造提供参考。

1　红外热像技术介绍

红外热像技术是基于不同温度的物体发射的电磁波辐射强度与波长分布特性不同的原理，计算物体表面温度分布状况。

在室内外温差较大的情况下，围护结构主体部位热阻较大，但热桥部位成为热量传递的薄弱位置，在围护结构内外表面形成温度不一致的区域。红外热像仪，根据电磁波的强度和波长等特性计算物体的表面温度分布，并将温度分布情况转化为可供人类视觉分辨的图像或图形[4]。

作者简介：刘慕伊（1987.7—），女，助理工程师，单位地址：河北省石家庄市鹿泉区槐安西路 395 号；邮编：050200；联系电话：18033878708。

2 检测设备

我们使用的设备是福禄克 Ti 32 红外热像仪。仪器已由计量单位计量检定。

仪器参数为：正确度：±2℃；测量范围：−20～600℃。

3 案例一

住宅楼 1 建于二十世纪九十年代，地上 6 层，无地下室，其中 1 层为车库，共 4 个单元，建筑面积 7704m² （含车库），南北朝向，砖混结构。该建筑外墙为 370mm 实心黏土砖，外窗为塑钢窗。

对住宅楼 1 的围护结构热工缺陷红外热成像检测如图 1～图 3 所示。各图中左图为自然光图像，右图为红外图像。

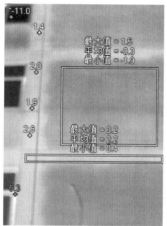

扫码看图

图 1   住宅楼 1 西侧立面自然光和红外图像

由图 1 可知，住宅楼 1 西侧主体区域平均温度为−0.3℃；住宅楼 1 西立面楼板位置有明显的亮色条状区域，条状区域平均温度为 2.2℃。经核实，西立面楼板位置为混凝土梁柱区域，传热系数比填充墙部位的高。

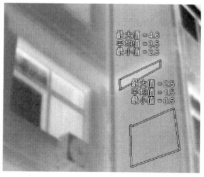

扫码看图

图 2   住宅楼 1 北侧阳台立面自然光和红外图像

由图 2 可知，住宅楼 1 北侧阳台主体区域平均温度为 1.5℃；住宅楼 1 北侧阳台楼板位置有明显的亮色条状区域，条状区域平均温度为 3.5℃。

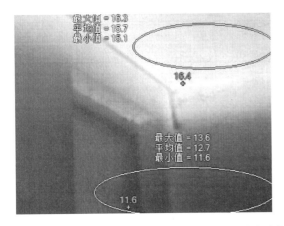

扫码看图

图 3　住宅楼 1 车库内部顶板红外图像

由图 3 可知，住宅楼 1 车库内部顶板区域平均温度为 15.7℃，车库内墙平均温度为 12.7℃。住宅楼 1 车库内部顶板有明显的亮色区域，温度最大值为 16.4℃；经核实，车库内部顶板未进行保温处理。

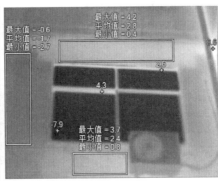

扫码看图

图 4　住宅楼 1 外窗自然光和红外图像

由图 4 可知，住宅楼 1 外窗东侧外墙平均温度为 -1.7℃，外窗上侧外墙平均温度为 2.8℃，外窗下侧外墙平均温度为 2.4℃，外窗窗框温度约 4.3℃。经核实，室内外窗上侧为采暖横管，外窗下侧为室内散热器，且外墙未进行保温处理，为热工缺陷部分。

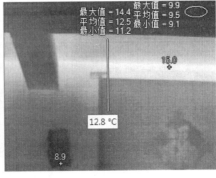

扫码看图

图 5　住宅楼 1 南侧车库顶板挑檐自然光和红外图像

由图 5 可知，住宅楼 1 南侧车库顶板挑檐下侧呈现亮色区域，下侧最高温度为 15.0℃，下侧平均温度为 12.5℃，挑檐外沿区域平均温度为 9.5℃。经核实，车库顶板挑檐处未进行保温处理。

4 案例二

住宅楼 2 建于二十世纪九十年代，为地上 4 层，无地下室，共 5 个单元，建筑面积 4240m²，南北朝向，砖混结构。该建筑外墙为 370mm 实心黏土砖，清水墙面；外窗原为单玻木窗，但 80% 以上已自行改造为铝合金窗或塑钢窗。

对住宅楼 2 的围护结构热工缺陷红外热成像检测如图 6～图 8 所示。

由图 6 可知，住宅楼 2 北侧外墙主体部位温度均匀，无明显亮色区域。

由图 7 可知，住宅楼 2 外窗北侧外墙平均温度为 4.0℃，外窗下侧外墙平均温度为 5.8℃，最高温度为 7.8℃。经核实，室内外窗下侧为散热器位置，未进行保温处理，为热工缺陷部分。

由图 8 可知，住宅楼 2 的 102 室的入户门周边墙壁平均温度为 9.3℃，入户门平均温度为 12.9℃，呈现亮黄色。这是由于住宅楼 2 的 5 个单元均无单元门，而入户门为铁门，成为严重的热工缺陷部位。

扫码看图

图 6 住宅楼 2 北侧外墙主体部位自然光和红外图像

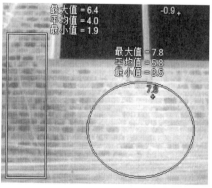

扫码看图

图 7 住宅楼 2 北侧外窗下部自然光和红外图像

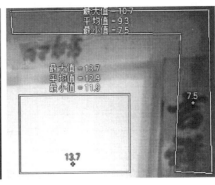

扫码看图

图 8　住宅楼 2 入户门自然光和红外图像

5　结　语

（1）红外热像技术能够快速确定建筑围护结构热工缺陷的位置、规模、严重程度，提高既有建筑节能改造的针对性；

（2）既有居住建筑围护结构热工缺陷常见部位有外墙楼板位置、外墙梁柱位置、未保温地下室顶板（车库顶板）、散热器对应外墙部位、无单元门、金属入户门等；

（3）既有建筑改造前，房屋管理部门、物业或小区管理方宜对建筑进行节能诊断，详细了解建筑基本情况和能耗状况以及围护结构热工缺陷部位，为节能改造方案的制定提供技术支持，提升节能改造的技术经济性。

参考文献

[1]　《国务院关于印发"十二五"节能减排综合性工作方案的通知》（国发〔2011〕26 号）

[2]　JGJ/T 129—2012 既有居住建筑节能改造技术规程〔S〕

[3]　DB13/T 74—2008 既有居住建筑节能改造技术标准〔S〕

[4]　周绍勇，雍美，刘步丞. 红外热像法在检测既有建筑围护结构热工缺陷中的运用〔J〕. 建筑节能，2013，（9）：30-31.

寒冷地区被动房节能设计关键问题讨论

林波荣，孙弘历

（清华大学建筑学院建筑技术科学系，北京　100084）

摘　要　被动式房屋的概念最早由德国达姆施塔特被动房研究所提出，近些年在中国得到大力发展。被动房通过高保温、高气密性等技术措施实现超低能耗和超低碳排放量。德国的气候特征和中国寒冷地区气候具有一定的相似性，因此研究和讨论寒冷地区的被动房节能设计关键技术对中国的被动房发展具有重要意义。本研究首先通过文献调研和整理，以被动房节能设计中两个关键的要点：新风系统的风机能耗以及围护结构保温作为主要研究内容，并以北京地区的一栋居住建筑为模拟对象，通过 DeST 模拟计算对上述两种关键节能技术进行对比讨论分析，得到结论：被动房风机能耗占比较高，但在寒冷地区仍然有一定的节能优势；被动房的围护结构保温不能盲目增加，存在一个最优投入产出比下的保温值。被动房的适用性要结合具体项目的实际运行效果进行分析，其只有在适宜的地区，采用适宜的技术，才能达到预期的节能效果。

关键词　被动房；寒冷地区；节能设计

1　引　言

我国建筑能耗约占社会总能耗的 20%，而北方地区的冬季能耗约占建筑总能耗的 24%[1]，提高北方地区的建筑保温能够有效降低建筑能耗。20 世纪 80 年代以来，被动房概念由德国被动房研究所[2]提出，近 10 年来得到广泛应用。被动房的原理如图 1[3]所示，可见被动房具有高保温、高气密性等技术特征，能够在一定程度上降低建筑能耗，因此我国明确提出发展被动式房屋等绿色节能建筑，并于多地实行相应的奖励措施。被动房节能措施主要包括高保温围护结构、高气密性门窗、集中新风系统、热回收装置以及可再生能源系统，其中对能耗影响最大的是高保温围护结构以及新风系统中的风机能耗，本研究主要从上述两个角度对被动房的节能设计关键问题进行分析讨论。

2　国际上被动房发展现状及存在的挑战

在德国等国外发达国家，节能建筑的设计已经从低能耗建筑发展到"被动房"阶段，并有一批优秀的案例得到实施和运行，例如奥地利的布里根茨（Bregenz）住宅，德国 Kassel 被动式房屋等[4]，被动房在良好的设计、管理和运行条件下，

作者简介：林波荣（1976.9—），男，清华大学建筑学院教授，北京市海淀区清华大学建筑学院，100084，E-mail：linbr@tsinghua.edu.cn，电话：13910989594；

孙弘历（1994.6—），男，清华大学建筑学院博士生，北京市海淀区清华大学建筑学院，100084，E-mail：541421129@qq.com，电话：15652771539。

能够在保证室内热舒适的前提下，有效地降低冬季的供暖能耗。近些年，我国的被动式绿色建筑也得到了发展，其中国内有不少建筑得到了德国被动房研究所的认证，例如上海的德国汉堡之家、广东的佛山Halodome以及河北新华幕墙办公楼等，我国新建的被动式绿色建筑分布于严寒、寒冷、夏热冬冷、夏热冬暖地区，其中部分建筑的节能效果并没有达到理想的效果，甚至能耗高于普通建筑。因此我国在2015年提出的《被动式超低能耗绿色建筑技术导则（居住建筑）》标准的引导下，将被动式绿色建筑标准化，其中主要从技术指标、设计、施工与质量、验收和评价等多个角度进行评价，其中影响能耗的室内环境参数指标见表1，围护结构和新风系统等指标（以寒冷地区为例）见表2。

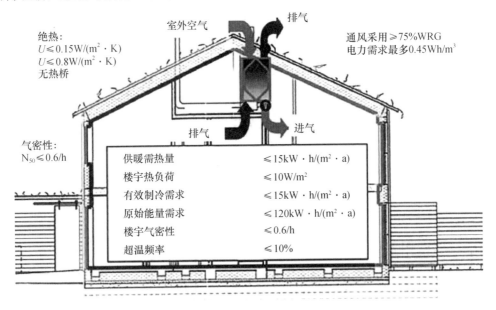

图1 被动房技术原理图

表1 《被动式超低能耗绿色建筑技术导则（居住建筑）》室内环境参数指标

室内环境参数	冬季	夏季
温度（℃）	≥20	≤26
相对湿度（％）	≥30	≤60
新风量（m³/h·人）	≥30	
噪声 dB（A）	昼间≤40；夜间≤30	
温度不保证率	≤10％	≤10％

表2 寒冷地区节能技术指标

年供暖、供冷和照明一次能源消耗量	≤60kWh/（m²·a）[或7.4kgce/（m²·a）]
气密性指标（换气次数）	≤0.6
外墙/屋面传热系数［W/（m²·K）］	0.10～0.25
地面传热系数［W/（m²·K）］	0.15～0.35
外窗传热系数［W/（m²·K）］	0.80～1.50

但是在被动式绿色建筑的实践中，存在一定的问题、争议和挑战。

首先是不少学者研究指出[5]，被动房的适用性针对的主要是居住建筑，其标准并非适用于所有建筑，例如，学校就不适宜套用被动房标准。因为上课时，教室突然坐满，通风系统迅速过载，必须开窗通风。另外被动房建筑对人员的作息要求较高，GWW 公司对两栋并排布置的对比住宅进行 2 年实测，其中一栋是普通建筑，另一栋是投资更高且使用面积更少的被动建筑，设计阶段被动房的能耗是低于普通建筑的，但是用户经常的开窗习惯使得实际被动房的能耗高于普通能耗，因此只有当住户可以严格按照设备系统要求进行操作时，被动房理念应用于独栋住宅中才是行之有效的。

而在围护结构方面，保温不一定是越高越好。文献［6］给出了只有最初的 10～12 英寸保温层比较有效，继续增厚保温层对增强保温作用不明显的结论；文献［7］指出被动房建筑存在过热的问题，当建筑保温较高时可能存在以下现象：住户如果长时间不在家，通风系统处于长时间关闭状态，热量蓄积使得房间被不断加热，使得住户在返回家中后的很长时间内，温度也难以降低。因此被动式房屋的保温性能不是越高越好，而是有个最佳值，当保温高于最佳值之后，不仅在增加初投资的基础上得不到能耗的降低，甚至在一定程度上会导致过热的问题，增大供冷能耗。

在气密性方面，较高的气密性使得被动式建筑需要新风系统提供定量的新风，因此一定程度上产生了风机能耗。比利时学者 Hens 指出被动式建筑的风机能耗是不可忽视的[8]，另外，被动房的新风系统健康问题也不容忽视，文献［9］指出加强建筑气密性可能使得室内空气质量下降，引发哮喘病等诸多健康问题。不仅如此，较高的气密性也可能导致冬季室内过热的问题[10]，在冬季高保温的条件下，室内的产热可能大于新风负荷与围护结构负荷之和，导致室内过热。

综上所述，被动式建筑虽然有节能的潜力，但是其需要得到合理的使用，适用性不是特别广泛。在气密性和围护结构保温方面，气密性较高可能导致风机能耗过高和一定的过热现象，而围护结构保温过高可能导致投入产出比不理想，应该有一个最优值。本文将进一步对风机能耗和围护结构保温进行模拟分析讨论。

3 新风风机能耗控制

笔者通过 DeST 工具，对位于北京（寒冷地区）的一栋被动式住宅建筑进行全年能耗的模拟分析，其标准层面积为 $4 \times 102.8 \text{m}^2$，并将被动式建筑的单位面积能耗与普通住宅建筑能耗进行分析。建筑模型如图 2 所示：

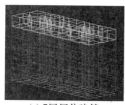
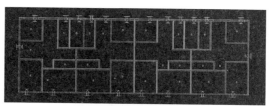

(a) 7层居住建筑　　　　　　　(b) 标准层平面图

图 2　模拟建筑示意图

其中被动房的围护结构保温性能和气密性参考《被动式超低能耗绿色建筑技术导则（居住建筑）》，其中围护结构和外窗的 K 值取中间值，新风系统 24h 运行，设定人均新风量为 50m³/h，热回收采用新风全热回收，样本参考某国外品牌中央新风系统，热回收条件设置为当夏季室外气温高于 30℃，冬季室外气温低于 15℃ 时开启热回收，其余时间开启旁通。而与被动房对比的普通住宅建筑的保温性能和气密性参考《严寒和寒冷地区居住建筑节能设计标准》，不设新风系统，不采用热回收系统。而供暖空调运行模式方面，被动建筑和普通建筑供暖都是供暖季全天运行，被动房新风系统 24h 运行，被动房和普通居住建筑空调间歇运行，当有人在室内的时候开启空调制冷。模拟参数具体设置见表 3。

表 3　模拟参数设置

	被动房	普通房屋
围护结构 K [W/ (m²·K)]	0.15	0.50
外窗 K [W/ (m²·K)]	1.00	2.50
气密性（换气次数）	0.6	—
新风系统	24h 运行，人均新风量 50m³/h	开窗通风
热回收	新风全热回收，热回收效率 70%	—
运行模式	全天运行	供暖：24h / 空调：间歇

被动房全年 24h 运行，普通房屋冬季 24h 供暖，夏季间歇运行供冷。两类房屋冬季热源均来自小区集中供热，夏季采用空气源热泵制冷，COP 模拟取值 3.5[11]，能耗模拟结果采用单位面积全年标煤耗量，能耗模拟结果如图 3 所示：

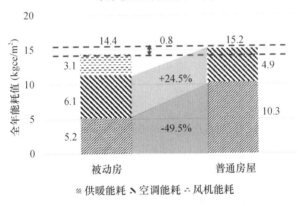

寒冷地区全年能耗对比 (kgce/m²)

图 3　能耗模拟结果

通过能耗模拟结果可以看到，寒冷地区（北京）被动房全年能耗为 14.4kgce/m²，其中风机能耗为 3.1kgce/m²［满足《被动式超低能耗绿色建筑技术导则（居住建筑）》标准 0.45W/ (m³·a)］，供暖能耗为 5.2kgce/m²，空调能耗为 6.1kgce/m²。相比于普通房屋，被动房将供暖能耗从 10.3kgce/m² 降低到了 5.2kgce/m²，降低了 49.5%，但是由于保温较高且全天运行，供冷能耗相比于普通房屋从 4.9kgce/m² 增加到了 6.1kgce/m²，增加了 24.5%。在不考虑风机能耗的情况下，相比于普通房屋，被动房能够大幅度降低空调供暖能耗。但是考虑风机能耗的情况下，被动房只比普通房屋能耗低了 0.8kgce/m², 节能 5.3%。

通过对被动房和普通房屋的能耗模拟和对比分析可以发现,被动房在寒冷地区是有一定的节能优势的。被动房高保温的设计能够明显地降低冬季的供暖能耗,但是相比于普通房屋,被动房的供冷能耗有所增加。被动房在空调供暖能耗上节能 3.9kgce/m²,但是其风机能耗较高,综合下来仅节能 0.8kgce/m²,因此较高的风机能耗影响了寒冷地区被动房的节能潜力。

但是新风系统存在一定的优势,即考虑北京全年有雾霾污染的天数高达 134 天,被动房还有健康的优势,不需要额外开启空气净化器除霾。而与之对应的普通房屋,考虑普通房屋在雾霾天开启空气净化器,如选用分室式新风净化机,普通房屋还多耗 0.85kgce/ (m² · a)。所以综上来看,被动房的风机能耗较高,但是寒冷地区仍然有一定的节能效果。

4 围护结构热工性能优化

文献 [6] 指出围护结构保温不是越高越好,围护结构保温越好,会降低供暖能耗,但是相反地会增加初投资和供冷能耗,因此围护结构的保温应该有个最优值。本研究进一步针对上述北京地区的 7 层居住建筑案例进行分析,分别设置了 3 种不同保温性能的围护结构参数值,如表 4 所示,对全年能耗进行模拟对比分析,其中案例 2 的围护结构参数与第 3 部分的被动房参数一致。

表 4 不同案例围护结构参数设置

	案例 1	案例 2	案例 3
围护结构 K [W/ (m² · K)]	0.25	0.15	0.10
外窗 K [W/ (m² · K)]	1.50	1.00	0.80

其余技术性参数,包括新风系统、气密性、热回收、运行模式等同第 3 部分的模拟设置。通过对比不同围护结构保温条件下的能耗,探究围护结构保温性能对寒冷地区被动房的能耗影响情况。

与第 3 部分相同,三个不同案例被动房均是全年 24h 供冷供暖,冬季采用小区集中供暖,夏季采用空气源热泵供冷,三种不同围护结构保温条件下的能耗模拟结果如图 4 所示:

通过上述模拟结果可以发现,案例 2(中等的围护结构保温)条件下的建筑总单位面积能耗最低,约为 14.4kgce/m²,案例 1 的围护结构保温较差,导致供暖能耗增加,但是空调能耗更低,供暖能耗的增加量大于空调能耗的减少量,总能耗比案例高 0.3kgce/m²。案例 3 的围护结构保温很高,使得供暖能耗降低至 4.1kgce/m²,但是空调能耗的增量大于供暖能耗的减少量,整体总能耗和案例 2 的能耗差异不大,高了约 0.1kgce/m²。

模拟结果和文献调研结果类似,即被动房的围护结构并不是保温越好能耗越低,而是有一个最优值。随着刚开始保温的增加,围护结构的导热系数降低,被动房的供暖能耗降低,空调能耗增加,整体供暖空调能耗降低;随着保温层厚度达到一个最优值之后,进一步增加围护结构的保温层,初投资越来越大,围护结构的导热系数进一

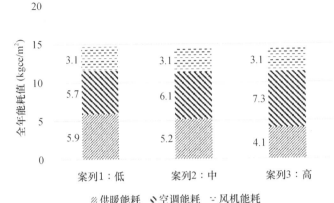

不同围护结构能耗对比 (kgce/m²)

图 4　不同围护结构保温的能耗模拟结果

步降低，但是被动房的供暖能耗降低量近似等于空调能耗的增加量，甚至小于空调能耗的增加量，导致被动房的整体能耗近似不变，甚至有所升高。

5　结果和讨论

本文主要对寒冷地区的被动房节能设计的几个关键问题进行了讨论和分析，着重分析了现在被动房节能技术中的风机能耗和围护结构保温性能的问题。

首先通过文献调研，对比分析了国内外被动房的发展，总结了被动式房屋存在的三个关键性问题：（1）适用性过窄，对建筑使用方式要求较高，否则达不到理想的节能效果；（2）围护结构保温性能很关键，保温性能过低导致能耗过高，而保温性能过高导致初投资更高，但是不能进一步节能，投入产出比太低；（3）由于被动房对气密性要求很高的特点，使得被动式房屋必须安装新风系统，因此存在新风系统能耗过高、对健康有一定影响等问题。综上分析，本研究对新风系统的风机能耗和围护结构保温这两项关键措施进行进一步的分析和讨论。

风机能耗方面，以北京地区一栋七层居住建筑为例，对被动房屋和普通房屋进行了对比能耗分析，通过能耗分析结果可以发现，风机能耗占了被动房总能耗的 21.5%，而普通房屋是没有风机能耗的。被动房屋在供暖和空调能耗方面，相比于普通房屋节能 3.9kgce/m²，但是将风机能耗计入在内之后，被动房屋比普通房屋节能 0.8kgce/m²，节能率为 5.3%。但是考虑到被动房是不需要空气净化器电耗的，而普通房屋在雾霾天需要开启空气净化器，综合来看被动房虽然风机能耗较高，但是其在严寒地区仍然具有节能潜力。

围护结构保温方面，分别设置了 3 种不同的围护结构保温强度的案例，通过模拟结果对比可得，在保温由低到高的变化下，能耗分别从 14.7kgce/m² 降低到 14.4kgce/m²，然后进一步上升到了 14.5kgce/m²，由此得出结论，围护结构保温并不是越高越好，而是有一个最优值。随着围护结构的保温增加，被动房的总能耗呈先下降，然后维持不变甚至上升的趋势，考虑到围护结构的保温和初投资的关系，被动房的围护结构保温在考虑综合投入产出比的条件下是有个最优值的，在最优值条件下总能耗最低。

参考文献

[1] 清华大学建筑节能研究中心. 中国建筑节能年度发展研究报告 2015 [M]. 北京：中国建筑工业出版社，2015.

[2] Feist W，Schnieders J，Dorer V，et al. Re-inventing air heating：Convenient and comfortable within the frame of the Passive House concept [J]. Energy & Buildings，2005，37（11）：1186-1203.

[3] 邹芳睿，宋昆，戚建强，等. 被动房评价指标对比分析研究 [J]. 建筑节能，2017（2）：100-104.

[4] 朱欢. 德国的低能耗住宅 [J]. 世界建筑，2001（4）：34-36.

[5] Müller L，Berker T. Passive House at the crossroads：The past and the present of a voluntary standard that managed to bridge the energy efficiency gap [J]. Energy Policy，2013，60（5）：586-593.

[6] Blight T S，Coley D A. Sensitivity analysis of the effect of occupant behaviour on the energy consumption of passive house dwellings [J]. Energy & Buildings，2013，66（5）：183-192.

[7] Mlakar J，Štrancar J. Overheating in residential passive house：Solution strategies revealed and confirmed through data analysis and simulations [J]. Energy & Buildings，2011，43（6）：1443-1451.

[8] H. Hens，Passive buildings：are they really as sustainable as pretended，Technical Univ Lodz，Lodz，2010.

[9] Shrubsole，C.，Macmillan，A.，Davies，M.，& May，N.（2014）.100 Unintended consequences of policies to improve the energy efficiency of the UK housing stock. Indoor and Built.

[10] Davies M，Oreszczyn T. The unintended consequences of decarbonising the built environment：A UK case study [J]. Energy & Buildings，2012，46（2）：80-85.

[11] Ma G，Chai Q，Jiang Y. Experimental investigation of air-source heat pump for cold regions [J]. International Journal of Refrigeration，2003，26（1）：12-18.

基于模拟分析的超低能耗建筑方案优化

曹璐佳[1]，罗淑湘[1]，赵鹏[2]

（1. 北京建筑技术发展有限责任公司，北京　100055；

2. 北京新城绿源科技发展有限公司，北京　101100）

摘　要　本文采用 Virtual Environment 建筑仿真模拟软件对超低能耗建筑进行了采光、日照、风环境、能耗模拟计算，并根据计算结果给出了优化设计建议。

关键词　超低能耗建筑；模拟分析；优化

1　引　言

超低能耗建筑的概念由德国被动房引申而来，自 2007 年引入我国以来，由于政府对建筑节能工作的不断重视，国内已经建立起一批超低能耗示范建筑。住房城乡建设部于 2015 年发布了适应于我国超低能耗建筑的《被动式超低能耗绿色建筑技术导则（居住建筑)》[1]，从而明确了我国超低能耗建筑在能耗水平、气密性、室内环境的指标要求。2017 年 7 月北京市住房和城乡建设委员会在发布的《北京市超低能耗建筑示范工程项目及奖励资金管理暂行办法》中提出了《北京市超低能耗建筑示范项目技术要点》[2]，明确了北京市各类超低能耗建筑的参数指标。而对超低能耗项目设计方案的模拟分析，尤其是能耗需求模拟分析，对于设计方案的优化是十分重要的技术手段。本文利用 Virtual Environment 建筑仿真模拟软件，对北京某超低能耗建筑方案进行了模拟计算，并给出了优化建议。

2　工程简介

本建筑隶属于北京市某地区保障性住房项目（位置如图 1 所示），总建筑面积 6438.24m²，地上十六层，地下一层，结构形式为现浇钢筋混凝土剪力墙结构，建筑地

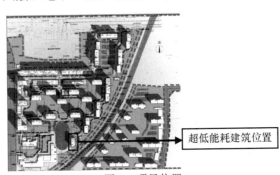

图 1　项目位置

作者简介：曹璐佳（1991—），女，北京建筑技术发展有限责任公司，100055，电话：010-68179881。

上一到十六层为公租房，地下一层为自行车库、设备用房，其中超低能耗建筑区域包括地上一到十六层以及地下一层核心筒区域。建筑开工时间为 2017 年初，预计竣工时间为 2019 年 12 月。

3 模拟分析

3.1 建筑模拟模型

建筑仿真模拟采用英国 Integrated Environmental Solutions 公司设计开发的 Virtual Environment 建筑性能模拟分析软件（以下简称 IES〈VE〉）。

模型建立阶段，首先需要根据建筑总平面图分析建筑与周围临近建筑的位置关系，确定建筑模型及临近建筑模型的平面布局。第二步需要根据各层平面图，对工程图纸进行简化。创建层基准点，通过基准点对齐各层建筑楼层平面简化图。将简化后的 CAD 建筑工程图纸转为 DXF 格式，导入 IES〈VE〉内嵌的建模模块 ModelIT 中，建立三维建筑模型结构图（如图 2 所示）。三维建筑模型主要包括建筑主体，西侧配电室楼，西南侧、北侧的临近建筑。主体建筑模型包括地下一层到地上十六层，其中首层至十五层，每层有 15 个公租房公寓，十六层有 13 个公租房公寓外加两个设备间，共 240 个房间，户均面积约为 25 平方米。

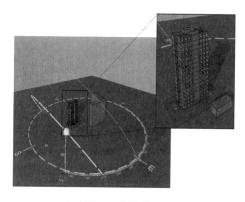

图 2　建筑模型

模拟阶段，将利用 IES〈VE〉的 FlucsDL 模块对房间或房间群的点对点自然采光分析，获取自然采光效果；利用 SunCast 模块通过对太阳光进行跟踪，模拟日照情况，精确计算墙面的太阳辐射热量；利用 MicroFlo 模块对建筑外部的风环境状况进行模拟分析；利用 Apachesim 模块建立各个房间负荷与传热量之间的平衡方程，模拟全年动态负荷和能耗。

3.2 采光性能模拟分析

图 3～图 5 分别为建筑首层、标准层、顶层各房间日照系数强度分布图，表 1 为采光模拟结果汇总。由表 1 可知，建筑首层各房间日照系数均值为 2.8%～3.4%，标准层各房间日照系数均值为 3.2%～3.4%；顶层各房间日照系数均值为 2.3%～3.4%。根据《建筑采光设计标准》GB50033—2013 规定，住宅建筑的卧室、起居室（厅）的采光不应低于采光等级Ⅳ级的采光标准值 2%[3]，因此建筑的公租房性质功能房间满足标准要求。

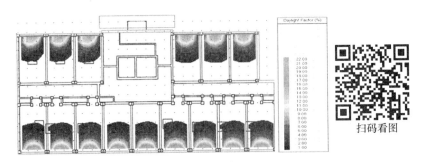

扫码看图

图 3　首层采光模拟结果

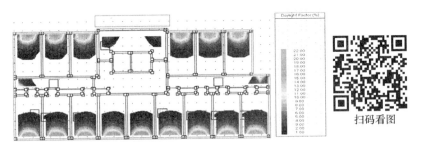

扫码看图

图 4　标准层采光模拟结果

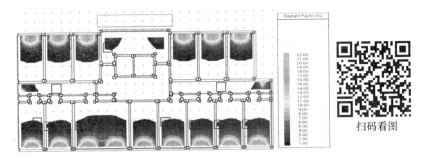

扫码看图

图 5　顶层采光模拟结果

表 1　采光模拟结果汇总

楼层	日照系数平均值（%）	《建筑采光设计标准》GB50033—2013 住宅采光标准[3]
一层	2.8～3.4	日照系数均值应大于 2%，依据计算 结果，房间采光均满足标准
标准层	3.2～3.4	
顶层	2.3～3.4	

3.3　日照模拟分析

图 6～图 10 分别为建筑东立面、西立面、南立面、北立面、建筑屋面年太阳辐射得热量分布图，表 2 为建筑各外表面单位面积年太阳辐射得热量表。从图表中可以直观地看出，建筑屋面单位面积太阳辐射为 1400kWh/m²；建筑南立面单位面积太阳辐射得热量为 1150kWh/m²；建筑东立面、西立面单位面积太阳辐射得热量为 700kWh/m²，建筑北立面单位面积太阳辐射得热量为 500kWh/m²。由于屋面太阳辐射得热量最高，建议在屋面加装太阳能集热设备。由于建筑是东西朝向，房间外窗集中在建筑东

西立面，为了降低夏季太阳辐射带来的建筑年供冷需求，建议在建筑东、西立面外窗加装活动的外遮阳设备，供冷季开启外遮阳，减少房间太阳辐射得热量从而降低供冷能耗需求；采暖季关闭外遮阳，增加房间太阳辐射得热量从而降低年供热需求。

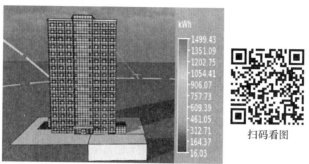

图 6 建筑东立面年太阳辐射得热量分布

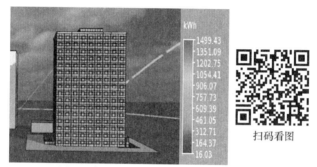

图 7 建筑西立面年太阳辐射得热量分布

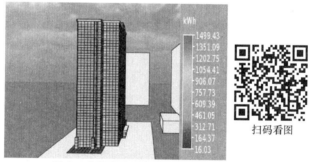

图 8 建筑南立面年太阳辐射得热量分布

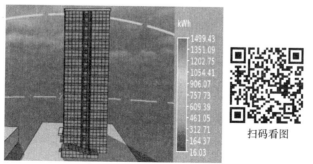

图 9 建筑北立面年太阳辐射得热量分布

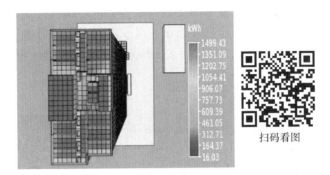

扫码看图

图 10　建筑顶面年太阳辐射得热量分布

表 2　建筑各方位单位面积太阳总辐射得热量表

朝向	东立面	南立面	西立面	北立面	屋面
单位面积太阳辐射得热量（kWh/m²）	700	1150	700	500	1400

3.4　风环境模拟分析

以建筑周围蓝色框区域作为测试风速的范围，将人行高度（1.5m以内）纵向分成3层网格，选取全年最大风速天气条件，分别测试截面高度的风速分布。

模拟结果如图 11 所示，在全年最大风速条件下建筑周围人行高度上的风速均小于5m/s，参考《绿色建筑评价标准》（GB 50378—2014）的 4.2.6 章节内容中要求冬季典型风速和条件下，建筑物周围人形区域风速小于 5m/s 的要求[4]，不影响周边行人，满足舒适度要求。

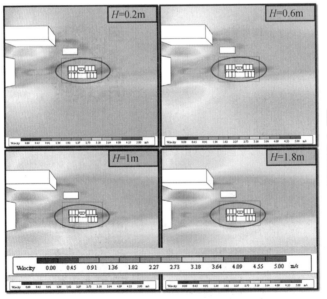

扫码看图

图 11　人行高度风速分布图

3.5 能耗模拟结果与优化分析

（1）外墙不同传热系数比较

分别选择传热系数为 0.23W/（m²·K）、0.19W/（m²·K）、0.14W/（m²·K）对应的三种不同厚度的岩棉材料作为外墙保温材料，计算其对建筑能耗的影响，其他围护结构参数选择如表 3 所示。

表 3　除外墙外其他围护结构参数表

围护结构名称	屋顶	非采暖房间上部地板	非采暖楼梯间隔墙	户门	单元门	外窗	外遮阳
传热系数［W/（m²·K）］	0.13	0.16	0.3	1.0	1.0	1.0	不考虑

模拟得到不同外墙保温材料对年供冷、暖需求的影响见表 4。对于建筑年供冷需求而言，岩棉厚度从 200mm 增加到 330mm 时，外墙传热系数从 0.23W/（m²·K）减小到 0.14W/（m²·K），建筑年供冷需求从 21.85kWh/m² 增加到 21.95kWh/m²，冷需求增加了 0.46%，可见通过不断增加保温材料厚度来降低外墙传热系数的方法对建筑年供冷需求的影响变化较小。对于建筑年供热需求而言，岩棉厚度从 200mm 增加到 250mm 时，外墙传热系数从 0.23W/（m²·K）减小到 0.19W/（m²·K），建筑年供暖需求的从 6.85kWh/m² 减小到 5.92kWh/m²，减少了 13.58%，岩棉厚度从 250mm 增加到 330mm 时，外墙传热系数从 0.19W/（m²·K）减小到 0.14W/（m²·K），建筑年供暖需求的从 5.92kWh/m² 减少到 4.84kWh/m²，减少了 18.24%，可见通过增加保温材料厚度降低外墙传热系数的方法可以大幅降低建筑年供暖需求。如图 12、图 13 所示。

表 4　不同传热系数的外墙单位面积能耗需求模拟结果

传热系数［W/（m²·K）］	0.23	0.19	0.14
岩棉带厚度（mm）	200	250	330
年供暖需求［kWh/（m²·a）］	6.85	5.92	4.84
年供冷需求［kWh/（m²·a）］	21.85	21.89	21.95

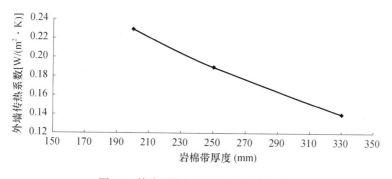

图 12　外墙厚度与外墙传热系数关系

（2）外窗不同传热系数比较

分别选择传热系数为 1.2W/（m²·K）、1.1W/（m²·K）、1.0W/（m²·K）、

0.9W/（m²·K）、0.8W/（m²·K）的五种外窗，计算其对建筑能耗的影响，其他围护结构参数选择见表5。

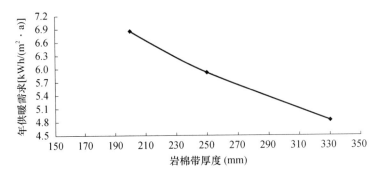

图13　外墙厚度与建筑年供暖需求关系

表5　除外窗外其他围护结构参数表

围护结构名称	屋顶	非采暖房间上部地板	非采暖楼梯间隔墙	户门	单元门	外墙	外遮阳
传热系数〔W/（m²·K）〕	0.13	0.16	0.3	1.0	1.0	0.19	不考虑

模拟得到不同传热系数外窗对年供冷、暖需求的影响见表6。对于建筑年供冷需求而言，当外窗传热系数从1.2W/（m²·K）降低至0.8W/（m²·K）时，仅增加年供冷需求1.06%，对建筑年供冷需求的影响变化不大。对于建筑年供暖需求而言，当外窗传热系数从1.2W/（m²·K）降低至0.8W/（m²·K）时，每减少传热系数0.1W/（m²·K）就会减少年供暖需求6.87%～7.85%，可见外窗传热系数对建筑年供暖需求的影响较大。且从图13中可以看出，外窗传热系数越小，建筑年供暖需求越低。

表6　不同传热系数的外窗能耗需求模拟结果

传热系数〔W/（m²·K）〕	1.2	1.1	1.0	0.9	0.8
年供暖需求〔kWh/（m²·a）〕	6.84	6.37	5.92	5.48	5.05
年供冷需求〔kWh/（m²·a）〕	21.78	21.84	21.89	21.95	22.01

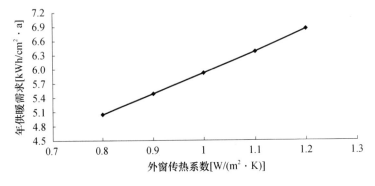

图14　热需求与外窗传热系数关系

（3）外遮阳不同朝向比较

分别考虑在建筑东立面、西立面、东西立面外窗同时加装活动外遮阳及不加外遮阳的四种情况，计算其对建筑能耗的影响，控制供冷时段开启外遮阳，其他时间关闭外遮阳，其他围护结构参数选择见表7。

表7　除外遮阳外其他围护结构参数表

围护结构名称	屋顶	不采暖房间上部地板	不采暖楼梯间隔墙	户门	单元门	外墙	外窗
传热系数〔W/（m² · K）〕	0.13	0.16	0.3	1.0	1.0	0.19	1.0

模拟得到不同朝向外遮阳对年供冷、暖需求的影响见表8。对于建筑年供冷需求而言，东立面外窗加装外遮阳与无外遮阳情况相比，年供冷需求减少了7.53%，西立面外窗加装外遮阳与无外遮阳情况相比，年供冷需求减少了4.97%，东、西立面外窗同时加装外遮阳与无外遮阳情况相比，年供冷需求减少了12.51%。可见不同朝向外遮阳对建筑年供冷需求的影响变化较大，尤其是在东西立面外窗同时加装外遮阳，可以大幅降低建筑年供冷需求。对于建筑年供暖需求而言，由于供暖季关闭外遮阳，几种模拟工况下建筑年供暖需求不会发生变化。

表8　不同朝向外遮阳能耗需求模拟结果

外遮阳朝向	东	西	东、西	无外遮阳
年供暖需求〔kWh/（m² · a）〕	5.90	5.90	5.90	5.90
年供冷需求〔kWh/（m² · a）〕	19.52	20.06	18.47	21.11

（4）围护结构热工性能优化分析

建筑外墙模拟结果显示，不同外墙传热系数对建筑年供冷需求影响不大，对建筑年供暖需求影响较大，且保温材料越厚，传热系数越低，年供暖需求越低。

建筑外窗模拟结果显示，不同传热系数的外窗对建筑年供冷需求影响不大，对建筑年供暖需求影响较大，且传热系数越低，年供暖需求越低。

建筑外窗加装活动外遮阳的模拟结果显示，不同朝向活动外遮阳对建筑年供冷需求都有降低作用，其中同时对东西立面加装外遮阳与不加装外遮阳情况相比，对建筑年供冷需求降低程度最大。

然而上述模拟建筑的年供冷、暖需求均未超出《北京市超低能耗建筑示范项目技术要点》[2]给出的公租房建筑户均面积小于40m²时年供暖需求小于8kWh/（m² · a），年供冷需求要小于35kWh/（m² · a）的标准。因此，考虑到建筑的经济性及施工难度，外窗可选择传热系数为0.8~1.0W/（m² · K）的窗型，同时在建筑东、西立面加装活动外遮阳。对于外墙，在满足《北京市超低能耗建筑示范项目技术要点》的前提下，选择适当厚度的保温材料。

4　结　论

通过对北京地区公租房性质的被动式超低能耗建筑设计方案进行采光、日照、风环境、能耗性能模拟及优化研究，得出以下结论：

（1）建筑首层到十六层各房间日照系数均值在 2.8%～3.4% 范围内，高于《建筑采光设计标准》GB50033—2013 中住宅建筑的采光标准[3]。

（2）建筑周围人行区域平均风速小于 5m/s，不影响周边行人，满足舒适度要求。

（3）建筑屋面太阳辐射得热量最高，达到 1400kWh/m²，可考虑加装太阳能集热设备，辅助供暖。宜在建筑东西立面外窗加装活动外遮阳。

（4）外墙、外窗传热系数对建筑年供暖需求影响较大，而对建筑年供冷需求的影响不大，在选择外墙和外窗材料时需要综合考虑建筑性能要求、经济性及施工难度，在满足《北京市超低能耗建筑示范项目技术要点》的前提下，选择适宜性能的外窗和适当厚度的保温材料。

参考文献

［1］ 中华人民共和国住房和城乡建设部，被动式超低能耗绿色建筑技术导则，2015.

［2］ 北京市住房和城乡建设委员会，北京市超低能耗建筑示范项目技术要点，2017.

［3］ GB50033—2013 建筑采光设计标准［S］

［4］ GB50378—2014 绿色建筑评价标准［S］

能耗模拟技术在公建类超低能耗
建筑设计中的应用实践

陈颖[1]，李哲敏[2]，王婕宁[1]

（1. 北京实创鑫诚节能技术有限公司，北京　100055；2. AECOM，北京　100073）

摘　要　本文通过对北京市某办公楼外遮阳、围护结构、采暖和空调末端系统、冷热源、照明系统、自然通风、运行策略等设计策略进行了模拟计算，尝试对各影响因素的节能贡献率进行量化分析，为其达到北京市超低能耗示范建筑标准提出设计和运维建议，涵盖了建筑设计、暖通空调设计、照明设计、智能化等多个专业。保证该建筑最大限度地利用自然采光、自然通风以及各种节能技术，满足在保证室内舒适度的情况下最大限度地利用被动式技术，达到比普通新建公共建筑节能 60％ 的效果。

关键词　能耗模拟；超低能耗建筑；被动设计；暖通系统；自然通风

1　引　言

超低能耗建筑是指适应气候特征和自然条件，通过选用保温隔热性能和气密性能更高的围护结构，采用高效新风热回收技术，最大程度降低建筑供暖供冷需求，并充分利用可再生能源，以更少的能源消耗提供健康舒适室内环境的建筑。

2016 年，北京市住建委和北京市发展改革委联合发布《关于印发〈北京市推动超低能耗建筑发展行动计划（2016—2018 年）〉的通知》（京建发［2016］355 号），要求2016—2018 年，建设不少于 30 万平方米的超低能耗示范建筑，建造标准达到国内同类建筑领先水平，争取建成超低能耗建筑发展的典范，形成展示北京市建筑绿色发展成效的窗口和交流平台。

2017 年 7 月，北京市住房和城乡建设委员会联合北京市财政局和北京市规划和国土资源管理委员会发布了京建法〔2017〕11 号文《北京市超低能耗建筑示范工程项目及奖励资金管理暂行办法》，对社会投资项目提出了明确的适用范围、奖励对象以及奖励标准。

2　项目简介

本研究选取一幢拟兴建办公楼为研究对象。该项目地上六层，地下二层，高度24m，采用框架剪力墙结构。项目用地面积为 8000m²，总建筑面积为 20000m²，其中地上建筑面积为 13000m²，地下建筑面积为 7000m²。建筑主要功能区包括地上办公面

作者简介：陈颖（1977.9—），男，北京实创鑫诚节能技术有限公司总经理，英国特许注册工程师，英国注册低碳节能咨询师，yingchen7792@yahoo.co.uk。

积 12000m², 展厅 300m², 多功能厅 800m², 食堂和厨房 800m², 设备用房 1200m² 等。图 1 为在模拟软件中, 根据建筑的平立面图搭建的该建筑的三维模型。

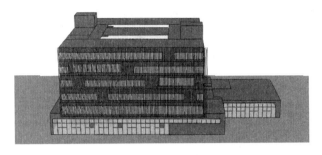

图 1 项目模拟计算模型

3 关键因素控制指标及模拟参数设置

建筑室内物理环境是建筑品质的重要组成部分。随着建筑技术不断发展, 建筑单体的形式愈加多样化, 建筑机电系统和智能化系统也更加复杂, 因此超低能耗建筑需在规划设计阶段对建筑室内环境进行模拟分析, 为建筑方案设计提供设计依据, 例如最大限度地采用被动式设计策略, 尽可能地优化机电系统和运营策略等。

由于北京市超低能耗示范建筑对建筑关键部品性能参数和建筑节能比例的具体要求以及建筑业常用的能耗模拟软件能力的局限性, 本项目只针对表 1 中的关键设计参数进行量化分析。根据《公共建筑节能设计标准》GB50189—2015 等国家和北京市及国际上的相关标准规定, 结合该建筑空间布局、功能定位和入驻项目使用要求和运营特点, 提出了以下建筑室内环境边界条件要求, 具体内容见表 1。下文将利用某商业软件进行能耗模拟, 根据模拟结果给出设计建议及量化数据。

表 1 示范建筑能耗模拟参数设置基本原则

边界条件	参考建筑	设计建筑
围护结构及外遮阳	《公共建筑节能设计标准》GB 50189—2015	符合超低能耗技术指标
冷热源	《公共建筑节能设计标准》GB 50189—2015	在国标基础上至少提高 10%
采暖和空调末端系统	风机盘管	不限定
照明功率密度	《建筑照明设计标准》GB 50034—2013	不高于目标值
自然通风	—	不限定
夏季免费制冷	—	不限定
新风量	《民用建筑供暖通风与空气调节设计规范》GB 50736—2012	
设备功率和人员密度	《公共建筑节能设计标准》GB 50189—2015	
建筑运行时间表	《公共建筑节能设计标准》GB 50189—2015	

3.1 围护结构特点及模拟分析

建筑围护结构用材及做法会直接影响室内舒适性, 建筑气密性以及建筑节能效果。本项目的建筑外墙、屋面、地面楼板、架空楼板的保温性及外窗选材和做法均符合超低能耗指标要求，且部分优于指标，以降低建筑负荷需求。主要参数见表 2 和表 3。

表 2　模拟公共建筑非透明围护结构性能参数

建筑关键部品	参数	单位	参考建筑 GB 50189—2015	设计建筑	超低能耗 技术指标
外墙	K 值	[W/ (m² · K)]	0.45	0.23	0.10～0.30
屋面	K 值	[W/ (m² · K)]	0.5	0.15	0.10～0.20
架空地面	K 值	[W/ (m² · K)]	0.5	0.15	0.15～0.25

表 3　模拟公共建筑外门窗性能参数

参数		外门窗性能参数			
		东	南	西	北
窗墙比 %		40	50	43	51
参考建筑	K 值 [W/ (m² · K)]	2.4	2.2	2.2	2.0
	太阳得热综合 SHGC 值	0.6	0.43	0.43	0.6
设计建筑	K 值 [W/ (m² · K)]	0.9 (超低能耗技术指标：≤1.0)			
	太阳得热综合 SHGC 值	冬季：≥0.45；夏季：≤0.3 (同超低能耗技术指标)			

　　建筑窗墙比对建筑的能耗表现有较大影响。但由于目前国内设计标准中暂无参考建筑窗墙比的限值要求，因此能耗对比计算时，其取值和设计建筑采用相同。模拟计算表明，围护结构在热传导和气密性两方面降低了该公建冷热负荷的需求，是最能体现超低能耗建筑性能优越性的参数，对该建筑的节能贡献率可达 25%～30%（区间值与外遮阳形式密切相关）。

3.2　冷热源系统及模拟分析

　　设计项目预计采用地源热泵系统作为空调冷热源，其制冷/制热能效系数均高于《水（地）源热泵机组》GB/T 19409—2013 规定（详见表 4）。

表 4　模拟公共建筑冷热源性能参数

系统描述		参考建筑 GB 50189—2015	设计建筑 优于 GB/T 19409—2013
热源	系统	燃气锅炉	地源热源
	效率	0.9	5.3 COP
冷源	系统	水冷螺杆机	地源热源
	效率	5.1	6.8 EER

　　与一般办公建筑常选用的燃气锅炉和电制冷机组相比，由于配合空调末端主动式冷梁的应用，采用了高效的冷热源，其对建筑节能的贡献率较高，排到了第二位，节能量达到 16%。

3.3 暖通空调末端及模拟分析

由于建筑围护结构和气密性的改善，客观上降低了建筑本身的冷热负荷需求，从而间接扩大了建筑中风机能耗占建筑整体能耗的比重。因此降低空调系统中的风系统能耗在超低能耗建筑实践中越来越值得关注。通常建筑风系统能耗包含新风系统能耗以及受空调末端形式影响的空调风系统能耗。建筑新风系统能耗主要由建筑物的人员数量变化决定，并且是保证室内空气品质的重要参数，因此建筑新风系统节能潜力受冷热源选择影响较大。为有效降低空调风系统能耗，本项目二层至六层办公用房，末端空调采用主动式冷梁系统，系统干工况运行，即供水温度高于室内露点温度，由新风机组承担室内湿负荷。一层展厅采用常规的风机盘管加新风空调系统。

模拟结果显示，如果该办公建筑能够选用主动式冷梁系统，暖通空调系统对建筑节能的贡献率可达到12%。

3.4 照明及控制手段模拟分析

为满足超低能耗建筑要求，本次设计建筑的照明功率密度值原则上均在国家规范《建筑照明设计标准》GB 50034—2013 目标值基础上提出更高要求。

首先照明控制采用配合日光感应的分区控制。外区（指距外墙 4.5m 范围内区域）灯具与内区灯具分开控制，外区灯具采用日光感应进行自动调光。主要功能房间优先采用自然采光，灯具根据自然光照强度进行开关、调节，以达到最大利用自然光节能目的。

图 2 中体现了在能耗模拟计算中的典型办公区，当蓝色曲线中的天然采光在室内的照度达到设计照度300lx 时，室内的照明负荷值相应降低，直到自然采光照度值降低到 300lx 以下时，照明功率开始增加。

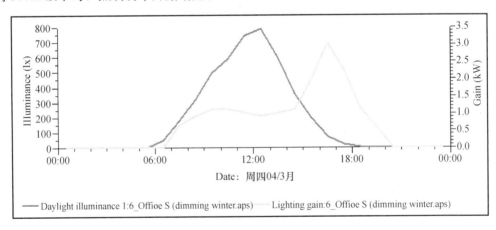

图 2　自然采光对办公空间照明负荷的影响

办公室、单间办公室、展览厅、管理用房、库房、走廊等采用人体红外感应来进行自动控制。美国 ASHRAE 标准 90.1 中表 G3.2 列出了关于能耗分析中照明自动控制系统对于照明能耗的节能贡献，见表5。

表5　美国 ASHRAE 标准中对于照明控制节能贡献率的描述

TABLE G3.2　Power Adjustment Percentages for Automatic Lighting Controls

Automatic Control Device（s）	Non-24-h and≤460m²	All Other
1. Programmable timing control	10%	0%
2. Occupancy sensor	15%	10%
3. Occupancy sensor and programmable timing control	15%	10%

参照 ASHRAE，设计建筑在办公、展厅及走廊的照明功率密度在模型计算中能耗计算取值相应降低10%，见表6。另门厅、大堂设置智能照明控制系统，系统采用分区、定时措施，并在现场设置多联智能控制面板，通过不同时间段及对灯具不同的组合设置不同的照明场景模式。

表6　模拟建筑中照明人员感应控制的照明功率密度预测值

房间	照度标准值（lx）	参考建筑	设计建筑（W/m²）	
	国标 GB 50034—2013	现行值（W/m²）	设计值	人员感应控制
办公	300	9	7	6.3
展厅	500	15	11	9.9
走廊	—	4	3.5	3.15

针对照明系统的模拟分析体现在选用低能耗的照明灯具及有效地照明控制两方面，其为整幢楼的直接节能贡献率接近16%，考虑到照明能耗的降低会间接降低空调季节中室内得热量，从而降低空调负荷。照明系统在设计中的反复优化也将成为今后超低能耗建筑的关注重点。

3.5　自然通风与夏季免费制冷策略和模拟

自然通风不仅提高建筑室内舒适性而且在过渡季可以有效降低能耗，因此设计阶段为业主提供成熟的自然通风方案对建筑投入运营后引导和激励业主充分采用自然通风手段提高室内舒适性和降低建筑能耗起到了非常关键的因素。建筑自然通风是热压与风压共同作用的结果，由于建筑热压受建筑实际设计方案决定，因此本文不针对热压进行模拟研究。

需要关注的是，过渡季的自然通风舒适性的效果保证许多文献主要停留在定性分析阶段，而英国《CIBSE Guide A Environmental Design》中第1.4.2节中对自然通风效果的判定，尝试引入了定量的分析，即当满足室温高于28℃的小时数占此段人员使用的总小时数比例不超过1%的条件时，即可认为建筑可在某一运行时段内不开启空调制冷，可利用自然通风避免室内过热。同样，我国在《绿色建筑评价标准》GB/T 50378—2014 也提出了相应指标要求。第5.2.2条：外窗的可开启面积达到35%；第8.2.10条（数据源自美国 ASHRAE 标准62.1）：在过渡季节典型工况下，自然通风房间可开启外窗净面积不得小于房间地板面积的4%，建筑内区房间若通过临接房间进行自然通风，其通风开口面积应大于该房间净面积的8%，且不应小于2.3m²。

同样的，能耗模拟软件为利用建筑中庭进行有组织的夏季免费制冷效果评估同样提供了量化分析手段。在建筑能耗模型中，建筑中庭顶部和首层，部分安装了机械控制的可开启外窗，总面积为 50m²，整个大厦可通过自动控制系统遥控建筑在凉爽的夏季夜晚进行 2h 的开窗换气，从而为建筑降温。通过模拟结果对比，每天早上空调启动前，有免费制冷的室内温度比无免费制冷的室温降低 3～4 度，从而使得该房间的制冷负荷降低。

如果考虑典型建筑在过渡季的能量消耗，自然通风和夏季免费制冷策略对建筑的单项节能贡献率达到 10%，但该策略在运行过程中的制约因素较多，如室外空气质量。

4 结　语

综上所述，超低能耗建筑设计是一项系统工程，特别是由于公共建筑在功能和使用上的复杂性，前期设计时方案和技术的比选几乎涉及了所有专业，单单把注意力放在围护结构和气密性上并不能达到预期的效果，只有综合而有机地结合各类技术的应用，才能满足超低能耗建筑的先进节能量的要求。表 7 列出了重点关注的边界条件参数及相应的节能贡献率。

建筑节能减排与绿色建筑是我国可持续发展战略的重要组成，建筑技术人员应在规划设计阶段加以介入，尽可能多地运用模拟技术对方案进行量化模拟和评估，并配合建筑师对其方案进行不断优化完善，从而使建筑设计方案满足超低能耗建筑要求并对后期运维起到参考和对标作用。

表 7　建筑各项物理边界条件对超低能耗建筑节能贡献率

边界条件	节能贡献率	说明	采用技术
围护结构	28%	含外遮阳	电动外遮阳，节能窗
冷热源	16%	—	地源热泵
暖通空调末端系统	12%	部分风机盘管	主动式冷梁
照明系统	16%	节能灯与控制系统	日光和人员感应
自然通风等策略	10%	中庭通风	电动窗

参考文献

[1] 北京市住房和城乡建设委员会，北京市财政局，北京规划和国土资源管理委员会．《北京市超低能耗建筑示范工程项目及奖励资金管理暂行办法》．京建法〔2017〕11 号．

[2] DB11/T 825 北京市绿色建筑评价标准〔S〕

[3] GB 50189—2015 公共建筑节能设计标准〔S〕

[4] GB 50034—2013 建筑照明设计标准〔S〕

[5] DB 11 687—2015 公共建筑节能设计标准〔S〕

[6] CIBSE Guide A：Environmental Design.

[7] ASHRAE standard 90.1.

超低温空气源热泵空调系统在
华北地区被动房项目中的应用

方伟[1]，郭正波[1]，陈罡[1]，魏国顺[2]

（1. 北京首钢国际工程技术有限公司，北京　100043；

2. 京冀曹妃甸协同发展示范区建设投资有限公司，唐山　063200）

摘　要　通过分析华北地区气候环境和被动房项目的能源使用特点，提出了针对华北地区被动房的超低温空气源热泵空调系统，并在曹妃甸首堂创业家项目中具体应用。该系统采用喷气增焓技术，提高系统的低温制热性能和可靠性。对空气状态进行结霜分区，划分6种结霜状态，精准判断除霜时机，避免不必要的除霜制热损失，实现智能除霜。配合除霜水泄流技术，高效新风热回收技术，能够保证系统在−20℃的平稳运行。通过对首堂创业家项目进行实测，试验数据表明：在华北地区被动房项目中，超低温空气源热泵空调系统能够保证在冬季的平稳运行，充分利用可再生能源，减少二次能源消耗，为住户提供健康绿色舒适的居住空间。

关键词　超低温制热；高效新风热回收技术；被动房

1　引　言

在我国华北地区，被动房适应当地气候特征和自然条件，通过保温隔热性能和气密性能更高的围护结构，配合高效新风热回收技术，能够最大程度地降低建筑供暖供冷需求，并充分利用可再生能源，以更少的能源消耗提供舒适室内环境，有针对性地解决了建筑业能耗高、碳排放量大的问题，对我国建筑业绿色节能发展意义重大[1-2]。空气源热泵系统作为广泛使用的可再生能源利用系统，具有区域适用性广、使用灵活、形式多样、经济性好的优点，是被动式超低能耗绿色建筑的优选冷热源。然而传统的空气源热泵系统，存在功能单一、低温制热功率低下、化霜时间长、空气品质低、噪声大等缺点，阻碍着空气源热泵系统在被动式超低能耗绿色建筑中的发展和推广。本论文研究了超低温空气源热泵空调系统在被动式超低能耗绿色建筑中的应用，并针对传统空气源热泵系统的缺点进行改良。并将研究在曹妃甸首堂创业家被动房项目中进行应用。

2　被动房室内环境要求

《被动式超低能耗绿色建筑技术导则（试行）》对超低能耗建筑室内环境及气密性指标做出了规定，见表1。

作者简介：方伟（1988.7—），男，工程师，单位地址：北京石景山区石景山路60号；邮政编码：100043；联系方式：15810971871。

表 1 超低能耗建筑室内环境及气密性指标

指标名称	指标
室内温度（℃）	20～26
相对湿度	30%～60%
二氧化碳浓度（ppm）	无要求
墙体内表面温差（℃）	无要求
超温频率	≤10%
气密性 N_{50}（次/小时）	≤0.6
噪声 dB（A）	夜间≤30 昼间≤30
新风量（m³/h·人）	≥30

《被动式超低能耗绿色建筑技术导则（试行）》规定超低能耗建筑能耗指标，见表 2。

表 2 超低能耗建筑能耗指标

气候分区		严寒地区	寒冷地区	夏热冬冷地区	夏热冬暖地区	温和地区
能耗指标	年供暖需求 kWh/（m²·a）	≤18	≤15	≤5		
	年供冷需求 kWh/（m²·a）	≤3.5＋2.0×WDH₂₀＋2.2×DDH₂₈				
	年供暖、供冷和照明一次能源消耗量	≤60kWh/（m²·a）				
气密性指标	换气次数 N_{50}	≤0.6				

被动式超低能耗绿色建筑超低能耗、超微排放、超高舒适度的特点，对超低温空调系统提出了新的要求。不仅要求低温高效制热，而且对室内湿度、二氧化碳浓度、$PM_{2.5}$、新风量、噪声都提出了较高的要求。

3 超低温空气源热泵空调系统

3.1 低温空气源热泵技术

目前，国内国外的低温空气源热泵技术主要有采用非共沸工质、采用变频技术、采用辅助压缩机、采用双级压缩机、采用经济器系统共 5 种。从技术成熟的程度和热泵机组经济性的角度出发，经济器系统是目前比较合适的选择。

经济器系统的核心是补气增焓技术，即在压缩机的压缩过程中创立第二个吸气口，使流入压缩机的制冷剂气体 1 被压缩到中间压力 Pm（2 点）后与 Pm 下的饱和制冷剂气体 6 混合，达到 2′以后继续被压缩到排气状态 3。从图 1 中可以看出，增加了补气通道以后，压缩机的排气状态 3 比无补气时的排气状态 3′靠左，这说明了补气可以使压缩机的排气温度降低。另一方面，补气增大了冷凝器内的制冷剂流量，也就相应增大热泵机组的制热量。同时，理论计算与大量试验都证明了补气增焓可以提高系统的制热性能系数。

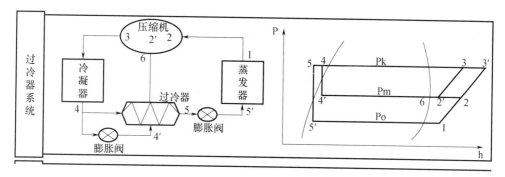

图 1 经济器系统原理图

超低温空气源热泵的经济器系统采用过冷器。过冷器是一种表面式换热器，冷凝器出口的主路制冷剂与经过节流阀降温降压的补气回路制冷剂在过冷器内进行热交换，补气回路制冷剂吸热变成 Pm 下的饱和气之后进入压缩机补气通道。

补气增焓技术的应用，有以下几项优势：

① 大幅度拓展压缩机应用工况范围，提升机组可靠性；

② 增加冷凝器循环流量（增加制热量）；

③ 增加主循环蒸发器焓差（提高了效率）；

④ 用单压机实现了"准二级压缩"目标与效果，降低机组成本；

⑤ 低温制热情况，温度越低其制热能力与 COP 提升越显著。

大量的计算数据和试验数据表明：同常规的热泵循环相比，补气增焓技术在低温环境下能够增大制热量、提高制热性能系数、降低压缩机的排气温度，使系统的低温制热性能和可靠性都得到明显的提高[3-4]。超低温空气源热泵空调系统采用补气增焓技术进行低温制热，实现准二级压缩，保证极端工况下的稳定制热。

3.2 智能除霜技术

根据焓湿图（图 2）对当地空气状态进行结霜分区，划分为①/②/③/④/⑤/⑥六大区域，其中结霜速度见表 3。

表 3 结霜速度

区域划分	易结霜区			不易结霜区		
	区域①	区域②	区域③	区域④	区域⑤	区域⑥
结霜速度	很快	较快	快	慢速	较慢	很慢或不结霜

系统根据制热运行的主要参数和负荷变化，精准判断除霜时机，避免不必要的除霜制热损失。当环境湿度较大的时候，系统将适当地提前化霜时间，更好地保证室内舒适度，当室外机进行化霜时，系统将关闭室内风机，防止冷风吹出，让舒适温度持久。

3.3 除霜水泄流技术

在低温制热过程中，由于室外温度较低，较易结霜，因此多发生结霜、除霜过程。当除霜发生时，形成霜水，顺着机组流下，若不及时排出，在环境温度恶劣的冬季，极易在机组上结冰，久而久之形成冰块，针对这种情况，通过在蒸发管下面设置专门的除霜水泄流管，使除掉的霜水及时排出，保证机组的长期稳定运行。如图 3 所示。

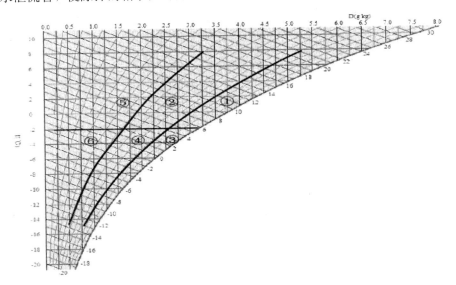

图 2   结霜分区焓湿图

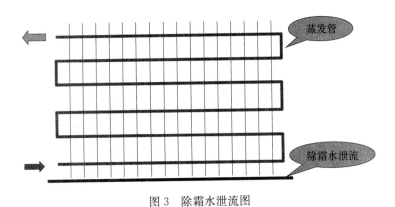

图 3   除霜水泄流图

表 3   结霜速度

4   案 例

为了满足被动式超低能耗绿色建筑的超高舒适性要求，在曹妃甸首堂创业家被动房项目设计了一套超低温空气源热泵系统，见表 4。

表 4   项目概况

工程名称	1 号楼	
工程地点	河北-唐山	
气候子区	寒冷 A 区	
建筑面积	地上 581.78m²	地下 148.31m²
建筑层数	地上 3	地下 1

续表

工程名称	1号楼				
建筑高度	地上 13.595m		地下 2.25m		
北向角度	90°		90°		
采暖期天数（d）	120		120		
采暖期室外平均温度（C°）	−0.60		−0.60		
太阳总辐射平均强度（W/m²）	水平 100	南 108	北 34	东 58	西 56

采用 DeST 软件对该建筑建模，并进行负荷与能耗模拟计算与分析，见表5。

表5　项目模拟结果

项目统计	单位	1号楼		指标限制
套内总面积	m²	630		
项目负荷统计	kW	热回收前	热回收后	
供暖热负荷	kW	8.62	4.91	
空调冷负荷	kWh	12.65	10.21	
供暖能耗需求	kWh	8416	2384	
空调能耗需求	kWh	8469	6889	
全年能耗需求	kWh	16885	9273	
供暖热负荷指标	W/m²	13.68	7.79	
空调冷负荷指标	W/m²	20.08	16.21	
供暖能耗需求指标	kWh/（m²·a）	13.36	3.87	
空调能耗需求指标	kWh/（m²·a）	13.44	10.93	≤15
全年供暖空调能耗参被动式超低能耗需求指标	kWh/（m²·a）	26.80	14.71	≤12.61

上述模拟选用全热回收器的显热回收率 75%，潜热回收效率 65%，由计算可知，本供暖能耗需求为 3.78kWh/（m²·a），空调能耗需求指标为 10.93kWh/（m²·a），采暖热负荷、空调冷负荷指标满足被动式超低能耗建筑技术要求。

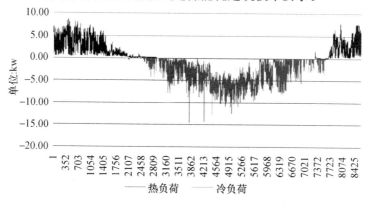

图4　1号楼全年逐时冷、热负荷情况

曹妃甸首堂创业家被动房项目超低温空气源热泵系统如图 5 所示。

测试了该项目功能房间在 1 月 8 日、1 月 9 日两天内的温度变化，作出外温度变化曲线如图 6 所示。

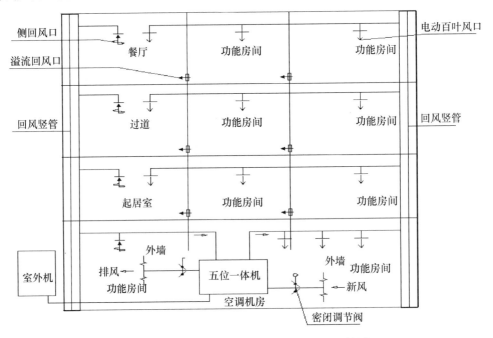

图 5　首堂创业家项目超低温空气源热泵系统图

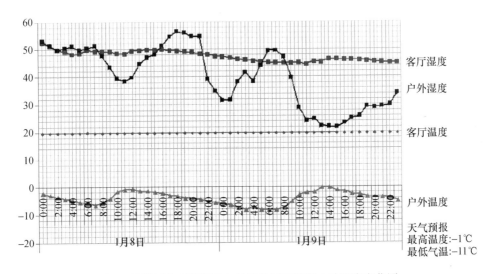

图 6　首堂创业家超低温空气源热泵系统室内外温度变化图

由曲线可知，该项目该段时间内，室外温度最高气温为 −1℃，最低气温为 −11℃，而客厅温度保持在 20℃。室外最低湿度为 22％，最高湿度为 56％，而室内湿度保持在 42％，满足设计要求。

5　结　语

本文根据华北地区的气候条件和被动式超低能耗绿色建筑的特点，研究了超低温空气源热泵空调系统在被动式超低能耗绿色建筑中的应用，并针对传统空气源热泵系统的缺点进行改良和探索。试验数据表明：在华北地区被动房项目中，该超低温空气源热泵空调系统能够保证在冬季的平稳运行。

参考文献

［1］　彭梦月．被动房在中国北方地区及夏热冬冷地区应用的可行性研究［J］．建设科技，2011（5）：48-50.

［2］　潘支明．中德合作"被动式低能耗建筑"示范项目——秦皇岛"在水一方"被动房检测实践［J］．建设科技，2013（9）：23-25.

［3］　俞丽华，马国远，徐荣保．低温空气源热泵的现状与发展［J］；建筑节能，2007年03期.

［4］　李艳，王强．补气增焓热泵机组运行性能模拟研究［J］．制冷与空调：四川，2011，25（4）：352-355

［5］　席战利．补气增焓技术提升空调制热量的试验研究［J］．建筑热能通风空调，2017，36（5）：38-41.

寒冷地区超低能耗居住建筑
室内能源环境解决方案探讨

郝翠彩[1]，汪妮[2]，田靖[2]

（1. 河北省建筑科学研究院，石家庄　050227；

2. 河北建研科技有限公司，石家庄　050227）

摘　要　本文以河北省寒冷地区为例，通过分析寒冷地区气候特点和超低能耗居住建筑的要求，对比两种小型空气源热泵和新风系统结合的应用方案，为寒冷地区超低能耗居住建筑的能源和新风系统方式选择提供参考。

关键词　寒冷地区；超低能耗；居住建筑；室内；能源环境；新风系统

1　引　言

随着生活水平的不断提高，人们对建筑室内环境的舒适度要求也逐渐提升。需求的提升与能源的紧缺，使超低能耗绿色建筑的发展成为一种趋势。超低能耗居住建筑如何供能，可再生能源如何利用，近年业内出现了一些不同的做法，仅是空气源热泵的使用，就有多种形式。空气源热泵和新风系统如何配合使用，设计人员和厂家都在不断尝试各种形式。

2　寒冷地区气候特点、标准要求、建筑特点

2.1　气候特点

我国寒冷地区的气候特点是：冬季寒冷干燥（例如在河北省采暖期室外计算温度$-16\sim-8$℃，室外平均空气密度在$1.226\sim1.322\mathrm{kg/m^3}$），夏季炎热潮湿（例如河北省制冷期室外计算温度在$30.6\sim35.1$℃，室外平均空气密度在$1.15\mathrm{kg/m^3}$左右）。

2.2　标准要求

住房城乡建设部《被动式超低能耗绿色建筑技术导则》第12条规定，寒冷地区超低能耗建筑能耗，年供暖需求$\leqslant15\mathrm{kWh/}$（$\mathrm{m^2\cdot a}$），年供冷需求$\leqslant3.5+2.0\times\mathrm{WDH_{20}}+2.2\times\mathrm{DDH_{28}}$，气密性指标为$\mathrm{N_{50}}\leqslant0.6$；第13条规定室内环境参数见表1。

作者简介：郝翠彩（1969.9—），女，教授级高级工程师。单位地址：河北省石家庄市鹿泉区槐安西路395号；邮政编码：050227；联系电话：18033878898。

表1 室内环境参数

室内环境温度	冬季	夏季
温度（℃）	≥20	≤26
相对湿度（％）	≥30	≤60
新风量［m³/（h·人）］	≥30	
噪声 dB（A）	昼间≤40；夜间≤30	
温度不保证率	≤10％	≤10％

第56条规定新风系统热回收装置应满足：显热回收装置的温度交换效率不应低于75％，全热回收装置的焓交换效率不应低于70％。

河北省《被动式超低能耗居住建筑节能设计标准》DB13（J）/T177—2015中规定："4.2.1"中"第2条"规定室内相对湿度宜为35％～65％；"第3条"室内 CO_2 浓度不宜大于1000ppm，"4.3.1"规定房屋气密性应符合室内外压差50Pa的条件下，每小时换气次数不超过0.6次；"4.4.1"规定房屋单位面积的采暖控制指标应符合 $Q_h \leqslant 15kWh/(m^2 \cdot a)$ 或 $q_h \leqslant 10W/m^2$；"4.4.2"规定房屋单位面积的制冷控制指标应符合 $Q_c \leqslant 15kWh/(m^2 \cdot a)$ 或 $q_c \leqslant 20W/m^2$；"4.6.1"规定每人每小时30m³新风量；"4.6.2"规定通风系统热回收效率宜 $R \geqslant 75％$。

寒冷地区的气候特点以及相关"导则"和"标准"的相关规定表明：在寒冷地区，即使超低能耗建筑也需要少量主动制冷和采暖。

2.3 居住建筑特点

在我国，大量的城镇建筑是单户建筑面积在90～200m²的单元式住宅楼。寒冷地区超低能耗居住建筑用能极少、单独计量、有新风系统需求的特点，随着低温型热泵技术的发展成熟，使得小型空气源热泵结合新风给超低能耗居住建筑提供能源和环境需求成为可能。

3 新风量及冷热需求计算

以建筑面积为132m²的三室两厅典型户型为例（此户型，建筑面积132m²，空调面积83m²，室内净高2.8m），进行计算分析。

3.1 新风量计算

按《民用建筑供暖通风与空气调节设计规范》GB 50736—2012要求，计算结果见表2。

表2 新风量计算（按 GB 50736—2012 要求）

人均居住面积（m²）	换气次数（h⁻¹）	房间体积（m³）	房间所需新风量（m³/h）
38	0.5	232.4	116.2

按德国被动房准则（Passive House Criteria）要求，计算结果见表3。

表3 新风量计算（按德国被动房准则要求）

每户人数（人）	按人均新风量需求所需 新风量（m³/h）	按换气次数 所需新风量（m³/h）	房间所需新风量 （m³/h）
3.5	105	69.7	105

新风量取大值：116.2m³/h。

3.2 新风预热量计算（表4）

表4 河北省主要地区的新风预热量

地区 ＼ 参数	户型 面积（m²）	新风量 （kg/s）	空气定压比热 C_p［J/（kg·℃）］	$t_{g1}-t_{g2}$（℃）	新风预 热量（W）
石家庄地区	132	0.0387	1010	3.8	149
保定地区	132	0.0387	1010	4.5	176
廊坊地区	132	0.0387	1010	6.0	235
秦皇岛地区	132	0.0387	1010	7.0	274
承德地区	132	0.0387	1010	10.7	419
张家口地区	132	0.0387	1010	11.2	438

3.3 冷热需求计算

以石家庄为例，计算结果见表5。

表5 石家庄地区考虑附加后的计算结果

总冷负荷 （W冷）	总热负荷 （W热）	户间传热热 负荷（W）	建筑供热 需求（W）	间歇附加后的 供热需求（W）	设备额定工况下的 最小制热量（W）
1737.3	1132.6	700.9	1833.5	2291.9	3351

注：在石家庄地区冬季空气调节室外计算温度－8.8℃条件下，适用于超低能耗居住建筑的新风换气系统与能源供应系统的制热量降低到额定制热量的68.4%。

4 两种系统方案对比分析

4.1 方案一：小型空气源热泵与新风系统分别设置

根据计算结果，选用2.5匹的小型空气源热泵提供住户冷热源，末端采用风机盘管供冷，地板辐射采暖供热；选用160m³/h，热回收效率大于75%，带PM$_{2.5}$过滤功能的新风机，满足住户的新风和净化要求。新风机装于工具间或厨房吊顶内。

对层高的影响：地板辐射采暖，供热管及其保护层约占层高50mm；风机盘管，卧式暗装，局部降低高度370mm。新风管约占用层高100mm，室内局部有风管处需要吊顶装饰，风管处降低层高150mm，最不利处（风机盘管处），局部降低层高370mm。

控制方式：新风系统与冷暖系统各自带控制系统，分别控制。

4.2 方案二：选用能源环境机系统提供冷热源和新风、净化需求

根据计算结果，选用 JYXFGBRW－720 型能源环境机，满足室内的温度、新风及净化需求。室内机安装于工具间或厨房吊顶内。

对层高的影响：从室内机接出的新风管送至起居室、卧室等清洁区域，回风管布置于过道等区域。风管高度 150mm，有风管吊装的局部需做吊顶处理，降低层高约 200mm。

控制方式：一键设定室内环境需求，根据室内空气质量及温度，一年四季自动控制。

4.3 方案一和方案二的对比分析

造价：两个系统，总体安装完造价都在 4 万元左右，基本相当。

舒适度：方案一满足人们下部供热、上部供冷的心理需求。方案二冬季从顶部送风，容易使人产生心理误区。

对层高影响：方案一比方案二对局部层高影响大。

便捷程度：方案一，只能分系统控制；方案二，全自动模式，一年四季智能控制，使用便捷。

维护难度：方案一，采用水系统供冷热，对水管维护要求较高。风机盘管冷凝水托盘维护失当，会产生水污染吊顶现象；方案二，采用风系统送至各个区域，对管路维护要求较低。

5 结 语

通过分析对比，采用方案二（采用能源环境一体机系统），优势更明显，是一种便捷实用的选择。

参考文献

[1] 住房和城乡建设部科技发展促进中心，河北省建筑科学研究院，河北五兴房地产有限公司．DB13（J）/T 177-2015. 被动式低能耗居住建筑节能设计标准［S］

[2] 中华人民共和国住房和城乡建设部．《被动式超低能耗绿色建筑技术导则》（试行）（居住建筑），2015.

河北省被动式超低能耗建筑冷热源方案研究

田靖

（河北建研科技有限公司，石家庄　050227）

摘　要　通过分析不同冷热源方案各自的优缺点和适用范围，并结合河北省气候分区特点，总结得出适用于河北省被动式超低能耗居住建筑、公共建筑不同气候区的冷热源方案。

关键词　空调冷源；热源；热泵

1　引　言

近年来，随着人们越来越注重健康优质的生活环境，国家大力推广被动式超低能耗建筑。这种建筑可以以极小的能源供应，保证建筑永久提供适宜的居住工作环境，这样既满足人们对生活品质的要求，又节约能源消耗。

河北省作为国内被动式超低能耗建筑的发源地，率先于 2015 年发布并实施了《被动式低能耗居住建筑节能设计标准》DB13（J）/T177—2015，《被动式低能耗建筑施工及验收规程》DB13（J）/T238—2017 也已于 2017 年 9 月 1 日起实施；与此同时，河北省《被动式低能耗公共建筑节能设计标准》目前正在编写中。这一系列标准规程的颁布和实施有力地推动了被动式超低能耗建筑在河北省的建设和发展。但是由于该类建筑能源需求极低，常规冷热源是否适宜在被动式超低能耗建筑中使用，是一个值得探讨的问题。本文通过理论研究、对比分析，总结得出适用于河北省被动式超低能耗居住建筑、公共建筑不同气候区的冷热源方案，以指导设计和施工。

2　各冷热源特点

2.1　空调冷源

空调冷源包括天然冷源和人工冷源。天然冷源是指温度低于环境温度的天然物质，可利用的天然冷源技术有：蒸发冷却技术、冷却塔冷却技术、地下水、夜间自然冷却等。人工冷源是指使用各种制冷机组来制备低温冷水，向空调系统提供冷量。

目前主要以人工冷源为主，常用的空调冷源设备种类较多，按照驱动方式不同可分为电动压缩式冷水机组和溴化锂吸收式冷水机组两大类[1]。其特点见表 1。

作者简介：田靖（1988.5—），女，助理工程师。单位地址：河北省石家庄市鹿泉区槐安西路 395 号，邮政编码：050227；联系电话：18033878790。

表1 常见空调人工冷源特点比较表

冷源设备	电动压缩式冷水机组	溴化锂吸收式冷水机组
机组的工作形式	涡旋式、往复式、螺杆式、离心式	热水型、蒸汽型、直燃型
优点	1. 易操作、工艺流程简单； 2. 制冷效率高； 3. 设备初投资低。	1. 需要消耗热能，实现逆向制冷（所需热源品位较低，可以为余热或废热），对电力需求小； 2. 振动和噪声小； 3. 运转稳定、使用的工质对环境无污染
缺点	1. 对电力供给有要求； 2. 运转噪声大； 3. 单机容量与吸收式相比较小	1. 初投资高； 2. 工艺流程较复杂； 3. 冷却需求大

电动压缩式冷水机组对当地电力条件有一定要求，但适用范围较广。溴化锂吸收式冷水机组对能源需求较高，一般适用于具有余热、废热条件的区域。

按照机组的冷却形式不同，常用的空调冷源设备还可分为风冷式冷水机组与水冷式冷水机组。水冷式冷水机组与风冷式冷水机组在制冷方式与设备功能方面是完全相同的，仅冷凝器的冷却方式不同。水冷式机组一般采用壳管式冷凝器，以水为冷却介质；而风冷式机组采用翅片式冷凝器，直接以空气为冷却介质。由于风冷式机组直接以空气冷却，因此系统中不需要相关的冷却水装置（包括冷却塔、冷却水循环泵、管道及阀门系统等），从而节约城市用水，简化了空调系统，尤其适合在室外湿球温度较低的地区使用。详见表2。

表2 风冷式冷水机组与水冷式冷水机组的优缺点

冷源设备	风冷式冷水机组	水冷式冷水机组
优点	1. 不需要专用机房，并且无需安装冷却塔和泵房，运行方便，无需专业人员维护； 2. 风冷式机组无冷却水系统，节约城市用水； 3. 较冷水机组相比维护费用低	1. 相同制冷量的水冷机组与风冷机组相比较，水冷式机组的总体耗电量（包括冷却水泵及冷却塔风机耗电量）仅为风冷式机组耗电量的70%； 2. 制冷效果好，可靠性高； 3. 使用寿命长
缺点	1. 一般安装在室外，运行环境相对较为恶劣，在维护性和可靠性方面均不如水冷式冷水机组； 2. 夏季高温环境中制冷效果差	1. 需专用机房、冷却塔、冷却水泵等设备，初投资较大； 2. 需循环水，水资源消耗大； 3. 水冷机组不仅要对机组进行维护，对冷却设施也需要很多的维护，较风冷机组相比维护费用高

居住建筑的特点决定了其冷源一般采用分户的形式，压缩制冷较为适用。公共建筑一般采用整栋或多栋集中冷源，可根据当地的气候条件、能源供给状况选择冷源形式。无论是分户冷源还是集中冷源，其所选用机组的能效比（性能系数）不应低于国家现行有关产品标准的规定值，并优先选用能效比较高的设备。

2.2 热源

热源是暖通空调系统热量的来源，主要分为锅炉、自然资源及余热利用三种。以锅炉作为热源是目前采暖、空调系统的主要方式，自然资源（太阳能、地热能）及余热利用需要在丰富资源条件的基础上加以利用。

1）锅炉

锅炉是利用燃烧释放的热能或其他热能，将水加热到一定参数或使其产生蒸汽的热源设备，是最传统同时又是在空调工程中应用最广泛的一种人工热源。锅炉是最为常见的空调（供热）热源设备。主要有：区域锅炉房、分散锅炉房。河北省锅炉供热仍以煤为主要燃料，区域锅炉房热效率较高、采取脱硫除尘等，但其管网效率、损失等依然是集中供热的突出问题。分散锅炉房燃烧效率低、缺少脱硫除尘措施，排放污染较严重。

2）太阳能、地热能资源利用

太阳能、地热能利用是对自然界现有能源的充分利用，目前主要的利用形式有太阳能采暖、地源热泵采暖、深层地热梯级利用等，其中地源热泵（尤其土壤源热泵）最为常见。利用自然资源作为热源，在很大程度上节省了系统的运行费用，但其要求当地拥有较好的资源条件，而且项目的初投资较大。

3）余热、废热利用

余热、废热是指工业生产过程中残余或释放的热量，对工业生产来说，这部分热能热值较低，无法利用，但对民用供暖来说，这部分热能完全能够利用。目前能够利用的常见工业余热、废热有：高温废气、高温废水等。余热、废热利用对周边能源环境要求较高，当周边有类似能源时，才具备利用条件，使用范围较局限。

目前，我国北方采暖，依然以锅炉为主，个别有条件的区域实现了热电联产及工业余热、废热利用，太阳能、地热能利用所占比例较小。

2.3 热泵

热泵（Heat Pump）是一种将低位热源的热能转移到高位热源的装置。热泵的功能是把热从低位势（低温端）抽升到高位势（高温端）排放[1]。热泵具有制热、制冷的双重功能，近年来，热泵在国内发展迅速，主要有：空气源热泵、土壤源热泵、水源热泵等。优缺点见表3。

表3 空气源热泵、土壤源热泵和水源热泵的优缺点

热泵	空气源热泵	土壤源热泵	水源热泵
优点	以室外空气为低温热源，系统造价低，不需要设置单独机房，安装使用简单方便	以土壤作为热源、冷源，全年温度波动小；能效比高，运行成本低，使用寿命长	以水体作为低位冷源，温度波动较小；能效比较高，运行成本低，使用寿命长
缺点	能效比较低，受室外空气温度波动影响大，冬季室外温度较低时可靠性差，需除霜	需合适的地质条件，打井场地及费用、初投资高，运行维护费用高，需专门设置机房	需要适宜的水资源条件，运行维护费用高，需专门设置机房；采用地下水时，难回灌

2.4　冷热源方案比较

由上述冷、热源组成的冷热源方案各有特点，现将其对比如下，见表4。

表4　冷热源方案对比

项目		溴化锂冷热水机组	水冷冷水机组＋锅炉（市政供热）	风冷冷水机组＋锅炉（市政供热）	空气源热泵	土壤源热泵	水源热泵
	初投资	较高	较低	较低	较低	高	高
优劣势分析	运行费用	电消耗量小，但是耗能比常规空调大30%～40%，节电不节能	需要水冷机组和供暖设备两套系统，全年运行费用相对较高	与水冷冷水机组＋锅炉相比，夏季运行费用较高，冬季持平	运行费用略高于风冷冷水机组＋锅炉房系统	运行费用较低	运行费用较低
	设备结构	一机三用	需要制冷和制热两套设备	需要制冷和制热两套设备	一套系统实现制冷和制热	一套系统实现制冷和制热	一套系统实现制冷和制热
	维护管理	水泵和冷却塔能耗大，机组冷量衰减快；维护和运行费用高	冷却塔需定期清洗；维护费用较高	风冷式冷水机组在维护上只需要对机组本身进行维护	多采用计算机控制，无须专人看守，无须专业人员的维护	系统采用自控系统，系统简单，维护费用较低	采用全电脑控制，自动程度高；由于系统简单、机组部件少，运行稳定，因此维护费用较低
	环保节能	所需热源品位较低，可以为余热或废热；不节能	通过水载体输送到客户末端，冷量/热量损失大，冷却塔存在噪声污染	采用空气冷却方式，无需冷却塔、冷却水泵及管道，节约水资源	需消耗电能，目前一般选用环保冷媒对环境无污染	与普通空调相比，可节能40%以上，与电供暖相比，可减少70%以上	能耗较低，仅为普通空调的40%～60%
	机房占地	对设备及机房的要求高	水冷冷水机组一般需要专用机房，安装冷却塔需占用室外或屋面空间；市政供热需设置换热站	风冷冷水机组可以放置屋顶，不需专用机房；市政供热需设置换热站	无需专业机房，主机及附属设备可以直接放置于建筑物的地面及顶部	机房占地面积小，节省空间，但地埋管井需占用室外场地	机房占地面积小，但换热系统需占用一定的水域

续表

项目		溴化锂冷热水机组	水冷冷水机组＋锅炉（市政供热）	风冷冷水机组＋锅炉（市政供热）	空气源热泵	土壤源热泵	水源热泵
优劣势分析	其他	节电不节能，燃油（气）造成空气污染	适应性强，运行维护较复杂；市政供热污染环境	风冷冷水机组空调能效比稍低，受气候影响大；市政供热污染环境	设备简单，无运行维护费用，冬季制热易受室外气温影响	运行稳定，费用较低，但受地质条件限制	运行稳定，效率高，但受水源条件限制
	适用范围	油（气）资源极为丰富的地区或可以利用热电厂或其他废热的地区	适用范围较广	特别适合夏季室外气温较低或缺水和干燥地区使用	冬季室外气温≥−20℃的地区	地埋管井需要一定的地质条件	需要具备水源条件

3 适用于被动式超低能耗建筑的冷热源方案

根据表 4 冷热源方案之间的对比，并结合河北省气候分区的特点，给出适用于河北省不同气候区的被动式超低能耗居住建筑、公共建筑冷热源方案。

河北省冬季采暖主要依靠市政集中供热，仍以燃煤锅炉为主，燃气锅炉受到能源供给、储备条件限制，难以采用。集中供热不仅对环境造成严重污染，而且在热能输送过程中损耗较大，能源浪费严重。被动式超低能耗建筑，其节能率高达 90% 以上，极大地降低了建筑采暖、制冷负荷，使其完全可以采用市政供热外的其他方式供暖。

3.1 居住建筑

居住建筑的性质（以户为单位，实现能耗计量）决定了其采暖、制冷系统不宜采用集中式空调系统。被动式超低能耗建筑有严格的气密性指标（$N_{50} \leqslant 0.6 h^{-1}$）[2]，在居住空间内必须供给新风，并采用热回收设备。

空气源热泵是被动式超低能耗居住建筑中最为适宜的冷热源，关键是解决通风和热交换的问题。空气源热泵是被动房专用的能源环境空调机，已成功用于秦皇岛"在水一方"被动房示范项目。该设备将制冷、制热、通风热交换集于一体，热回收效率 ≥75%，采用喷气增焓压缩机，适用于低温环境（室外 −25～−20℃ 时仍具有较高的制热效率）使用。

为降低设备成本，河北省建筑科学研究院自主研发了适用于被动式超低能耗建筑的能源环境一体机，此设备将过滤 $PM_{2.5}$、制冷、制热、通风热交换集于一体，采用国产材料、元器件，自主研发、设计，在保证设备性能、质量的前提下将设备成本降至最低。此设备的压缩机、热交换器（超低温环境、热交换效率）均可根据工程实际情况进行选择配置，再次降低了设备投资。该能源环境一体机，制冷、制热量范围为 1～3P，即 2200～7200W。目前，我国 65% 节能居住建筑的负荷指标值为 25～

$45W/m^2$，而被动式超低能耗建筑的负荷指标值为$15\sim25W/m^2$，根据居住建筑的常规户型（单户面积$80\sim200m^2$），总负荷在$2000\sim5000W$。能源环境一体机完全可满足被动式超低能耗建筑的供冷、供热需求。

市政供热与能源环境一体机优劣对比：

1）能力供给

我国城市化进程较快，市政供热能力严重不足，许多新建小区无法接入市政热网，仅能自建供热锅炉房；能源环境一体机夏季制冷、冬季供热，无需增加各户电力供给负荷即可满足。

2）室内环境保障

市政供热无法保障"采暖期"前后的室内温度；能源环境一体机具有通风、过滤除尘等功能，可根据室内温度进行调节，且灵活性强，可使全年室温控制在要求范围内。

3）能源节约

市政供热主要以燃煤锅炉来制备供热热水（蒸汽），热效率较低，管网运行耗能大，维护费用高；能源环境一体机回收排风能量，具有较高的COP，无维护费用。

4）能耗计量

市政供热需采用分楼、分户安装热计量表，进行用热计量，计量误差大；而能源环境一体机可依靠各户电表（或另置电表）进行计量，且施工简单，便于查看。

综上所述，能源环境一体机更适合被动式超低能耗居住建筑中的供冷、供热。

3.2　公共建筑

公共建筑的性质决定其必须满足夏季制冷要求，而为节约投资费用，其制冷、采暖一般共用末端设备。冷热源选择一般具有两种方式：①一套机组夏季供冷、冬季供热；②单冷机组夏季供冷，冬季供暖接市政热网。

针对被动式超低能耗公共建筑来讲，无论夏季冷负荷，还是冬季热负荷，都较小（仅为普通节能公共建筑的$30\%\sim40\%$）。夏季采用单冷机组，冬季采用市政热网，初投资较高，且河北省很多城市虽然要求采用热计量收费，但实际执行的较少，若冬季市政供热采用面积计价，造成初投资和运行费用均较大。因此，建议被动式超低能耗建筑采用一套空调机组，夏季制冷，冬季供热，有条件的地区宜选择利用可再生能源的冷热源。

这里需要指出的是，华北属于缺水地区，不适宜选用水源热泵。

下面结合各气候区条件，具体分析被动式超低能耗公共建筑宜采用的冷热源：

1）寒冷A区

在气候方面，河北省寒冷A区，张家口南部地区年平均气温较低，为$6.9\sim9.6℃$，年平均气温在$11℃$左右，夏季凉爽，空调期较短，室外气温低，冬季寒冷，采暖度日数较大；除张家口怀来县和万全县外，其他地区年平均降水量均在$400mm$以上；太阳能辐射量在$5400\sim6700MJ/（m^2·a）$之间，属于太阳能资源较富带。

应该根据实际工程能耗选取适宜的冷热源，一般宜选择水冷冷水机组＋燃气锅炉、风冷冷水机组＋燃气锅炉、空气源热泵、土壤源热泵等系统。

根据建筑物使用功能、使用时间等造成的冬夏不平衡的公共建筑，可考虑选择复合型冷热源；仅白天使用的办公建筑和学校建筑，考虑土壤源热泵＋冷水机组；对于白天和夜间都使用的宾馆建筑，应根据具体工程计算冬、夏季能耗，对冬夏平衡进行校核，若冬、夏能耗平衡，仅选择土壤源热泵即可，若采暖能耗大于制冷能耗，则选择土壤源热泵＋燃气锅炉。

2）寒冷B区

河北省寒冷B区大部分地区属于大陆性季风气候，年平均气温13℃左右；年平均降水量在400mm以上；廊坊、沧州和衡水三个地区的太阳能资源辐射量为5400～6700MJ／（m²·a）之间，属于太阳能资源较富带，保定、石家庄、邢台和邯郸四个地区太阳能资源辐射量为4200～5400MJ／（m²·a），属于太阳能资源一般带。

对于本气候区的被动式超低能耗公共建筑，具体应根据工程实际能耗选择合理的冷热源，一般宜选用水冷冷水机组＋燃气锅炉、风冷冷水机组＋燃气锅炉、空气源热泵、土壤源热泵等系统。

对于仅白天使用的被动式超低能耗办公建筑和学校建筑，冬季能耗会小于夏季能耗，造成冬夏不平衡，应考虑选择复合型冷热源，即土壤源热泵＋冷水机组；而对于白天和夜间均使用的宾馆建筑，因冬夏能耗相差不大，仅选择土壤源热泵作为冷热源即可。

对于本气候区，在具备地热资源的地区（如辛集、衡水、沧州、邯郸等部分地区），可考虑地热资源的合理开发利用。

3）严寒C区

河北省严寒C区，年平均气温较低，一般在0.8～6.9℃之间，夏季凉爽，空调期很短，冬季寒冷，采暖度日数很大；年平均降水量较少，并且分布不均匀，部分地区年平均降水量小于400mm；太阳能辐射量在5400～6700MJ／（m²·a）之间，属于太阳能资源较富带。

对于严寒C区的被动式超低能耗公共建筑，应该根据工程实际能耗选取适宜的冷热源，一般宜选择水冷冷水机组＋燃气锅炉、风冷冷水机组＋燃气锅炉、空气源热泵、土壤源热泵等系统。

由于该气候区被动式超低能耗公共建筑的采暖能耗远大于制冷能耗，造成系统严重的冬夏不平衡，应对照实际能耗选择合理的冷热源。此区公共建筑宜选用的冷热源应为复合型冷热源，可考虑选用冷水机组＋燃气锅炉、土壤源热泵＋燃气锅炉和蒸发冷却＋燃气锅炉。

对于河北省三大气候区被动式超低能耗公共建筑，在使用空气源热泵和土壤源热泵时，应注意以下影响：

① 空气源热泵，根据工程实际使用条件，考虑是否需要选择用于超低温环境的主机，以便于提高冬季制热效率。

② 土壤源热泵，根据工程地质条件，考虑是否适合打井、换热。

4 结 论

本文首先介绍了空调冷源、热源和热泵技术各自的特点，且以表格的形式对其组成的冷热源方案进行分析比较，整理给出各自的优缺点和适用范围；并结合河北省气候分区特点，总结得出适用于河北省被动式超低能耗居住建筑、公共建筑不同气候区的冷热源方案：

（1）被动式超低能耗居住建筑三大气候区均适宜选用能源环境机。

（2）被动式超低能耗公共建筑：对于三大气候区，选择冷热源时均宜选择水冷冷水机组＋燃气锅炉、风冷冷水机组＋燃气锅炉、空气源热泵、土壤源热泵等系统。其中：

① 寒冷 A 区

对于冬夏不平衡的公共建筑，可考虑选择复合型冷热源：仅白天使用的办公建筑和学校建筑，考虑土壤源热泵＋冷水机组；对于白天和夜间都使用的宾馆建筑，应根据具体工程计算冬夏能耗，对冬夏平衡进行校核，若冬夏能耗平衡，仅选择土壤源热泵即可，若采暖能耗大于制冷能耗，则选择土壤源热泵＋燃气锅炉。

② 寒冷 B 区

对于仅白天使用的被动式超低能耗办公建筑和学校建筑，应考虑选择复合型冷热源，即土壤源热泵＋冷水机组；而对于白天和夜间均使用的宾馆建筑，因冬夏能耗相差不大，仅选择土壤源热泵作为冷热源即可。对于本气候区，在具备地热资源的地区（如辛集、衡水、沧州、邯郸等部分地区），可考虑地热资源的合理开发利用。

③ 严寒 C 区

此区公共建筑宜选用的冷热源应为复合型冷热源，可考虑选用冷水机组＋燃气锅炉、土壤源热泵＋燃气锅炉和蒸发冷却＋燃气锅炉。

参考文献

[1]　陆耀庆．实用供热空调设计手册（第二版）[M]．北京：中国建筑工业出版社，2008.

[2]　住房和城乡建设部科技发展促进中心，河北省建筑科学研究院，河北五兴房地产有限公司．DB 13（J）/T177—2015．被动式低能耗居住建筑节能设计标准 [S]

空气源热泵在寒冷地区超低能耗
居住建筑中的应用分析

王松松[1]，田川川[2]，赵永生[2]

（1. 河北建研工程技术有限公司，石家庄　050000；

2. 河北建研环境科技有限公司，石家庄　050000）

摘　要　本文从超低能耗居住建筑室内环境与节能效果的实际应用出发，指出常规空调系统、采暖系统、新风系统的局限性，并提出能源环境（空调新风）一体机的概念。文章指出，针对超低能耗居住建筑，能源环境（空调新风）一体机能够完美弥补常规空调、采暖、新风系统的不足。文章进一步阐述了超低能耗居住建筑综合系统能耗不仅与建筑本身的节能有关，还跟其配套的其他系统有重要关系，提出只有做好建筑本身节能的同时，做好其他系统配套，才能真正实现超低能耗居住建筑的目标。

关键词　超低能耗居住建筑；空气源热泵；风机盘管；新风

1　引　言

超低能耗居住建筑追求节能与舒适的和谐统一，是国家可持续发展战略在建筑行业的典型体现，是建筑行业发展的最新趋势和目标之一。为了更好地配合超低能耗居住建筑的推广应用，其配套能源环境系统必须做到低能耗、高能效、超舒适、大健康，以实现整体建筑超低能耗的真正目标。

2　寒冷地区超低能耗居住建筑实际需求

2.1　超低能耗居住建筑能耗指标要求

我国国土面积幅员辽阔，整个国家气候分区跨度较大，从北向南依次主要分为严寒地区、寒冷地区、夏热冬冷地区、夏热冬暖地区、温和地区等。如用完全不变的一套标准来规范不同气候区的能耗指标，与事实不符，会造成建筑节能体系的专业性错误。针对我国不同气候区域，其控制能耗性能指标见表1[1]。

作者简介：王松松（1986.2—），男，助理工程师，河北省石家庄市槐安西路 395 号，邮编：050000，电话：0311-89919955。

表 1 不同气候区域的超低能耗居住建筑控制能耗性能指标 kWh/（m² · a）

气候区	严寒地区	寒冷地区	夏热冬冷地区	夏热冬暖地区	温和地区
年供暖量	≤15	≤10	≤5	—	≤5
年供冷量	≤5	≤20	≤25	≤30	≤5
一次能源消耗总量	≤45				
气密性	N_{50}≤0.6 次/h				

根据河北省《被动式超低能耗居住建筑节能设计标准》（DB13（J）/T177—2015），其单位建筑面积采暖控制指标≤10W/m²；单位建筑面积制冷控制指标≤20W/m²。

2.2 寒冷地区超低能耗居住建筑室内环境要求

我国寒冷地区冬季寒冷干燥，夏季炎热潮湿。例如：河北省大部分寒冷地区冬季供暖室外计算温度在−5.5～13.6℃，冬季空气调节室外计算温度在−8.0～16.2℃，相对湿度在41%～59%；夏季空气调节室外计算干球温度在30.6～35.1℃，相对湿度在50%～63%。

寒冷地区的超低能耗居住建筑节能基本要求：外围护结构具有良好的保温隔热和气密性；新风系统具备高效的全热回收效率；配置少量辅助冷热源，满足室内真实环境需求。室内环境参数要求见表2。

表 2 室内环境参数要求

室内环境温度	冬季	夏季
温度（℃）	≥20	≤26
相对湿度（%）	≥35	≤65
新风量需求［（m³/h · 人）］	≥30；CO_2 浓度≤1000ppm	
噪声 dB（A）	卧室、起居室和书房≤30；放置新风机组的设备房间≤35	
温度不保证率	≤10%	≤10%

2.3 寒冷地区超低能耗居住建筑新风量及冷热需求举例分析

在我国，居住建筑单户面积集中在 90～160m² 之间，以石家庄地区建筑面积 90～160m² 的户型为例，根据《民用建筑供暖通风与空气调节设计规范》（GB 50736—2012）、德国被动房准则（Passive House Criteria）、河北省《被动式低能耗居住建筑节能设计标准》DB13（J）/T177—2015、住房城乡建设部《被动式超低能耗绿色建筑技术导则》等标准进行计算，得出冬季计算热负荷在 900～1600W，夏季计算冷负荷在 1800～32000W 之间，新风量在 126～160m³/h 之间。

设备选型要考虑户间传热系数，间歇采暖系数，设备冬夏季能效衰减等，最终设备选型对应制冷制热量要求如下：冬季制热设备选型计算在 1872～3328W 之间，夏季制冷选型计算在 2808～4992W 之间，对应空调负荷在 1.5～2 匹之间。全年新风要求在 126～160m³/h 之间，同时排风具有高效热回收，热回收效率≥75%，过滤效率不低于 G4。

3 空气源热泵系统配置方案对比分析

由上文计算可得出，超低能耗居住建筑能源需求极小，传统市政供暖能够满足冬季采暖需求，但国内仍未真正普及热计量收费标准，超低能耗居住建筑与普通居住建筑同样按照采暖面积收费，属于变相增加了超低能耗居住建筑的运行费用。且市政供暖大量消耗一次能源，与超低能耗居住建筑"尽可能减少一次能源消耗"背道而驰。

用户自行安装的分体空调或中央空调，选择最小型号设备，仍然会远大于超低能耗居住建筑的能耗需求，匹配不合理会造成能源浪费；用户自行安装的新风系统，室外新风可以进行除霾（过滤 $PM_{2.5}$）处理，但对于室内原有的低品质空气处理效率较低；用户自行安装空调和新风系统，由于非专业化施工，会破坏超低能耗建筑外围护结构的气密性，造成建筑本身能耗增加。因此，针对超低能耗居住建筑，应当由专业的能源环境系统来匹配，满足其实际需求，从而达到环境舒适、运行费用低廉等优质效果。

空气源热泵技术不断成熟，作为超低能耗建筑的冷热源，为建筑提供制冷和采暖，可满足不同工况的多种能源需求。空气源热泵系统由两部分构成，一是室外机，提供冷热源；二是室内机，将冷热输送至室内各个功能空间。根据新风系统是否独立于空调系统，有两个类别的方案进行选择：

3.1 方案一：能源环境（空调新风）一体机系统

能源环境（空调新风）一体机是针对超低能耗居住建筑专门研发的新产品，能够完美匹配超低能耗居住建筑的能源环境需求。目前，国内90％以上超低能耗居住建筑采用该系统模式。能源环境（空调新风）一体机具有制冷、制热、引进新风、排风高效热回收、净化除尘（过滤 $PM_{2.5}$）等功能，控制系统智能化程度高、操作简单、维护简便。

仍以石家庄地区建筑面积 $90\sim160m^2$ 的户型为例，根据计算结果，选用型号为 $1.5\sim2$ 匹的能源环境（空调新风）一体机满足室内的温度、湿度、新风及净化除霾需求，室内机安装于工具间或厨房吊顶内。该系统对层高的影响较小，从室内机接出的送风管送至起居室、卧室等功能区域，在走廊设置集中回风口。

3.2 方案二：空气源热泵空调系统＋独立新风系统

空气源热泵空调系统的冷热源都是空气源热泵室外机，室内系统有三大类构成方式：一是多联机系统满足供冷热需求；二是单独风机盘管满足供冷热需求；三是风机盘管满足供冷需求，地板辐射采暖满足供热需求。三种方式都配置独立新风系统，新风设备采用热回收效率大于75％、带过滤 $PM_{2.5}$ 功能的新风主机，满足室内新风和基本净化需求。

仍以石家庄地区建筑面积 $90\sim160m^2$ 的户型为例，根据计算结果，选用 $1.5\sim2$ 匹的小型空气源热泵提供冷热源，采用空调末端供冷热，选用 $160m^3/h$，热回收效率大于75％，带 $PM_{2.5}$ 过滤功能的新风机，满足住户的新风和净化要求。

针对方案二中涉及的空调末端系统＋独立新风系统进行分析：

3.2.1 多联机＋独立新风

多联机具有制冷、制热功能，满足室内供冷热需求。以大金家用多联机中央空调系列为例，其最小型号室外机制冷量为 8kW、制热量为 9kW，最小室内机制冷量为 2.2kW、制热为 2.5kW。室外机最小型号远远大于超低能耗整体建筑需求，匹配不合理；室内机最小型号远大于各功能房间实际冷热量需求，匹配不合理；多联机室外机与室内机要求匹配率不超过 130%。因此，制冷量 8kW、制热量 9kW 的室外机，无法匹配五台及以上的室内机（配五台最小型号室内机，匹配率为 137%，超出匹配条件），无法满足更多功能房间的实际需求。由此可见，市场上的多联机单台室外机装机容量、单台室内机容量、室内机与室外机匹配率都不符合超低能耗居住建筑的实际需求。

独立新风系统满足室内新风需求。新风设备应当具备净化新风中所含的 $PM_{2.5}$、排风高效热回收等功能。在居住建筑中的独立新风配置型号在 $126\sim160m^3/h$ 之间居多，该新风量能够满足大部分居住建筑户型的室内新风需求，但在室内净化除霾方面风量过小，效率较低。例如，当室内人员抽烟时，户用独立新风系统净化风量只有能源环境（空调新风）一体机净化风量的 $1/8\sim1/4$，净化速率较慢。

3.2.2 风机盘管（＋地板辐射采暖）＋独立新风

风机盘管具有制冷、制热功能，满足室内供冷热需求。根据河北省建筑标准设计图集中显示，最小风机盘管型号为 FP（S）－34，其制冷量为 2080W，制热量为 3120W，该参数远大于超低能耗居住建筑各分房间需求，设备配置不合理。该系统中可选择增加或不增加地板辐射采暖末端，若增加该末端，则采暖效果更好，但成本会相应增加，对室内层高亦有不利影响。

新风系统同 3.2.1 中独立新风系统。

3.3 两种类别系统（根据新风系统是否独立）方案对比简析（表3）

表3　方案对比简析

对比内容	能源环境（空调新风）一体机系统	空调末端＋独立新风系统
造价	一般	一般
舒适度	舒适	舒适（若采用地板辐射采暖，效果更好）
对层高影响	局部对层高影响较小	局部对层高影响较大
智能化程度	全自动模式，一年四季智能控制，使用便捷	只能分系统控制
维护成本	末端采用风系统，风管系统维护成本低	末端采用氟系统或水系统，维护成本高

4 结 论

传统市政供暖＋分体空调＋独立新风系统，由于收费标准不合理，设备型号不匹配，"大量消耗一次能源"与"超低能耗居住建筑需尽可能减少一次能源消耗"背道而驰，不应作为超低能耗居住建筑的能源环境系统方案；空气源热泵＋能源环境（空调新风）一体机，针对超低能耗居住建筑专门研制的新产品，匹配合理，功能强大，智能化程度高，系统简单，使用效果好，应当作为超低能耗居住建筑的能源环境系统推荐方案；

多联机＋独立新风和空气源热泵＋风机盘管（＋地暖）＋独立新风，设备选型受限制，匹配不够合理，末端管路布置较多，维护不当容易出现水污染吊顶事故，可以作为超低能耗居住建筑的能源环境系统备选方案。

超低能耗居住建筑整体建筑体系节能是基础要求，其配套的供冷、供热、新风系统同时达到高能效要求，且与建筑和谐匹配，才能使超低能耗居住建筑在综合性能上真正实现节能与舒适的目标。

参考文献

[1]   徐伟，孙德宇．中国被动式超低能耗建筑能耗指标研究［J］．生态城市与绿色建筑，2015.

[2]   中华人民共和国住房和城乡建设部．被动式超低能耗绿色建筑技术导则，2015.

[3]   住房和城乡建设部科技发展促进中心，河北省建筑科学研究院，河北五兴房地产有限公司．DB13（J）/T 177－2015.被动式低能耗居住建筑节能设计标准［S］

[4]   中国建筑科学研究院．GB 50736－2012民用建筑供暖通风与空气调节设计规范［S］

关于被动房在过渡季节通风方式的探讨

高建会，田振

（河北洛卡恩节能科技有限公司，高碑店　074000）

摘　要　被动房是高效节能建筑，同时也是高度舒适性建筑，可以满足人们对室内环境日益增长的更加健康、更加舒适的需求。通风是保持室内舒适性的最有效手段。带高效热回收功能和空气净化功能的新风系统是被动房的标准配置，但是会消耗部分能量。开窗通风是最节能的通风方式，但是由于限制因素较多，往往不能实现通风的真正效果，室内舒适性和人体身心健康往往不易得到保障。本文通过新风系统通风和开窗自然通风形式通风效果的比较，提出在室外温度适宜的过渡季节通风方式的建议及需要考虑的因素，目的在于希望被动房能够得到合理的使用，真正发挥节能和舒适的双重效果。

关键词　被动房；过渡季节；通风方式；新风系统；开窗通风

1　引　言

随着社会经济水平的快速发展和人们生活水平的日益提高，人们对建筑物的要求也越来越高，追求更加舒适、健康的居住和办公环境。尤其是近年来，由于大气污染的日益加重，人们越来越重视室内环境的空气品质。一些空气净化产品和新风系统已悄然走进寻常百姓家。据奥维云网（AVC）统计数据显示：截止到 2015 年 12 月，全国新风系统产值规模约为 45 亿元，同比 2014 年增长 29％[1]。可见，越来越多的人开始重视空气品质问题。被动房的出现，为人们提供了完美的解决方案。被动房不仅是高效节能建筑，更是高度舒适性建筑，也可以说是健康建筑。被动房的新风系统不仅能为室内源源不断地提供呼吸所必需的充足氧气，而且提供的也是经过净化处理的"干净"的高品质空气。

2　被动房室内环境指标

德国被动房研究所（PHI）提出的被动房室内环境指标包括：温度 20～25℃，空气相对湿度 40％～60％，二氧化碳浓度≤1000ppm，卧室等送风区噪声值低于 25 分贝等。同时，也提出对新风须进行不低于 F7 级的过滤[2]。《被动式超低能耗绿色建筑技术导则（试行）》（2015 年版）[3] 也提出了对新风的净化要求。良好的室内空气质量是被动房舒适性的基本要求。概括来说，良好的空气品质应该具有适宜的温度和湿度、含氧量充足的特征，而且空气应该是"干净"的。

作者简介：高建会（1974.7—），男，工程师，任职于河北洛卡恩节能科技有限公司，电子邮箱：jianhuigao@lowcarn.com。

3 通风的作用及通风方式

保持良好的室内空气品质,最基本也是最有效的手段就是通风[4]。通风可以持续为室内人员提供生理活动所必需的氧气,可以稀释并排出室内家具及装饰产生的空气污染物,可以消除室内余热和余湿,提高人体舒适性。常见的通风方式有自然通风和机械通风。自然通风是依靠风压或热压使空气流动的通风方式,具有不需要消耗动力、节能、提高室内空气品质和改善室内热舒适性的优点。在传统建筑中,由于建筑物气密性较差,在门窗关闭的冬季采暖和夏季空调期间,一般靠通过门窗缝隙渗漏的空气来满足人体生理对新鲜空气的需要,但是会造成巨大的能量损失。在温度适宜的情况下开窗进行自然通风是最常见的通风方式,用于稀释室内空气污染物和消除余热、余湿。由于被动房具备高度的气密性,在门窗关闭的情况下,仅靠空气渗漏是不能满足人体生理活动对氧气的需要的,所以必须配置机械通风系统也就是新风系统,持续为室内提供足量的新风来保证室内空气品质和舒适性。

4 被动房新风系统

4.1 新风系统功能及原理

被动房的新风系统是将整个建筑物作为整体系统考虑,保证满足室内空气品质的新风量、温湿度,合理的进排风气流组织,连续的通风效果,同时兼顾节能、净化、降噪等要求,使被动房室内空气环境持续保持在健康、舒适的指标范围内的通风系统。

被动房通风系统属于"机械进风,机械排风"的双向流通风系统,由新风主机、进风口、排风口、送回风管道网组成的独立新风换气系统。通过设置于卫生间、厨房或设备间的新风主机彻底将室内的污浊空气持续排出,同时新鲜的空气经过滤后由客厅、卧室、书房等空间不断进入,达到系统的空气平衡的同时,也对房间进行了空气的置换,使一个高度密闭的空间实现科学的空气流通,相当于给房间增加了一套呼吸系统。新风系统保证了在高度密闭的房间内24h都有清新的空气,也保证了房间的清洁安静,隔绝了室外的灰尘和噪声进入房间,又能有效地避免由冷凝水引起的房屋发霉现象。

4.2 新风系统特点及优点

(1) 不受自然条件、外部环境、建筑朝向等因素影响,24h持续不断地为室内提供足量、洁净的空气;

(2) 属于可控制通风,通风量、通风时间都易于控制,便于维持室内高度的热舒适性;

(3) 可避免开窗通风造成的室外噪声影响和安全隐患;

(4) 室内气流组织合理,气流路线明晰,避免了空气交叉污染;

(5) 可实现空气净化功能,可以有效过滤室内外的空气污染物,比如 $PM_{2.5}$、花粉等,有力保障人体健康;

(6) 具有高效热回收和湿度回收功能,热回收效率大于75%,在保证室内适宜的温度和湿度的情况下，极大地降低了通风能耗；

（7）具有智能监测和自动控制功能，可实时对室内环境进行温度、湿度、二氧化碳浓度、$PM_{2.5}$浓度等指标进行监测并自动调整设备运行状态，使室内环境始终保持在健康、舒适的水平。

由此可见，被动房的新风系统是不受地域、气候条件、建筑规划与布局、室外空气质量、室外噪声环境等因素限制，能够24h持续不断保证室内空气品质的通风系统，是室内人员舒适与健康的有力保障，是能够满足人们对室内环境更加舒适、健康的要求的通风系统。

4.3 新风系统的能耗

以四口之家、人均$30m^2$、实际居住净面积$120m^2$、室内净高度3m的住宅为例。室内空气净体积$360m^3$，按照《民用建筑供暖通风与空气调节设计规范（GB 50736—2012)》[5]规定的换气次数0.5次/h计算，需要的新风量为$180m^3/h$。按照被动房技术要求，新风机通风单位体积空气耗电量不大于$0.45Wh/m^3$的标准计算，24h通风耗电量为1.94kWh，相当于1台台式计算机约4～6个小时耗电量。按耗电2度，单价0.55元/度计算，每天通风耗电量1.1元，人均每天通风费用0.28元，相当于一个普通一次性防霾口罩的价格。按目前社会消费水平来说，笔者认为是可以普遍接受的。

5 开窗自然通风

5.1 关于开窗通风的相关规定

《被动式超低能耗绿色建筑技术导则（试行）》（2015年版）和河北省《被动式低能耗居住建筑节能设计标准》DB13（J）/T177—2015[6]都有在过渡季节开窗通风的相关规定。《民用建筑供暖通风与空气调节设计规范（GB 50736—2012)》第6.1.3条也有自然通风的相关规定："应该首先考虑自然通风消除建筑物余热、余湿和进行室内污染物浓度控制。"以上规定都是考虑在温度适宜的情况下，从节能的角度出发提出的。就通风的动力而言，自然通风无疑属于最节能的通风方式。但是，笔者认为建筑节能与人体健康均要兼顾，两者之间需要权衡，不可顾此失彼。在考虑室外空气温度的同时，也需考虑空气湿度、空气污染程度和噪声等其他与人体健康紧密相关的因素，不能仅以温度为控制指标。《民用建筑供暖通风与空气调节设计规范（GB 50736—2012)》第6.1.3条也提出："对室外空气污染和噪声污染严重的地区，不宜采用自然通风。当自然通风不能满足要求时，应采用机械通风，或自然通风和机械通风相结合的复合通风。"本条规定提出了不宜自然通风的情况，即在室外空气污染程度和噪声污染程度对人体健康不利的情况下不宜采用自然通风方式，而不仅仅是考虑室外空气的温度因素。

按照国家环保部网站数据[7]，以2016年京津冀区域13个城市4月、5月、9月和10月平均空气质量优良天数为例（表1）可以看出，每月平均空气优良天数仅为61.4％，也就是每月约有40％的天数室外空气处于污染状态。由于开窗通风不具备自动监测空气质量指标和自动控制功能，一般人很难直观判断出空气质量，在开窗通风的情况下，生活于其中的人们不知不觉就处于污染的空气环境之中了，对身体健康非常不利!

表1　京津冀区域13个城市平均空气质量优良天数

月份	4月	5月	9月	10月	平均值
天数百分比（%）	54	62.5	65	64.1	61.4

同样按照国家环保部2016年发布的城市空气质量状况月报统计，可以看出同属于京津冀区域的石家庄、北京、张家口三个城市在过渡季节的空气$PM_{2.5}$月均浓度状况（表2）。

表2　城市$PM_{2.5}$月均浓度　　　　　　　　　　$\mu g/m^3$

月份	石家庄	北京	张家口
4	61	68	28
5	55	54	27
9	88	55	23
10	116	84	38

参照《环境空气质量标准》（GB 3095—2012）[8]中关于$PM_{2.5}$浓度限值的规定，居住区空气$PM_{2.5}$含量24h平均浓度限值$75\mu g/m^3$的标准，从上表可以看出，张家口在过渡季节的各月$PM_{2.5}$月均浓度符合要求；北京在过渡季节有3个月$PM_{2.5}$月均浓度符合要求；石家庄在过渡季节有2个月$PM_{2.5}$月均浓度符合要求。通过以上对比分析不难看出，就空气污染程度而言，在相同的季节由于室外空气污染程度不一样，并不是任何区域都适合采用不经过滤的开窗通风方式。

5.2　开窗通风的缺点及限制性因素

除去开窗通风不能对室外污染空气进行有效的过滤外，开窗通风还由于自身的缺点往往受到很多因素限制，或是不能完全实现通风应该达到的效果，不能维持室内的舒适度水平。主要表现在以下几个方面：

（1）开窗通风受场地周边自然环境、气候条件等限制，如风向、风速、环境噪声等，这些因素能够直接决定通风的效果；

（2）开窗通风受建筑物朝向、间距和建筑群总体布局限制；

（3）建筑单体的平面布置、门窗大小和高度等对开窗通风效果具有很大的影响；

（4）开窗通风属于不可控通风，通风效果差，气流不易组织，往往在房间形成紊流，有时可把卫生间、厨房的污浊空气带进客厅或卧室。由于通风的间断性，有时反而会造成室内更大的污染；

（5）开窗通风不易保持室内的温湿度，尤其对湿度影响很大，室内热舒适性不稳定；

（6）开窗通风具有一定的安全隐患，每年由于开窗通风而引发的盗窃、人身伤害案件屡见不鲜。

5.3　适宜开窗通风的条件及因素

开窗通风虽然是最节能的通风方式，但是通风效果不易保证，室内舒适度和人体健康不易稳定持续地得到保障，且具有安全隐患。建议被动房使用者在开窗通风时考虑以下条件和因素：

（1）安全条件：确保开窗通风不会存在安全隐患；

（2）湿度条件：开窗通风不会使室内空气相对湿度低于40％或高于60％；

（3）噪声因素：在开窗通风的情况下，室内噪声在可以接受的程度范围内，不会影响休息或正常活动，不会对情绪造成干扰；

（4）体质条件：对花粉等没有过敏反应，可以接受空气温湿度轻微变化，风速大小变化对身体没有明显影响，开窗通风不会对身体造成不适的其他情况；

（5）室外空气污染程度：根据环保部门监测，在过渡季节本地区常年空气质量达标，且开窗通风时没有污染空气的事件发生。

笔者认为，以上5个条件也许不是影响是否开窗通风的全部因素，但是只要上述5个条件有1条不具备时就不建议开窗通风，毕竟安全、舒适与有利于身心健康才是人体对周边环境的基本要求。

换言之，开窗通风不仅需要考虑室外空气的温度因素，同时还需要能够满足室内安全、舒适、卫生和身体条件允许的要求。在这些条件具备时，应该优先采用开窗自然通风的方式。

6 结 论

通过以上对比分析可以看出，在过渡季节的通风方式应该由被动房使用者根据周围环境条件、身体条件、安全条件等灵活掌握，不能做硬性规定，总的原则是既考虑节能又要兼顾室内环境的舒适性，充分体现被动房舒适、节能的先进性和优越性。

参考文献

[1] 中国产业信息网，网址链接：http://www.chyxx.com/research/201612/477151.html.

[2] ［德］考夫曼，费斯特. 德国被动房设计和施工指南［M］. 徐智勇，译. 北京：中国建筑工业出版社，2015.

[3] 中华人民共和国住房和城乡建设部. 被动式超低能耗绿色建筑技术导则（试行）（2015年版）.

[4] 王智超. 住宅通风设计及评价［M］. 北京：中国建筑工业出版社，2011.

[5] GB 50736—2012 民用建筑供暖通风与空气调节设计规范［S］

[6] DB 13（J）/T177—2015 被动式低能耗居住建筑节能设计标准［S］

[7] 中华人民共和国环境保护部网站，网址链接：http://www.zhb.gov.cn/hjzl/dqhj/cskqzlzkyb/.

[8] GB 3095—2012 环境空气质量标准［S］

超低能耗建筑的太阳能表皮设计与技术集成

朱丽

（天津大学，天津　300192）

摘　要　降低建筑能源消耗，促进能源结构低碳转型，太阳能等新能源与可再生能源在建筑中的集成应用推广成为必然趋势。建筑表皮作为分割建筑内部与环境的界面，是建筑从外部环境获取能量的重要载体，太阳能建筑表皮是实现建筑（超）低能耗的重要途径。随着太阳能技术的不断发展和建筑可持续设计语境的深入，太阳能技术在材料肌理、结构与光影等要素上成为了建筑表皮的新设计语汇。结合太阳能技术要素对新设计语汇进行论述后，文章依托实际案例分析了新颖太阳能光伏建筑表皮、动态（聚光）太阳能建筑表皮和电热冷多联产光伏建筑表皮的发展，系统探讨了如何让太阳能技术产品和装置成为建筑表皮的设计要素和组成形式，为超低能耗建筑的发展提供新型太阳能表皮与能量系统。

关键词　太阳能建筑表皮；一体化设计；技术集成；超低能耗建筑

1　引　言

我国建筑能耗已占到全社会终端总能耗的近1/3。气候变化和空气污染促使能源结构的低碳转型，太阳能等新能源与可再生能源在建筑中的集成应用推广成为必然趋势。建筑、能源与环境之间相互制约、相互促进。低能耗建筑立足于建筑和能源使用的有机结合，促进环境的友好发展，而建筑表皮作为分割建筑内部与环境的界面，是建筑获取自然光、太阳辐射、空气湿度与温度、风以及降水的媒介，是建筑从外部环境获取能量的重要载体。随着可持续发展的理念渐入人心，建筑表皮的设计也趋于绿色和生态的表达，具备能量产出特性的太阳能建筑表皮开始逐渐进入人们的视野。

2　太阳能表皮设计要素

建筑表皮的发展受到人文环境、经济环境、生态环境、建筑结构和建筑材料等因素的制约和影响。回顾国内外建筑的发展历程，从中国古代木建筑的演变到国外古希腊和罗马的砖石建筑、哥特式的拱券结构、工艺美术运动的发展、现代建筑运动对建筑材料和空间的解放，再到后现代建筑，建筑表皮的材料经历了由木材、砖石和木质相结合、钢筋混凝土和玻璃、有机聚合物（如PC、ETFE）、金属或金属与玻璃相结合的漫长发展历程。

作者简介：朱丽（1977.3—），天津大学建筑学院教授，博士生导师，天津大学北洋青年学者（2016），教育部新世纪人才（2012）。APEC可持续能源中心主任，世界能源理事会研究委员会委员，天津市可再生能源学会副理事长。美国伯克利国家实验室高级访问学者，澳大利亚国立大学访问学者。

随着太阳能技术的不断发展，新型的太阳能产品装置拥有区别于传统太阳能光电和光热产品的外观和功能特征；同时，当传统的单层建筑表皮无法表达建筑师对于其设计理念及其方案构思的传递时，双层乃至多层表皮的出现更新了传统的设计手法，也为太阳能技术与建筑集成提供了更多的可能性。太阳能技术在与建筑表皮集成的过程中需要从材料、肌理、结构与光影几个设计要素中进行结合，形成新的设计语汇。

2.1 材料语汇

建筑材料肌理作为建筑语汇最直接的表达形式，是建筑设计与建筑美学元素的内在组成部分。太阳电池在建筑表皮上的材料表现经历了从单一到多样化的过程，从最初传统的单晶硅、多晶硅的单一色彩和质感，到非晶硅、化合物薄膜电池的多彩多样，至近期新产品完全契合建筑材料的纹理与质感，比如荷兰 ECN 新推出的纯白色太阳电池和太阳砖，到汉能推出的汉瓦，如图 1 所示。材料表达方式的创新推动了建筑表皮的设计创新，染料敏化电池、碲化镉、铜铟镓硒等新型太阳能技术的材料特征为多层太阳能表皮设计中材料的组合使用提供了新的元素。由于其可丰富建筑语汇的多样性，拥有巨大的美学表现潜力，并具有围护结构所需要的多项物理指标参数，太阳能技术为建筑表皮不断提供新的材料语汇。

2.2 结构语汇

太阳能建筑表皮通过内外不同结构的叠加，带给建筑新的表现力与感染力的同时，也是建筑师设计理念与逻辑的外在表现。内外表皮结构之间的对话，赋予建筑表皮新的内涵，使人对表皮产生新的认知与体验（图 2）。太阳能构件的集合形态与建筑表皮的整体关系影响着建筑的形象。构件作为表皮的构成要素，应服从于建筑的整体感官和功能需求。研究整体与局部的关系、构件的节点构造，关系到构件和整体的对比与统一、融合与分离、节奏与韵律来达到或融合或对比的效果。通过对不同形态的太阳

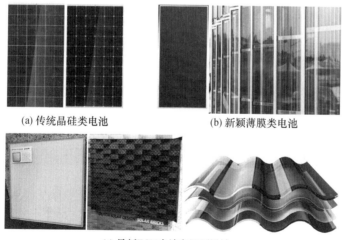

(a) 传统晶硅类电池　　　　(b) 新颖薄膜类电池

(c) 最新ECN电池和汉瓦设计

图 1　太阳能给建筑表皮带来的新材料语汇

能构件的结构设计，呈现出不同构造特征的组件的不同排列组合，可以实现不同功能（采光、通风）和美观需求的建筑表皮。

(a) 汉能大楼的"龙鳞"结构　　　　　　(b) 动态聚光太阳能表皮结构

图2　太阳能给建筑表皮带来的结构语汇

汉能总部透光薄膜光伏项目的一二层里面采用双曲面结构，通过参数化设计进行表皮曲线拟合，设计单元沿对角线布置呈45°角，倾角渐变构成完整的弧状表皮，实现其"龙鳞"的概念。聚光太阳能利用技术通过精确跟踪太阳的运动轨迹，收集汇聚太阳光线，实现太阳能高能密度利用的同时，还能够营造动态的室内光环境。通过分离聚光、跟踪和控制装置，利用分层设计的概念，可将聚光太阳能技术集成到建筑表皮上，形成动态太阳能聚光建筑表皮，该表皮具有相对复杂的多层动态结构。

2.3　光影营造

光影是建筑内涵的解说家，优秀的建筑师善于通过光影的控制来界定空间，表达感情和传递力量。多层表皮自身的构造属性为表皮提供了丰富的构成形式，太阳技术的融合也为多层表皮间的构造形式，构件单元的排列组合，材料的不同组合，形成了丰富的光影效果（图3）。建筑师通过对多层表皮的构造和对材料的组织和控制可以在很大程度上丰富视觉的层次，通过光影关系的处理，凝练更加准确的设计语言。

图3　不同太阳能电池材料与组件带来的不同光影效果

3　太阳能表皮集成设计与案例分析

太阳能建筑表皮通过对能量的捕获→转化→流动→重组→整合→控制→反馈，将建筑改造为一个具有文化感知及美学功能的分布式能量供给站。基于上述的几个设计要素，结合太阳能建筑表皮的能量产出特性，拟从三个角度分析太阳能建筑表皮的集成设计，传统太阳能利用技术与表皮集成后的光特性与光影效果、聚光太阳能利用技术集成的方式与结构特性，和面向建筑多种能源需求的联产/多联产新组件设计与集成。

3.1 光伏太阳能建筑表皮

　　材料的创新推动了表皮的形式改革与艺术表现力，使得建筑表皮焕发出新的活力。光伏的透光性可以通过对传统的晶硅电池的切薄处理、薄膜电池的刻画线、透光基板等生产工艺的处理实现。不同的太阳电池材料和透光处理工艺、太阳电池的布置和组件的安装方式给建筑表皮的设计与表达提供了多种多样的方式（图4）。2015年建成的新加坡JTC清洁技术园区将15％和30％两种透光率的薄膜组件应用于1号园区、2号园区及连廊。建筑表皮以绿色为主色调，通过调节色调与纯度，形成渐变且和谐的色彩关系。

(a) 新加坡JTC清洁技术园区　　　(b) 汉能总部大楼　　　(c) 吐鲁番薄膜应用项目

图4　光伏建筑表皮应用案例

　　2014年完工的汉能总部透光薄膜光伏项目，在建筑的三层外立面沿折线安装了透光薄膜光伏组件，整体曲线呈波浪状。连廊的界面则使用透光薄膜光伏电池代替传统的幕墙电池，为内部空间营造出均匀透光的多种色彩效果。

3.2 动态（聚光）太阳能建筑表皮

　　动态太阳能聚光表皮考虑追踪太阳运行轨迹，最大限度接受太阳光线的照射，从而提供对太阳能的收集和利用。同时，不断运动的建筑表皮元素还可以带来不断变化的室内光影效果。如图5所示。

 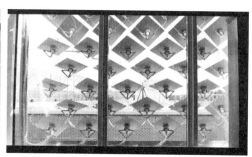

图5　ETH的动态太阳能建筑表皮

　　动态聚光太阳能建筑表皮组件则在此基础上，加入点式、线性聚光技术设计出的建筑集成聚光模块，综合考虑太阳光照和建筑形体因素排布而成。聚光模块可以高效地吸收利用太阳为建筑提供电能或（和）热能。这种新型的建筑表皮通常设置有跟踪控制系统，可以保证聚光模块的角度始终与太阳直射的位置保持一致，形成动态的建筑景观。在表皮接受日照的情况下，聚光模块只吸收直射光，大量的环境漫射光可以通过聚光表皮进入室内（图6）。因此，动态聚光的建筑表皮在收集太阳能的同时可以满足室内空间的照明要求，甚至聚光装置本身就可以作为建筑形象展示。

(a) 线性太阳聚光　　　　　　　　　　(b) 点式太阳聚光

图6　动态聚光构件集成效果图

位于美国纽约的雪城大学卓越中心将太阳能聚光阵列的聚光幕墙系统，安装在两块玻璃之间，保护聚光系统免受天气和其他伤害。聚光幕墙的实践既有助于营造室内良好的光环境，也可实现建筑表皮的能量高效产出（图7）。

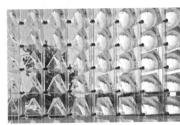

图7　卓越中心聚光幕墙与聚光组件

3.3　多联产的太阳能表皮

多联产的太阳能组件是指利用光电、光热以及太空辐射制冷技术研发的一种新型高效的太阳能产品。通过在传统的光伏组件背后增设流体管道来提供光伏板副产热量的散失，夜间通过太空辐射来收集冷量，实现电热冷多种形式能量产出。多联产光伏组件与建筑表皮一体化的设计，作为其构造层次的饰面层，消除了"双层皮"的构造方式，增强了围护结构的保温隔热能力。白天，太阳照射到围护结构上，光伏板在发电的同时实现热量的收集，为建筑保温的同时蓄热；夜间太空低温辐射，为建筑集冷，从而实现电热冷的多联产的建筑表皮系统。电-热-冷三联产太阳能光伏组件的组成与工作原理如图8所示。

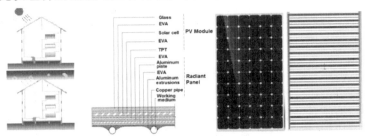

图8　电-热-冷三联产太阳能光伏组件的组成与工作原理

2010 年天津大学参与美国能源部主办的"太阳能十项全能竞赛"作品"SUN-FLOWER"，在屋顶铺设了上述的三联产光伏组件及能量系统。通过架空组件，既实现对屋顶的遮阳又利于自然通风。该新型系统的引入不仅降低了光伏板的温度提升了发电效率，还实现了太阳能的热收集与利用。如图 9 所示。

图 9 应用多联产光伏组件的天津大学 SUNFLOWER 太阳房

4 结 语

太阳能建筑表皮固有的技术特征与材料属性改变了建筑表皮的整体能量系统，从被动的能量消耗变为最大程度地主动获取并控制能量的应用。同时，不同技术特征的太阳能产品选择时呈现出不同的表皮肌理、色彩和质感，为建筑表皮设计形式的创新提供了更多的发展空间。文章中对透光薄膜光伏表皮、动态（聚光）光伏表皮、多联产光伏表皮的设计与案例展开分析，并探讨了如何在多层太阳能建筑表皮设计中兼顾材料、结构、光影等要素。让太阳能技术产品和装备成为建筑表皮的设计要素和组成形式，利用建筑空间的能量属性，为超低能耗建筑的发展提供新型太阳能表皮与能量系统，实现技术与艺术的完美结合。

参考文献

[1] 吴伟东，高辉，邢金城，周淑玲，冯柯，郭娟利，梁佳. 零能耗太阳能建筑主动技术优化评价方法研究 [J]. 太阳能学报，2015，（09）：2204-2210.

[2] 陈德胜，吴云涛，安艳华. 2013 十项全能太阳能建筑竞赛中绿色建筑的技术共性 [J]. 装饰，2015，（07）：98-100.

[3] 舒欣，季元. 整合介入——气候适应性建筑表皮的设计过程研究 [J]. 建筑师，2013，（06）：12-19.

[4] 郭娟利，高辉，王杰汇，冯柯. 光伏建筑表皮一体化设计解析——以 SDE2010 参赛作品为例 [J]. 新建筑，2012，（04）：89-92.

[5] 项瑜，朱丽. 由欧洲"太阳能十项全能竞赛"看光伏建筑的发展——基于建筑学视角下的分析 [J]. 华中建筑，2012，（07）：77-80.

[6] 邢同和，申浩. 建筑表皮的肌理化建构 [J]. 新建筑，2010，（06）：80-83.

[7] 徐燊，李保峰. 光伏建筑的整体造型和细部设计 [J]. 建筑学报，2010，（01）：60-63.

[8] 张啸. 建筑表皮生态设计策略研究 [J]. 中外建筑，2009，（05）：101-103.

[9] 李钢，李保峰，龚斌. 建筑表皮的生态意义 [J]. 新建筑，2008，（02）：14-19.

[10] 王崇杰，赵学义. 论太阳能建筑一体化设计 [J]. 建筑学报，2002，（07）：28-29＋71.

被动屋的新风系统

郭占庚，杨振

（森德（中国）暖通设备有限公司，北京　101100）

摘　要　被动屋建筑是超低能耗的建筑，外围护结构的热损失极低，气密性高。高效全热回收新风机是被动屋不可缺少的组成部分，除了给室内提供足够的氧气，还需要把室内的湿气、污浊空气及有害气体及时排出，创造健康舒适的室内居住或办公环境。超低能耗便于建筑物的采暖和制冷，新风采暖制冷一体机——森德康舒家是解决被动屋通风、采暖和制冷的最便利和经济的方案。

关键词　全热回收新风；逆流全热交换器；康舒膜；新风采暖制冷一体机；康舒家

1　被动屋的特点

被动屋起源于德国，其特点是超低能耗、健康舒适。

如何来实现超低能耗？

◆ 加厚保温，通常不低于 200mm

传热系数 $\leq 0.15 \mathrm{W}/(\mathrm{m^2 \cdot K})$

热负荷 $\leq 10 \mathrm{W/m^2}$（居住面积）

年采暖能耗 $\leq 15 \mathrm{kWh}/(\mathrm{m^2 \cdot a})$（居住面积）

◆ 断桥窗框和三层真空玻璃，换热系数 $K \leq 0.8 \mathrm{W}/(\mathrm{m^2 \cdot K})$

◆ 加强密封，提高气密性，要求在 50Pa 负压时建筑屋的换气系数 $n_{50} \leq 0.61/\mathrm{h}$

2　被动屋通风的必要性

通俗一点讲，被动房的外围护结构把整个建筑物做成了一个高度密封的保温瓶，如果没有可控的通风人将无法生活。

给居室提供新鲜空气，有效排除室内的污浊空气及有害气体成了被动屋的关键因素之一。可控通风是被动屋的必备。

如果没有通风：

◆ 缺氧，污浊空气排不出去

◆ 房间内的湿度

室内空气含湿量平衡：$\dot{m}_{Ab} = \dot{m}_{Zu} + \dot{m}_{Raum}$

Ab——排风带出的水量

Zu——送风带入的水量

Raum——室内增加的水量

作者简介：郭占庚（1962.11—），男，博士。电话：010-61562288；邮箱：guo@zehnder.com.on。

杨振（1976.8—），男，工程师。电话：010-61562288；邮箱：Yangzhen@zehnder.com.cn。

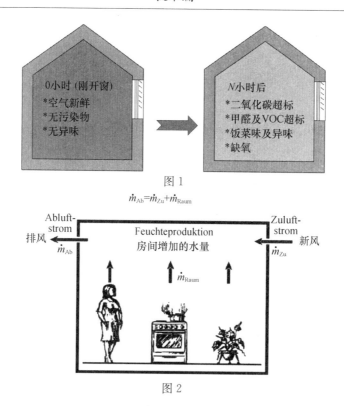

图1

图2

如果新风 Zu 和排风 Ab 均为零，室内的含湿量（湿度）将越来越大。

◆ 滋生霉菌：室内通风不足，湿气无法及时排出，就会滋生霉菌。德国费劳恩赫弗建筑物理研究所艾尔霍恩（Fraunhofer Institut fuer Bauphysik）得出结论：

· 如果空气相对湿度长时间高于 80%，建筑材料表面会滋生霉菌；

· 一天内相对湿度高于 80% 的时间不超过 3 小时，问题不大；

· 一天内相对湿度高于 80% 的时间超过 6 小时，滋生霉菌的风险很大。

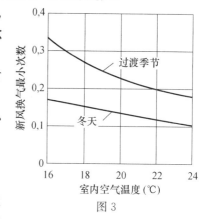

图3

根据室内外湿度平衡，艾尔霍恩先生计算出房屋新风换气最低次数，室内温度越低要求的最小换气次数越高：

被动屋的每小时新风换气量不能低于以上次数，同时满足 30m³/（h·人）

3 被动屋对通风设备的要求

可控通风是指通过机械方式把室外的新鲜空气送到室内，再将室内的污浊空气排向室外，保证室内 24 小时空气新鲜。

国标规定：住宅和办公环境下新风量 ≥30m³/（h·人）

建议换气系数：居住 0.5l/h

办公 1.0l/h

由于被动屋的总能耗很低，新风负荷在采暖和制冷时占的比例较高，不宜简单参考常规的做法确定新风换气系数。特别是寒冷天气更需要控制新风换气系数，原则上只需保证每人 30m³/h 的新风量。

为了降低通风的能耗，被动屋的通风设备必须对排风侧的热量进行回收，并保证热回收效率不低于 75％。

德国被动屋研究所对家用通风及设备做了明确的规定。

通用要求：

• 显热回收率（采暖，风量平衡，室外温度 -15~10℃，室内 20℃）：$\eta_h \geqslant 75\%$

• 全热回收效率：$\eta_e \geqslant 60\%$（建议）

• 防冻时新风不能间断，室外温度低于 -3℃ 启动防冻功能（新风预热）

• 新风和污风之间的风量的差异＜10％

• 新风机的泄漏率：内部及外部 ≤ 3％（压差 100Pa）

• 漏风系数（换气系数）$N_{50} \leqslant 0.61/h$

• 新风量：

　新风换气系数

　正常：0.51/h

　极冷天气：（＜-15°）0.21/h

　最低新风量：30m³/h/人

➤ 新风出风温度：≥16.5℃（室外 -10℃ 室内 21℃，新风加预热，如图 4 所示。）

• 新风耗电：≤0.45W/（m³/h），扣除高效滤网和表冷器的影响

◆ 分户独立新风机（风量小于 600m³/h）：

➤ 新风机风量使用范围：

最大运行风量 V_{max} 为风机最高速运行，背压为 169Pa 时测得的风量值/1.3

最小运行风量 V_{min} 为风机最低速，背压为 49Pa 时测得的风量值/0.7

标称风量（新风）$V =（V_{max} + V_{min}）/2$

新风机的使用范围是 V_{min} 和 V_{max} 之间。

➤ 待机能耗≤1W

➤ 新风控制：至少三速控制（70％~80％，100％，130％）

➤ 噪声：

　新风机设备间≤35dB（A）

　居室≤25dB（A）

　其他功能房≤30dB（A）

➤ 设备包括热交换器，必须便于检查和清洗，过滤网更换不应超过一年。要求滤网更换用户自己可以完成。

◆ 中央通风设备（风量大于 600m³/h）：

在保证单位新风量耗功率≤0.45W/（m³/h）和如下背压下测定的新风量为新风机的使用范围（表 1）。

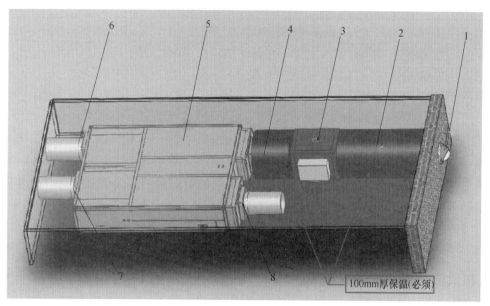

1.室外新风进口   4.风管2+100mm厚保温   7.预热新风出口
2.风管1+100mm厚保温   5.康舒安系列换气机   8.室内污风进口
3.康舒新风预热器   6.室内污风出口

图4 电预热器的安装示意图

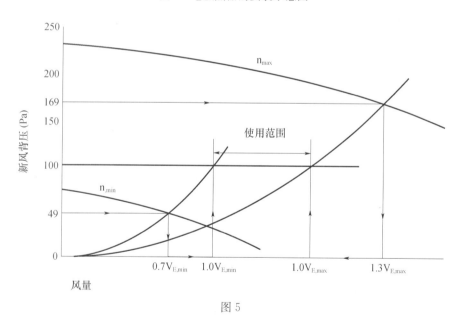

图5

表1

新风量（m³/h）	新风机背压（Pa）（非住宅）	新风机背压（Pa）（住宅）
≤600	190	155
≤1000	222	187
≤1500	247	212

新风量（m³/h）	新风机背压（Pa）（非住宅）	新风机背压（Pa）（住宅）
≤2000	265	230
≤3000	290	
≤4000	308	
≤5000	322	
≤10000	365	

　　鉴于住宅风道要比其他建筑屋短，所以要求的背压也低。以上背压对应的新风机只包括外壳、热交换器和风机。其他部件的压降应该扣除，过滤网允许最多扣除50Pa。

　　考虑到新风机的调节范围、重量、外形尺寸等因素，单台新风机的风量不宜大幅超过10000m³/h。

4　被动屋的新风设备（通风）

　　根据采暖制冷的形式（主要是制冷）的要求，有集中式和分户独立新风设备两种。

表2

制冷形式	通风设备	全热交换器	除湿模块
单独的空气冷却系统（如风机盘管，VRV等）	集中 分户独立	全热板式、 转轮交换器	没必要
单独的结构制冷系统（蛇管埋结构层或垫层） 单独的外挂冷辐射板制冷系统	集中	全热板式、 转轮交换器	必须有机器露点≤15℃
采暖通风合一系统（一体机）	分户独立	全热板式交换器	必须有机器露点≤15℃

说明：

　　（1）如果选用板式全热交换器应选择可以水洗的材料如康舒膜做热交换器。

　　（2）冬冷地区（冬季温度低于−5℃）的新风机，不管是采用集中还是分户独立的形式，在新风入口处需要有防冻保护-预热。集中新风机可以选择电加热或防冻液热水加热。分户独立新风机可以通过电加热或混风来提高新风的入口温度。为了避免能耗过高，对高寒地区（温度＜−20℃），应降低新风的换气系数，保证每人30m³/h即可。

　　（3）常规空调的做法是对除湿后的低温空气进行再加热，以免冷风直吹带来的弊病（不舒适、易感冒）。被动屋的新风量约为常规空调的10%，出风口的风速很低，新风流出后很快就会和周边热空气混合在一起，不用再考虑新风加再热段。如果出于某种考虑，出风口风速较高（＞2m/s），可以改变出风口的方向，避免对人体直吹。

　　如果新风不承担制冷任务，可以通过增加一个热回收段对低温新风进行再热。尽量避免用辅助能源加热新风。

4.1　转轮式集中新风机

　　转轮式全热回收新风机的特点是全热回收效率高，全热回收效率可以通过调节转轮速度来控制。其缺点是显而易见，部分污风会混到新风中，污风中的异味和细菌会跟着混进新风，出现少量的交叉污染。如果成本允许，可以在送风段加杀菌过滤段（如电子除尘净化杀菌或紫外线杀菌设备）。

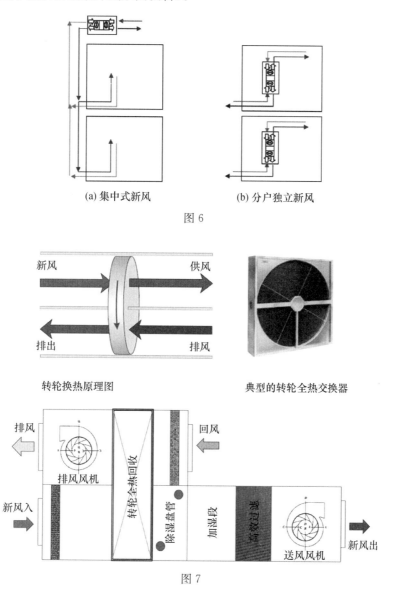

(a) 集中式新风   (b) 分户独立新风

图 6

转轮换热原理图   典型的转轮全热交换器

图 7

◆ 转轮新风机组

常见的主要组成：新风和排风风机，转轮全热回收器（通常用一个全热转轮换热器），除湿盘管，加湿，高效过滤等。

由于转轮本身的成本特点，风量小于 $3000m^3/h$，不宜考虑采用这种热回收设备。

4.2 板式全热交换集中新风机

◆ 核心部件：全热交换器，分逆流型和交叉流型两种，如图 8 所示：

因交叉流型的热回收效率较低，直接采用达不到被动屋标准的要求，可以采用如下组合方式（准逆流换热）：

逆流型换热器可以实现高效热回收，合理选型设计可以达到被动屋标准的要求。

◆ 热交换器机芯的材料：

常见的显热交换器的材料：铝箔或塑料薄板（夏季湿度高的地区不适合）

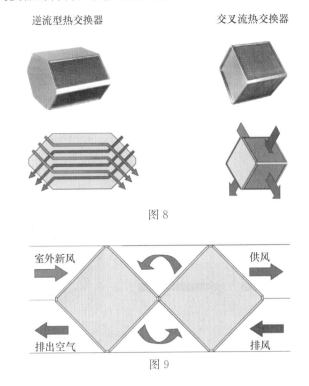

逆流型热交换器　　　　　　　交叉流热交换器

图 8

图 9

常见的全热交换器的材料：特殊塑料薄膜（康舒膜）或纸（不能水洗）

我国大部分地区夏季室外空气的湿度大，都有除湿的要求，显热交换器不能满足节能要求，必须采用全热交换器。

纸作为全热交换器的机芯的优势是湿度交换效率高，但其致命弱点是：透汽率高，很难达到被动屋标准中的漏风率小于3％的要求；另外机芯受潮后容易滋生霉菌；机芯使用时间长了无法水洗，只能换新的，增加了维护成本。

特殊塑料薄膜（康舒膜）是一种理想的全热交换材料，经过特殊处理后既能进行湿交换，还能抑制细菌的生长，又可以水洗。

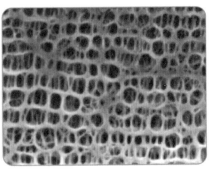

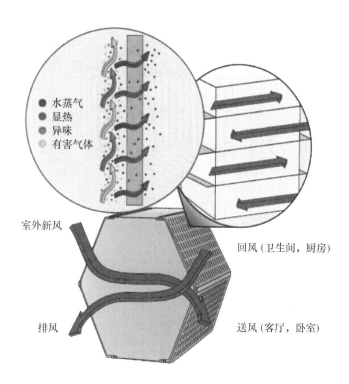

室外新风

回风（卫生间，厨房）

排风

送风（客厅，卧室）

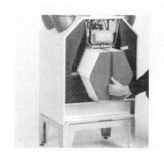

康舒膜

纸质机芯材料

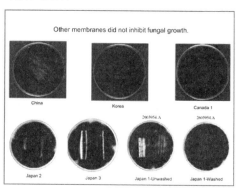

以下为康舒膜热交换器的传热板的外形：

ERV 366

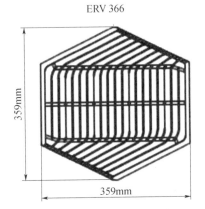

热交换器的厚度可以根据需要的风量确定，因康舒膜属于新材料，可选用的热交换器的尺寸比较少。

◆ 板式新风全热回收机组：

大型机组

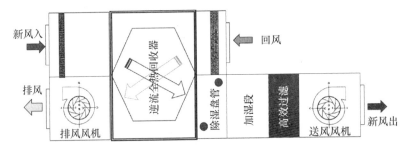

中型机组（吊顶安装）600/800/1000/1500m³/h：

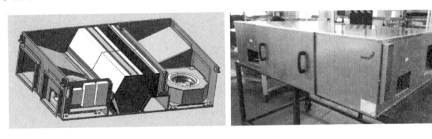

含除湿盘管和高效过滤，不含加湿段。

4.3 分户独立新风机

分户独立新风机是将高效逆流全热交换器、风机、滤网集成在一起，通常不带加湿和除湿模块。适用于只需要提供通风的暖通方案，即另有设备提供采暖、制冷和除湿。

◆ 立式新风机——森德康舒安 comfoair Q 系列：

型号	最大风量（m³/h）	噪声@3m（dB）（A）	适用面积（m²）	PHI 认证
Q350	350@200Pa	33.4	180	有
Q450	450@200Pa	37.5	230	有
Q600	600@200Pa	43.9	300	进行中

Airflow range	Airflow range
70–270 m³/h	70–345 m³/h
Heat recovery rate	Heat recovery rate
$\eta_{HR} = 90\%$	$\eta_{HR} = 89\%$
Specific electric power	Specific electric power
$P_{el,spec} = 0.24\ Wh/m^3$	$P_{el,spec} = 0.26\ Wh/m^3$
Q350	Q450

◆ 吊顶式——新风机（200m³/h），德国进口 Paul Climos F200（适用室内面积 130m²）

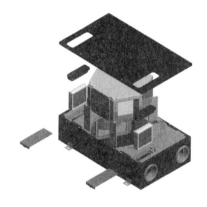

应用示意图

- ■ 新风进
- ■ 新风出
- ▨ 回风
- ■ 排风
  - 1—新风管
  - 2—全热回收新风机
  - 3—新风分配管线

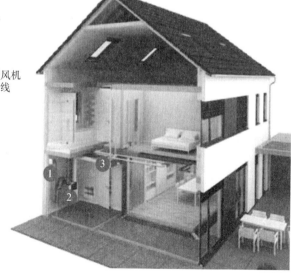

扫码看图

4.4 户式新风采暖制冷一体机

户式新风采暖制冷一体机是解决被动屋住宅的最经济的选择。它是一种高效全热回收新风机和空气源热泵的组合。

同时解决：

▶ 新风 200/300m³/h

▶ 逆流全热交换器

▶ 热回收效率＞85％

▶ 全热回收效率＞60％

▶ 采暖 3.8kW/5kW

▶ 制冷 3.5/4.6kW

▶ 变频风机和热泵

▶ 高效过滤

▶ 机外可支配送风余压＞100Pa

▶ 适用面积 130/180m²

▶ 低温环境带新风预热（选配）

▶ 电辅助加热（选配）

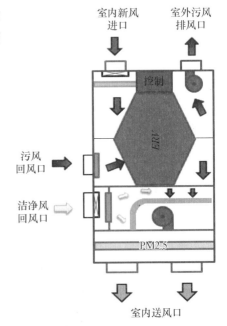

室内机　　　　　　　　　室外机

5 室内风口的布置

被动屋的新风量较传统的空调风量低很，所以对新风出风口和回风口布置的位置有要求，需要保证新风能够覆盖（扩散）到每个角落。

◆ 简单法则：送风口布置到房间的最远端，回风口布置在走道、厨房、卫生间。如果房间较大，门缝缝隙不能满足透汽（平衡排风）的要求，需要在内墙上设透汽槽。

◆ 一体机——康舒家的风管布置（顶送风）

◆ 风管：

要求风阻小，并符合国家环保和健康要求。PVC 因其软化添加料易分解出有害物质（二噁英），不建议大量使用。

室外部分（主管道）要求风管有 10cm 以上的保温，流速不超过 10m/s。

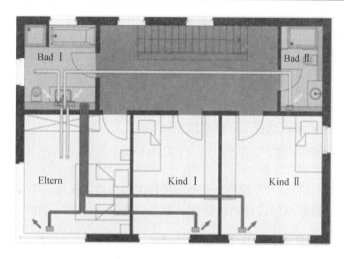

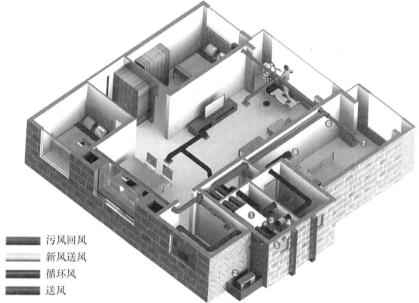

扫码看图

■■■ 污风回风
■■■ 新风送风
■■■ 循环风
■■■ 送风

　　室内部分（没有结露风险的区域）风管应选用圆形风管，不需要保温，流速不超过 5m/s。可以选择 PE 或 PP 材料的塑料管，外径 90mm，110mm，160mm，200mm。

　　连接送风口支管：圆形风管，不需要保温。

　　◆ 选择地送风，风管埋地安装。应选择柔性双壁波纹管。地出风时室内的气流组织更均匀，但管道阻力要略高一些，每 10m 高出 25Pa 左右。

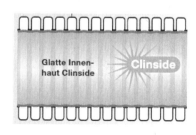

圆形双壁波纹管：外壁波纹，内壁光滑，PE材料，外径75mm，内径63mm，可弯曲。

椭圆形双壁波纹管：外壁波纹，内壁光滑，PE材料，宽138mm，高51mm，可弯曲。

允许风量30m³/h。

▶ 选择顶送风，可以选择PP90的风管

▶ 最大风量60m³/h

◆ 出风口：

出风口有地面出风口或顶出风口。地面出风口的箱体内的风速应不大于0.5m/s。出风口面板的外形可以根据内装设计要求设计，面板开孔率不应低于30％。

单接管出风口(30m³/h)

常见的不锈钢格栅

也可以使用双接管出风口及相应的出风口格栅。

◆ 回风口

设计顶部回风时，回风口的风速应控制≤2m/s，选外径90mm的风管时每个口的风量≤80m³/h。

回风口应符合消防的相关要求，如防火阻断等。

◆ 透汽槽

如果房间门没有透汽格栅或足够的透汽槽，应该在墙上合适的位置加透汽装置（透汽槽）。透汽槽由1个消音箱体和2个面板组成，消音箱体应该具有削减5dB（A）以上的能力。

总结：新风是被动屋建筑不可缺少的组成部分，新风的任务是给室内提供足够的氧气，同时把室内的湿气、污浊空气及有害气体及时排出，创造健康舒适的室内居住或办公环境。新风的能耗占被动屋总能耗的比例较高，所以必须通过高效的全热交换器做能量回收。鉴于我国目前的空气质量总体较差，特别是固体颗粒物含量偏高，新风机还应该带有（亚）高效的滤网装置。新风系统是健康舒适节能的保证！

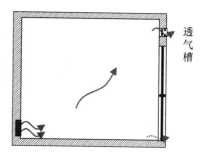

透气槽

被动式超低能耗建筑能耗计算软件对比研究

邹艾娟，胡颐蘅，刘郁林，宋昂扬

（北京市住宅建筑设计研究院有限公司，北京　100005）

摘　要　本文以超低能耗建筑常用的两种能耗计算软件——PHPP、DeST 为研究对象，从理论分析及案例分析两方面进行对比。理论分析上，本文从计算方法、室外参数取值、计算分区、运行时间、内扰设置、保温设置、外窗及遮阳设计、热桥设计、气密性设计、热回收设计等方面设置进行了对比分析。案例分析中，以某保障房户型的超低能耗建筑为研究对象，对比了 PHPP 与 DeST 中围护结构热损失、通风热损失、太阳能得热、内部得热等对供暖需求的分项贡献，DeST 模拟计算出的冬季围护结构形成的供暖需求值远小于 PHPP 中的计算值，笔者认为该差异与动态模拟方法及稳态计算方法两种计算方法的内部差异及围护结构的热惰性及蓄热能力的处理方式不同有关。该案例模拟结果的结论的通用性需进一步建立足够多的模型进行深入研究。

关键词　超低能耗建筑；能耗模拟；PHPP；DeST

1　引　言

被动式超低能耗建筑的理念引申自德国"被动房"，是指通过采用高效保温和气密性的围护结构、高效新风热回收系统等技术，极大地降低建筑负荷，从而达到极少地使用或不用主动采暖和空调系统也能维持室内舒适度的目的，同时极大地利用可再生能源，达到减少一次能源消耗的目的。

目前，被动式超低能耗建筑/被动房的认证主要有德国 PHI 认证与国内住房城乡建设部认证，认证标准中对建筑供暖需求、制冷需求及一次能源需求都做出了详细的规定。对于能耗的计算，PHPP 为德国 PHI 认证唯一认可的能耗计算软件，该软件是稳态计算软件。国内能耗计算通常采用动态模拟软件对建筑进行全年模拟后获得，常用软件包括 DeST、EQUEST 等，同时中国建筑研究院团队正在开发被动式超低能耗建筑评价软件 IBE，该软件是稳态计算软件。

国内与国外对被动式超低能耗建筑的认证指标及能耗计算方法上都存在差异。本文首先对国内外的被动式超低能耗建筑认证指标进行对比，其次以 DeST、PHPP 两种计算软件为研究对象，着重从理论上和实际案例两方面对两种计算软件进行了对比分析。理论上，从计算方法、室外参数取值、计算分区、运行时间、内扰设置、保温设置、外窗及遮阳设计、热桥设计、气密性设计、热回收设计等

作者简介：邹艾娟（1990.1—），女，工程师，北京市东城区东总部胡同 5 号，邮编 100005，联系电话：15652938435。

方面进行差异性分析。实际案例分析中，采用典型住宅建筑为模型，定量分析能耗计算结果差异大小。

2 认证标准

目前，被动房的认证主要有德国 PHI 认证与国内住房城乡建设部认证，认证标准分别采用德国被动房标准（简称德标）和《被动式超低能耗绿色建筑技术导则（居住建筑)》(简称《导则》)，认证标准都对供暖需求、制冷需求、一次能源需求及建筑气密性等指标进行了限制，但各项指标之间仍有一些差异，见表 1。

表 1　被动式超低能耗建筑认证标准对比

参数	单位	德国被动房标准	《导则》				
			严寒地区	寒冷地区	夏热冬冷地区	夏热冬暖地区	温和地区
供暖需求	kWh/ (m² · a)	≤15	≤18		≤15		≤5
供暖负荷	W/m²	≤10	—				
制冷需求	kWh/ (m² · a)	≤15+除湿	≤3.5+2.0×WDH₂₀+2.2×DDH₂₈				
一次能源需求	kWh/ (m² · a)	≤120	≤60				
气密性 N₅₀	次/h	≤0.6	≤0.6				

①WDH₂₀ (Wet-bulbdegree hours 20) 为一年中室外湿球温度高于 20℃ 时刻的湿球温度与 20℃ 差值的累计值（单位：kKh)；

②DDH₂₈ (Dry-bulbdegree hours28) 为一年中室外干球温度高于 28℃ 时刻的干球温度与 28℃ 差值的累计值（单位：kKh)。

德标适用于各种建筑类型，包括居住建筑与公共建筑，而《导则》仅适用于居住建筑，对于公共建筑，采用在现行公建节能标准能耗的基础上再节能 60% 的标准进行认证。

德标对供暖指标的认证中，可选择供暖需求及供暖负荷的认证，两者满足一个则认为满足供暖指标，《导则》则只提供了供暖需求的指标限制；同时德标对不同气候带的供暖需求有统一限制，《导则》对国内不同气候分区的供暖需求指标提出了不同的指标限制，气候越寒冷，则指标值越大。

制冷需求指标考虑显热负荷与潜热负荷两方面，德标中制冷需求≤15+除湿 kWh/ (m² · a)，其中除湿指标是一个可变量，根据室内热扰、室外气象、室内换气次数等参数条件进行计算，即同一地区的不同项目的制冷需求指标大小可能不同；《导则》中，由于《导则》仅适用于居住建筑，建筑内人员热扰及室内换气次数相对固定，指标计算仅与室外气象参数相关，即同一地区的制冷需求指标相同。

对于一次能源需求的认证，德标的认证范围包括供暖、制冷、照明、热水的一次能源消耗量，《导则》的认证范围仅包括供暖、制冷和照明的一次能源消耗量，故德标一次能源消耗量为≤120kWh/ (m² · a)，《导则》一次能源消耗量为≤60kWh/ (m² · a)。

3 理论对比

DeST 是由清华大学建筑技术科学系环境与设备研究所开发的，应用于建筑热环境模拟设计模拟分析的软件平台，DeST 能实现建筑热特性分析、建筑全年逐时负荷计算、建筑能耗计算等功能。PHPP 是由德国被动房研究所开发的专门应用于被动房负荷及能耗的计算软件，软件内部内置德国被动房认证标准。

3.1 DeST 能耗动态模拟过程

DeST 软件对建筑进行建模，并结合建筑所受的逐时变化的内扰及外扰，对建筑内每个房间进行全年非稳态的热过程数值模拟。DeST 热过程模拟的核心是状态空间法，状态空间法将房间围护结构在空间上进行离散，在各离散层中设置温度节点，该节点能够表征该离散层的全部物理特性，利用能量守恒原理在各节点上建立热平衡方程，并保持各节点的温度在时间上连续。通过对所有节点的热平衡方程进行组合整理，将其表示为矩阵的形式，将建筑热过程的求解过程转变为用矩阵的方法求解以各节点温度为未知量的常微分方程。

室内设定温度已知时，则可求出为了维持室内设定温度时室内空调/供暖系统应逐时提供的冷量/热量，即为逐时建筑冷/热负荷，经过累计则可获得建筑冷热需求。

3.2 PHPP 能耗静态计算过程

PHPP 软件依据 EN ISO 13790 标准以月为计算单位采用稳态的计算方法，建立建筑的热平衡方程，求取建筑的冷热需求。求解过程中将建筑内部作为一个统一的整体，建筑内部各房间温度分布均匀。式（1）为建筑每个月的稳态的热平衡方程，用于计算供热需求、供冷需求：

$$Q_{H/C} = Q_T + Q_V - \eta \times (Q_S + Q_I) \tag{1}$$

式中 $Q_{H/C}$——供暖/冷需求；

     Q_T——围护结构传热冷/热损失，包括所有围护结构、热桥传热损失的累计值；

     Q_V——通风热损失；

     Q_S——太阳能辐射得热，采暖季取正值，制冷季取负值；

     Q_I——内部得热；

     η——自由得热利用系数。

其中，各项得热失热的值用式（2）至式（5）进行计算：

$$Q_T = A \times U \times f_t \times G_t \tag{2}$$

$$Q_v = V_v \times n_{inf} \times C_p \rho \times G_t \tag{3}$$

$$Q_S = r \times g \times A_w \times G \tag{4}$$

$$Q_I = t_{heat} \times q_i \times A_{TFA} \tag{5}$$

式中 A——围护结构面积；

     U——围护结构 U 值；

     f_t——温度折减系数；

     G_t——供暖度时数；

     V_v——通风体积；

     n_{inf}——渗透换气次数；

$C_p\rho$——空气热容；

r——折减系数；

g——玻璃的太阳能得热系数；

A_w——窗户面积；

G——年辐射量；

t_{heat}——供暖天数；

q_i——单位平米内部得热量；

A_{TFA}——TFA 面积。

3.3 室外气象参数

DeST 内部内置全年 365 天 8760 小时逐时变化的室外气象参数，包括干球温度、含湿量、总辐射、散射辐射及直射辐射。PHPP 中则内置了以月为单位的室外气象参数，包括环境温度、各个方向的辐射、天空温度及地面温度。

PHPP 中月度法的室外环境温度为逐月的干球温度的平均值。表 2 为 DeST 内置的室外干球温度月度平均值与 PHPP 中内置的月度环境温度的对比，由表可知，两个数值差异很小，最大温差为 3 月的 2.86℃。

表 2　DeST 月平均室外干球温度与 PHPP 内置月度环境温度对比　　　℃

	1 月	2 月	3 月	4 月	5 月	6 月	7 月	8 月	9 月	10 月	11 月	12 月
DeST	−3.83	−1.53	7.66	14.36	19.35	24.49	26.44	25.63	20.41	12.95	5.41	−0.47
PHPP	−4.2	−0.2	4.8	14.5	20.4	25.1	26.3	24.9	20.3	12.2	4.8	−1.1
温差	0.37	1.33	2.86	0.14	1.05	0.61	0.14	0.73	0.11	0.75	0.61	0.63

3.4 计算分区

DeST 中以每个房间的室内环境参数为计算节点，不同功能的房间可根据实际需求设置温湿度控制要求，建筑内部人员短期停留区域的温度控制要求可低于人员主要活动区域，建筑内部通过内围护结构传热及通风设置进行联系。

PHPP 中则将建筑内部作为一个整体，认为建筑内部温度分布均匀且保持一致，冬季室内温度 20℃，仅在合理的情况下才可改变，夏季室内温度 25℃，为了建筑认证必须采用 25℃。因此，PHI 进行认证时，关注点在包裹认证范围的围护结构上，这些围护结构需进行严格的保温处理及气密性处理，对于认证范围以内的内围护结构并无要求。

3.5 运行时间

运行时间包括建筑空调系统/供暖系统每日的运行时间及供暖季及制冷季的设置。

DeST 中可根据实际运行需求设置空调启停作息，建筑每日的运行时间直接影响暖通系统的供暖/供冷需求，在空调处于关闭状态的时刻，空调负荷为零；DeST 进行全年的热过程模拟，输出结果时，根据工程师选择的采暖季及制冷季区间自动统计期间的供暖需求及制冷需求。供暖季及制冷季的设置将会直接影响供暖需求及制冷需求，在非供暖季及制冷季，由于暖通系统不开启，对供暖及供冷需求并不造成影响。《北京市超低能耗建筑示范项目技术要点》中提及，采暖计算期取 10 月 25 日至 4 月 5 日（次年），制冷计算期取 6 月 1 日～8 月 31 日。

PHPP 中供暖及制冷时长根据建筑热平衡进行自动计算，供暖及制冷时长不仅与室外气象参数有关，同时还同建筑参数、室内的热扰相关，所以 PHPP 中并无固定供暖季及制冷季，对于同一气候分区，不同的建筑对应的供暖及制冷时长可能不相同。空调系统每日运行时间对建筑热平衡中通过围护结构形成的热损失及太阳得热并无影响，这是由于室外气候参数确定后，相应的供暖度时数及太阳辐射强度就唯一确定了；空调系统每日运行时间可影响通风热损失、建筑内部得热量、空调系统辅助设备用电量的计算，进而影响供热/供冷需求以及一次能源需求。

因此对于办公建筑等空调系统非全天运行的建筑，PHPP 及 DeST 的供暖及供冷需求差异将会变大。

3.6　内扰设置

DeST 中内扰的设置包括人员、灯光、设备热扰，内扰设置包括内扰的最大值及作息等。内扰的最大值通常用单位面积指标进行设置，作息设计则模拟了内扰 8760h 实际运行状态，作息设计中数值表明当前时刻热扰占热扰最大值的百分比。DeST 中内置了一些房间类型的热扰大小及作息，《公共建筑节能设计标准》中对不同建筑类型的人员、灯光、设备的大小及作息也给出了设置指导，模拟工程师可根据实际工程需求进行内扰设置，但由于各人对内扰作息的理解不同，进而影响参数设置及计算结果。

PHPP 中的内部得热的计算则以详细的设备运行及人员行为为主体进行内部得热计算。以住宅为例，设备运行统计所有位于围护结构内的用电设备的散热，不仅包括照明、电视机、电冰箱、电水壶等，还包括位于围护结构内的水泵、风机的散热量。人员行为则统计，不仅包括人员散热散湿量、炊事散热量，还包括干衣、洗碗引起的除湿负荷。与 DeST 相比，PHPP 对内部得热的计算分类更细致，在除湿引起的负荷方面，PHPP 内部不仅考虑了人员散湿量以及室外空气中的除湿量，同时还考虑了干衣、洗碗等引起的除湿负荷，除湿部分引起的负荷在 PHPP 计算夏季制冷需求时有着很大的影响权重。

因此由于对内扰的计算方式及精细程度的不同，导致 DeST 与 PHPP 两种软件计算出的内部得热将会有一定差异，且在设置时难以统一。

3.7　高效保温

DeST 与 PHPP 中都可根据围护结构的组成建立围护结构模型，使传热系数及表面对流换热系数与设计值保持一致。

在考虑围护结构热惰性及蓄热性能方面，DeST 中采用的状态空间法，利用非稳态的计算方法模拟了围护结构内部温度在外扰作用下，逐步缓慢改变的性质，围护结构热惰性越好，抵抗外界温度波动的能力就越强，围护结构的热惰性及蓄热性能在软件内部就进行了考虑。

PHPP 是稳态计算软件，对于建筑蓄热方面只进行了比较简易的考虑，同时认为建筑热容量对供暖需求、夏季热舒适度及最终的制冷需求都有一定的影响，但相比其他因素，其影响可忽略不计。PHPP 内部构件的蓄热能力由有效内部热容衡量，轻质结构、混合结构、混凝土结构推荐的有效热容值分别为 60Wh/（m²·K）、132Wh/（m²·K）、204Wh/（m²·K）。

3.8 高效外窗及遮阳设计

DeST 在窗户设置中直接输入整窗的传热系数、遮阳系数 SC 值。整窗太阳能得热系数 SHGC 值＝SC 值/0.889。通常对建筑进行节能权衡计算时，会计算外窗的综合遮阳系数 SC 值，该遮阳系数不仅考虑了窗户本身对太阳辐射透过率的影响，同时还考虑了遮阳的影响。在 DeST 设置时应注意，如果窗户设置为综合遮阳系数则不应叠加额外的遮阳设置。

PHPP 中需对窗户进行详细的建模并在软件内部计算整窗的传热系数 U 值及太阳能得热系数 g 值，整窗的参数不仅与玻璃的 g 值及 U 值、窗框 U 值、窗框与玻璃组合热桥有关，还考虑了窗户的安装热桥。DeST 中理论上并不考虑窗户的安装热桥，但设置时可将安装热桥的影响叠加到整窗的传热系数中。同时，PHPP 中的 g 值即是玻璃的 SHGC 值。

遮阳设计对供暖及供冷负荷都有很大的影响，DeST 和 PHPP 中都详细考虑了遮阳的设置。

DeST 中遮阳设计在窗户构件中进行设置，可模拟计算固定遮阳及活动遮阳。固定遮阳可考虑水平遮阳板、垂直遮阳板、百叶遮阳等固定遮阳构件以及周边建筑对建筑的遮挡。DeST 内置了日影分析模块 BESAT，BESAT 通过模拟太阳全年运行轨迹，计算建筑周边环境及建筑本身固定遮阳措施在建筑物上投射的阴影，进而计算遮阳效果。活动遮阳通过设置窗帘的遮阳系数及窗帘作息并结合日照模拟进行计算。DeST 对遮阳计算准确，但计算周边建筑对遮阳的影响时需要建立周边建筑模型，且计算时间较长，模拟工作量较大。

PHPP 是稳态计算软件，不能对建筑阴影进行逐时模拟，太阳得热计算时考虑了两方面的简化计算策略：首先 PHPP 中计算了不同朝向的太阳辐射强度，其次冬季和夏季内置不同的太阳高度角。遮阳对窗户太阳能得热的影响与四个系数相关，R_1，R_2，R_3，R_4，分别考虑了周边环境的影响、水平遮阳措施的影响、垂直遮阳措施的影响以及附加遮阳措施的影响，根据冬季夏季太阳高度角不同，遮阳系数的取值也不同。夏季遮阳单独考虑了临时遮阳系数，临时遮阳主要考虑活动外遮阳或室内窗帘的影响，此遮阳系数对夏季供冷需求有很大影响，但该系数的设置弹性较大，主要依靠设计人员的经验。

3.9 热桥设置

PHPP 中有输入点状热桥及线型热桥的模块，热桥的数值需要采用专用的热桥计算软件进行计算后再在 PHPP 中进行输入。

DeST 中没有设置热桥的模块，对于建筑几何热桥，如墙角等位置，DeST 在模拟时已经将其影响考虑在内，对于其他热桥如外围护结构上的铆钉，DeST 中无法进行设置。

3.10 气密性设置

PHPP 中可对建筑的 N_{50} 进行设置，N_{50} 表示建筑与室外在 50Pa 压差下的换气次数，PHPP 中根据建筑遮挡情况，可计算常压下，N_{50} 对应的换气次数，进而计算出气密性设置对供暖、供冷需求的影响。

N_{50} 的定义来源于被动房的理念，故 DeST 中并没有专门的 N_{50} 设置项，但 DeST 中的逐时通风设置可计算通过冷风渗透引起的冷热损失。根据 PHPP 中计算出的常压下的换气次数，可在 DeST 中设置室内与室外逐时通风的换气次数，进而模拟 PHPP 中气密性设置引起的冷热负荷。通常，在 $N_{50}=0.6$ 次/h，室外无遮挡的情况下，可设置换气次数为 0.06 次/h。

3.11 热回收设置

DeST 中通过设置空调系统参数，则可设置新风热回收效率，热回收形式包括显热回收与全热回收两种方式。PHPP 中与 DeST 不同的是，PHPP 中不仅考虑机组的热回收效率，同时还考虑机组安装情况对热回收效率的影响，影响因素包括机组位于围护结构内或围护结构外，机组取风管及排风管的长度，取风管排风管的保温厚度等，最终求得整个新风系统的综合热回收效率。所以 PHPP 中新风热回收效率的设置通常比 DeST 中的热回收效率低。

3.12 其他参数

PHPP 中定义了 TFA 面积，TFA 面积是综合考虑了对建筑面积的利用情况定义的，折减了一些利用率不高的地方的面积，如楼梯、储藏间等。《导则》中则规定计算能耗平方米指标时采用套内面积进行计算。DeST 中输出的能耗平方米指标则是按照采暖面积进行计算的，即采用外围护结构包围的面积进行计算。通常，TFA 面积＜套内面积＜采暖面积，这也会对能耗计算结果带来一定的影响。

PHPP 中内置的一次能源转换系数与国内的一次能源转换系数也有一些小的差别，例如耗电量的一次能源转换系数，PHPP 中通常采用 2.6，而国内该数值一般取 2.9，在结果输出时会有一定的影响。

4 案例分析

4.1 建筑平面

选取北京市某保障房户型进行建模分析，该建筑层高 2.8m，一梯两户，共 16 层，建筑面积 2813m²，TFA 面积 2085m²。建筑平面如图 1 所示。

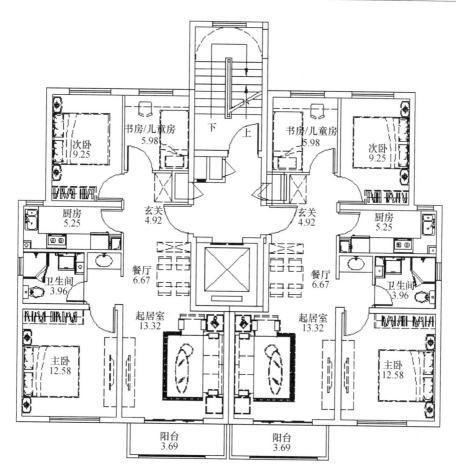

图 1　建筑平面图（m²）

4.2　围护结构参数（表 3）

表 3　围护结构设计参数

构件名称		设计建筑热工参数
屋面		$K=0.15\text{W}/（\text{m}^2 \cdot \text{K}）$
外墙		$K=0.15\text{W}/（\text{m}^2 \cdot \text{K}）$
地面		$K=0.20\text{W}/（\text{m}^2 \cdot \text{K}）$
外窗	东向	$K=0.80\text{W}/（\text{m}^2 \cdot \text{K}）$，冬季 SHGC$=0.45$，夏季 SHGC$=0.30$
	南向	$K=0.80\text{W}/（\text{m}^2 \cdot \text{K}）$，冬季 SHGC$=0.45$，夏季 SHGC$=0.30$
	西向	$K=0.80\text{W}/（\text{m}^2 \cdot \text{K}）$，冬季 SHGC$=0.45$，夏季 SHGC$=0.30$
	北向	$K=0.80\text{W}/（\text{m}^2 \cdot \text{K}）$，冬季 SHGC$=0.45$，夏季 SHGC$=0.30$

4.3　室内设计工况及热扰设置

为了保持两个软件室内设计工况一致，DeST 内部的所有房间，包括楼梯间均按照冬季 20℃，夏季 25℃进行计算。

室内灯光热扰的设置，PHPP 与 DeST 均按照节能灯功率，即 3W/m² 设计，DeST 中则按照房间类型进行灯光作息设计，PHPP 中按照每天运行 8h 进行计算。

室内人员热扰，DeST 中按照起居室 3 人、主卧室 2 人、次卧室 1 人、卫生间 1 人、厨房 1 人的人数进行设计，模拟人员在建筑中的真实作息，如厨房每天炊事的早上 7 点及晚上 6 点人员作息为 1，其他时间人员作息为 0。PHPP 中按照每户 4 人进行人员设置，同时对 PHPP 中的其他用电设备进行详细统计。

气密性设置中，$N_{50} = 0.6$ 次/h，DeST 中设置室内与室外逐时通风为 0.06 次/h。

4.4 计算结果对比

由于夏季开窗通风及活动外遮阳这两部分的设置在 PHPP 及 DeST 中难以统一，故本章选取冬季供暖需求为比较对象，对比 PHPP 及 DeST 中围护结构热损失、通风热损失、太阳能得热等各部分对供暖需求的分项贡献率。PHPP 中可直接显示各部分的贡献值，DeST 中则不能直接输出，采用逐个控制热扰变量的方式计算各部分贡献值。

其中 DeST 中供暖季选取 10 月 25 日至 4 月 5 日共 162 天，空调系统采暖季处于连续运行状态。

DeST 及 PHPP 计算结果见表 4，热损失值中，失热为正值，得热为负值，图中面积指标是 TFA 面积指标。

表 4　供暖需求对比　　　　　　　　　　　　　　　kWh/（m²·a）

计算项		PHPP	DeST	绝对误差	相对误差
总供暖需求		8.2	5.8	2.4	29.3%
围护结构热损失	屋顶热损失	0.9	13.8	10.9	44.1%
	外墙热损失	9.9			
	楼地热损失	0.5			
	窗户热损失	13.4			
通风热损失		13.4	2.7	−1.0	7.5%
新风热损失			11.7		
太阳得热		−22.3	−16.6	−5.7	25.6%
内部得热		−7.6	−5.8	−1.8	23.7%

对于表中案例，PHPP 得出的供暖需求比 DeST 大 2.4kWh/（m²·a），相对误差为 29.3%。

其中围护结构引起的差异最大，PHPP 围护结构引起的供暖需求为 24.7kWh/（m²·a），而 DeST 中围护结构热损失为 13.8kWh/（m²·a），两者相差 10.9kWh/（m²·a），该差异将直接影响被动房的认证。在计算 DeST 围护结构热损失时，控制围护结构传热、外窗传热系数、表面对流换热系数与设计值一致，外窗太阳能得热系数为零，室内热扰为零，与室外换气次数为零。分析其差异的原因，笔者认为是动态模拟方法及稳态计算方法二者不同及围护结构的热惰性与蓄热能力的处理方式不同引起的，动态模拟进行全年 8769h 的模拟，且其中包含了各种热扰热分配的设置，而稳态计算中将计算过程简化，同时 DeST 中采用状态空间法对围护结构的蓄热能力进行仿真模拟，PHPP 中则认为围护结构蓄热对供暖需求的影响不大，采用有效热容值对供暖需求进行一定程度的修正。

通风热损失及新风热损失的计算值比较一致，由于 DeST 中冷风渗透的换气次数来自于 PHPP 中 N_{50} 对应的常压下的换气次数，同时 DeST 中新风机组的风量及回收效率与 PHPP 中进行了统一。

太阳能得热也存在一定的差异，这是由于两个软件中对遮阳的设置难以统一的问题。DeST 中模拟太阳作息在建筑上形成的阴影，进而求解遮阳情况及太阳辐射得热量，其遮阳参数随时间在变化；PHPP 中则选用固定的遮阳系数，且活动外遮阳的遮阳系数依赖于工程经验，故太阳得热贡献量难以统一。

内部得热的差异与太阳能得热的设置相同，PHPP 及 DeST 中内部得热计算方式不同，导致热扰设计参数难以统一，故在设计时需结合工程实践，使设计值与实际情况尽量保持一致。

5 结 论

DeST 与 PHPP 两款软件都可实现超低能耗建筑能耗的计算，但其内置的计算方法差异较大，DeST 采用状态空间法进行建筑热过程求解，进而求解建筑能耗，PHPP 中则是采用以月度为计算长度的稳态能耗计算方法。

DeST 与 PHPP 在能耗计算时都全面考虑了各种热扰对能耗的影响，但在室外参数取值、计算分区、运行时间、内扰设置、保温设置、外窗及遮阳设计、热桥设计、气密性设计、热回收设计等设置方面存在一定的差异，本文在软件设置理论对比章节进行了详细的对比。

通过案例分析可以发现，对于本文的案例，DeST 模拟计算出的冬季围护结构形成的供暖需求值远小于 PHPP 中的计算值，笔者认为该差异与动态模拟方法及稳态计算方法两种计算方法的内部差异有关，如对 DeST 中包含热分配模式等设置，以及围护结构的热惰性与蓄热能力的处理方式不同。该案例模拟结果的结论的通用性需进一步建立足够多的模型进行深入研究。

参考文献

[1] 谢晓娜，宋芳婷，燕达，江亿．建筑环境设计模拟分析软件 DeST 第 2 讲 建筑动态热过程 [J]．暖通空调．2004，34（8）：35-47．

[2] Passive House Planning Package（PHPP）The energy balance and planning tool for efficient buildings and refurbishments，http：// passiv. de/en/04 _ phpp/04 _ PHPP. htm.

[3] 贝特霍尔德·考夫曼，沃尔夫冈·费斯特．德国被动房设计和施工指南 [M]．北京：中国建筑工业出版社，2015．

[4] 房涛，郭娟利，王杰汇．寒冷地区"被动房"住宅能耗计算时长划分标准研究 [J]．建筑节能．2015.8：76-79．

[5] 费斯特．被动式节能改造 EnerPHit 标准和被动房研究所节能建筑标准 [M]．达姆斯塔特：被动房研究所，2015．

PHPP 软件在被动房设计优化中的应用

王亚峰，张昭瑞，谢锋，杨洪昌，蔡倩

（北京住总集团有限责任公司技术开发中心，北京　100025）

摘　要　本文以翠成 D-23 居住公服被动房为案例，介绍了在被动房设计中，如何使用 PHPP 软件对建筑围护结构和暖通设计进行优化。首先通过 DesignPH 建立建筑模型，根据现有方案对建筑围护结构参数进行定义。然后将建筑模型导入到 PHPP 中，输入热桥、室内源、电力等参数等。最后，针对 D-23 原有设计方案进行优化，以满足被动房能耗指标。

关键词　被动房设计优化，PHPP；DesignPH

1　引　言

被动房起源于欧洲，与传统建筑新体系相比，被动房能够节能 $80\% \sim 90\%$[1,2]。目前，国内获得德国被动房研究所（PHI）认证的被动房总计有 11 栋。被动房有三个等级，分别是 Classic、Plus、Premium。以 Classic 为例，针对北京地区被动房认证，需要满足 4 个条件[3,4]：1）热需求小于 $15kWh/m^2$ 或热负荷小于 $10W/m^2$；2）冷需求小于 $21kWh/m^2$ 或冷需求小于 $21kWh/m^2$ 且冷负荷小于 $11W/m^2$；3）50Pa 正负压差下，换气次数小于 0.6 次/h；4）一次能源消耗小于 $120kWh/m^2$，或一次可再生能源消耗小于 $60kWh/m^2$，或一次可再生能源消耗在 $60 \sim 75kWh/m^2$ 且光伏产出满足相应数值。PHPP 是 PHI 研发的被动房能耗计算软件。PHPP 在被动房设计中主要有两个作用：一是进行能耗计算，它的计算结果是评判该建筑是否达到被动房标准的依据。二是在 PHPP 计算中，可实现对各种方案的优化。本文以 D-23 被动房为案例，简述了 PHPP 在被动房设计中的应用。

2　项目概况

本项目位于北京东南四环外垡头翠成 D 南区，为社区配套公服，将作为残疾人康复托养中心投入使用。总建筑面积为 $2519m^2$，地下一层，地上三层，框架结构。该项目是北京住总集团有限责任公司在全产业链优势下完成的国内第一个自主研究、开发、设计和施工的被动房项目。如图 1 所示。

目前本项目不仅在第三届全国被动式超低能耗建筑大会上成为第一批获得被动式超低能耗建筑评价标识的项目，还获得德国被动房研究所（PHI）的认证（图 2），并且已经通过德国能源署（DENA）的认证，同时已被列入住房城乡建设部被动式超低

作者简介：王亚峰（1989.2—），男，工程师，单位地址：北京市朝阳区十里堡北里 1 号恒泰大厦 A 座 201 室；邮政编码：100025；联系电话：18701499987。

能耗绿色建筑第一批示范项目。

图 1 翠成 D-23 居住公服被动房

图 2 PHI 认证证书

3 模型建立

DesignPH 是 PHI 专门为被动房能耗模拟开发的 SketchUp 插件。利用该插件，可实现将 SketchUp 建立的模型导入到 PHPP。图 3 为 D-23 被动的建筑模型。

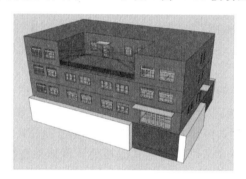

图 3 D-23 建筑模型

在建模过程中，首先利用 SketchUp 自带的绘图工具对建筑非透明围护结构进行建模。而透明围护结构，例如窗户，可利用 DesignPH 中的新建外窗功能，进行添加。

模型建立完成以后，需要对建筑的围护结构进行定义。屋顶、外墙、地面的结构参数以及相关材料的导热系数需要输入。窗户玻璃的 U 值以及 g 值，窗框的 U 值、安装热桥等也需要根据工程所选用的参数进行输入。

当建筑的围护结构定义完毕，应对模型进行运算分析。通过运算分析，可初步计算出建筑的冷热需求。

4 冷热需求的计算

4.1 热桥计算

建筑围护结构热桥是由不同导热性能的材料贯穿，或者结构厚度变化，或者内外面积的不同（如墙、天花板和地板连接处）而形成的。如图 4 所示，具有悬挑阳台的建筑，在计算外墙传热的时候，外墙面积通常按面积 A 进行计算。这样会忽略悬挑阳台的热桥。此时需要对悬挑阳台进行热桥模拟，以修正能耗计算结果。

热桥的存在不仅会造成建筑物大量的热量流失，而且还会导致室内热桥部位结露、发霉。所以被动房设计中提倡进行无热桥设计。所谓的无热桥，并不是说没有热桥，而是说线热桥系数小于 0.01W/（m·K）时，可以对热桥的影响忽略不计。否则就需要进行热桥计算（图5）。

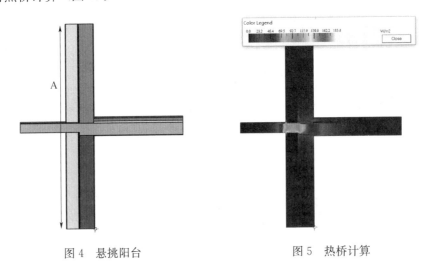

图4 悬挑阳台   图5 热桥计算

4.2 灯光照明计算

不同功能的房间，照明设备的使用时间以及功率密度往往也不同。PHPP 提供两种方式计算房间的照明能耗。一种方式是输入房间的相关参数（例如，房间的属性、朝向、深度、高度、宽度，窗户的宽度等参数），通过 PHPP 内部采光计算，计算出全年的照明时间。另一种方式是可以根据其他相关计算结果直接指定照明时间。本项目以第一种方法对照明能耗进行计算，分别输入养老间、公共厕所、就餐区域、活动室、楼道的房间尺寸以及照明功率。经过计算 D-23 每 TFA 面积照明用电为 10kWh/a。

4.3 室内源的输入

人员散热量是影响冷热需求的重要因素之一，室内热源的大小由室内人数、设备用电情况决定。在 PHPP 中，需要对建筑物内的人员数量、种类以及作息时间进行设定，以计算室内热源。而设备运行统计所有位于围护结构内的设备的散热。以 D-23 为例，室内设计为 48 人，其中养老人数 32 人，服务人员 16 人。养老人员和服务人员的散热量分别为 80W 和 100W。经计算，D-23 被动房的室内源为 2.9W/m^2。

5 PHPP 对相关参数的优化

5.1 保温及窗户的选取

外保温及窗户的选取，直接影响到建筑的冷热需求。相同情况下，窗户的太阳能得热系数 g 值越大，冬季进入室内的太阳辐射越多，从而冬季热需求越低。但 g 值的增加同时会增加夏季冷需求。外保温厚度越大，冬季热需求就会越低。本项目分别对比了六种外保温与玻璃组合，求得的冷热需求见表1。

从六种方案的结果来看，冬季的热需求与热负荷只有第二、第三、第五、第六种方案能够满足。第六种方案的一次能耗为 113kWh/（m²·a），与其他方案相比，一次能耗能够降低 5～10kWh/（m²·a）。外墙与玻璃的 U 值越低，冬季内壁温度更接近室内温度，室内的舒适度更好。因此，出于对建筑的一次能耗与室内舒适度考虑，本项目外保温与玻璃参数按第六种方案选取。

表 1　不同方案对冷热需求的影响

	热需求 [kWh/（m²·a）]	热负荷 [W/m²]	冷需求 [kWh/（m²·a）]	冷负荷 [W/m²]	一次能耗 [kWh/（m²·a）]
方案一 200mm 厚岩棉带 $U=0.75$，$g=0.45$ 的玻璃	20.3	11.2	14.2	5.3	123.5
方案二 250mm 厚岩棉带 $U=0.75$，$g=0.45$ 的玻璃	18.4	10.4	14.0	5.2	119.8
方案三 300mm 厚岩棉带 $U=0.75$，$g=0.45$ 的玻璃	16.9	9.8	13.9	5.0	117.3
方案四 200mm 厚岩棉带 $U=0.66$，$g=0.52$ 的玻璃	19.4	10.9	14.3	5.3	121.7
方案五 250mm 厚岩棉带 $U=0.66$，$g=0.52$ 的玻璃	17.5	10.1	14.14	5.2	118.2
方案六 300mm 厚岩棉带 $U=0.66$，$g=0.52$ 的玻璃	16.1	9.5	14.0	5.0	113.7

5.2　新风管道

被动房要求尽量缩短新风机组与外墙之间的管道长度，新风系统形式影响设备的热回收效率。本项目对比了两种不同形式的新风系统：一种是层层取风，层层排风；另一种是利用通风竖井，集中从屋顶取风和排风。两种方案分别采用显热回收效率为 75％、潜热回收效率为 30％ 和显热回收效率为 50％ 的新风热设备，其结果见表 2。从中可以看出：①相同保温厚度的情况下，层层取风、层层排风比利用通风竖井显热回收效率高 4％～5％。②保温厚度越高，热回收效率越高，对于本工程，30mm 和 50mm 厚的保温对建筑一次能耗影响差异不大。③相同情况下显热回收效率为 75％、潜热回收效率为 30％ 的方案比显热回收效率为 50％ 的方案一次能耗降低 6kWh/（m²·a）。

因此，本工程选取显热回收效率为 75％、潜热回收效率为 30％ 的新风机组。考虑到 30mm 与 50mm 外保温对于建筑能耗影响非常小，D-23 被动房选用 30mm 的管道保温。

表 2　不同新风系统形式对热回收效率的影响

	层层取风，层层排风				通风竖井集中送排风			
	显热回收效率 75% 潜热回收效率 30%		显热回收效率 50% 潜热回收效率 0%		显热回收效率 75% 潜热回收效率 30%		显热回收效率 50% 潜热回收效率 0%	
管道保温厚度（mm）	30	50	30	50	30	50	30	50
显热热回收效率（%）	71	73	48	48	66	69	43	45
一次能耗[kWh/(m²·a)]	113.7	113.4	119.7	119.5	115.3	114.9	121.9	121.6

5.3　生活热水

PHPP 中居住建筑的生活热水用量为 25L/（人·天），而非居住建筑的生活用水量应根据房间人员类型、房间生活热水设备等进行详细计算。生活热水管段的长度也是影响生活热水能耗的重要因素之一。生活热水管段越长，管道热损失就越大。表 3 为本项目中生活热水管段优化前后建筑能耗的对比。通过对比可以看出，原设计中生活热水的管道长度为 160m，管道保温厚度为 20mm，年度热损失为 93kWh/a。通过减少生活热水长度以及增加保温材料厚度以后，可以将热损失降低到 39kWh/a，降低了 58%。

表 3　热水管段优化前后能耗对比

	优化前	优化后
生活热水管段长度（m）	160	72.5
管径（mm）	25	25
保温厚度（mm）	20	25
年度热损失（kWh/a）	93	39

5.4　厨房问题

厨房排油烟的解决方案，是被动房能耗能否达标的重要因素之一。目前，中国厨房采用的油烟机大多都是直排。普通家庭用的抽油烟机的排风量在 600～1000m³/h，商业厨房所需更大排风量的抽油烟机。如此大的排气量，将会导致大量的补风由建筑气密性薄弱点进入室内。如此多的未经过热回收的新风，将会显著增加建筑的冷热需求。因此，只有合理设计厨房，建筑才能达到合格被动房的要求。

在被动房的厨房设计中，通常采用两种方式来降低排油烟机的换气量。一种是采用内循环抽油烟机，通过滤油网和活性炭过滤器净化湿气和气味，然后再送回厨房。该种方式普遍适用于中欧的厨房设计。第二种是采用诱导式抽油烟机（图 6），诱导式抽油烟机具有补风功能，可在油烟罩局部区域形成短路，从而降低排风量。在诱导式抽油烟机的基础上，可以添加温控元件，可根据油烟温度自动控制抽油烟机的运行，从而实现进一步节能。

D-23 被动房在设计中并不含有厨房，为了体现不同排烟形式对能耗的影响，现为 D-23 被动房模型加入了 8 个厨房。分别模拟传统的直排式抽油烟机、诱导式抽油烟机、诱导式抽油烟机＋温度的控制对建筑能耗的影响，运行参数见表 4，三种不同形式的抽油烟机的额定风量 800m³/h，每日额定运行时间为 4h。从结果可以看出，采用诱导式抽油烟机方案比普通抽油烟机每 TFA 面积一次能耗降低

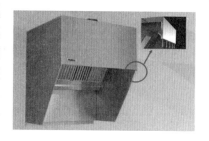

图 6　诱导式抽油烟机

13kWh/m³。而采用诱导式抽油烟机＋温度控制的方案比普通抽油烟机每 TFA 面积一次能耗降低 21kWh/m³。可见，不同形式的厨房排油烟措施，对于建筑影响非常大。

表 4　不同抽油烟形式对能耗的影响

	普通抽油烟机	诱导式抽油烟机	诱导式抽油烟机＋温度控制
抽油烟机额定风量（m³/h）	800	800	800
每日按额定风量运行时间（h）	4	4	4
厨房个数	8	8	8
建筑一次能耗（kWh/m²）	153	140	132

6　结　论

（1）PHPP 软件通过 Design PH 插件可实现 Sketchup 模型导入，大大缩短了模型输入时间。同时支持 Therm 等热桥模拟软件对建筑热桥模拟结果的输入。PHPP 软件可以在设计阶段对建筑的热桥、保温系统进行优化，并对不同形式的新风系统、生活热水系统进行模拟，以供设计者寻找最合理的方案。

（2）在本文的算例中，建筑的保温系统、新风系统、排油烟措施对于建筑能耗影响非常大。不同保温及窗户形式，单位 TFA 面积一次能耗能够相差 5~10kWh/（m²·a）；不通新风系统形式，单位 TFA 面积一次能耗能够相差 6kWh/（m²·a）；不同的抽油烟机，单位 TFA 面积一次能耗能够相差 13~21kWh/（m²·a）。在建筑能耗优化过程中，我们应着重关注建筑的保温系统、新风系统、排油烟等对建筑能耗的影响。

参考文献

[1]　宋昂扬，等，PHPP 软件在被动式超低能耗绿色建筑设计优化中的作用——以天津中新生态城被动房项目为例．建筑科学，2016（04）：38-43.

[2]　陈军，汪静，朗诗布鲁克被动房建造经验与质量管控．工程质量，2016（09）：4-8.

[3]　吕燕捷，张时聪，徐伟，世界被动房大奖赛获奖项目研究．建筑科学，2017（06）：1-7.

[4]　孙晓冰，曾大林，李欢，中德生态园被动房技术体验中心气密性措施及检测．中国管理信息化，2017（06）：102-103.

被动式超低能耗建筑设计与
PHPP 结合的思考与总结

王甲坤，牟裕

（德国弗莱建筑集团）

摘　要　PHPP 与 DesignPH 是由德国被动房研究所（PHI）开发的两款被动房设计辅助软件。它们在被动房设计的各个环节中都有极大的指导性作用。本文结合大量建筑设计与施工过程中的实际经验，总结概括了在建筑设计及施工各环节中，如何运用这两款软件建议及指导设计与建造的各个环节。

关键词　被动式超低能耗建筑；被动房；DesignPH；PHPP；建筑设计；建筑施工

所谓被动房，用最简单的话来说，就是把主动的采暖和制冷能耗降到最低，而尽可能多地利用建筑自身的热量收支"被动"地进行采暖或制冷。它通过良好的保温系统，主要被动利用太阳能和自由得热、热回收新风系统、遮阳与自然通风，在很少能源投入的情况下，满足采暖和制冷的能源需求。

被动式超低能耗建筑设计最核心的理念是以人为本。它并不推崇曲高和寡的高科技绿建技术的叠加，而崇尚设计的合理性、节能措施的经济性与可推广性。在经济投资增量尽可能低的前提下，通过设计的合理性，最大程度地，或是说最大效率地提高室内舒适度与降低建筑能耗。

被动式建筑的五大要素包括：连续的保温系统、被动式门窗系统、带热回收的新风系统、连续的气密层及无热桥设计。如图 1 所示。

PHPP 与 DesignPH 是由德国被动房研究所（PHI）开发的两款被动房设计辅助软件。它们在被动房设计的各个环节中都有极大的指导性作用。

PHPP 是一款基于 Excel 平台的计算表格软件，它易于使用与计算结果准确的特点使其受世界范围内众多使用者的青睐。PHPP 软件可以准确计算建筑的采暖、制冷、一次能耗需求及可再生能源的生产状况。其众多中间计算结果及图表对设计的完善与改进也有着非常大的指导意义。同时，其计算结果也是判定建筑是否符合德国 PHI 被动式建筑研究所被动房标准的重要依据。

DesignPH 则是一款基于 SketchUp 平台的能耗模拟软件。在笔者看来其特点主要有三个：

作者简介：

　　王甲坤（1983.8—），女，德国注册建筑师、规划师，单位地址：Bertha-von-Suttner-Straβe 14, Freiburg, Germany（D—79111），电话：008613007016060。

　　牟裕（1984.11—），男，德国被动房研究所（PHI）注册被动房设计师，单位地址：Bertha-von-Suttner-Straβe 14, Freiburg, Germany（D—79111），电话：004915259359011。

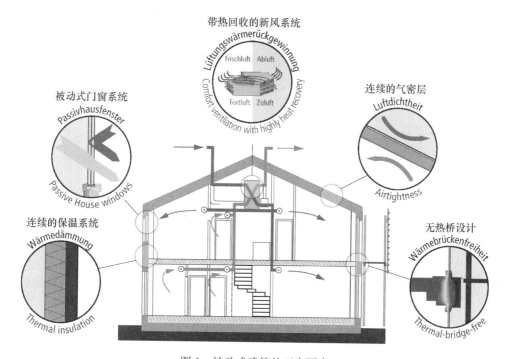

图1 被动式建筑的五大要素

图片来自：德国被动式研究所（PHI）网站，中文附注：德国弗莱建筑集团。

1. 由于 SketchUp 软件在建筑设计行业的大量使用，DesignPH 对于大部分建筑设计师来说也极易上手；

2. 通过这款插件，建筑师在设计初期就可以时刻监测设计形体开窗遮阳等因素的调整对建筑能耗的影响，这在设计方案阶段是非常有意义的。

3. DesignPH 可以将建筑数据直接导进 PHPP，省去 PHPP 计算时的很大一部分工作，为更精确的计算打下良好的基础。

本文将按照设计阶段的先后顺序讲解这两款软件在被动房设计过程中的应用。

1 设计策略阶段

根据气候制定被动式节能策略。中国在气候上可划分为五个气候带：严寒地区，寒冷地区，夏热冬冷地区，夏热冬暖地区，温和地区。被动房的设计也必须因地制宜，不能一概而论。针对不同的地区、不同的气候带，在被动房的设计上也会运用不同的策略：在严寒和寒冷地区，外围护结构的保温性能与窗户的太阳能透射比至关重要；而在夏热冬暖地区则更应该重视遮阳和除湿的考量。

设计伊始，摆在建筑师面前的第一个关键问题就是如何根据项目的地理位置与气候条件（温度、湿度、东南西北及水平面的太阳辐射强度、海拔高度、降雨量、日照时间、季风方向等）确定影响被动房设计的基础决定性因素。当确定了气候信息，才能确定与此相对应的一系列的被动式节能策略。

PHPP 的气候信息可以为设计者提供很多指导性的设计方向。

以下两张图为 PHPP 表格关于各地气候信息的截图。其中，图1为北京市，图2

为琼海市。通过观察太阳辐射量曲线为夏季遮阳制定因地制宜的策略如下：

北京市夏季北向窗户因为太阳辐射量小可无需考虑遮阳；而在琼海市却必须考虑北向窗户的遮阳，因为夏季时北向的太阳辐射量比南向还要大。所以我们在海南的一个接待中心项目中，采用了看似一反常规的做法——北向遮阳。

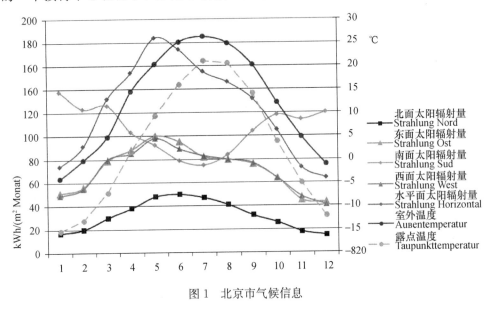

图 1　北京市气候信息

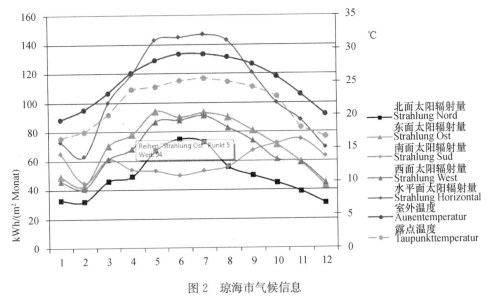

图 2　琼海市气候信息

2　概念方案设计阶段

DesignPH 是一款基于 SketchUP 平台的插件。通过一个输入完整的 DesignPH 模型，可以较准确地模拟出建筑采暖季的能耗情况。如图 3 所示。

每个项目的基地都有其特殊性，而对于中国大部分地区来说，特别是北方地区，被动式建筑的最佳朝向仍是南北向。其优势在于南北立面可以分别对待，采用不同设计策略：南向尽量开大窗，在冬季增加太阳能得热，并使室内光线充足；北侧尽量开小窗，利用墙体保温，减少热损失。除此之外南侧还可以采用阳台或固定遮阳板，在夏季太阳高度角高时遮挡阳光进行遮阳；而冬季太阳高度角比较低时，阳光斜射直接进入室内，从而保证冬季建筑的室内得热量。如图 4 所示。

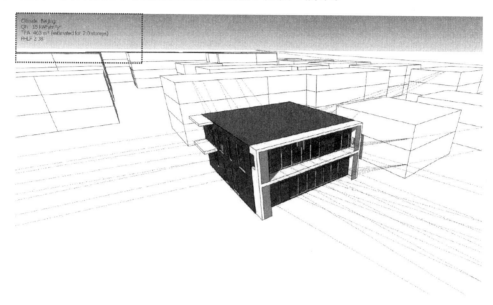

图 3　DesignPH 界面截图（德国弗莱建筑集团项目）

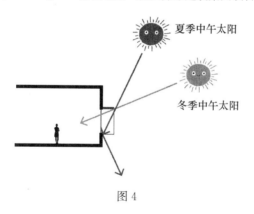

图 4

　　概念方案设计阶段，建筑的整体造型设计要充分考虑建筑的体型系数，理论上体型系数越小，建筑的热工性能越好。但也不能一味地为了追求体型系数而完全牺牲建筑的美学以及多样性，所有的建筑都千篇一律，成为火柴盒，那也不需要建筑师的存在了。如何平衡二者的关系，就需要发挥建筑师的智慧。

　　而 DesignPH 在概念方案设计阶段则可以跟常用的设计软件 SketchUp 相结合，在建筑师进行方案形体和开窗遮阳等推敲的时候，随时随地监测设计上各方面的调整对建筑能耗的影响：方案设计阶段使用 DesignPH 模拟能耗，虽然因为设计输入条件还很不完全（如各项设备参数等），能耗结果可能不够准确，不能彻底定量，但却可以定性地模拟出前述朝向、开窗、遮阳构件、形体系数等的调整对设计能耗的影响是正面还是负面，使概念设计最优化。由此也可以初步确定外围护保温层的厚度，并给平面设计提出条件，避免方案深化和扩初及施工图阶段发生被动的局面。

图 5　德国弗莱建筑集团项目，弗莱堡智能绿塔项目利用太阳能光伏板作为外立面遮阳系统

设计草案阶段还可以对通风区域划分与通风的组织有一个初步的思考，怎样布局送排风最合理，怎样尽可能减少风管长度，以达到合理性与经济性，为后面的设备专业配合定下大基调。同时，本阶段也可以初步思考一下风管的具体排布，因为风管排布会涉及吊顶区域的设计，某些项目中对设计会有一定的影响。热水器具的布局对一次能耗有很大的影响，这一点在方案初期也应给予考虑：热水器具应集中布置，尽量减少热水管长度，以减少热损失。这一点在夏季高温地区尤为重要，因为热水管的热量损失不仅仅浪费了能量，而且还会加大夏季制冷需求与制冷负荷。

除此之外，对设计中的重要节点及主要的热桥要有方向性的解决方案，以避免深化设计时出现被动的局面。

3　方案深化阶段

由于概念方案设计阶段使用了 DesignPH 作为能耗把控，推敲出的方案已经在能耗方面为深化设计打下了很好的基础。

PHPP 的数据主要分成四大块：1. 认证；2. 采暖；3. 制冷；4. 一次能耗。在 PHPP 界面上分别用橙、黄、蓝、绿四色表示：

方案深化过程中，可从 DesignPH 导出数据，再在 PHPP 中导入进行更完整细致的计算。从 DesignPH 模型导出数据的，可以基本涵盖 PHPP 采暖部分需要输入的大部分信息。PHPP 导入数据后宜首先完善与使用方式和制冷相关的信息（人员设置、建筑功能、新风量、使用时间、遮阳、夜间通风等），此时能耗结果已相对准确，并且已经有制冷方面的信息，可以此为依据继续调整优化方案，并再次在 PHPP 里验证，方案阶段的 PHPP 深度至此已满足需求。

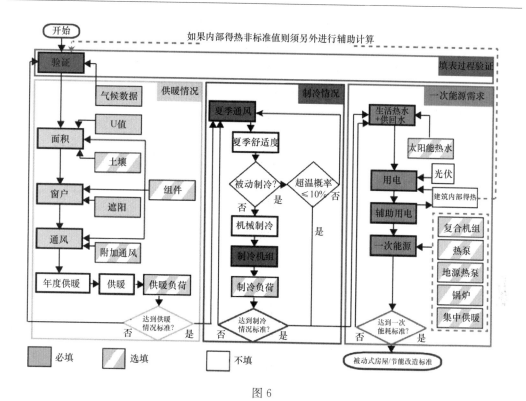

图 6

图片来自：德国被动式研究所（PHI）网站，中文翻译：德国弗莱建筑集团

PHPP 计算中制冷的部分完善以后，可提出完整的暖通系统概念，绘制出冬夏季的设备工况图，提出可能的冷热源形式，作为深化设计内容及给下阶段设备专业的设计指导。

在这里需要特别提出的是，被动房在夏季空调问题的处理上，有时会出现不同于常规建筑的情况。因为其良好的外围护结构及外遮阳措施有效地降低了室内显冷负荷；而由于新风及建筑内部功能使用和人员散发的湿负荷并没有减少，所以被动房的空调系统在夏季或过渡季节（特别是高湿地区）常常会面临潜冷负荷占比过大的问题。而常规空调的显冷负荷占比一般在 0.7 左右，若用常规空调给被动房制冷会造成除湿不足的情况，建筑室内如果长时间湿度过大，则会发生霉变等现象，有害健康。

而通过 PHPP 计算，可以让我们在这一点上给出很明确的建议：

例如我们南昌众森红谷一品幼儿园项目的 PHPP 计算节选，图 7 中表格显示了建筑全年潜冷和显冷负荷的状况及比值。可以看到显冷占比最低的月份出现在 5 月（仅 51%），6 月次之（53%）。

Monatsmittelwerte 月平均值		Jan	Feb	Mar	Apr	Mai	Jun	Jul	Aug	Sep	Okt	Nov	Dez	
spezif. Kältebedarf	制冷需求	0,0	0,0	0,0	0,1	1,7	3,3	5,4	5,2	2,9	0,3	0,0	0,0	kWh/m²
spezif. Entfeuchtungsbedarf	除湿需求	0,0	0,0	0,0	0,0	1,6	2,8	3,7	3,6	2,1	0,3	0,0	0,0	kWh/m²
Sensibler Anteil	显热部分	100%	100%	100%	100%	51%	53%	59%	59%	58%	57%	100%	100%	

minimal auftretender sensibler Anteil an der Kühllast　制冷负荷中显热的最小比例　| 51% |

图 7　建筑全年潜冷和显冷负荷的状况及比值

为此我们采用了按照湿负荷控制的空调系统，将新风先按除湿处理到适当的湿含量，再经过回温盘管，利用地源热泵的废热将新风温度升高至适宜的送风温度。巧妙地解决了显冷潜冷负荷的比值问题。

而在北京延庆被动房体验中心的项目中，由于地区气候及建筑功能不同，PHPP 结果显示最低显冷负荷占比为 72%，这意味着并不需要在空调系统上做特殊处理。如图 8 所示。

Monatsmittelwerte 月平均值

		Jan	Feb	Mar	Apr	Mai	Jun	Jul	Aug	Sep	Okt	Nov	Dez	
spezif. Kältebedarf	制冷需求	0,0	0,0	0,0	0,0	0,0	2,5	4,0	3,5	0,0	0,0	0,0	0,0	kWh/m²
spezif. Entfeuchtungsbedarf	除湿需求	0,0	0,0	0,0	0,0	0,0	0,0	1,5	1,4	0,0	0,0	0,0	0,0	kWh/m²
Sensibler Anteil	显热部分	100%	100%	100%	100%	100%	100%	72%	72%	100%	100%	100%	100%	

minimal auftretender sensibler Anteil an der Kühllast 制冷负荷中显热的最小比例   72%

图 8

由这两个例子的对比可以看出，PHPP 可以在空调系统的设计上给出非常明确的建议。

4 扩初及施工图阶段

扩初及施工图阶段分三步走：

（1）索要或查找更具体的条件参数并完善 PHPP；

（2）给各专业提出设计要求；

（3）收到各专业设计成果并输入 PHPP 进行验证，给各专业反提条件，进行沟通并优化。

其中步骤（3）会重复若干次，也需要各专业之间的配合协调，在此过程中必须紧密与建筑专业负责人进行沟通，因为在施工图阶段，主要的沟通与协调工作都是建筑专业负责的，建筑专业是整个项目信息的汇总点。

索要或查找更具体的条件参数并完善 PHPP 的工作要在方案结束后尽快完成，其具体内容包括：

a. 要求建筑专业尽快细化窗户的划分并输入 PHPP；

b. 估计设计中的热桥数量、长度及热桥系数并输入 PHPP（图 9）；

c. 收集土壤及地下水相关信息：土壤种类、导热系数、热容、海拔高度、地下水深度、地下水流速等并输入 PHPP；

d. 前两项输入后，能耗会有很大的变化。此时再优化调整 PHPP 里外围护 U 值、窗户的 U 值 g 值、遮阳数据及风机参数，使能耗满足指标。

完成上述调整后，可以将建筑材料设备等组件的各项技术参数提给各专业作为参考参数或要求。

扩初阶段各专业设计尚不完善，此时是用 PHPP 统筹各专业设计的最佳时机，因此 PHPP 计算一定要先行，可先思考并假设一些设计参数，在 PHPP 里验证并优化，然后作为参考数据提给各专业，让他们在深化设计时作为参考值使用：

a. 提供外围护的参数及门窗参数；

b. 提供节点做法示意图或方向性的节点草图；

c. 提出对通风系统末端的设计要求：尽量减小压降（管道长度、拐弯数量、粗糙

	**Wärmebrückeneingabe** 热桥数据								
Nr.	Wärmebrücken - Bezeichung 名称描述	Gruppe Nr. 类别号	Zuordnung zu Gruppe 类别描述	An-zahl 数量	x (	Länge [m] 长度	Abzug Länge [m] 长度减免	) =	Länge ℓ [m] 计算长度	Eigene Angabe Ψ-Wert [W/(mK)] 自定义热桥系数
1	1.OG Konsolen Südbalkon 200x400mm	15	Wärmebrücken Außenluft 与空气接触的热桥	3	x (	1,00	-	) =	3,00	0,700
2	1.OG Konsolen Westbalkon 200x400mm	15	Wärmebrücken Außenluft	2	x (	1,00	-	) =	2,00	0,700
3	Konsolen Überdachung Südbalkon 200x400	15	Wärmebrücken Außenluft	3	x (	1,00	-	) =	3,00	0,700
4	DG Überdachung Westbalkon mit Bakelit	15	Wärmebrücken Außenluft	6	x (	1,00	-	) =	6,00	0,300
5	EG Perimeter Fensterbereich	16	Wärmebrücken Perimeter	1	x (	19,61	-	) =	19,61	0,190
6	EG Perimeter	16	Wärmebrücken Perimeter	1	x (	46,39	-	) =	46,39	0,025
7			地表周边热桥		x (		-	) =		
8	Anschlusspunkt Lamelle Ostfassade	15	Wärmebrücken Außenluft	18	x (	1,00	-	) =	18,00	0,300
9	Anschlusspunkt Lamelle Westfassade	15	Wärmebrücken Außenluft	18	x (	1,00	-	) =	18,00	0,300
10	Wand-Wand	15	Wärmebrücken Außenluft	4	x (	8,70	-	) =	34,80	-0,040
11	EG Überdachung Nordeingang mit Bakelit	15	Wärmebrücken Außenluft	3	x (	1,00	-	) =	3,00	0,300

图 9　PHPP 热桥工作表节选

度等），管内风速＜3m/s、出风口风速＜1m/s、消声器的设置原则及噪声的限值等（这些因素决定风管的尺寸，会在一定程度上影响建筑平面及吊顶高度）；

d. 提出送排风布置及吊顶区域平面示意图；

e. 建议冷热源及暖通系统形式。

各专业收到设计参考要求及参数后会进行具体的深化设计，本阶段完成。

收到各专业设计成果并输入 PHPP 进行验证，给各专业反提条件，进行沟通并优化（因为施工图涉及非常具体的设计细节，在 PHPP 里完善这些细节的输入之后，计算结果可能会有一些变动），此阶段是整个设计中最磨人的阶段。需要不断地根据施工图的设计结果更新 PHPP 文件，遇到问题需要从整体来考虑优化的可能性，并与相关专业沟通解决，最终共同完成施工图。

在此过程中，我们按照对能耗计算结果影响程度的大小顺序，列出如下几个关键点，建议越靠前的点在本阶段中越要优先考虑：

a. 外围护的参数（墙、底板、屋顶）；

b. 窗户参数（含遮阳）；

c. 风机参数与风量；

d. 夏季夜间通风设置；

e. 窗户划分；

f. 热桥；

g. 空调系统参数；

h. 冷热分配（风管布置、水管布置、热水箱参数等）；

i. 冷热源形式（太阳能、热泵、集中供暖）。

5 施工阶段

PHPP 的计算的大部分工作是在施工图阶段完成的。施工图出具盖章后，一般情况下也就意味着设计工作的完成和 PHPP 计算的完成。但这一点在中国具有特殊性，由于设计的周期一般较短，许多设计上的细节问题在施工图阶段无法考虑得面面俱到。因此施工过程中会不断地出现问题并调整。这就要求设计师随时跟进现场施工中遇到的各项情况，对于设计变更必须及时在 PHPP 计算中反映并根据结果作出合理的建议。

在没有施工经验的团队进行被动式建筑施工时，建议一定要委托专业人员进行指导，指导内容应涵盖如下几个方面：

a. 被动式建筑理论培训；

b. 被动式建筑施工培训，包括其他项目的经验总结；

c. 施工现场墙身节点 1∶1 模型制作，以方便工人进行现场学习；

d. 要求施工方专人对施工过程做好影像资料的纪录，照相及视频，以便及时发现问题，同时也为取得相关证书做资料搜集；

e. 有项目监理对每个施工节点进行审核查验；

f. 有专人进行项目进度把控，避免因为被动式建筑造成的工期过长问题。

在被动房的施工过程中，气密性的保证非常重要，这点虽无法直接在 PHPP 计算中体现，但建筑建成后气密性测试的结果却直接影响到建筑最终是否能够达到被动房标准。因此特别提示以下几点请在施工中特别关注：

a. 关于抹灰：所有外墙内表面都需要做抹灰处理，以保证气密性。所有与外墙表面相关的安装与施工，如：厕所马桶、水池、内墙、吊顶、地板等都需要待内部抹灰完成后再行施工。

b. 外墙的内表面抹灰必须延伸至上下楼板，与楼板的混凝土结构相连。抹灰与窗户交接的地方，需先安装窗户，贴上气密性胶带，再抹灰，气密性胶带最终将覆盖在抹灰层下面。特别要提到的是，吊顶上的墙面以及地板面层以下虽然看不到，但抹灰必须做，不能偷工减料。

c. 建筑气密性的保证与施工现场监管有很大相关。若气密性在前期施工中无法保证，后期返工重修会造成很大困扰和损失，延误工期等。请施工方经常拍摄工地照片发给我们，方便指导和及时发现施工过程中存在的问题与错误的情况。

d. 在施工图纸上有许多地方抹灰层的表达不够完全或在施工时容易被工人忽视。因此施工监理方应在施工过程中特别关注这一点。

e. 建议全部门窗安装完成，内抹灰施工完毕后就立即进行一次气密性测试。测试后根据情况进行针对性的气密性修补，修补完成后再接着室内施工。若先行室内施工后再进行气密性测试，万一发现漏点，有可能会很难修补。如果某些设计如教室，会有重复性，建议做完一个教室就可以进行气密性预测试，以便及时发现一些共性的气密性问题，及时修补，可避免同一个问题重复出现。这里不是建议对每个教室都要进行独立气密性测试，这样做成本会非常高。一般要求对整栋建筑进行气密性测试。体量太大的建筑可以分区段进行。

f. 窗户的气密性测试：在气密性测试前，窗户要全部矫正完毕，以保证密封胶条能正常发挥作用。测试时必须要有门窗厂的技术人员在现场，随时沟通并记录解决问题。

g. 所有相关专业的施工人员（水，暖，电，窗户，建筑）都必须在气密性测试的时候在场，随时沟通并记录解决问题。

h. 气密性测试时，一定要与测试公司强调，负责漏洞查找。

综上，建议的施工顺序安排如下：

a. 外填充墙完工；

b. 外门窗安装完工（含气密性胶带的粘贴）；

c. 外墙内表面抹灰；

d. 气密性测试；

e. 漏点修补；

f. 与外墙相关的施工及安装（如内墙、马桶、吊顶、地板等及内装）。

另外，在施工中还需要特别提醒一个点：在中国的施工现场，有可能会出现外墙结构平整度不够，而采用过厚的找平层来找平墙面的情况。这会带来一系列弊端，如被动窗的重量非常大，被动窗安装，由于找平层过厚，而导致螺栓固定在结构层的深度不够，而严重者会有窗户脱落的隐患。同一原理，EPS 保温板或者岩棉保温板也会出现类似的情况。

6　结　语

DesignPH 和 PHPP 在设计各阶段中均可以给设计以指导性的建议，总结起来：

（1）设计策略阶段根据气候选择相应的对策；

（2）概念方案设计阶段利用 DesignPH 优化建筑形体开窗等重要因素，为深化设计打下良好基础；

（3）深化设计阶段完善 PHPP，计算先行，综合平衡各方面能耗影响因素，定好大框架，使经济成本上最优化；

（4）施工图阶段，提出材料设备等各类初步拟选参数，对各专业深化做出指导和参考。根据材料及设备厂家的具体参数调整计算，使 PHPP 计算结果精确；

（5）施工阶段，提前做好各项施工前的准备工作，施工开始后通过驻场或照片监控施工质量，及时发现问题。及时跟进变更并调整 PHPP，保证能耗计算结果达标。

被动式建筑的落地是一个系统工程，考验着建筑师对设计理念的理解和解读，考验着各专业人士的配合与跟进，考验着建材市场材料的品质与价格，考验着设备厂商产品的性能与口碑，考验着建筑工人对每一个细节的高要求落地，对匠人精神的传承，考验着我们每一个追求绿色环保的心。

与此同时，我们呼吁，有更多的开发商来关注被动式超低能耗绿色建筑！

我们呼吁，政府在政策上给予有识之士更多更有力度的支持！

被动房的春天来了，而我们会迎着春风，一路前行。

参考文献

[1]　德国被动房研究所网站：http：//passiv. de/.

[2]　德文版 PHPP9 使用手册。

寒冷地区某被动式低能耗学校建筑
运行管理与节能效果分析

陈彩苓

（河北建研科技有限公司，石家庄 050227）

摘　要　本文以北戴河新区被动式低能耗建筑——团林实验学校改扩建工程为研究对象，基于建筑的日常运行管理和能耗监测数据结果，分析模拟计算结果和实际使用的偏差，并与同类节能建筑相比，分析该项目的节能优势。为寒冷地区被动式低能耗学校建筑的实际运行管理提供参考。

关键词　寒冷地区；被动式低能耗；运行管理；能耗监测数据

1　引　言

2012 年 9 月，住房城乡建设部与河北省政府签署《关于共建北戴河新区国家级绿色节能建筑示范区合作框架协议》，协议规定，双方将通过合作，以绿色节能建筑为重点和特色，积极探索生态城市和绿色节能建筑示范区的规划建设模式。团林实验学校改扩建工程采用德国被动房建设新理念、新技术，采用高品质的部品材料，并进行精细化设计与施工，是绿色、生态、节能、低碳、人与自然高度和谐的理念的切实体现。作为全国首个被动式低能耗学校建筑，是否能够实现预期节能目标和高品质的室内环境对被动式低能耗建筑在中国实践和发展具有重要意义。

2　工程概况

团林实验学校改扩建工程总建筑面积为 11873.5m²，示范面积 11714.6m²，占地面积 2806.83m²，体形系数为 0.2，地上四层，主要功能为教室、实验室、办公室及幼儿园，建筑高度为 16.65m，建筑结构为混凝土框架结构。建筑鸟瞰图详见图 1。项目于 2015 年 6 月开工建设，2016 年 9 月通过气密性测试验收并投入使用，气密性测试结果为 $N_{50} = 0.26h^{-1}$，项目获得中德被动式低能耗建筑质量标识证书。

3　被动式设计

3.1　室内环境指标设计

室内空气设计计算参数具体详见表 1。

作者简介：陈彩苓（1986.4—），女，工程师。单位地址：石家庄市槐安西路 395 号，邮政编码：050200；联系电话：18033878785。

图 1　建筑鸟瞰图

表 1　室内空气设计计算参数

房间名称	温度（℃）		新风量
	夏季	冬季	[m³/（h·p）]
教室、实验室	26	20	19
办公室	26	20	30
阅览室、微机室	26	20	19
活动室	26	20	19

3.2　高效外保温系统设计

建筑外围护结构详见表 2。

表 2　外围护结构构造做法及传热系数

项目	构造	传热系数 [W/（m²·K）]
屋面	120 厚混凝土＋250 厚挤塑聚苯板	0.13
外墙	250 厚加气混凝土砌块＋220 厚石墨聚苯板	0.13
	350 厚钢筋混凝土（梁、柱）＋220 厚石墨聚苯板	0.14
接触室外架空楼板	100 厚钢筋混凝土板＋220 厚石墨聚苯板	0.14
首层地面	地下室顶板 120 厚钢筋混凝土板＋170 厚挤塑聚苯板	0.14
外窗	塑钢多腔型，5 三银 Low-E＋12（暖边充氩气）＋5C＋12（暖边充氩气）＋5 单银 Low-E 全钢化	1.0

3.3　新风系统及空调系统设计

新风系统、空调系统运行时间详见表 3。

表 3　新风系统、空调系统运行时间

分类		冬季	夏季
带热回收新风系统	热回收效率	70%	
	运行时间	10 月 25 日～4 月 20 日　8：00～16：00	7 月 23 日～8 月 14 日　8：00～16：00

续表

分类		冬季	夏季
变频多联机空调系统	COP	3.78	3.32
	运行时间	10 月 25 日～4 月 20 日 8：00～16：00	7 月 23 日～8 月 14 日 8：00～16：00

注：学校在 1 月 15 日～2 月 20 日为寒假期间，7 月 10 日～8 月 31 日为暑假期间，放假期间新风系统和空调系统不运行。

3.4 能耗模拟计算结果

能耗模拟结果详见表 4。

表 4　建筑各项能耗模拟计算结果

分项	一次能源需求［kWh/（m² · a）］
采暖	4.41
制冷	1.50
通风	3.12
照明与设备	20.98
热水	1.0

4 运行数据

4.1 室内环境

冬季：南向房间基本不开启空调，室内温度能达到 20℃以上，北向房间开启空调数量较少，教室内有两到三个室内机，一般开启一个，室内温度能达到 18～20℃。

夏季：空调开启期间，室内温度不高于 26℃。

4.2 能耗监测结果

根据学校方提供的能耗监测数据结果，将学校各分项用电汇总，见表 5。建筑运行时间为 2016 年 9 月至 2017 年 6 月，7、8 月份为暑假时间，可视为运行满一年。参照今年 5 月和 6 月份数据进行估算。

表 5　团林实验中学被动房耗电统计表　　　　　　　　　　kWh

时间	空调＋新风机组（kWh）	照明插座（kWh）	太阳能（kWh）
2016 年 9 月	545	2467.8	530.1
2016 年 10 月	551.7	2455.7	550.8
2016 年 11 月	1633.5	2462.2	540.5
2016 年 12 月	3615.4	2551.4	563.4
2017 年 1 月	1087.2	2013.1	506.8

续表

时间	空调＋新风机组（kWh）		照明插座（kWh）	太阳能（kWh）
2017 年 2 月	251		420.4	95.7
2017 年 3 月	1213.4		2472.1	576.4
2017 年 4 月	1203.9		2492.4	563.1
2017 年 5 月	1361.9		2494.9	523.7
2017 年 6 月	3540.5		2483.6	531.2
分项总计	制冷	5999.1	22313.6	4981.7
	采暖	9004.4		
一次能源需求	制冷	1.54	5.71	1.28
	采暖	2.31		
一次能源总需求	10.84kWh/（m² · a）			

5 对比分析

5.1 与节能 50% 同类型建筑对比

（1）室内环境

冬季：采暖热源为校内的燃煤锅炉，末端为散热器，室内环境温度为 16～18℃。

夏季：室内采用电风扇进行散热，室内温度难以保证。

（2）运行能耗

据校方统计，校内建筑面积约 3300m² 节能 50% 同类型建筑每年采暖季耗煤量约为 80t，根据一般锅炉用煤炭的种类为贫瘦煤，贫瘦煤与标煤的折算系数为 0.7857kgce/kg，折算到标煤约为 62.86t，建筑采暖一次能源需求约为 464.57kWh/（m² · a）。

根据团林实验学校改扩建工程室内功能配置，若夏季室内配置电扇总共约为 250 台，每天开启 5 小时，夏季开启天数约为 80 天（不含暑假时间），吊扇功率按约为 60W 计算，制冷季节耗电量约为 4800kWh，折算到一次能源需求约为 1.54kWh/（m² · a）。

5.2 预期目标满足程度

建筑模拟计算值、实际运行值及节能 50% 同类建筑运行数据对比详见表 6 和表 7。

表 6 室内环境模拟计算值与实际监测值对比

分项	模拟计算（℃）	实际运行（℃）	节能 50% 建筑
夏季	26	26	无法保证
冬季	20	南向：20，北向 18～20	18

表 7　建筑各项能耗模拟计算值与实际监测值对比

分项	模拟运行 ［kWh/（m²·a）］	实际运行 ［kWh/（m²·a）］	节能 50%建筑 ［kWh/（m²·a）］
制冷	1.50	1.54	1.54
采暖	4.41	2.31	464.57
通风	3.12	0	—
照明设备	20.98	5.71	—
热水	1.00	1.28	—
总计	31.00	10.84	—

由表 6 可见：（1）与同类节能 50%建筑相比，被动式低能耗建筑冬夏季室内环境温度整体提升；（2）建筑实际运行基本达到模拟计算的预期目标。

由表 7 可见：（1）建筑冬季能耗仅为与同类节能 50%建筑的 1/100；（2）建筑实际采暖能耗约为模拟计算值的 1/2，照明设备用电约为模拟计算值的 1/4，建筑实际运行总能耗约为模拟计算值的 1/3。

5.3　差异原因分析

（1）学校建筑的特点是人员密度大，新风量大，冬季新风负荷占总热负荷的比例可达 60%以上，建筑在实际运行阶段，学校新风机组不开启，因此造成新风系统运行能耗以及冬季空调运行能耗低。

（2）目前学校师生还未对被动式低能耗建筑有清晰的认识，虽然实际运行能耗远小于模拟计算值，但节能不应牺牲室内舒适度，由于行为习惯因素，学生和老师日常更多的是靠课间休息时间进行短暂的开窗通风，无法保证室内人员新风换气的需求。

6　结束语

被动式低能耗建筑在大大降低能耗的同时不牺牲室内舒适度，建筑设计了高效热回收新风系统，有组织的新风系统设计能够提供室内足够的新鲜空气，同时机组内的空气净化装置可以提升室内空气品质。因此应进一步提升使用者对被动式低能耗建筑的认识，转变行为习惯，做好空调新风系统的运行管理工作，空调运行期间应关闭外门窗，开启有组织的新风系统，过渡季节，室外空气良好时，可开启外窗进行自然通风。

参考文献

［1］　李怀，吴剑林，于震，等 . CABR 被动式超低能耗建筑节能运行管理实践研究［J］. 建筑科技，2016，32（10）：1-5.

［2］　郝翠彩，王富谦，刘少亮 . 寒冷地区被动式低能耗办公建筑能耗模拟计算数据与实际运行数据的对比分析——以河北省科技研发中心办公楼为例［J］. 建设科技，2016，17：30-33.

装配式被动式超低能耗建筑屋面施工方法研究

张少彪，吴自敏，楚洪亮，朱清宇，李丛笑

（中建科技有限公司，北京 100070）

摘 要 装配式建筑和被动式超低能耗建筑是建筑节能与绿色建筑领域两大重要发展方向。但是，在同一建筑中同时实现装配式和被动式超低能耗，需突破装配式与被动式两种技术体系交叉融合的技术瓶颈，目前国内相关研究欠缺。本文以建筑屋面施工为例，对同一建筑中同时实现高气密性、高性能保温、无热桥、保温连续性等被动式超低能耗的技术要求及装配式建筑的建造要求的屋面施工方法进行了系统研究，结合山东建筑大学教学实验综合楼（一期工程）的实践经验，提出了装配式被动式超低能耗建筑屋面具体的施工工艺，是装配式被动式超低能耗建筑标准化施工工艺的一次探索性研究，为施工标准化工艺研究及类似工程的实践应用提供借鉴和参考。

关键词 装配式被动式超低能耗建筑；屋面施工方法

1 引 言

《国务院办公厅关于大力发展装配式建筑的指导意见》（国办发〔2016〕71号）提出：发展装配式建筑是建造方式的重大变革，有利于节约资源能源、减少施工污染、提升劳动生产效率和质量安全水平。住房城乡建设部《建筑节能与绿色建筑发展"十三五"规划》提出：推进建筑节能和绿色建筑发展，是推进节能减排和应对气候变化的有效手段。被动式超低能耗及近零能耗建筑技术体系是建筑节能与绿色建筑重点技术方向之一。但是，在同一建筑中同时实现被动式超低能耗和装配式，相关研究和实践还属于初期阶段。蓝亦睿[1]以及孙洪明等人[2]均以山东建筑大学装配式被动实验房为例，对装配式被动式超低能耗建筑关键技术进行研究，但研究内容均未能具体到具体施工方法。施工方法是检验实施效果的重点，研究装配式被动式超低能耗建筑施工方法意义重大。本文结合工程实践，对装配式被动式超低能耗建筑屋面具体的施工工艺进行研究和分析，并提出了具体的操作方式和技术特点。

2 关键技术的提出

被动式超低能耗建筑性能指标对施工工艺、方法具有敏感性和极大约束性，而装配式建造方式与被动式超低能耗的融合对建造的高可靠性、耐久性等都提出了更高的

作者简介：张少彪（1986.12—），男，工程师，北京市丰台区航丰路13号崇新大厦A座，100070，18322313847。

基金项目："十三五"国家重点研发计划项目《近零能耗建筑技术体系及关键技术开发》课题七《施工标准化工艺及质量控制研究》（课题编号：2017YFC0702607）。

要求。因此，研究首先按照装配式建筑技术特点及被动式超低能耗建筑技术特点[3]，提出了包括装配式建筑高气密性保障技术、高性能保温处理技术、保温连续性及无热桥处理技术、预制装配化快速施工技术共四项关键技术。

2.1 装配式建筑高气密性保障技术

装配式建筑存在各种水平缝和竖直缝，如不做节点精细化设计和施工，建筑的气密性满足不了被动式建筑的技术要求。通过外围护结构冷（热）风渗透越多，保温隔热性能越差，增加采暖制冷负荷，因此，保障建筑的高气密性非常关键。通过对装配式构件交接处（如屋面、钢梁、外墙板交接处）、穿透预制围护结构的管线（如穿屋面透汽管）、打断围护结构的门窗洞口（如屋顶天窗）等打断气密层的薄弱部位进行特殊技术处理，实现外围护结构的高气密性。

2.2 高性能保温处理技术

通过在女儿墙内外侧、压顶及屋面等部位采用双层保温错缝敷设，保温层厚度大于 200mm 并全封闭包裹混凝土构件表面，阴阳角处保温交错咬合等技术做法，实现了整个建筑保温性能优良且杜绝了通缝等漏点，此外，保温层上下设置了防水及防水隔汽等功能层，有效地保障了保温层发挥最大作用。

2.3 保温连续性及无热桥处理技术

保温连续性处理是基于被动式建筑"连接规则"即保温层在建筑部件连接处应连续无间隙而采用的一种处理措施。通过在保温接缝处、转角处以及装配式构件交接处（如屋面、女儿墙、外墙板交接处）等会导致保温断开的部位进行技术处理，实现了保温的连续性。无热桥处理是基于降低建筑围护结构热桥部位传热损失的目的而采用的一种处理措施。通过在穿透围护结构的管线（如穿屋面透汽管、穿女儿墙雨水口）、打断围护结构的门窗洞口（如屋顶天窗）等击穿保温的部位采取技术处理手段，实现了建筑无冷热桥效应。

2.4 预制装配化快速施工技术

屋面施工通过主体采用钢框架结构，楼板采用预制装配式叠合板，墙体采用装配式 ALC 墙板及楼梯采用装配式楼梯等安装施工，构件在工厂提前预制、深化及排版，实现了现场各工序流水施工，施工快速灵活，高效地推进了施工进度。

3 施工要点的分析和确定

提出关键技术之后，再根据关键技术要点，结合施工工艺流程，提出解决方案，并明确具体的施工操作要点。该工程屋面施工涉及的相关部位包括屋面板本身、女儿墙、穿女儿墙雨水管、穿屋面管道、天窗等，涵盖了屋面施工相关的大部分内容。

3.1 装配叠合板屋面施工

3.1.1 叠合板安装

屋面板采用预制桁架叠合板与现浇混凝土叠合而成，如图 1 所示，预制桁架叠合板含有一定厚度的底板混凝土层，并配有上弦钢筋、腹杆钢筋、下弦钢筋及底板钢筋；如图2所示，预制桁架叠合板上按照板块受力特点布设四个起吊点，板块按照预排安装编号依次吊装至屋面层的相应位置。

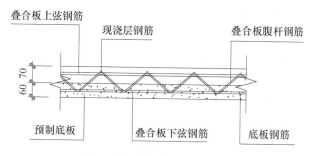

图1　装配式叠合板断面构造

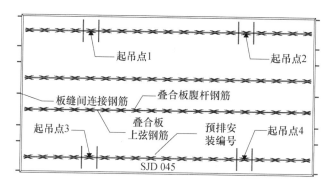

图2　装配式叠合板块平面布置

3.1.2　叠合板支撑及支模

预制桁架叠合板吊装前，须在下一楼面上搭设支撑架体并支模，因预制桁架叠合板具有很强的板体性，若再采用钢管支撑架体则经济效益会很差，而且钢筋脚手架的横向杆件会妨碍下层施工工序施工。如图3所示，设计和使用了一种独立式三脚支撑系统，其能根据屋面板的荷载合理布置，各支撑系统互相独立且无横向杆件，屋面板标高可通过其上的操作手柄手动调节后插销固定，该支撑系统装拆方便，适用灵活，为下层工序预留了大量的操作空间。预制桁架叠合板吊装完成后，板与板之间的缝隙通过预留的连接钢筋绑扎连接，女儿墙采用现浇混凝土，屋面与女儿墙交接的阴角部位需做倒角配筋加强。屋面桁架叠合板上层钢筋、女儿墙钢筋及板缝钢筋绑扎及支模验收完成后，即可浇筑屋面及女儿墙混凝土。

3.1.3　屋面下部结构施工

屋面板施工完成后即可开始安装板下外墙板，屋面下部层间外墙板采用ALC板装配式安装，如图4所示，ALC外墙板通过勾头螺栓与角钢、钢框架梁连接固定。由于被动式超低能耗建筑对气密性要求较高，而装配式建筑因其施工工艺不可避免会留下一些安装缝隙，因而缝隙气密性处理为关键施工要点，ALC墙板与屋面板之间的横向安装缝隙采取从内至外分别为聚氨酯发泡剂填充、PE棒填塞、硅酮密封胶封堵、耐碱玻纤网格布及外部抹灰共五道工序的处理方法，然后外墙室外侧依次进行抹灰找平、双层保温板错缝敷设等后续工序；由于室内部分钢框架梁与屋面板、ALC 外墙交接而钢结构导热系数较大，交接部位的无热桥处理为关键施工要点，钢梁采用 S50 防火保温板包裹并抹灰，既保障了室内气密性，又避免了室内热桥效应产生，然后外墙室内侧依次进行刮腻子、涂料等后续工序。

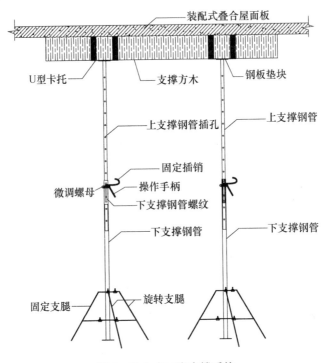

图 3　独立式三脚支撑系统

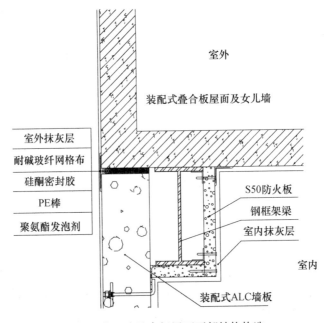

图 4　装配式叠合板屋面下部结构构造

3.2 被动式超低能耗建筑屋面施工

装配式叠合屋面板施工完成后，即可进行被动式超低能耗建筑屋面施工，其要求较高的保温性能，并对防水也有特殊要求。

3.2.1 屋面保温施工

如图5所示，屋面首道工序为砂浆找平，然后开始做第一道防水，其上再做水泥憎水型膨胀珍珠岩找坡，流水坡度大于2‰并朝向雨水收集口；砂浆找平后开始做屋面保温，首先，围绕屋面边缘女儿墙处做一圈封闭的水平防火隔离带，然后，屋面开始大面积双层错缝敷设 XPS 保温板，保温板错缝宽度应大于 200mm，板缝宽度大于 2mm 需灌注聚氨酯发泡剂并采用美工刀刮平。保温板铺设完成后，其上依次做找平、第二道防水、铺设聚乙烯膜及细石混凝土保护层，屋面施工总共十道做法，有效地保证了屋面的保温隔热、防水、防潮等性能。

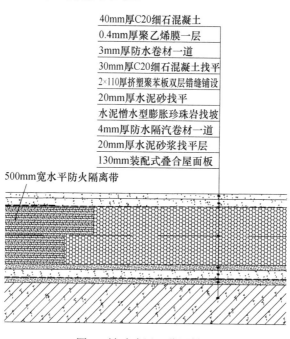

图5 被动式屋面分层做法

3.2.2 屋面防水施工

屋面防水是保证整个屋面保温系统可靠性的关键因素，为了有效避免室内潮气进入屋面以及室外雨水进入保温层破坏保温体系，如图6所示，保温层上下分别做一道防水，第一道防水采用表面带铝箔且具有隔汽作用的防水卷材，屋面满铺并上翻至女儿墙大于 500mm，该做法能有效地阻断室内潮气侵入保温层；第二道防水位于保温层上，屋面满铺并上翻至女儿墙内侧保温层上，继续向上顺延至女儿墙外侧大于 100mm，降低了防水层在女儿墙保温外侧脱落的风险，保证了屋面与女儿墙保温和防水的连续性，避免了室外降雨进入保温层。

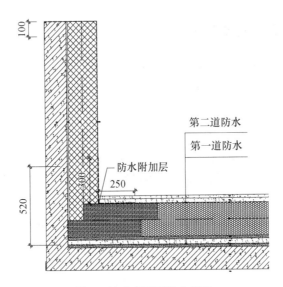

图 6 被动式屋面防水做法

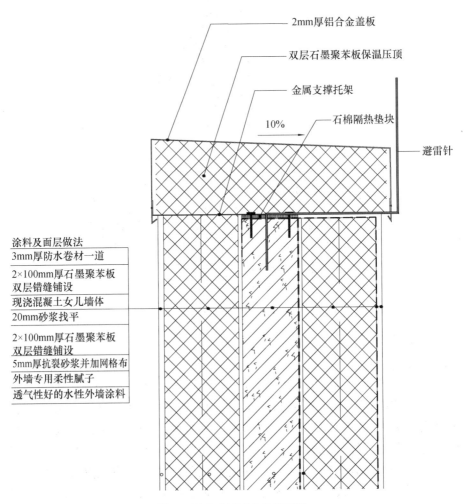

图 7 被动式屋面女儿墙做法

3.3 被动式建筑女儿墙施工

3.3.1 女儿墙保温施工

如图 7 所示，女儿墙外侧保温和外墙保温一同施工至女儿墙顶，墙面找平后双层错缝铺设保温板，并采用断热桥锚钉固定保温板，保温板表面再抹抗裂砂浆，中间压入一道耐碱玻纤网格布，最后依次完成饰面施工；女儿墙内侧首先开始做第一道防水，采用带铝箔且具有隔汽作用的防水卷材，并与屋面上翻的防水有效搭接，向上延女儿墙铺设至女儿墙顶部，然后，双层错缝铺设保温板；保温板铺设完成后，将屋面的第二道防水上翻至女儿墙顶部并外延至女儿墙外侧大于 100mm，最后依次进行女儿墙内侧饰面施工。

3.3.2 女儿墙压顶施工

女儿墙内外保温及防水施工完成后，在女儿墙顶部安装避雷针及压顶金属托架，避雷针深入女儿墙混凝土内，并从女儿墙室内侧拐出；托架采用膨胀螺丝与女儿墙固定，托架与女儿墙之间设置隔热垫块，以减少金属托架与女儿墙体之间形成的热桥；金属托架上做双层保温板压顶，并预留一定坡度朝向屋面；保温压顶上扣盖铝合金盖板予以保护，盖板两端设计有弯钩滴水构造，避免了雨水浸入压顶保温内。

3.3.3 女儿墙上雨水收集口施工

雨水收集口设置在女儿墙上与屋面交接处，采用焊接一体成型的雨水收集口，如图 8 所示，雨水管与女儿墙及保温之间采用岩棉套环嵌套包裹，岩棉套环与屋面、女儿墙保温保持连续。雨水收集口两边钢板内侧粘贴防水透汽膜，屋面第二道防水在雨水口处补强并卷入雨水口内，雨水口防水与女儿墙防水收口处采用防水密封胶封堵。

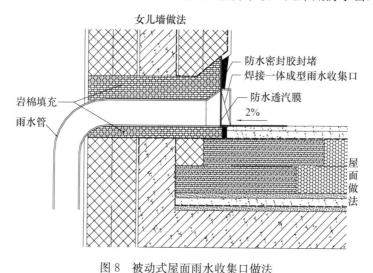

图 8　被动式屋面雨水收集口做法

3.4 出屋面透汽管施工

3.4.1 透汽管安装

屋面板施工时，在透汽管部位提前预留大于透汽管直径 200mm 的孔洞并安装外套管，如图 9 所示，透汽管在楼板处与外套管间的间隙填充岩棉，透汽管室内部分应外包一定厚度的保温隔声材料，与楼板交接处阴角部位粘贴防水隔汽膜；透汽管室外套管与楼板交接处阴角部位粘贴防水透汽膜，透汽管与外套管间隙采用保温材料填充，透汽管顶部安装风帽，外套管顶部及管间隙粘贴PVC板，以防室外降水浸入管间保温中。

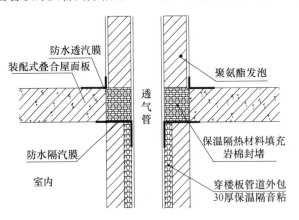

图 9　出屋面透汽管做法

3.4.2　透汽管外套管防水施工

外套管安装完成后，如图10所示，屋面第一道防水施工时延外套管上翻至第二道防水以上 100mm ，第二道防水施工时延外套管先与第一道防水搭接，然后再向上延伸300mm 以上，第二道防水端部与外套管交接处采用密封胶封堵，外套管壁上外露的防水卷材采用密封胶覆盖保护。

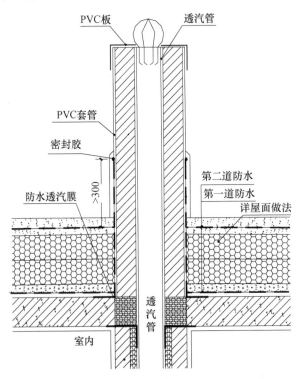

图 10　出屋面透汽管外套管防水做法

3.5 屋面天窗安装

为了增强室内自然采光，在屋面上按照设计角度安装天窗。天窗安装前，如图11所示，在屋面钢支撑梁上的ALC保温条板上预留天窗洞口，然后在洞口边缘安装隔热固定木框，并采用螺栓将成品天窗固定在隔热固定木框上，降低天窗与主体连接处的热桥效应。天窗与木框、ALC条板交接处室外粘贴防水透汽膜，室内粘贴防水隔汽膜，保证了天窗处的气密性。ALC条板上的防水顺延搭接在防水透汽膜上，使得防水连续，然后再铺设保温板，保温需大部分压住天窗外边框并连续，从而提高了天窗周边的保温隔热性能，屋面工序完成后，在天窗上扣盖排水板，降雨时水流有组织地排向屋面。

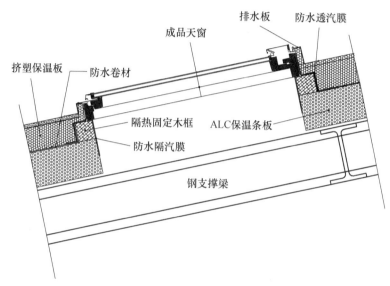

图11　出屋面透汽管外套管防水做法

4　技术特点总结

4.1　装配式建筑实现高气密性

出预制装配叠合屋面板的透汽管及屋顶天窗均打断了屋面气密层，采用室内粘贴防水隔汽膜，室外粘贴防水透汽膜的方式，保证断点处的高气密性能，同时满足防水性能。与预制装配叠合屋面板、预制ALC外墙板交接处钢梁采用S50防火板包覆，内侧再做15mm厚抹灰气密层，保证交接断缝处的高气密性能。

4.2　装配式建筑实现高性能保温

采用高性能保温材料，使屋面的传热系数比现行国家标准要求降低70％，极大提高屋面的保温性能，降低建筑通过屋面的传热损失，提升建筑整体节能效果。

4.3　装配式建筑实现保温连续性及无热桥

女儿墙内外侧保温及压顶保温使外墙、屋面、女儿墙三部位保温形成闭环，保证保温连续性；穿透装配式叠合屋面板和外墙板的管道构造均采用保温嵌套包裹等方式将屋面及女儿墙的保温断点进行补救，消除了冷热桥效应。

4.4　施工便捷性

本方法对预制桁架叠合板编号并预排版，预制叠合板下采用独立式三脚支撑系统，该支撑系统装拆方便，适用灵活，为下层工序预留了大量的操作空间。且钢结构构件均为工厂化制作，使用预拼装施工技术，材料浪费少，施工效率高。

5　结　语

本文结合具体工程项目，提出了装配式被动式超低能耗建筑屋面施工的关键技术及施工操作要点，并对整个施工工艺进行了技术特点的总结。实践证明，该方法在本工程实际可行。但是，装配式技术和被动式超低能耗技术的融合，必然对建筑的无热桥、高气密性、高可靠性、耐久性提出更大的挑战，尚需要更多的理论研究和工程实践。随着国内装配式＋被动式超低能耗建筑工程实例的增多，装配式被动式超低能耗建筑标准化施工工艺的研究和实践必将得到更大的推进和发展。本文的研究内容将为施工标准化工艺研究及类似工程的实践应用提供借鉴和参考。

参考文献

[1]　蓝亦睿. 装配式被动房关键节点构造技术研究——以山东建筑大学装配式被动房项目为例[D]. 济南：山东建筑大学，2016.

[2]　许红升，张树辉. 钢结构装配被动式超低能耗建筑技术研究与应用[J]. 建设科技，2016，Z1.

[3]　中华人民共和国住房和城乡建设部. 被动式超低能耗绿色建筑技术导则（试行）（居住建筑），2015.10.

示范项目篇

超低能耗建筑设计案例浅析——百子湾公租房项目

刘昕，滕志刚

（北京市住宅产业化集团股份有限公司，北京 100161）

摘 要 全球能源日趋紧张，节能减排、绿色环保已成为国际主题，我国"十三五"规划更是强调人文与生态的和谐统一，大力推动建筑节能及绿色建筑的发展。建设高舒适性、绿色节能的超低能耗建筑凸显其优势。

顺应时代发展，我国超低能耗建筑也应运而生，但较之欧洲成熟的设计水平、精细的施工技术，还有一定差距。目前，我国相关的标准规范尚在拟定之中，还需实际工程反馈的技术应用信息来充实新标准；大量的新技术、新产品应运而生，也需要时间的检验。在这个建筑技术变革的过程中，我们有幸参与到北京市保障房中心百子湾公租房项目，将超低能耗建筑技术应用于保障房项目中。我们结合项目设计、建造、使用、维护等环节设计要点，对超低能耗建筑系统及技术要求进行梳理和总结，对实际需求和产品选择进行分析，力求做到经济、合理、资源节约。

以往的项目经历告诉我们，设计思路甚至方式的转变，对于我们即是挑战也是学习提升的机会，不断增进对设计项目全过程的把控，不断完善我们的技术手段，才能跟上不断变化的市场需求，才能提高解决实际问题的能力，使得设计成果更加成熟。

关键词 超低能耗住宅；公租房；气密性；热桥；新风系统；热回收系统

1 被动式超低能耗建筑简述

1.1 被动式建筑概述

被动式建筑是将自然通风、自然采光、太阳能辐射和室内非供暖热源得热等各种被动式节能手段与建筑围护结构高效节能技术相结合建造而成的低能耗房屋建筑。这种建筑在显著提高室内环境舒适性的同时，可大幅度减少建筑使用能耗，最大限度地降低对主动式机械采暖和制冷系统的依赖。

被动式建筑需要满足以下条件：

a. 采暖或制冷能源需求为净居住面积不超过 15kWh/（m^2·a）或 10W/m^2 高峰需求；

b. 可再生一次资源需求使用，总能量即室内所有的设备需求（采暖、热力和电力）不超过 60kWh/（m^2·a）；

c. 在 50Pa 压力下最多每小时 0.6 次换气次数，并通过现场压力试验；

作者简介：刘昕（1981.2—），女，工程师，联系电话：010-63963700；滕志刚（1977.7—），男，高级工程师，联系电话：010-63963700。

d. 在冬季和夏季超过 25℃ 的时段不超过全年的 10%。

被动式建筑为居住者提供了舒适的居住环境，室内的温度、湿度保持在基本恒定的环境内；带过滤的新风系统让使用者摆脱雾霾困扰的同时获得良好的空气质量；高效的热交换系统减少的石油、煤等常规一次能源的利用，降低了建筑物能耗。虽然对于被动式建筑前期投入的成本有增量，但建筑的价值得到大幅度提高，使用过程中的维修费用减少，建筑物的全生命周期的成本减少。

1.2 被动式建筑的发展

最早的被动房概念来源于 1883 年费兰德霍夫南森的一艘极地研究船设计。他在航海日志中写道："……墙面覆盖着煤焦油毡，里面填满了软木屑，外包一层软杉木，软杉木外面还有一层厚厚的油毡，之后是油布做的气密层，最后再用木头包裹作为外墙面。窗户由 3 层玻璃或者其他方法保护，以防止霜冻进入室内。即使温度计显示外面是 5℃ 或者 −30℃，我们都不需要火炉来供暖。通风是完美的……因为它完全依靠通风设备来抽取室外的冷空气。这样一来我觉得可以把炉子灭了，它只不过是个累赘而已。"1980 年德国物理学家沃尔夫冈·菲斯特创建了被动式建筑理念，"被动房"的概念才被世界广泛了解和认可，菲斯特教授因此被誉为世界"被动房之父"。1991 年菲斯特在德国建成了第一个被动式住宅，该建筑集节能、舒适、经济、高保温隔热的门窗及建筑墙体、具有热回收的通风系统以及良好的室内空气质量于一体。2000 年，德国建成首个被动房小区。德国被动房研究所面向全球颁发认证证书。被动式建筑开始作为一个建设理念在中欧住宅中广泛应用，如今被动房标准可以在所有类型的建筑物，在世界上几乎任何地方实施。被动式建筑以它高标准的舒适性、优异的质量、可持续性的发展以及大大降低建筑全生命周期成本的优势，被越来越多的国家认可。到 2017 年 8 月已经有 4118 栋建筑物经过 PHI 认证，其中包括我国 9 个被动式建筑。

随着社会的发展，对能源需求大幅度提高，全球能源日趋紧张，根据国际能源署的研究和预测："如果按照目前使用能源的情况，到 2030 年二氧化碳的排放量将达到 400 亿吨，为了使空气中的二氧化碳不超过 450ppm，必须提高可再生能源的使用比例。"2010 年欧洲议会和欧盟能源署颁布：到 2020 年 12 月 31 日，所有建筑必须达到零能耗。

1.3 被动式超低能耗建筑在我国的发展

在我国传统居住建筑也有类似被动房的设计，例如陕北的窑洞、福建的土楼也都是通过其物理结构以及设计体型来减少热量的损失或隔绝热量。随着城镇化的发展，大量的建设使我国建筑面积持续增长，同时对于能源的需求也日益增加。借鉴和吸收欧洲被动式建筑的建造理念、建造方式，建立符合我国建设特点的中国被动式超低能耗建筑，提高人们居住环境以及减少建筑能耗，成为了我国建筑行业的重要问题。我国被动式超低能耗建筑的定义为"被动式超低能耗建筑指通过最大限度提高建筑围护结构保温隔热性能和气密性，充分利用自然通风、自然采光、太阳辐射和室内非供暖热源得热等被动式技术手段，将供暖和空调需求降到最低，实现舒适的室内环境并与自然和谐共生的建筑。"

住房城乡建设部《建筑节能与绿色建筑发展"十三五"规划》更是强调人文与生态的和谐统一，大力推动建筑节能及绿色建筑的发展，积极开展超低能耗建筑示范。而后，住房城乡建设部制定了《被动式超低能耗绿色建筑技术导则（试行）（居住建筑）》，各省市也相继推出了地方超低能耗建筑示范工程项目及奖励资金管理暂行办法，开始编制《被动式超低能耗绿色建筑示范工程专项验收技术要点》、《被动式超低能耗节能构造图集》等。

2　超低能耗建筑与公租房的结合

百子湾保障房公租房项目是由北京市住房保障中心（简称"住保中心"）建设的公租房项目，是由政策支持，限定建设标准、供应对象和租金标准的租赁型住房。其建设、持有、管理均为住保中心，相对于普通开发项目，公租房更需要从建筑的全生命周期考虑建筑的经济性和可持续发展性。基于此，被动式超低能耗建筑和公租房的有机结合，也更能体现国家对超低能耗建筑的引导方向和实施力度。被动式超低能耗建筑为公租房提供更舒适的环境、更加节能环保的运行方式、更加经济的成本（远期）投入。公租房的统一管理方式，也有利于超低能耗建筑的围护和保养。结合住保中心装配式装修方式，使得公租房真正做到"适用、经济、绿色、美观"，在坚持可持续发展原则同时，注重了公共租赁住房的可改造性。符合《公共租赁住房建设与评价标准》DB11-T 1365—2016 的要求。

百子湾公租房项目方案是由 MAD 建筑事务所和北京市建筑设计研究院有限公司联合设计的。超低能耗建筑位于项目用地中间位置的 2♯、4♯ 住宅楼，共计 58 户。其地下 3 层，使用功能为储藏室；地上部分 6 层，首层功能为小区各类配套用房及其他商业用房，二层及以上部分为住宅部分。

1）建筑体型的调整

项目各层由 6 户 5.4m×5.4m 的 30m² 基本户型围合一个 6.9m×8.1m 的中厅构成。为丰富建筑形态，住宅楼顶层局部缩进 1.2m，设置露台。但这种造型方式使得体型系数较大，热桥节点增加，相应的建造成本较高。建筑外 250mm 厚外保温层也使得顶层户型面积过小。就此我们调整了建筑的体型，取消了顶层退台的设计以整合建筑体型，通过建筑南侧阳台的跳跃丰富建筑造型。调整后建筑体型系数降至为 0.35。如图 1 所示。

2）超低能耗设计范围的调整

项目首层的配套用房，包括物业办公、社区服务中心、自行车存车库以及其他商业服务。各功能通过首层顶部活动平台与住宅功能在竖向空间上完全分隔开来。百子湾 2♯、4♯ 住宅楼结合多种功能共存、室内室外空间共存，使得建筑的热桥节点增多，不利于建筑的保温隔热。而出租的商业部分，也很可能在租户进入后进行二次或多次装修改造，对被动式超低能耗建筑的保温系统造成破坏。一旦破坏，超低能耗建筑将出现大量的热桥，造成能耗损失。比较了技术经济成本、施工难度以及后期使用围护的不便，我们在二层住宅底板下方设置保温层，仅将建筑二层及以上部分作为被动式超低能耗设计范围。但如何解决商业部分二次装修造成的保温系统破坏，仍是首要问题。最终，我们选择在建筑首层顶、住宅的下方设置夹层，将保温系统保护起来。如图 2 所示。

图 1　建筑体型

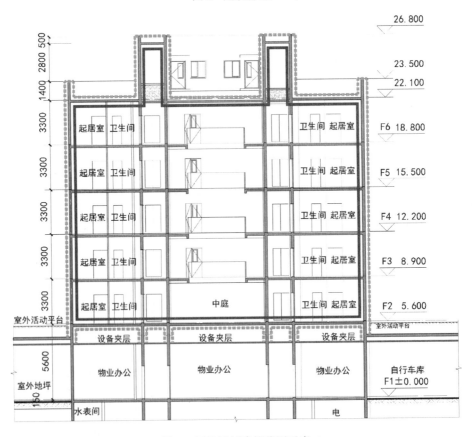

图 2　超低能耗建筑范围示意

3 百子湾项目的技术要点

3.1 百子湾项目建筑的能耗指标及气密性指标要求见表1

表1 能耗指标及气密性指标

气候分区		寒冷地区
能耗指标	年供暖需求 [kWh/ (m² · a)]	≤10
	年供冷需求 [kWh/ (m² · a)]	≤30
	供暖、空调（含通风）一次能源消耗量	55kWh/ (m² · a) [或 6.8kgce/ (m² · a)]
气密性指标	换气次数 N_{50}	≤0.6

3.2 围护结构

1）非透明部分围护结构的各部位传热系数（表2）

表2 非透明部分围护结构的各部位传热系数

建筑热工节能计算表

项目	构造做法	厚度 (mm)	导热系数 [W/(m·K)]	修正系数	热阻 [(m²·K)/W]	主断面传热系数 K[W/(m²·K)]
屋顶	硬泡聚氨酯	250	0.024	1.1	9.47	0.10
	复合轻集料垫层	30	0.53	1.5	0.038	
	钢筋混凝土楼板	120	1.740	1.00	0.069	
外墙（二至六）	石墨聚苯板	250	0.032	1.2	6.313	0.15
	钢筋混凝土外墙	200	1.740	1.00	0.115	
不供暖房间与供暖房间分隔的楼板	钢筋混凝土楼板	120	1.740	1.00	0.069	0.21
	岩棉板	100	0.040	1.10	4.545	
室外空间与供暖房间分隔的楼板	钢筋混凝土楼板	120	1.740	1.00	0.069	0.21
	岩棉板	200	0.040	1.10	4.545	
不供暖房间与供暖房间分隔的隔墙	钢筋混凝土楼板	200	1.740	1.00	0.115	0.38
	岩棉板	100	0.040	1.1	2.273	

注：参表 C.0.3-1 内表面换热系数 α_n＝8.7，外表面换热系数 α_w＝23（室外空气接触）、12（不供暖地下室顶板）。

2）关于保温材料的选择

随着装配式建筑的发展，对外墙保温材料各项性能要求越来越高，也有利于市场研究和生产更优质建筑保温材料。如何选取适合的保温材料，对建筑面积、施工安装工艺、投资成本均有较大影响。目前，在市场上比较常见的保温材料有：岩棉、挤塑板、石墨聚苯板、硬泡聚氨酯板、真空绝热板等。其中岩棉、挤塑板、聚苯板是欧洲国家常用的被动房外保温材料。

设计之初百子湾项目外墙保温曾选用过岩棉。岩棉是采用优质玄武岩、白云石等为主要原材料，经1450℃以上高温熔化后采用四轴离心机高速离心成纤维，同时喷入一定量粘结剂、防尘油、憎水剂后经集棉机收集、通过摆锤法工艺，加上三维法铺棉后进行固化、切割，形成不同规格和用途的岩棉产品。它的燃烧性能突出，可以达到A级防火，但是岩棉的吸水性强、耐久性差，相比其他材料，岩棉的传热系数较大，将岩棉作为外墙保温时，相比其他保温材料，需要岩棉的厚度比较大，用作高层的外保温时有脱落的危险。

因此我们放弃了岩棉，试用挤塑板。它的传热系数为0.030W/（m·K），防火等级是B_1级。强度大，抗压性好，防潮性好，在德国常用作被动式建筑的保温材料。但是在我国，挤塑聚苯板有采用多次筑溶情形，造成分子链断裂，失去部分性能。这样的挤塑聚苯板受温度的影响比较大，粘结性能降低。在强烈日照下材料容易产生变形且变形后不可恢复，容易造成外墙装饰面开裂、材料脱落。选用时，应尽量选择颜色较浅，泡孔细小均匀的挤塑聚苯板。

过程中，我们也曾试着在局部应用真空绝热板，它是填充芯材与真空保护表层复合而成的材料，保温性能通过包覆的真空层得到大幅度提高。传热系数为0.008W/（m·K），防火等级是A级，保温、防火性能突出。保温层厚度薄、体积小、重量轻。但是真空绝热板外面包覆的铝膜在施工过程中容易被破坏，真空层就失去了作用，保温性能将得不到保障。此外真空绝热板材工厂生产的材料厚度偏差为±2mm，在安装过程中容易拼不密实，留下缝隙，产生热桥。适合用在对保温层厚度要求比较薄的项目或用在装配式结构夹芯保温层中复合保温的一层。

最后我们选择了石墨聚苯板，它是在EPS板的基础上加入石墨粉，石墨粉热反射辐射，提高材料绝热能力同时提高了聚苯板的防火性能。其传热系数是0.032W/（m·K），防火等级是B_1级。是被动式建筑中最常用的保温材料。

根据以上各种材料性能，选用保温材料时，不但要从材料的保温和防火性能上考虑，还应结合材料的尺寸稳定性、透汽性、施工的便捷性和产品的耐久耐候性上综合考虑。百子湾项目选取了250mm厚石墨聚苯板保温结合300mm高防火隔离带措铺的方式，减少了保温材料的厚度，同时考虑施工的便捷，围护的方便。在室外地坪以上500mm范围以下部分采用玻璃泡沫材料。

3.3 热桥和气密性

1）热桥的设计

如果说外保温是给建筑盖上一层厚厚的棉被，热桥就像不小心伸出被子的手臂。如果被子内外温差过大，也会觉得不舒服。热桥会使热量延外围护结构、悬挑梁、悬挑板不均匀地辐射，一方面，热量的散失造成了能耗的损失。另一方面，热量的损耗导致热桥节点内表面温度下降，造成室内温度和热桥处温差增大，严重的可能引起墙体发霉或者结露，造成室内空间环境洁净度降低，影响居住者的身体健康。为了避免热桥产生，应确保保温层厚度一致且连续、不间断，保温材料需要双层铺贴或者复合铺贴时，两层保温要错缝铺贴。一栋住宅建筑，不可避免地会有通风管、燃气管、雨水管等需要穿透外围护结构、连接外围护结构的管线，对于这种管线要在热桥处加保温措施或绝热措施。

2）气密性设计

气密层的作用是防止建筑由外向内渗风或者由内至外漏风，阻止室内的暖空气与室外冷空气不受控制地交换。保持室内空气的流通是必要的，但要通过新风系统或者门窗来进行冷热空气的交换。通过建筑结构的缝隙、穿孔等进行空气交换的将造成建筑结构表面潮湿结露，降低了保温材料的保温性能，增加了能耗损失。建筑外未经过滤的空气深入室内，也降低了室内的空气质量。在设计中应对材料的连接处、转角处，不同材料交界处，门窗洞口边缘，管线穿孔，部品连接处进行气密性设计，确保气密层的连续性和气密材料的耐久性。

百子湾公租房项目热桥及气密节点：

a. 窗口节点（图3）

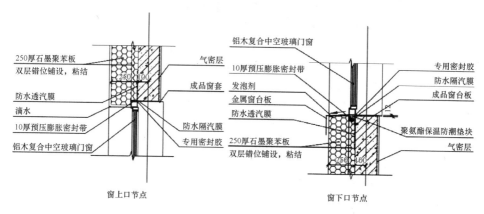

图3 窗口节点（mm）

b. 阳台节点（图4）

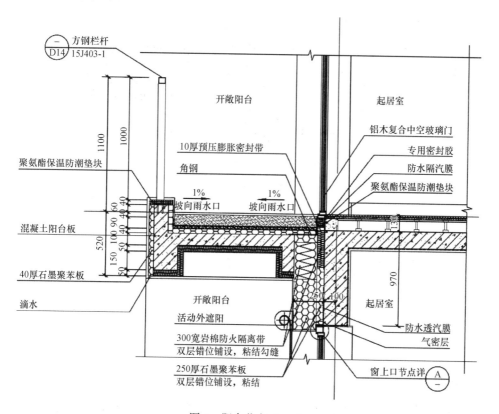

图4 阳台节点（mm）

c. 外墙穿管节点（图 5）

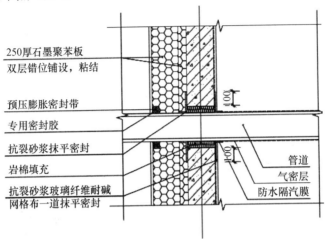

250厚石墨聚苯板
双层错位铺设，粘结

预压膨胀密封带

专用密封胶

抗裂砂浆抹平密封

岩棉填充

抗裂砂浆玻璃纤维耐碱
网格布一道抹平密封

管道
气密层
防水隔汽膜

图 5　外墙穿管节点（mm）

d. 建筑室外平台处节点（图 6）

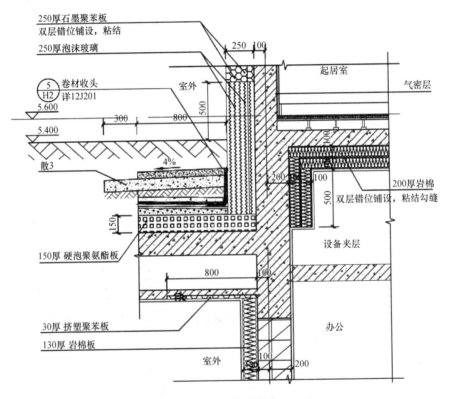

图 6　建筑室外平台处节点（mm）

4　空调通风

　　超低能耗建筑应尽量采用自然通风和围护结构隔热及得热来满足室内环境要求，在极端天气条件下采用辅助冷热源满足人体舒适度要求，并需要维持室内新风量。普通商品住宅可分户采用带冷热源热回收新风机组来实现。百子湾项目为小户型公租房，分户设置较困难，在项目设计中我们采用了集中通风分户空调形式。

4.1 通风系统

1）新风系统

在每层公共空间设置热回收的新风机组，热回收效率不低于75%，排风量为新风量的90%～100%。新风排风通过竖向风道接至屋面，风量按30m³/（人·h）计算，由于北京冬季室外空气质量，新风入口设置 $PM_{2.5}$ 过滤器，保证室内空气质量。热交换后新风通过管道送至每户各房间，每户在卫生间设置排风口，通过管道汇合后回至热回收新风机组回风口。中庭在送回风管道设置送回风口。与竖向风道相连的进排风管路安装密闭阀门，当通风系统处于关闭状态时，确保进排风管路密闭阀处于关闭状态。

2）厨房补风

为避免厨房油烟机工作时室内负压，在厨房外墙设置住户油烟机排油烟补风口，与油烟机连锁启闭。

3）卫生间排风

卫生间不单独设置排风道及排风扇，仅通过集中回风口排风。

4.2 空调系统

为补充极端天气下室内温度不足，每户设置一套新风冷热源一体机，处理多余冷热负荷，室内机结合新风机组送风管设置，并设置户内送风管和回风管，卧室及起居室设置送风口，起居室设置集中回风口。为保证中庭舒适度，在二层设置一套新风冷热源一体机。如图7所示。

4.3 风速设计

室内风管内风速为2～3m/s，支风管风速不大于2m/s；送回风口风速为2～3m/s，进排风口风速为3～4m/s。室内空气流速宜不大于0.15m/s。

4.4 系统控制

a. 当新风机组冷热负荷处理量满足室内要求时，室内新风冷热源一体机不运行，室内送风为直流式；当不满足室内要求时，室内新风冷热源一体机启动，机内阀门动作，送风风量加大，户内回风启动，形成新风及循环送风系统，直至室内温度达到设计要求，一体机停止工作。

b. 热回收新风机组在公共空间设置控制面板，在每个房间设置温度、CO_2 传感器，机组根据温度、CO_2 浓度参数自动运行。

c. 热回收新风机组还应与卫生间使用情况连锁，当卫生间使用时，卫生间排风和送风强制启动，且使用后需要有延时。排风管设置电动阀，与机组连锁。

d. 厨房排油烟机启动时，补风口连锁开启，达到风量平衡，当油烟机停止时，补风口关闭。

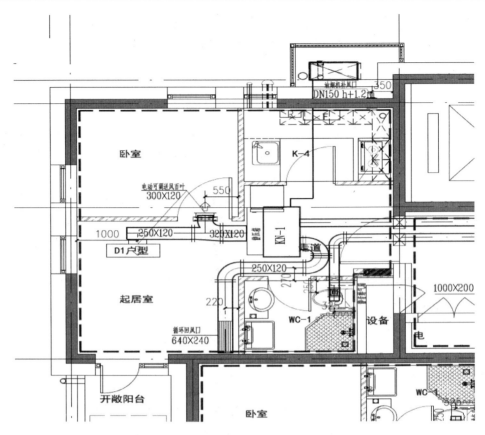

图 7　户内空调通风系统平面图

5　关于超低能耗建筑的展望与思考

设计前对超低能耗建筑的理解还只是在表面，通过真正设计，才明白其中的难度及乐趣。一种新的建造方式的出现，不可能在短时间内做到完美，但是我们会在对基本原则融会贯通的基础上，做到不断学习、改进和提高。随着政府加大超低能耗建筑的建设力度和政策引导，结合政府引导的装配式建筑一起，超低能耗装配式住宅项目必将有更长远的发展，尤其在户型较统一的保障性住房项目中。超低能耗建筑对普通大众可能还是个新鲜事物，但其舒适的室内环境、超强的隔声效果、超低的能耗将被大家所追求，我国经济的长足发展，老百姓对生活品质要求越来越高，超低能耗建筑新建或改造将是趋势。随着建造工艺的改进、新型建造材料的成熟和成本的降低，我们相信其建造成本会逐步减少，市场将更加扩大。

在项目设计过程中，我们深深体会到，欧洲国家在被动房领域的理念、设计、技术、建造、材料都已成熟，已具备一套完整的被动房设计建造体系。而我国尚处于被动房发展的初期阶段，作为建筑领域技术人员，倍感落后压力，而欧洲的经验并不能照搬到我国的建筑工程，其气候条件、建筑结构形式、建筑材料取材和制造成本、居住习惯等均与我国差别较大。要发展适合我国的超低能耗建筑，需要转变观念，坚持可持续性发展的原则，重视建筑全生命周期效益，精细化设计，提高施工质量，研发适合的材料，我们任重而道远。

参考文献

［1］ 费斯特著，徐智勇译 . 德国被动房设计和施工指南［M］. 北京：中国建筑工业出版社，2015.

［2］ 住房和城乡建设部科技发展促进中心 . DB13（J）/T177—2015 被动式低能耗居住建筑节能设计标准［S］

［3］ 住房城乡建设部 . 被动式超低能耗绿色建筑技术导则（试行）（居住建筑）.

超低能耗技术在焦化厂高层
装配式公租房设计中的应用

潘悦，王凌云，宋梅

（中国建筑设计院有限公司，北京 100120）

摘 要 焦化厂超低能耗公租房项目是第一个在高层建筑及装配式建筑领域进行超低能耗技术设计的住宅建筑，通过分析超低能耗技术策略，研发设计了符合超低能耗技术要求的高层装配式公租房。

关键词 超低能耗；装配式；公租房

1 引 言

建筑节能和绿色建筑是推进新型城镇化、建设生态文明、全面建成小康社会的重要举措。《国家新型城镇化规划（2014—2020)》提出了到 2020 年，城镇绿色建筑占新建建筑的比重要超过 50% 的目标，《关于加快推进生态文明建设的意见》要求，要大力发展绿色建筑，实施重点产业能效提升计划等措施，为推动城乡建设工作提出了新的任务和要求。

2016 年 2 月，国务院发布了《关于进一步加强城市规划建设管理工作的若干意见》，意见指出：大力推广装配式建筑，减少建筑垃圾和扬尘污染、缩短建造工期、提升工程质量……加大政策支持力度，力争用 10 年左右时间，使装配式建筑占新建建筑的比例达到 30%。推广建筑节能技术，提高建筑节能标准，推广绿色建筑和建材。支持和鼓励各地结合自然气候特点，推广应用地源热泵、水源热泵、太阳能发电等新能源技术，发展被动式房屋等绿色节能建筑。

北京市焦化厂公共租赁住房项目由北京市保障性住房建设投资中心投资建设并负责后期运营管理，为面向住房困难家庭出租的保障性住房，率先实践装配式建筑及超低能耗被动房。

2 项目概况

焦化厂公租房项目位于北京市朝阳区垡头地区，用地原址为焦化厂厂区，2006 年焦化厂停产，用地进行无害化处理后，政府拿出一部分用地用于保障性住房建设，其中公租房地块规划用地 10 公顷，总建筑面积 54 万平方米，其中地上建筑面积近 30 万平方米，建设 4646 套公租房。如图 1 所示。

作者简介：潘悦（1982.10—），男，高级建筑师，单位地址：北京市海淀区西三环北路 89 号中国外文大厦三层；邮政编码：100089；联系电话：13671279457。

超低能耗示范工程位于项目东区的北侧，共三栋公租房，560户。分别为17♯、21♯、22♯公租房，总建筑面积34940平方米，其中地上建筑面积29400平方米，地下建筑面积5540平方米。21♯、22♯公租房高度为80m，结构体系中水平构件采用预制装配式生产，其他部分为现浇混凝土结构。17♯公租房高度为60m，结构体系中主要水平及竖向构件均采用预制装配式生产，是全装配式混凝土建筑。鸟瞰图如图2所示。

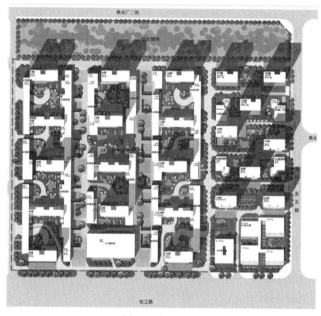

图1　总平面图

图2　鸟瞰图

3　超低能耗公租房的特点

与普通的被动式住宅不同，焦化厂公租房是由北京市保障性住房建设投资中心持有产权、面向住房困难家庭出租的租赁性保障性住房。焦化厂公租房的特点决定了超低能耗的技术设计需要面临新的课题。

首先，公租房的户型面积限制。

根据北京市公租房的设计要求，户型面积要控制在 $60m^2$ 以下，户均人数达到2.5

人。项目共有三种户型，分别为 $40m^2$、$50m^2$、$60m^2$。以 17# 公租房为例，共 18 层公租房，每层 8 户，其能耗计算见表 1。与国内其他的超低能耗住宅相比，户均建筑面积仅为 1/3～1/2。这样，人体散热对能耗计算的影响要比一般住宅大很多。冬季，由于大量的人体散热，建筑采暖能耗需求很低，只有不到 1kWh/（$m^2 \cdot a$），但夏季的制冷能耗达到 27 kWh/（$m^2 \cdot a$），超过了超低能耗被动房设计导则的一般要求，虽然总的能耗没有超过 30kWh/（$m^2 \cdot a$）。

表 1　焦化厂超低能耗公租房 17# 楼能耗计算表（来源：马伊硕）

17# 公租房	项目	计算结果
住宅部分	热负荷（W/m²）	6.44
	冷负荷（W/m²）	21.36
	热需求［W/（m²·a）］	0.79
	冷需求［W/（m²·a）］	27.16
商业部分	热负荷（W/m²）	18.65
	冷负荷（W/m²）	40.23
	热需求［W/（m²·a）］	4.18
	冷需求［W/（m²·a）］	37.66
整楼	热需求［W/（m²·a）］	1.10
	冷需求［W/（m²·a）］	28.12

其次，建筑朝向对能耗的影响。

焦化厂公租房用地与化工路平行，主要建筑顺应道路进行布置，住宅的朝向为南偏西 32 度。规划的整体布局决定了建筑西南向的夏季及冬季的得热均较大，这种特点在夏季是不利因素，冬季又成为有利因素。因此，能耗计算的重点集中在夏季制冷能耗。经过模拟计算，建筑的供暖需求远低于超低能耗导则提出的 15kWh/（$m^2 \cdot a$），但是夏季的供冷需求却因为单位面积的人数及电器散热的增多，超过了导则提出的能耗指标。

第三，预制装配式剪力墙体系与超低能耗技术的结合。

装配式混凝土结构与超低能耗技术的结合，在业界还没有实施的先例，两种技术在结合的过程中遇到了许多前所未有的问题。例如，预制夹芯保温外墙的设计、被动窗与预制外墙的安装节点设计等。通过与预制构件厂、外保温材料厂家及外窗厂家多方的配合与讨论，基本确定了可行的实施方案。

4　超低能耗的技术设计

超低能耗的技术特征，首先是在规划及单体设计上符合超低能耗的技术要求，其次是在高性能的外墙保温系统、低能耗的外窗系统、无热桥的设计、卓越的气密性和高效的热回收系统等几个方面保证技术要求。

4.1　规划及建筑设计

由于确定本项目建设三栋被动房时，焦化厂公租房项目的规划已经确定，所有住宅的朝向均与道路平行，主朝向为南偏西 32 度。在能耗计算中，建筑主朝向的外墙计算为西向，设计中在外立面增加了预制阳台作为固定外遮阳，同时设计活动外遮阳，既满足了功能的需要，又有效地降低了能耗。

建筑平面采用规整紧凑的布局，有利于降低建筑的能耗。方案采用一层八户的设计，由三种户型组成，外立面平整，减少外墙凹凸带来的自遮及能耗损失。如图 3～图 5 所示。

图 3 超低能耗示范项目所在位置　　　图 4 超低能耗示范项目的外观效果

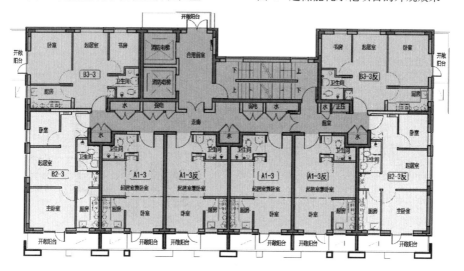

图 5 超低能耗公租房标准层平面图

4.2 外墙保温系统的设计

21♯、22♯公租房是现浇钢筋混凝土剪力墙结构，采用与其他超低能耗被动式住宅相同的技术，采用外保温做法。但是，由于建筑达到了接近 80m 的高度，为了减少风压和材料厚度对外保温安全性的影响，我们通过多种材料的比较和测试，选用了岩棉板复合 VIP 真空绝热板的方式，大大降低了保温厚度。保温层与结构墙体的连接采用以锚为主，粘锚结合的方式，锚栓数量通过计算确定，这种技术需要进行相应的试验，通过验证后在项目中实施。

17♯公租房的技术难点在于把超低能耗被动式技术与装配整体式剪力墙技术结合起来。预制混凝土剪力墙外墙板的优点是外墙采用结构、外保温、装饰一体化，不仅实现了装配化施工，还满足了高层建筑外保温系统的防火要求，同时提高了建筑外围护体系的耐久性能。预制混凝土剪力墙外墙板由外页板、保温层、内页墙三部分组成。内外页板之间由拉结件进行连接，根据不同地区抗震等级的设计要求，拉结件的长度有一定限制，这也就限定了保温层的厚度。北京地区抗震等级按8度设防考虑，内外页板之间保温层的厚度一般不能超过9cm。

根据北京的气候区及超低能耗被动房对能耗指标的要求，设计外围护的传热系数不能超过0.15W/（m² · K）。我们对几种保温材料进行成本与性能的对比分析，确定采用两种保温材料组成复合保温层——石墨聚苯板和VIP真空绝热板，既能满足超低能耗的技术要求，又能满足预制混凝土外墙板的构造要求。

外墙预制构件在工厂加工时，保温层在模板内按照拉结件排布铺设，两层保温错缝铺贴，避免了锚栓穿透VIP真空绝热板造成的传热系数损耗的情况，达到了无热桥的设计要求。如图6、图7所示。

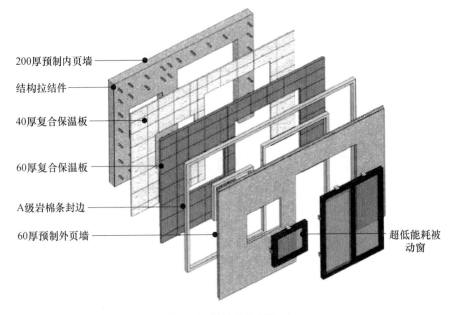

图6　预制结构外墙构造

4.3　外窗系统的设计

超低能耗住宅的外窗传热系数要控制在1.0W/（m² · K）以下，外窗型材一般采用铝包木、铝合金隔热断桥、塑钢断桥等，玻璃采用三玻两中空双Low-E充氩气的构造，玻璃间采用暖边间隔条。窗外铺设防水透汽膜，窗内铺设防水隔汽膜，保证窗户整体的气密性。

以上是应用于普通现浇结构的超低能耗外窗技术。在17♯公租房的设计中，面临外窗与预制构件连接的问题。由于预制构件可以在工厂加工完成，可以将外窗固定、安装，防水隔汽膜、防水透汽膜等多道工序在工厂一并完成。这样既保证了外窗的保温、气密、防水等性能要求，又提高了施工效率。但是，在构件加工及运输过程中，要做好对带外窗构件的成品保护。

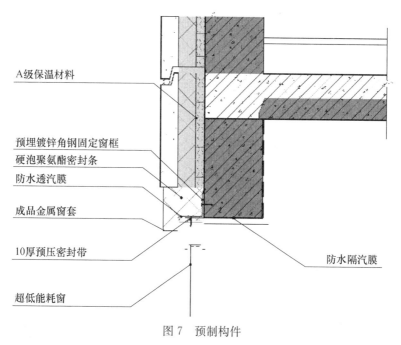

A级保温材料

预埋镀锌角钢固定窗框
硬泡聚氨酯密封条
防水透汽膜

成品金属窗套

10厚预压密封带

防水隔汽膜

超低能耗窗

图 7　预制构件

4.4　无热桥的设计

公租房设置阳台能更好满足用户使用的需求。本项目根据节能计算的要求应采用遮阳措施。设计的阳台与每户间的分隔板很好地解决了建筑水平遮阳与竖向遮阳的问题。但如何解决悬挑阳台形成的建筑冷桥，我们通过设计与节能计算完善了相应的构造节点：阳台采用梁板式结构，预制混凝土结构梁与建筑主体相连，预制混凝土阳台板搭设在梁上时，与建筑外墙相隔一定距离，其间铺设外保温材料，确保了外墙保温系统的完整性。对出挑的结构梁部分进行外保温的裹敷，有效避免了冷桥产生的区域。如图 8、图 9 所示。

图 8　预制阳台的构造节点

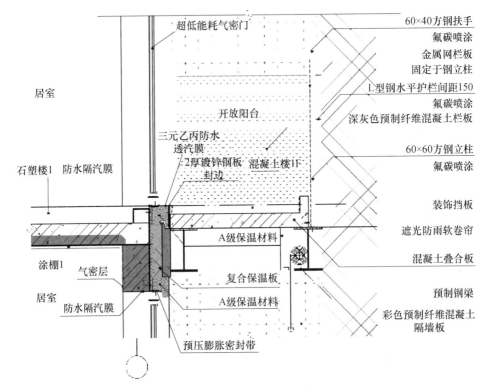

图 9　预制阳台的构造节点

4.5　气密性设计

超低能耗建筑需要进行气密层的设计，良好的气密性可降低采暖负荷、提高人员舒适度、避免室内结露发霉、减少噪声和空气污染，因此需要严格控制建筑内外空气的渗透。本项目外围护结构采用了混凝土外墙，属于密实度高的混凝土，所以不需要再增设抹灰层作为气密层。同时，外窗的处理采用了三道耐久性好的密封材料，每个开启扇至少两个锁点。在预制外墙构件上，结合室内设计，取消了预制外墙上的电气线盒预埋，改为设置在内部轻质隔墙上。

4.6　新风系统的设计

除了建筑本身良好的围护结构及气密性，带热回收的新风系统也是超低能耗建筑中必不可少的技术措施。通过新风系统能够回收建筑中排除的热量，同时提升居住空间的舒适度，满足温湿度、二氧化碳等的指标要求。

带热回收的新风系统，应用在超低能耗住宅中一般有三种类型：分户式、半集中式、集中式。不同类型的新风系统适合于不同类型的住宅。以本项目为例，我们研究了两种适合小户型公租房的新风系统。

分散式系统：由于公租房户型面积较小，层高仅为2.8m，考虑到噪声以及进排风的要求，新风机的位置仅能设置在有厨房的吊顶中，要求新风机组的尺寸规格不得大于1650mm×750mm×250mm。为降低机组运行时噪声对住户的影响，需降低风管风速，主风管风速和送回风口为 2～3m/s，直风管风速不大于 2 m/s，室内空气流速不大于 0.15m/s。这种小机型产品目前市场上没有对应产品，必须为本项目定制研发，我们在与厂家设计研制新产品的同时，也从经济性、节能型等几个方面对集中式新风系统与分户式新风系统（图 10）进行对比分析。

半集中式系统：半集中式热回收新风系统由每层一台的新风机组提供每户的新风机热回收，每户设置一台冷热源一体机，提供每户的温度条件，补充新风系统带来的热损失及冬夏季的冷热需求。新风一体机是通过公共管道向各户送新风，统一通过各户的卫生间回风并通过热交换回收热量。如图 11 所示。

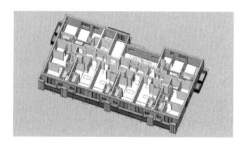 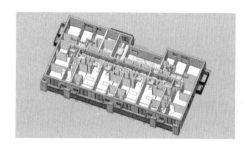

图 10 分户式新风系统　　　　　图 11 每层集中式新风系统

5　结　语

焦化厂超低能耗公租房项目首次将超低能耗技术与高层装配式结构相结合，在设计过程中遇到了诸多困难，通过各方的努力提出了解决的方案。在项目后续的配合过程中，我们仍有很多待解的难题需要解决，我们正要通过不断的解决问题来促进装配式技术与超低能耗技术的发展，为国内在超低能耗绿色建筑的发展提供帮助。

超低能耗绿色建筑设计与案例分析

——中新天津生态城公屋展示中心

尹宝泉，张津奕，伍小亭，宋晨，董维华

（天津市建筑设计院，天津 300074）

摘　要　本文以中新天津生态城公屋展示中心项目为载体，分析研究了国内外超低能耗建筑实践的现状及发展趋势；梳理并评价了各种主动与被动建筑节能技术；提出了以建筑全年能耗限值为目标，以全工况模拟分析为基本研究手段，以集成与参数优化为基础的超低能耗绿色建筑设计方法；初步构建了基于地域资源特点的超低能耗绿色建筑适宜节能技术体系；从方法学与建筑节能技术集成的角度，实现了超低能耗绿色建筑可选择、可复制、可推广的研究目标。

关键词　低能耗；绿色建筑；能耗限值；集成设计；公屋展示中心

1　引　言

全球范围内建筑运行能耗占全社会终端能耗的平均比例约为 30%。相关统计表明，广义的建筑能耗总量占社会总能耗的 50% 左右，同时排放的二氧化碳约占全社会总排放量的 50%。建筑能耗的不断增长引起了各国的高度重视，为此许多国家不仅制定了节能法，还专门制定了一系列建筑节能法规、标准，且不断修订。

早在 1979 年，在加拿大和北欧国家，特别是瑞典，就提出了"低能耗建筑"（Low Energy Building，简称 LEB）的概念。在国际上对低能耗房屋比较公认的理解是：低能耗房屋就是在现有的耗能标准的基础上，将单位面积的年采暖能耗量减少一半。例如在瑞典，低能耗房屋就是每平方米年采暖耗能量不高于 70kWh。

目前国际有关文献中，又常常使用更为准确的定义，即：低能耗房屋就是单位使用面积单位采暖度日数的年采暖耗能量为 $0.02kWh/(m^2 \cdot K_d)$。尽管各地的气候条件和采暖标准（室内设计温度）有所不同，如图 1 所示，但这样的定义则能够比较统一地表达房屋的保温性能。低能耗建筑通常特点包括：良好的保温、节能窗、热回收、可再生能源利用。欧洲建筑性能指南（Energy Performance of Buildings Directive，简称 EPBD）在 2008 年对 17 个欧洲国家进行的调查显示，各国的 LEB 概念包括"低能耗建筑""高性能房屋""被动式房屋""节能住宅""三升油住宅"等。

欧洲几个主要国家有关本国低能耗建筑的发展目标及政策，见表 1。

作者简介：尹宝泉（1984.1—），男，高级工程师，天津市河西区气象台路 95 号，300074，电话：15102257442。

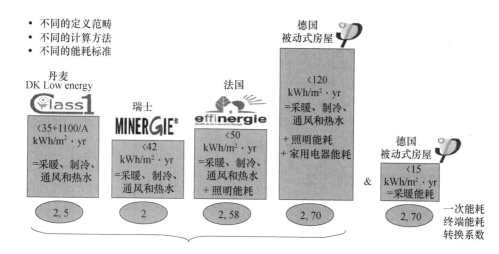

图1 欧洲低能耗建筑的定义与数值

表1 欧洲主要国家低能耗建筑的发展目标及相关政策

国家	发展目标及政策
奥地利	自2015年起，只有被动式建筑可享受补贴
丹麦	到2020年，所有新建建筑比2006年标准节能75%。具体步骤为：到2010年，节能25%；到2015年，节能50%
芬兰	到2010年，节能30%~40%；到2015年，被动房标准
法国	到2020年建筑运行不可再采用化石燃料
匈牙利	2020年新建建筑零能耗
爱尔兰	2010年节能60%，2013年零能耗建筑
新西兰	2010年节能25%，2015年节能50%，2020年零能耗
英国（英格兰和威尔士）	2013年基本达到被动房水平，2016年零能耗
瑞典	以1995年建筑总能耗为标准，2020年节能20%，2050年节能50%

自20世纪80年代至今，我国的建筑节能取得了巨大成就，居住建筑（北方采暖地区）节能设计标准要求（三步节能）已接近发达国家；公共建筑单位面积建筑能耗（二步节能）低于发达国家，特别是北美。然而我国建筑总量巨大，每年还会有大量的新建建筑和既有建筑改造；按目前的单位面积建筑能耗水平，分配给建筑领域的一次能源不足以支撑预期的建筑总量；由此，需进一步降低单位建筑面积能耗，实现建筑能耗总量的增加速度明显低于建筑总量的增加速度，为此需要超低能耗建筑。我国低能耗建筑也已开展十余年，2008—2009年住房城乡建设部共评选了46项低能耗示范项目，居住建筑27项，公共建筑19项，面积分别约为542万平方米、101万平方米。其中北方严寒和寒冷地区26个项目，约占项目总数的56%。

目前，国内外建造超低能耗建筑逐渐成为趋势，认识逐渐清晰：

（1）在有采暖需求的区域建设更容易实现超低能耗目标；

（2）公共建筑实现超低能耗目标非常不容易，如果再加上造价合理就更不容易；

（3）实现建筑的超低能耗目标需要：1）优化的设计，基于能耗目标，同时考虑技术成本；2）高效率的用能设备，勿以善小而不为；3）良好的施工与测试和调试，实践中调试做得非常不理想；4）到位的运行管理，责任心＋专业＋监测和自动控制。

（4）实现超低能耗建筑的基本技术路线：被动优先＋主动优化＋应用可再生能源。

建筑物在其建造、使用、拆除等全生命期内需要消耗大量资源和能源，同时往往还会造成对环境的负面影响。为此，在实现建筑超低能耗的同时，应追求绿色建筑，最大限度地节约资源（节能、节地、节水、节材）、保护环境、减少污染，为人们提供健康、适用和高效的使用空间，与自然和谐共生。

2 超低能耗绿色建筑设计方法

建筑师在建筑设计过程中主动地合理利用各种保温隔热措施以及自然通风、遮阳等设计手段以适应地区气候特点、节约能源、利用太阳能等可再生能源，是建筑节能的主要途径。建筑能耗的控制体现在两方面，一是降低能量需求，二是努力改变能源结构，提高可再生能源的贡献率。

2.1 合规设计

目前的建筑设计，以合规设计为主，主要表现为满足各种国家、行业标准及规范，但实际建成建筑的能耗往往偏离设计值。为此，需要转变设计理念、调整设计逻辑、丰富设计工具，具体表现在：

（1）合规设计（或称为处方式设计）→有能耗限值的设计——基于能耗限值的性能化设计→设计阶段对建筑的能耗进行量化控制。

合规设计，易于操作、易于评价，表现为相互关联的整体分解为众多"条目"（规范条文），但存在按节能设计标准，却没有充分节能；较多的设计以对标为根本，虽然以节能技术为出发点和落脚点，但不关注建筑的能耗表现；节能技术孤立堆砌，而非适用节能技术的整合。

（2）按专业划分的孤立设计→围绕建筑功能与能耗目标的整合设计。

（3）单项直达的设计逻辑→循环迭代的设计逻辑。

（4）模拟分析工具——性能化设计的必要工具，贯穿设计的全过程，特别是方案与初步设计阶段，不再是"花瓶"。

2.2 性能化设计

性能化设计是基于能耗目标与模拟分析的超低能耗建筑设计方法，主要包括以下内容：首先确定实现超低能耗的能耗目标与技术路线，通过建筑能耗动态模拟分析，优化建筑设计、合理组合被动节能技术、确定建筑供暖、空调、照明的负荷与计算周期内的能量需求；根据使用要求确定生活用热能量需求；根据各用能系统的能耗权重与节能技术成本，筛选主动节能技术；根据能源条件、技术支撑及其非技术因素的可实施性，确定利用能源的类型与利用方式；将以上分析结果整合成完整的建筑过程设计。

性能化设计，实现以能耗限值为目标的节能技术优化整合，避免了技术采用的盲目性，提高了节能投资收益，实现能耗限值下的节能投资成本最低或固定节能投资成本下的节能最大化；但设计难度大，周期长；设计成果评价难度高，即性能化设计的体现为：不规定具体的节能措施组合，只强调建筑的最终能耗表现，具体表现为：

（1）控制单项建筑围护结构的最低传热系数→建筑物整体能耗的控制；

（2）千篇一律的节能技术组合→形成适合项目当地气候特点建筑节能技术体系；

（3）不论节能投资收益的技术展示→基于全生命期成本的适宜技术优化集成。

建筑首先应基于当地的气候条件、环境资源与能源状况，即通过现场的勘察，气象资料的分析可以获得场地的详细信息；其次，应对建筑的功能需求进行详细的界定，确定建筑系统的能量需求，同时分析通过被动式技术可以解决的部分；第三，根据上述，结合当地的气候条件、经济水平等，选择适宜高效的主动式能源系统，既充分考虑了被动式的节能效果，又提升了系统整体的能效水平；第四，通过用户侧节能，即运行管理技术，确保各个技术措施都落在实处，确实降低了建筑的能耗，性能化建筑设计的流程，如图2所示。

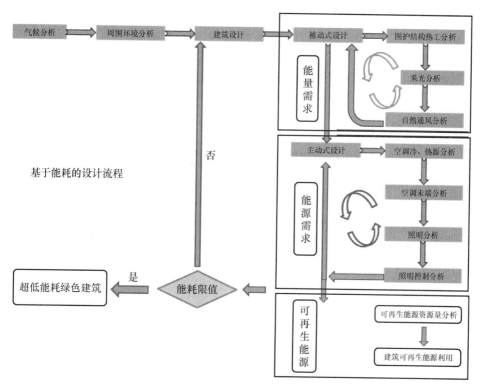

图2 超低能耗建筑设计流程

3 超低能耗绿色建筑技术

3.1 概述

世界和我国都在通过低能耗、超低能耗、零能耗示范建筑，探索实现建筑超低能耗、接近零能耗、乃至零能耗的技术途径。已有的实践表明，通过被动式节能设计降低建筑能耗需求，提高建筑设备的运行效率降低能耗水平，最大限度利用可再生能源满足与平衡建筑能耗需求，建设超低能耗甚至零能耗建筑仅从技术角度是可能，但技术的可能不等于技术经济及综合其他因素的可行，例如国内目前示范项目暴露的突出问题之一就是虽然技术可行，但由于堆砌了过多的单项节能技术而造价过于高昂。过于高昂的造价，势必影响此类建筑的推广。

超低能耗绿色建筑技术体系，第一层面的节能是被动式节能技术，其核心理念强调直接利用阳光、风力、气温、湿度、地形、植物等场地自然条件，通过优化规划和建筑设计，实现建筑在非机械、不耗能或少耗能的运行模式下，全部或部分满足建筑采暖、降温及采光等要求，达到降低建筑使用能量需求进而降低能耗，提高室内环境性能的目的。被动式技术通常包括自然通风，天然采光，围护结构的保温、隔热、遮阳、集热、蓄热等方式。

第二层面是主动式技术，是指通过采用消耗能源的机械系统，提高室内舒适度，通常包括以消耗能源为基础的机械方式满足建筑采暖、空调、通风、生活热水等要求，其核心是提高用能系统效率、减少能源消耗；

第三是可再生能源利用技术，如太阳能热水、太阳能供暖、太阳能光伏、风力发电、地源热泵等，虽然其也是主动式技术，但是针对其消耗的是可再生能源，为此对其进行单独分析，其核心是环保、可持续；这些技术的实施，最终目的是确保建筑的超低化石能源能耗。

超低能耗绿色建筑技术体系的逻辑关系，如图 3 所示。

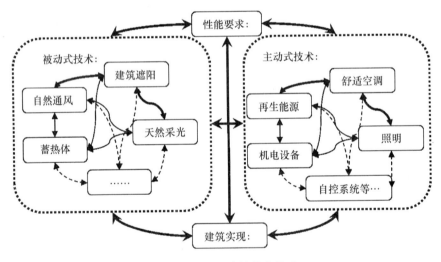

图 3　超低能耗建筑技术体系

3.2　被动式技术

"被动式"节能技术主要可以分为两部分，一部分是根据当地气候条件和场地情况进行建筑设计的合理布局，进而降低建筑本体的能量需求；另一部分是采用符合建筑所在的地区地理气候、人为的构造手段，结合建筑师们的巧妙构思，降低建筑自身用能。其主要目标是以非机械或电气设备干预手段实现建筑能耗降低的节能技术，通过在建筑规划及单体设计中对建筑朝向的合理布置、遮阳的设置、建筑围护结构的保温隔热技术、有利于自然通风的建筑开口设计等实现建筑需要的采暖、空调、通风等能耗的降低。

建筑造型及围护结构形式对建筑物性能有着决定性影响。直接的影响包括建筑物与外环境的换热量、自然通风状况和自然采光水平等。而这三方面涉及的内容将构成70%以上的建筑采暖通风空调能耗。不同的建筑设计形式会造成能耗的巨大差别，然而建筑作为复杂系统，各方面因素相互影响，很难简单地确定建筑设计的优劣。这就需要利用动态计算机模拟技术对不同的方案进行详细的模拟预测和比较，从而确定初步建筑方案，如图4所示。随后基于单位面积能耗限值，进行详细的能耗分析，从而确定建筑围护结构的热工性能，建筑冷热源系统的负荷及系统形式。

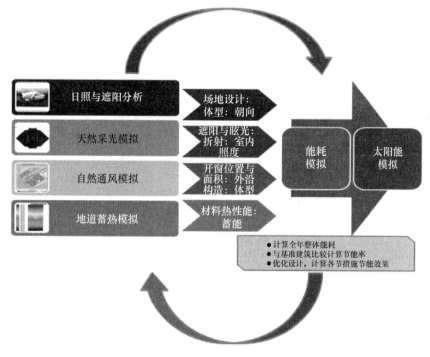

图 4　超低能耗计算机辅助设计流程

（1）建筑合理布局，良好的被动式设计或具有能源意识的建筑，应在建筑设计伊始，就结合当地的气候特征，充分考虑地形、地貌和地物的特点，对其加以利用，创造出建筑与自然环境和谐一致，相互依存，富有当地特色的居住、工作环境，充分考虑建筑的朝向、间距、体形、体量、绿化配置等因素对节能的影响，通过相应的合理布局降低用能需求，同时也能为"主动式"节能措施提供良好的条件。在建筑单体设计中，体形复杂、凹凸面过多的外表面对全年空调采暖的建筑节能不利，原则上应尽量减少建筑物外表面积，适当控制建筑体形系数。研究表明，体形系数每增大0.01，能耗指标增加2.5%，体形系数小于0.3更利于节能。一般情况下，在相同体积的建筑中，以立方体的体形系数最小。

（2）被动式太阳能采暖，被动式太阳能采暖是一种吸收太阳辐射热的自然加温作用，它引起的升温，会使热量从被照射物体表面流向其他表面和室内空气，同时也是建筑物内部结构的蓄热过程。而蓄热在昼夜循环时又可用于调整太阳得热的过剩或不足，并且它也成为设计时要考虑的关键一步。虽然任何的外部建筑构件都可以和玻璃结合起来为被动式太阳能采暖创造条件，但必须对居住情况、空间的使用情况以及室外条件慎重考虑。被动式太阳能采暖需要依靠下面一个或多个条件：窗户、高侧窗和天窗，这些构件可以使居住空间见到阳光。

（3）自然通风，建筑设计应以当地主导气候特征为基础，通过合理的布局与形体设计创造良好的微气候环境，组织自然通风。现代建筑对自然风的利用不仅需要继承传统建筑中的开窗、开门及天井通风，更需要综合分析室内外实现自然通风的条件，利用各种技术措施实现满足室内热舒适性要求的自然通风。不仅需要在建筑设计阶段利用建筑布局、建筑通风开口、太阳辐射、气候条件等来组织和诱导自然通风，而且需要在建筑构件上，通过门窗、中庭、双层幕墙、风塔、屋顶等构件的优化设计，来达到良好的自然通风效果。

（4）自然采光，自然采光可分为直接采光和间接采光，直接采光指采光窗户直接向外开设；间接采光指采光窗户朝向封闭式走廊（一般为外廊）。自然采光的合理利用可以显著降低建筑照明能耗，但是利用自然采光最常用也是最经济的措施是增大建筑的窗墙比，而窗墙比的增加，在夏季会引起太阳辐射得热量增大，冬季会引起室内热量的散失，所以设计不当可能造成虽然自然采光有效降低了照明能耗，但是窗墙比过大导致空调能耗的大幅提高。现代自然采光技术可分为侧窗采光系统、天窗采光系统、中庭采光系统和新型天然采光系统（如导光管、光导纤维、采光搁板、导光棱镜窗），随着科学技术的发展，也出现了一些新型采光材料，如光致变色玻璃、电致变色玻璃、聚碳酸酯玻璃、光触媒技术等。

（5）围护结构节能技术，建筑围护结构指的是围绕着建筑供暖和制冷区域的建筑结构，包括建筑外墙、楼板和地面、屋顶、窗户和门。建筑物的能耗主要由其外围护结构的热传导和冷风渗透两方面造成。按照能量路径优化策略，建筑外围护结构的节能措施集中体现在对通过建筑外围护结构的热流控制上。设计保温围护结构是建筑节能设计的第一层面，良好的保温围护结构可降低采暖和降温的需求。建筑围护结构要实现的功能主要有视野、采光、遮阳与隔热、保温、通风、隔声等六大方面，这些功能并非孤立存在，它们是彼此相互关联、相互矛盾的。在我国公共建筑中，窗的能耗约为墙体的 3 倍、屋面的 4 倍，占建筑围护结构总能耗的 40%～50%。

（6）被动式节能技术的节能潜力和设计要素指标，选择适合当地条件的"被动式"节能技术，可用 4%～7% 的建筑造价达到 30% 的节能指标，建筑节能的回收期一般为 3～6 年，在建筑的全生命周期里，其经济效益是显而易见的。

综上所述，通过各类模拟分析，如自然采光模拟、风环境模拟，进行建筑方案优化，进而选择合理的建筑形态与围护结构措施与参数，降低建筑的能量需求。

3.3 主动式技术

用于调节建筑物室内物理环境舒适的耗能设备系统中，空调和照明系统在大多数民用非居住建筑能耗中所占比例较大，其中仅空调系统的能耗就占建筑总能耗的 50% 左右，是主要的节能控制对象；而照明系统能耗占 30% 以上，也不容忽视。建筑设备系统的节能措施主要应用在以下三个方面：第一，建筑能源的梯级利用，根据建筑不同用能设备和系统等级的划分，优先满足用能品位高的设备和系统，利用这些设备和系统释放的能量满足用能品位低的下游设备和系统。如能源回收技术。第二，选用高能效的设备。当必须使用空调设备才能满足室内热舒适要求时，要采用高效节能的空调设备或系统，如高效光源与高效灯具、高效电机、节能电梯、节能性配电变压器等；第三，制定合理的建筑耗能设备的运行方式和控制管理模式，提高系统整体的运行效率。

以某项目为例，其年供热量 8000GJ，依据能源边界条件，热源形式有四种选择，相应一次能源中的化石能源消耗与 CO_2 排放，见表 2。

表 2　不同冷热源型式的化石能源消耗和 CO_2 排放量

冷热源形式	化石能源消耗（吨标准煤）	CO_2 排放量（吨）
热效率 85％的燃气锅炉	321.14	519.42
热效率 65％区域锅炉房供热	419.95	1117.07
COP＝4.2 的电热泵	183.56	488.28
COP＝1.6 燃气吸收式热泵	140.5	227.24

注：燃气热值 8500kcal/Nm³、折算系数 1.964；0.347kg 标准煤/kWh 电、折算系数 2.66。

（1）热泵技术，通过热泵技术提升低品位热能的温度，为建筑物提供热量，是建筑能源供应系统提高效率降低能耗的重要途径，也是建筑设备节能技术发展的重点之一。热泵技术的优势在于利用一些高品位的能源，如：电力、燃气、蒸汽等，提取低品位能源中的热量供应建筑需求。在建筑供热方面，由于技术所限，现在可知的可完全保证的基本供热方式主要以燃料燃烧供热为主。而在燃烧过程中不可避免地产生能量损失，因此采用燃烧方式的 COP 永远小于 1。由此可知，热泵的优势在于建筑供热领域。热泵技术的利用方式主要分别为空气源热泵、水源热泵、地源热泵以及三类热泵的耦合利用。

（2）温湿度独立控制技术，温湿度独立控制空调系统中，采用温度与湿度两套独立的空调控制系统，分别控制、调节室内的温度与湿度，从而避免了常规空调系统中热湿联合处理所带来的损失。由于温度、湿度采用独立的控制系统，可以满足不同房间热湿比不断变化的要求，克服了常规空调系统中难以同时满足温湿度参数的要求，避免了室内湿度过高（或过低）的现象。"低温供热、高温供冷"——提高制冷制热能效、利于低品位能源利用。

（3）能源梯级利用，化石能源，应采用能源梯级利用技术，即首先利用能源高能级段做功能力发电，产生的余热，由于其品位与建筑供热、制冷所需能源品位对应，可直接用于供热、制冷。

（4）建筑能耗监测级管理系统节能技术，设计应按实现"部分空间、部分时间"的要求，进行用能系统划分、制定控制策略；优化用能系统关键参数 —— 提高系统能效比。这就需要对建筑设备系统的运行特性参数进行监测和统计分析，开展建筑节能运行管理，将建筑主动式技术的能效特性发挥出来。

3.4　可再生能源利用技术

可再生能源建筑应用技术，主要包括地源热泵、太阳能光热、光伏及风能等，目前，以热泵与太阳能光热的利用节能减排效果好，性价比高，热泵最应受到重视。

地源热泵是一种利用地下浅层地热资源既能供热又能制冷的高效节能环保型空调系统。地源热泵通过输入少量的高品位能源（电能），即可实现能量从低温热源向高温热源的转移。在冬季，把土壤中的热量"取"出来，提高温度后供给室内用于采暖；在夏季，把室内的热量"取"出来释放到土壤中去，并且常年能保证地下温度的均衡。

建筑的太阳能光热利用技术主要包括太阳能供热技术、太阳能制冷技术、太阳能光热发电等。推荐采用与建筑一体化的太阳能利用方式，如光伏建筑，其不仅是简单地将光伏与建筑相加，而是根据节能、环保、安全、美观、经济实用的总体要求，将太阳能光伏发电作为建筑的一种体系融入建筑领域，对于新建的光伏建筑要纳入建设工程基本建设程序，同步设计、施工、验收，与建设工程同时投入使用，同步后期管理。光电建筑应用主要有：光伏屋顶、光伏幕墙、光伏雨棚、光伏遮阳板、光伏阳台、光伏天窗等。

太阳能光伏系统在建筑中的广泛应用，具有以下优势：（1）可舒缓夏季高峰电力需求，解决电网峰谷供需矛盾。（2）可实现原地发电、原地用电，在一定距离范围内可以节省电站送电网的投资。（3）节省城市土地光伏组件，可有效地利用建筑围护结构表面，如屋顶或墙面，无需额外用地或增建其他设施。（4）避免了由于使用化石燃料发电所导致的空气污染和废渣污染，降低 CO_2 等气体的排放。

BIPV 是目前世界光伏发电的主要市场之一，联合国能源机构的调查报告显示，BIPV 将成为 21 世纪城市建筑节能的市场热点和最重要的新兴产业之一。近年来，以与建筑相结合为重点的并网发电的应用比例快速增长，已成为光伏技术的主流应用、光伏发电的主导市场。

建筑师要尽量通过建筑设计而不是单纯依靠设备系统的"提供"和"补救"来保证良好的建筑微气候环境。因此，超低能耗建筑的设计思路应该是在建筑设计整体设计思路的基础上，首先应以被动优先、主动优化的原则降低建筑能耗需求，提高能源利用效率，然后通过现场产生的可再生能源替代传统能源，以降低化石能源消耗。

4 案例分析

4.1 概况

中新天津生态城公屋展示中心，位于天津市中新天津生态城 15 号地公屋项目内，其区位如图 5 所示，总用地 8090m²，总建筑面积 3467m²，其中地上两层 3013m²，地下一层 454m²，结构体系为钢框架结构，建筑总高度 15m。建筑功能一部分为公屋展示、销售；另一部分为房管局办公和档案储存。该建筑物呈菱形，体形系数 0.22，总体窗墙比 0.2。

图 5　中新天津生态城公屋展示中心区位图及实景图

设计目标：项目场地范围内运行能耗接近零，即年周期内建筑运行消耗的能源数值≤生产的能源数值 → 建筑的能耗限值、国标绿色建筑三星级认证。

设计方法：以能耗为目标的性能化设计。1）基于计算机模拟分析，不断优化建筑设计方案，降低建筑用能需求；2）基于能耗限值优选用能系统形式，优化用能系统参数；3）根据项目资源条件与零能耗目标，比选可再生能源及其利用形式 —— 太阳能、浅层地能，尤其是太阳能。

主要技术措施：1）通过被动技术措施降低建筑的能量需求；2）通过主动技术措施提高建筑用能系统效率，降低建筑能耗；3）利用可再生能源降低建筑的化石能源消耗，地源热泵；4）利用可再生能源实现年运行周期的"零能耗"，光伏。

4.2 被动式设计

1）气候分析及建筑布局设计

中新天津生态城位于北纬 39.1°，东经 117.1°，属于典型大陆性季风气候。冬季寒冷干燥，盛行西北风；夏季炎热潮湿，盛行东南风；过渡季气温适宜，盛行西南风。因此着重考虑冬季建筑保温，首先提高建筑围护结构的保温隔热性能，同时将建筑场地选址于较有利于采用太阳能的区域。此外，建筑的主要出入口避开了冬季主导风向；通过建筑自遮阳、积极的引导自然通风等，利用室外新风消除室内余湿余热，朝向东南、西南的建筑立面保证外窗的可开启性等降低建筑夏季的制冷需求。

（1）太阳辐射分析，该地区阳光充足，年均日射量为 4.073kWh/m²，年日照时数在 2778 小时，年平均日照率为 63%，经场地太阳辐射分析，确定建筑建设位置。整个地块内太阳辐射呈东北向西南的梯度分布，东北区域高，西南区域低，为充分利用太阳能，增强自然采光、提高光伏发电量等，建筑位于东北区域。

（2）场地风环境分析，为避开冬季高风速区，同时夏季及过渡季建筑前后风压大于 1.5Pa，确保建筑的自然通风，对场地风环境进行了模拟分析。经过优化，确定建筑呈梭形，东西对称，南北朝向，夏季及过渡季建筑的东北、西南侧风速为 2.1m/s，可形成有效的自然通风。冬季场地内风速仅 1.3m/s，不会对建筑造成过大的冷风侵入影响。

（3）建筑最佳朝向，根据冬季太阳辐射量最大与夏季太阳辐射量最小的原则，经最佳朝向分析，确定本项目主力面的最佳朝向为北向 162.5°。

（4）环境温度分析，本地区年平均气温 12.5℃，最高气温 39.9℃，最低气温−18.3℃。建筑冬季需保温，以降低热负荷需求；夏季需遮阳，以降低冷负荷需求，为此在建筑设计方案创作中，充分考虑了遮阳，既设计了外遮阳，又设计了建筑自遮阳；此外对自然采光进行了充分设计，兼顾考虑了被动房的设计。该地区常年气温在 12.5℃，地表恒温层约为 14.5℃，可以利用地源热泵系统。

（5）微气候环境分析，该项目采用适合天津地区的乡土植物，优化乔木、灌木和草坪的搭配，形成富有生机的复层绿化体系，场区的绿化率达到 67%，改善局部气候的效果比较明显。此外，还结合光伏屋顶的架空层和不利于安装光伏的空间，设置了屋顶绿化。

2）自然通风

为增加迎夏季和过渡季节主导风向的开窗面积，经核算外窗和幕墙可开启面积比例达到66%以上，便于实现自然通风。不同开窗率的室内自然通风模拟，如图6所示。

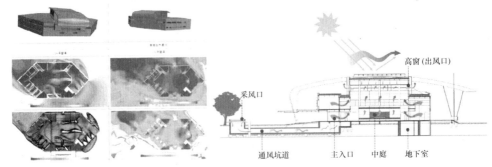

图6　室内自然通风模拟

本项目采用了坑道风（采风口在建筑室外景观区）预冷/热新风，结合屋顶自然通风窗、通风井及大厅地面送风口，强化自然通风，缩短入口大厅空调制冷时间约20%，减少入口大厅空调制冷能耗约30%。自然通风模拟的效果，如图7所示。

图7　地道风采用区域及模拟分析结果

此外，在设计中合理利用建筑中庭、天窗等增强热压通风效果，通过外窗直接通风；在过渡季节利用室外的采风口、室内地下层的自然通风道及屋顶电动天窗将室外自然风引入室内共享大厅，增强自然通风，如图8所示。

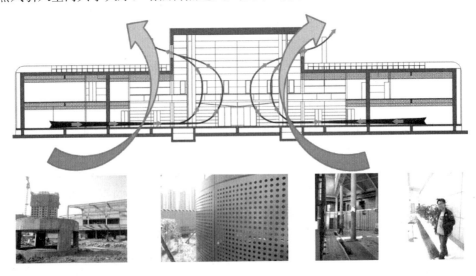

图8　中庭、侧高窗强化自然通风示意图及地道通风效果

3）太阳辐照度分析、窗墙比及自然采光设计

采光不仅关系到建筑的照明能耗，同时关系到建筑内人员的身体健康。经过日照模拟和优化，当窗墙比在 0.26 时，既可满足自然采光，又可以最大程度地降低能耗。通过优化利用外窗的阳台，结合屋顶浅色发光板，强化自然采光效果。根据计算屋顶采用采光天窗、房间隔断采用透明玻璃隔断，可有效增强室内采光，如图 9 所示，黄色部分照度最高，表明大厅的自然采光效果非常好，通过强化自然采光及引入导光管，建筑整体的采光效果得到明显的改善。

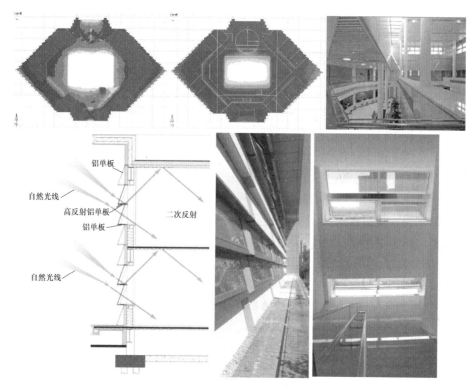

图 9　公屋展示中心的采光模拟分析及自然采光的实景

为了改善地下室及部分大进深房间的自然采光效果，该项目在地下空间设置了 3 个光导筒，为楼梯间、爬梯出口及电池间提供自然采光。地下空间的平均采光系数由 0 提升到了 0.23%；屋顶设置了 20 个导光筒，为档案库、办公室、会议室、卫生间及无自然采光条件的房间提供自然采光，侧墙设置 12 个导光筒，为办公室、弱电机房提供自然采光。如图 10 所示。一层的整体平均采光系数提升了 0.99%，二层的整体平均采光系数提升了 1.21%。

图 10　屋顶导光筒、侧壁及地下通道导光筒的设置及其自然采光效果

根据耗能分析在 20％窗墙比的条件下，外墙及屋顶设计 K 值控制在 0.10 ～ 0.15W/（m²·K）较为合理。外墙及屋顶设计 K 值为 0.15W/（m²·K）左右时，对节能效果基本没有影响，但是改善了采光，节约了造价。基于综合考虑，该项目建筑外墙采用 300mm 厚 04 级蒸压轻质砂加气混凝土砌块外贴 150mm 岩棉保温，平均传热系数可达到 0.16W/（m²·K）。根据目前市场可以找到的窗及幕墙节能技术，并充分考虑造价的因素，建筑的窗及幕墙 K 值选用 1.20W/（m²·K）。玻璃选用三银 Low-E 6＋12Ar＋ 6＋12Ar＋6，窗框内做加宽隔热条。

4.3 主动式技术

本工程利用干燥新风通过变风量方式调节室内湿度，用高温冷水通过独立的末端调节室内温度的方案。空调冷、热源形式为：高温地源热泵耦合太阳能光热系统＋溶液调湿系统＋VRF。室外埋管换热器采用双 U 形垂直式换热系统，室外共钻孔 44 口、矩形布置、孔深 120m、钻孔直径 φ200mm、间距 5m。高温冷水地源热泵机组夏季为建筑提供 16℃/21℃的冷水作为建筑冷源，冬季为建筑提供 42℃/37℃热水作为建筑热源；供冷及供热初/末期系统可实现跨机组供冷、热，即：关闭制冷、热主机，用户侧水直接进入土壤换热器；供热季，太阳能光热系统通过间接换热方式提升系统地源侧进入机组的水温，提高机组 COP；供冷季，可以实现利用系统排热加热生活热水系统；溶液调湿新风机组夏季消除系统湿负荷，冬季作为新风机组为建筑提供新风；对于部分需 24 小时供冷、热的电气房间及室内要求无"水隐患"的档案库采用 VRF 机组全年为其供冷、供热。

大厅：采用单区变风量全空气空调系统，送风机变频，空气处理设备为组合式空气处理机。

小开敞房间：采用干式风机盘管加新风系统，风机盘管为直流无刷型，暗装于吊顶内，送风经散流器/线形风口顶送或条形风口侧送，回风由吊顶回风口、回风箱接至风机盘管。新风机组集中设置，新风经溶液调湿新风机组处理后，由集中新风竖井及各层水平新风管道独立送入室内。各新风管道分支均安装定风量调节器，与室内 CO_2 传感器联动以保证新风量的实时按需分配。

在绿色照明设计方面，根据房间性质做了详细的照明设计，并进行了 dialux 的人工照明模拟。在满足规范的前提下，最大限度地降低照明能耗，主要采取了以下措施：

（1）根据不同使用功能采用分区照明控制系统如图 11 所示；

（2）利用高效照明灯具及光源进一步降低人工照明的能耗；

（3）光源采用高效高频荧光灯、LED 筒灯或其他节能型光源；

（4）利用照明控制手段，如设置亮度传感器、定时控制、感应控制等保证照明节能的措施的实现。

采用干式直流无刷电机风机盘管，风机效率提高 19.5％，年节约风盘电耗 1098kW。采用地板辐射采暖及低温散热器系统，根据建筑实际情况，选择合理供暖方式，提高舒适度和采暖系统利用效率 10％，年减少供暖电耗 2147kWh [0.72kWh/（m²·a）]。

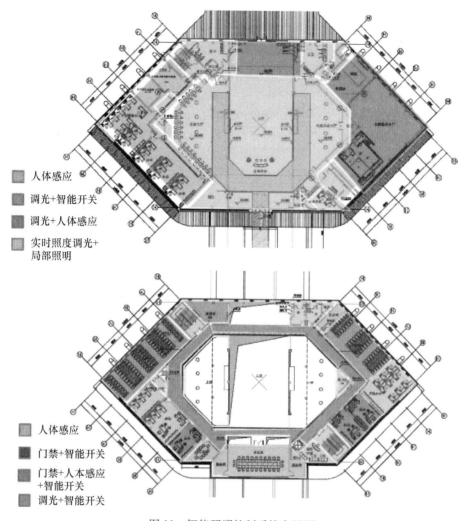

图 11　智能照明控制系统布局图

通过采用被动式技术，降低建筑能量需求；通过主动式技术优化组合，提高系统能效，降低建筑能源需求，本项目的建筑能耗模拟结果，如图 12 所示。经模拟分析，建筑全年能耗 61.2～62.2kWh/（m² · a），与基准建筑比较计算节能率 29.7%（国际）和 54.2%（国家）。

能源管理系统平台界面及七大模块，如图 13 所示。

4.4　可再生能源利用技术

为了在不影响建筑立面效果的同时最大限度地利用太阳能资源，充分考虑了建筑的一体化设计，在屋顶设置弧形的光伏板支架，增加屋面布置光伏板的面积，光伏板布置与建筑整体风格一致，同时使展示中心更富有现代感和科技感，在建筑南向设置光伏板支架，通过计算机模拟分析支架的形状与流线，将光伏板与建筑外遮阳和自然通风相结合，充分体现实用性，如图 14 所示。该项目采用单晶硅光伏组件，组件转换效率为 16.7%，光伏发电总装机容量峰值功率约为 292.95kWp，全年发电量约 295MWh，可满足建筑全部的用电需求。

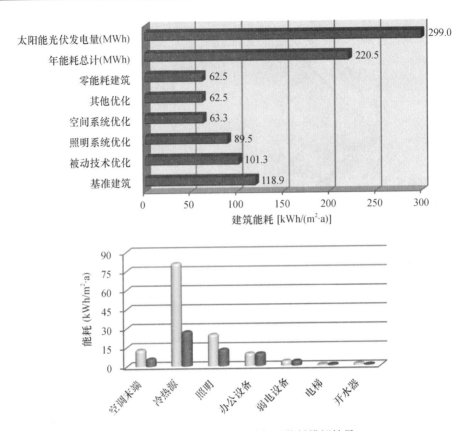

图12 建筑能耗逐步优化分析及能耗模拟结果

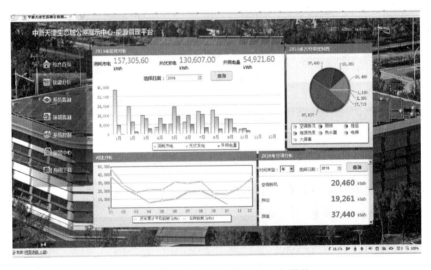

图13 能源管理系统界面及七大模块

综合上述，本案例采用的技术措施，如图15所示。

4.5 实测数据分析

基于试运行计算，如图16所示，该建筑单位面积年能耗（采暖、空调、照明）为

81.78kWh/（m² · a），与模拟能耗 62.2 相差 31.5％，这一方面是由于目前系统运行未按设计工况运营，导致高温热泵机组能效比较低。另一方面，系统的自控平台也断断续续地在调试，导致机组的运行还未正常，按模拟分析及短期的测试分析，系统的实际能耗可达到设计能耗。如图 16 所示，光伏发电量约 10 万 kWh 也较装机容量 29.3 万kWh 预计发电量有较大差别。

图 14　公屋太阳能光伏与建筑一体化设计效果及装机位置示意

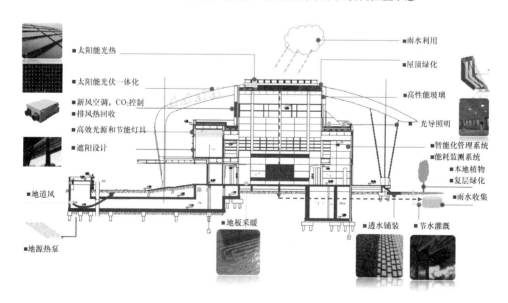

图 15

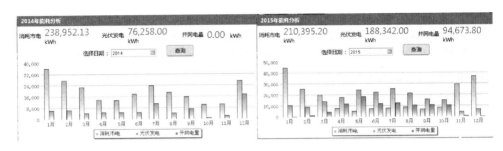

图 16　2014 年、2015 年公屋展示中心能耗分析

本项目基于被动式设计，建筑获得了良好的自然通风、自然采光，降低了建筑采暖制冷及照明的负荷；同时采用了高温地源热泵机组及地板辐射采暖等供冷供热系统，大幅提高了系统的效率；此外在给排水方面，也采用多水源综合利用等技术，降低了系统的用水量和能耗。采用了太阳能热水系统，其同时可作为地源热泵系统的辅助热源，此外安装了一定规模的光伏电池组件，构建了微网系统，实现了建筑的零能耗。

5　总　结

我国的建筑节能在努力降低单位建筑面积能量需求的同时，应更加重视可再生能源的建筑应用，显著降低建筑使用过程中的环境负担，为社会可持续发展做出贡献。通过多项全工况模拟分析，优化建筑布局，选择被动节能措施，显著减少了建筑的能量需求；通过参数化设计与选择高效建筑设备，如温湿度独立控制空调等，提高建筑用能系统效率；合理利用可再生能源，降低建筑的化石能源消耗并实现项目建筑用能与产能的基本平衡，实现接近"零能耗"。全年设计能耗 $61.2 \sim 62.2$ kWh/（$m^2 \cdot a$），与基准建筑比较计算节能率 29.7%（国际标准）和 54.2%（国家标准），经对 2015—2016 年的能耗分析，全年能耗为 60.69 kWh/（$m^2 \cdot a$），未扣除光伏发电量，若扣除，每年能耗为 6.36 kWh/（$m^2 \cdot a$）。

该项目目前已获得我国绿色建筑设计三星级标识，设计达到美国 LEED 白金奖、新加坡 GREENMARK 白金奖、生态城绿色建筑白金奖的要求。此外，本项目先后获得"2012 年度精瑞科学技术奖绿色建筑优秀奖"，"全国人居经典建筑规划设计方案建筑、科技双金奖"，"香港建筑师学会两岸四地建筑设计卓越奖"。

超低能耗建筑的发展，需要从设计方法、性能控制等方面落实，它应是由多项建筑节能技术的优化组合而成的适应当地气候条件及经济发展的节能技术体系。本研究以生态城公屋展示中心为示范项目，全面实践研究提出的设计方法，采用研究确定的各项建筑节能技术，落实可再生能源利用方案，指导建筑的实施与运行调试。

翠成 D-23 居住公服超低能耗项目的实践

蔡倩，张昭瑞，谢锋，杨洪昌，王亚峰

（北京住总集团有限责任公司技术开发中心，北京　100025）

摘　要　本项目为北京市首例同时获得德国被动房研究所（PHI）认证和德国能源署的高能效低能耗建筑标识的项目，也是首批申报北京市超低能耗建筑示范工程的项目之一。该项目同时采用 DeST 软件和 PHPP 软件优化技术方案，最终形成了经济、合理、可行的技术方案，方案包括：高性能的围护结构保温、高性能三玻双空气层 PVC 外窗、细致的无热桥节点处理、完整的建筑气密层、带高效热回收的新风系统和地源热泵可再生能源利用技术。目前该工程已竣工验收且通过气密性测试。

关键词　超低能耗；公共建筑；气密性测试

1　引　言

目前全国在大力推广超低能耗建筑，陆续出台超低能耗建筑相关政策。住房城乡建设部印发的《建筑节能与绿色建筑发展"十三五"规划》中提出，到 2020 年，建设超低能耗、近零能耗建筑示范项目 1000 万平方米以上。北京市乃至全国各省份积极响应该政策，推广超低能耗建筑并陆续出台超低能耗建筑相关政策。北京市发布的《北京市推动超低能耗建筑发展行动计划（2016—2018 年)》提出了 2016 年至 2018 年期间建设不少于 30 万平方米的超低能耗示范建筑，并且制定了相关配套的奖励资金政策《北京市超低能耗建筑示范工程项目及奖励资金管理暂行办法》。本项目为北京市首例同时获得德国被动房研究所（PHI）认证和德国能源署的高能效低能耗建筑标识的项目，同时还列入了住房城乡建设部首批被动式超低能耗绿色建筑示范项目，目前已经申报北京市超低能耗建筑示范工程。

2　项目概况

翠成 D-23 居住公服（图 1）位于北京市朝阳区东南四环外翠成 D 南区，用途为残疾人康复中心，地下一层，地上三层，首层层高 3.8m，二层、三层层高均为 3.55m，地下 1 层层高 4.2m，总高度 12.00m，总建筑面积为 2519m²，其中地上 1719m²，地下 800m²，均为被动式超低能耗绿色建筑示范区域。本项目主体为框架结构，现浇混凝土梁柱，加气混凝土砌块砌筑。建筑朝向为南偏东 43 度，建筑体形系数为 0.29，窗墙比 ≤0.7。

作者简介：蔡倩（1987.1—），女，工程师，单位地址：北京市朝阳区十里堡北里 1 号恒泰大厦 A 座 201 室；邮政编码：100025；联系电话：13488854891。

图 1　翠成 D-23 居住公服

3　设计路线

本项目在设计阶段根据住房城乡建设部的《被动式超低能耗绿色建筑示范项目》（公共建筑）的指标要求确定设计目标，同时兼顾德国被动房研究所的指标要求。当时北京市超低能耗建筑示范工程的具体指标要求还没有颁布，但现在从指标要求来看也符合北京市超低能耗建筑示范工程（公共建筑）的要求。三者指标要求对比见表1。

表 1　不同的指标要求

认证分类	住房城乡建设部《被动式超低能耗绿色建筑示范项目》（公共建筑）	德国被动房研究所	北京市超低能耗建筑示范工程（公共建筑）
指标要求	1. 公共建筑供暖、空调和照明能耗（计入可再生能源贡献）应在现行国家标准《公共建筑节能设计标准》GB 50189—2015 基础上降低 60% 以上； 2. 气密性指标应符合 ≤ 0.6/h（50Pa）； 3. 室内环境标准应达到《民用建筑供暖通风与空气调节设计规范》GB 50736—2012 中的I级热舒适度	1. 采暖需求≤15kWh/（m² · a）/采暖负荷≤10W/m²； 2. 制冷需求≤15＋除湿需求kWh/（m² · a）； 3. 一次能源需求≤120kWh/（m² · a）（采暖、制冷、除湿、生活热水、照明、辅助用电、家庭及公共区域用电）； 4. 气密性指标应符合≤0.6/h（50Pa）	1. 公共建筑供暖、空调和照明能耗（计入可再生能源贡献）应在现行国家标准《公共建筑节能设计标准》GB 50189—2015 基础上降低 60% 以上； 2. 气密性指标应符合 ≤ 0.6 /h（50Pa）

在初始设计时，以上述节能目标为指导，具体节能方案则参考住房城乡建设部2015 年发布的《被动式超低能耗绿色建筑技术导则（试行）（居住建筑）》及德国被动房研究所对于外墙、屋面、地面、外门窗、新风系统、建筑气密性的推荐性指标，拟定六项关键技术设计指标见表2。

表 2　关键技术设计指标

部分名称	性能指标
外墙	传热系数≤0.15W/（m² · K）
屋面	传热系数≤0.15W/（m² · K）
地面	传热系数≤0.15W/（m² · K）

续表

部分名称	性能指标
外门窗	传热系数≤1.0W/（m² · K），SHGC≥0.45
新风系统	显热回收效率≥75％，单位风量风机耗功率≤0.45W/（m³ · h）
气密性	N_{50}≤0.6h^{-1}

4 主要应用技术

该项目围绕上述关键指标要求，通过 PHPP 软件和 DeST 软件对建筑能耗进行优化计算，不断优化超低能耗相关的技术，最终确定了六大技术措施的具体方案：非透明围护结构的高性能保温措施、高隔热高气密性的外门窗、无热桥节点处理、高效热回收新风系统、精细的气密性措施、可再生能源利用技术。

1）非透明围护结构的高性能保温措施

外墙、屋面和地面使用的保温材料及其厚度的确定是根据上述各部分的性能指标并结合相关法律法规、标准要求以及功能来确定的。外墙采用 300mm 厚的岩棉条作为保温材料，并采用应用成熟和效果更好的外墙外保温薄抹灰系统，传热系数为 0.14W/（m² · K）；屋面考虑到其抗压强高和吸水率低的要求，选择 300mm 厚的挤塑聚苯板作为保温材料，传热系数为 0.11W/（m² · K）；地面的保温设置铺在地下一层底板上方，同样有抗压强高的要求，采用 250mm 的挤塑聚苯板作为保温材料，传热系数为 0.13W/（m² · K）。如图 2～图 4 所示。

2）高隔热高气密性的外门窗

外窗采用三玻双空气层 PVC 外窗，玻璃配置为 5Low-E＋18Ar＋5＋18Ar＋5Low-E 暖边中空玻璃，窗框为 PVC 窗框，与墙体结合部位采用气密性胶带密封，开启方式为内开内倒。外窗整体传热系数为 0.8 W/（m² · K），太阳得热系数（SHGC）≥0.45。外门采用断桥铝合金高效保温门，玻璃配置为 5Low-E＋0.2V＋5＋12Ar＋5 真空层在内侧，门框为断桥铝合金型材，外门整体传热系数为 0.8 W/（m² · K）。外门窗依据国家标准《建筑外门窗气密、水密、抗风压性能分级及检测方法》GB/T 7106，其气密性等级不低于 8 级、水密性等级不低于 6 级、抗风压性能等级不低于 9 级。外门窗安装方式采用外挂式安装。外窗均配置具有完全遮蔽功能的活动外遮阳。如图 5、图 6 所示。

图 2 外墙保温　　　　图 3 屋面保温　　　　图 4 地面保温

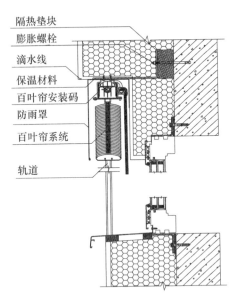

图 5　外窗安装方式

图 6　外窗安装

3）无热桥节点处理

对托架、外窗、外遮阳、雨落管等的金属联结件均采用了断热桥配件，所有穿外墙的水管、线管、新风管等与墙体间填充一定厚度的保温材料，女儿墙及地下室窗井部位均进行了结构断热桥措施。如图 7 所示。

4）高效热回收新风系统

本项目的新风系统按横向分区，每层为一个独立的新风系统，每层设置新风机房，新风机房采用层层取新风方式，不设置预热设备。新风机组为高效全热回收的新风机组，其温度交换效率不低于 75%；全热热回收装置的焓交换效率不低于 70%；热回收装置单位风量风机耗功率小于 $0.45 \mathrm{Wh/m^3}$，$PM_{2.5}$ 过滤效率 $>90\%$。新风机组安装采用弹性吊杆吊装风机，风机的各风口与风管采用消声软管连接。如图 8 所示。

图 7　断桥处理措施

图 8　新风设置安装

5）精细的气密性措施

本项目在窗框与外墙联结部位、穿墙管与外墙联结部位、外墙线盒与墙体联结部位、外墙面不同结构的交界处等易漏气的部位采用气密性胶带等专用材料处理，并且本项目为框架结构，外墙大面采用加气混凝土砌块进行二次砌筑，二次砌筑部分采用抹灰方式进行气密性处理，抹灰厚度不小于 20mm。如图 9 所示。

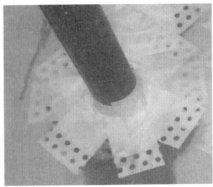
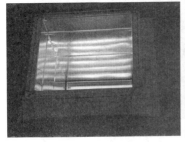

图 9　气密性处理措施

6）可再生能源应用

可再生能源利用能减少化石燃料的使用，减少污染物的排放，本项目也采用了可再生能源技术。因考虑到周围有较多高层的建筑物遮挡不利于太阳能资源的利用，因此本项目利用地热能作为制冷、供暖的冷热源以及生活热水的热源。地源热泵系统设置三台地源热泵机组，其中两台用于空调系统夏季制冷、冬季采暖，另一台用于加热生活热水。如图 10 所示。

图 10　地源热泵安装

5　气密性测试

气密性测试是指通过鼓风门试验测得在室内外压差 50Pa 的条件下建筑每小时的换气次数。气密性检测前，建筑物围护结构包括所有穿墙洞口、门窗应已完工，且所有气密性措施应已完成，对本项目的气密性措施进行全数检查，如对外窗气密性、外围护结构上所有气密性处理措施进行检查。对所有与室外联通的管道开口进行临时封闭措施，如对屋顶抽油烟机排风口进行临时性封堵，关闭新风系统的进风口和出风口的阀门，地漏等部位进行水封等。如图 11 所示。

图 11　气密性测试前准备

2016 年 11 月 16 日经国家建筑工程质量监督检验中心检测，该项目的气密性测试结果为正负压差 50Pa 时建筑换气次数为 0.19 次/h，远优于北京市超低能耗建筑示范项目建筑换气次数 0.6 次/h 的要求。如图 12 所示。

图 12　气密性测试

6　能耗计算

在建筑能耗方面，德国被动房研究所采用 PHPP 软件验算该项目能耗为：供暖需求为 16kWh/（m² · a），供暖负荷为 10W/m²，供冷需求为 14 kWh/（m² · a），供冷负荷为 5 W/m²，总的一次能耗为 114 kWh/（m² · a），此能耗计算结果符合德国被动房研究所的指标要求。根据 DeST 软件的计算结果，该项目供暖、制冷和照明的总能耗在现行国家标准《公共建筑节能设计标准》GB50189—2015 的基础上降低 60.2%，满足住建部对《被动式超低能耗绿色建筑示范项目》以及北京市超低能耗建筑示范项目的要求。

7 结 论

本项目在设计阶段就以住建部对"被动式超低能耗绿色建筑示范项目"以及德国被动房研究所的认证指标要求作为设计目标，结合建筑物自身特点进行具体设计，围绕设计目标同时采用 PHPP 软件和 DeST 软件对项目的技术方案进行优化，最终形成了经济、合理、可行的技术方案。

目前该项目已竣工验收，顺利通过气密性测试，采用 PHPP 软件和 DeST 软件计算均符合住建部被动式超低能耗示范项目及北京市超低能耗建筑示范项目的要求。本项目还同时获得德国被动房研究所（PHI）认证（图 13）和德国能源署的高能效低能耗建筑标识（图 14），为全国首例，因此具有很强的示范作用。

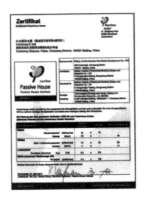

图 13　PHI 认证　　　　　图 14　德国能源署认证

浅谈超低能耗建筑技术要点与实践

——中粮万科长阳半岛05-1#楼项目

任光洁，赵建飞

（北京万科企业有限公司，北京 101318）

摘　要　超低能耗建筑是利用保温隔热性能和气密性更好的围护结构，采用高效热回收新风技术，最大程度地降低建筑采暖和制冷需求，充分利用可再生能源，适应气候特征和自然条件，以更少的能源消耗提供舒适的室内环境并能满足绿色建筑基本要求的技术体系。超低能耗建筑的技术要点主要体现在高效的保温措施、高效节能窗、无热桥节点处理措施、气密性措施、高效热回收新风系统和可再生能源的利用六个方面。作为中国房地产行业的领跑者，万科也在超低能耗建筑方面做出了重要实践。

关键词　超低能耗；高效保温措施；高效节能窗；无热桥；气密性；新风系统

1　前　言

在物质文明飞速发展的今天，人民生活水平不断提高，人类对地球资源的过度开发利用带来了环境恶化，导致能源和环境矛盾日益突出，建筑能耗总量和能耗强度上行压力不断加大，人类生存与自然生态的和谐共生问题成为当今社会面对的主要问题。中国作为最大的发展中国家，面临着环境资源可持续发展的巨大挑战。在应对全球气候变暖的问题上，中国敢于承担国际社会的共同任务，以负责任大国的形象，主动承担起节能减排的重任。目前，我国建筑能耗占全社会能耗的1/3左右，建筑节能是贯彻可持续发展战略、实现国家节能规划目标、减排温室气体的重要举措。超低能耗建筑作为当今世界具有领先技术优势的建筑，具有"超低能耗、高舒适度、微排放"的特点，发展超低能耗建筑，对于受困于能源紧缺危机和雾霾危机双重压力的中国，既具有现实意义，又将产生深远影响。

目前，我国的超低能耗建筑技术，相对于德国等欧洲国家还比较落后。这更需要我们在超低能耗建筑的设计、生产、施工、运营等各方面做更多的探索与实践。中粮万科长阳半岛05-1#楼项目是北京万科打造的万科集团第一个超低能耗项目。在项目实施过程中，万科也积累了一定的经验。

2　关于被动式超低能耗建筑

被动式超低能耗建筑，通常简称为"被动房"（Passive house），是指不通过传统的

作者简介：任光洁（1979.7—），男，高级工程师，单位地址：北京市朝阳区农展南路甲1号万科中心，邮政编码：100125，联系电话：13911103737。

采暖方式和主动的空调形式来实现舒适的冬季和夏季室内环境建筑。

被动是相对于主动而言的，在我国北方，冬季采暖靠暖气，夏季维持凉爽的室内环境靠空调制冷，这些采暖制冷方式都是"主动式"的技术。那么如果不采取暖气、空调这类机组设备，主要依靠建筑物本身的蓄热蓄冷防热保温的措施，同样达到室内冬暖夏凉的效果，这样的技术措施就是超低能耗建筑技术。

2.1 起源

1986 年，"被动房"是德国沃尔夫冈·菲斯特教授和瑞典隆德大学的阿达姆森教授参加中瑞合作项目工作时，为改善我国长江流域室内建筑环境恶劣的现状提出的解决方案。

1988 年被动房概念首次被提出，1991 年第一栋被动房在德国达姆施塔特被建造，经历了 20 多年的发展，德国被动房已经成为具有完备技术体系的超低能耗建筑标准。

2.2 国内外发展情况

1988 年，"被动房"被提出后，于 1991 年，在菲斯特教授的参与下，世界上第一栋被动房建成。2000 年后，丹麦、瑞士、奥地利等欧洲国家也正式引入被动房概念，制定建筑物能耗认证制度。此外，美国也于 2002 年建立了第一栋由被动房研究所评鉴的建筑物——伊利诺伊州史密斯屋。在 20 多年的发展过程中，欧美各国逐渐形成了不同的被动式超低能耗建筑体系。

如今，德国有超过 13000 套住宅是依照被动式房屋标准建成的，其中 95％是新建的被动式房屋，5％是既有建筑改造成的被动式房屋。奥地利成为全世界被动房密度最大的国家，每年新建建筑中，普通节能建筑占 50％，低能耗建筑占 40％，被动房占到 9％。截至 2010 年，奥地利的被动房已达到 8500 栋，并呈现逐年上升的趋势。为了推广节能环保理念，各国政府机构也正在大力推广"被动式超低能耗建筑"新技术。

国内的被动式超低能耗建筑起步较晚。2009 年，被动式房屋才由德国能源署引入中国。2011 年，我国住房和城乡建设部与德国交通建设和城市发展部共同签署了《关于建筑节能与低碳生态城市建设技术合作谅解备忘录》，被动房纳入中德两国合作的重要内容之一。2014 年，在李克强总理与德国总理默克尔的见证下，"中德生态园被动房"项目正式落地。该项目成为国内首个获得德国 DGNB 及中国绿色建筑三星双重认证的建筑。

在政府的大力支持下，万科、朗诗等房地产企业也自发地开始被动式超低能耗建筑的实践。北京万科长阳超低能耗建筑结合被动式外墙保温技术、高效能热回收新风系统、太阳能集中供热系统等措施，实现每年节约运营成本约 27.9 万元。朗诗布鲁克被动房项目根据长三角地区夏热冬冷的气候特点，采用欧洲先进的被动房技术，实现了高质量、高舒适度、低能耗的设计目标。目前国内被动房项目的建造数量正在直线上升。

2.3 背景与意义

2015 年巴黎气候大会上，习近平总书记向全世界作出承诺：中国在 2030 年碳排放达峰值；争取尽早实现非石化能源占一次能源消费比重达到 20％左右。北京市承诺提前 10 年能耗和碳排放双达峰值。

预计到 2020 年，至少将建成 5000 个超低能耗建筑，建筑面积超过 1 亿平方米，产业规模达到千亿级。北京市将建设不少于 30 万平方米的超低能耗示范建筑，建造标准达到国内同类建筑领先水平。

3 万科集团首个超低能耗建筑项目

3.1 项目概况

中粮万科长阳半岛 05-1♯楼项目（图 1）是由北京中粮万科房地产开发有限公司开发建设，是万科集团建造的第一个被动房项目。总建筑面积 7370m²，容积率为 2.00，示范面积 5920m²，地上建筑层数为 6 层，框架剪力墙结构。本工程主要朝向为东西向，北偏西 4.77 度。东向南向临街没有遮挡，西南方向有 45m 高的高层建筑，对西向房间有遮挡。本工程为办公建筑，首二层为商业，三层至六层为办公。经过合理设计、体形系数达到 0.21。

长阳半岛被动房项目节能方案参考住房城乡建设部《被动式超低能耗绿色建筑技术导则（试行）（居住建筑）》及德国被动房研究所的推荐性指标进行设计，采用的关键节能技术包括：连续不间断的围护结构保温层、高效三玻外门窗、细致的无热桥节点措施、完整的建筑气密性、高效热回收新风、供暖、制冷系统。计划获得德国 PHI 和住房城乡建设部双重认证。

图 1 长阳半岛 05-1♯楼效果图

3.2 长阳半岛超低能耗建筑指标参数

1）室内环境参数（表 1）

表 1 室内环境参数

室内环境参数	冬季	夏季
温度（℃）	≥20	≤26
相对湿度（%）	≥30*	≤60
新风量［m³/（h·人）］	≥30	

*冬季室内湿度不参与能耗指标的计算。

2）能耗指标及气密性指标（表2）

表2 建筑能耗性能指标及气密性指标

项目	设计指标
能耗指标	节能率 $\eta \geqslant 60\%$①
气密性指标	换气次数 $N_{50} \leqslant 0.6$②

① 为超低能耗公共建筑供暖、空调和照明一次能源消耗量与满足《公共建筑节能设计标准》50189—2015 的参照建筑对比的相对节能率。

② 室内外压差50Pa的条件下，每小时的换气次数。

3）各项技术性能指标（表3）

表3 建筑关键部品性能参数

建筑关键部品	参数	设计值
外墙	传热系数 K 值 $[W/(m^2 \cdot K)]$	0.13
屋面	传热系数 K 值 $[W/(m^2 \cdot K)]$	0.13
地面	传热系数 K 值 $[W/(m^2 \cdot K)]$	0.13
外窗	传热系数 K 值 $[W/(m^2 \cdot K)]$	0.8
	太阳得热系数综合 SHGC 值	SHGC≥0.45
	抗风压性	9级
	气密性	8级
	水密性	6级
用能设备	冷源能效	COP＝2.8
空气-空气热回收装置	全热回收效率（焓交换效率）（%）	≥70%
	显热回收效率（%）	≥75%

3.3 长阳半岛超低能耗建筑技术要点与实践

1）建筑节能规划设计

长阳半岛05-1#楼项目主要朝向为东西向，北偏西4.77度。东向南向临街没有遮挡，西南方向有45m高的高层建筑，对西向房间有遮挡。建筑体型系数约为0.21，北、南、东、西向窗墙面积比分别为0.17、0.27、0.54、0.17，≤0.7。

本工程节能方案参照德国被动房研究所确定的被动房标准及超低能耗公共建筑的指标要求进行设计，能耗计算采用被动房规划设计软件 PHPP 软件和 DeST 软件对建筑能耗进行计算，不断地优化超低能耗建筑相关的技术，最终形成了经济、合理、可行的技术方案，方案包括：高性能的围护结构保温、高性能保温外窗、细致的无热桥节点处理、完整的建筑气密层、带高效热回收的新风系统和可再生能源技术的应用。

2）高效保温措施

目前国内建筑行业保温材料种类较多，长阳半岛05-1#楼项目外墙采用保温材料250mm厚石墨聚苯板加300mm厚岩棉防火隔离带，并采用工程应用已经较为成熟的薄抹灰外墙外保温做法。屋面采用250mm厚挤塑聚苯板，其抗压强度高且吸水率低，因受挤塑聚苯板生产工艺的限制其板厚无法达到 250mm 厚，目前最大厚度可达到 100mm，因此本项目采用多层挤塑聚苯板错缝干铺的方式，且屋面设置有两层防水，底层防水位于保温板下面覆盖屋面和女儿墙内侧墙体，上层防水位于保温板上部覆盖屋面及女儿墙顶部（图2）。地下一层底板上方铺设 250mm 厚挤塑聚苯板，上面铺设 50mm 厚细石混凝土保护层，保温板铺设方式同屋面（图3）。外墙、屋面及地下室底板等传热系数见表4。

表4 建筑围护结构传热系数

部位	保温材料	传热系数［W/（m² · K）］
屋面	250mm 挤塑聚苯板	0.13
外墙	250mm 厚石墨聚苯板	0.13
地下室底板	250mm 挤塑聚苯板	0.13

表5 围护结构热工参数对比表

构件名称		设计建筑热工参数	参照建筑热工参数
屋面		$K=0.13W/(m^2 \cdot K)$	$K=0.45W/(m^2 \cdot K)$
外墙		$K=0.13W/(m^2 \cdot K)$	$K=0.50W/(m^2 \cdot K)$
外窗	东向	$K=0.80W/(m^2 \cdot K),SHGC=0.50$	$K=2.40W/(m^2 \cdot K),SHGC=0.40$
	南向	$K=0.80W/(m^2 \cdot K),SHGC=0.50$	$K=2.70W/(m^2 \cdot K),SHGC=0.40$
	西向	$K=0.80W/(m^2 \cdot K),SHGC=0.50$	$K=2.70W/(m^2 \cdot K),SHGC=0.40$
	北向	$K=0.80W/(m^2 \cdot K),SHGC=0.50$	$K=2.70W/(m^2 \cdot K),SHGC=0.40$

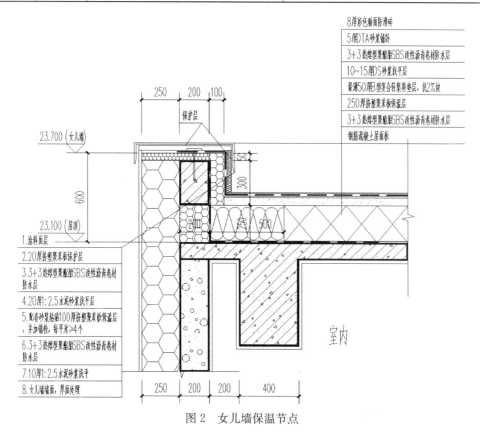

图2 女儿墙保温节点

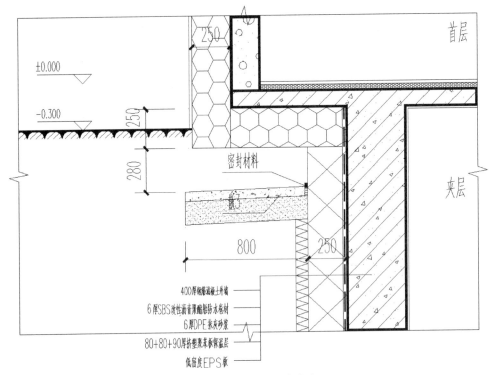

图 3　外墙与地面交接节点

3）高效节能外门窗

长阳半岛 05-1♯楼项目外窗采用三玻充氩气层暖边铝包木框（首二层）和高强 PVC 框（三至六层）外窗，玻璃配置为 5Low-E＋18Ar＋5＋18Ar＋5Low-E，与墙体结合部位采用气密性胶带加强外墙气密性，开启方式为内开内导。外窗整体传热系数为 0.8W/（m² · K），玻璃太阳得热系数（SHGC）≥0.45。外门采用 P120 铝包木保温门，玻璃配置为 5Low-E＋18Ar＋5＋18Ar＋5Low-E＋暖边，门框为铝包木型材，外门整体传热系数为 0.8W/（m² · K）。

外门窗气密、水密及抗风压性能等级依据国家标准《建筑外门窗气密、水密、抗风压性能分级及检测方法》GB/T 7106，其气密性等级不低于 8 级、水密性等级不低于 6 级、抗风压性能等级不低于 9 级。

东西南向均采用电动外遮阳活动百叶，从完全打开到完全遮蔽，调控方便灵活。通过对百叶不同角度的控制，可在充分利用自然光线的同时，避免不必要的眩光，改善室内光环境的均匀度。有效降低建筑照明能耗及防止夏季辐射热进入室内，从而降低能耗。

4）无热桥节点处理措施

关键热桥包括保温层连接、外窗与结构墙体连接、女儿墙等部位，以外门窗为例，节点处理措施如图 4 所示。

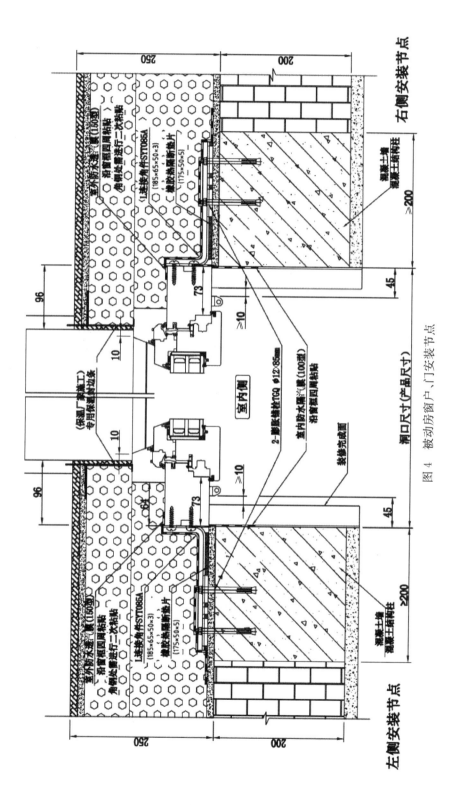

图 4　被动房窗户、门安装节点

5）气密性措施

长阳半岛05-1♯楼项目结构形式为框架剪力墙结构，被动式超低能耗建筑的气密性要求为在50Pa压力下建筑每小时换气次数 $N_{50} \leqslant 0.6$，为达到如此高的气密性要求，在建筑物外围护结构内侧构建一个完整的气密层（图5），不同部位的气密性措施也有所区别，由于本建筑为框架结构，对外墙面上采用加气混凝土砌块进行二次砌筑的部分采用抹灰方式进行气密性处理，抹灰厚度不小于20mm，而窗框与外墙连接部位、穿墙管与外墙连接部位、外墙线盒与墙体连接部位、外墙面不同结构的交界处排气管发展面（图6）等易漏气的部位采用气密性胶带等气密性专用材料处理。

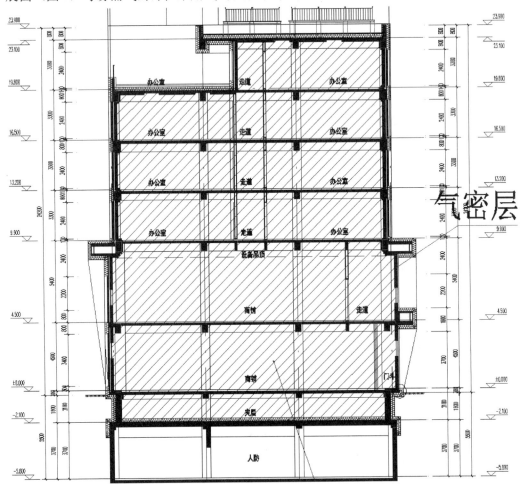

图5 整体气密层示意图

6）空调通风

长阳半岛05-1♯楼项目首二层预留餐饮及三～六层办公均采用集新风、除霾、制冷、制热为一体的新风空调一体机，预留餐饮及办公分别采用独立的新风空调一体机系统，该机组直接通过外围护结构取风及排风，减少了由于风井带来的冷热损失。该项目中，新风量指标为30m³/人，新风通过板式换热器进行热回收，显热回收效率≥75％，全热回收效率≥70％，单位风量耗功率<0.45W/（m³/h）。循环风根据室内负荷

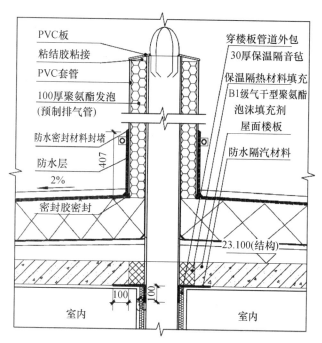

图 6　排气管出屋面节点图

情况进行调整，与经过热交换后的新风混合后，经过冷热盘管的处理后送入室内，进而满足室内的冷热负荷需求。

厨房内设置独立的排油烟及补风系统，设置排油烟竖井和补风机，不做热回收。与室外连通的新风和排风管路上均安装保温密闭型电动风阀，并与系统联动，保证建筑的气密性。公共卫生间通过竖井排风的方式进行排风。

该项目采用新风空调一体机承担室内的冷热负荷，冷热源形式为空气源热泵。三～六层办公选用新风空调一体机，新风量（标准/最大）：$90/200m^3/h$，循环风量：$500m^3/h$，显热交换效率≥75%，湿量交换效率≥50%，制冷量：3.5kW，制热量：4.0kW，通风电力需求<0.45，系统 COP 为 2.8，新风机组内自带初效过滤器和中效过滤器，$PM2.5$ 过滤效率>90%；首、二层餐饮商业选用新风空调一体机，新风量（标准/最大）：$150/500m^3/h$，循环风量：$700m^3/h$，显热交换效率≥75%，湿量交换效率≥50%，制冷量：7.2kW，制热量：8.0kW，通风电力需求<0.45，系统 COP 为 2.8，新风机组内自带初效过滤器和中效过滤器，$PM_{2.5}$ 过滤效率>90%；用户可根据需求调节新风量挡位，同时循环风量也可根据室内负荷进行风量调整，满足室内冷热负荷需求。

4　关于超低能耗建筑的展望与总结

超低能耗建筑是目前世界上最先进的节能建筑之一，是我国建筑行业发展的必然趋势。超低能耗建筑的发展将引领我国建筑节能发展的新方向，促进我国建筑节能行业的产业转型升级，也将在人居环境的改善、节能减排、保护环境等方面作出突出贡献！

　　万科集团作为中国房地产行业的领跑者，致力于成为卓越的绿色企业。在国家政策的大力扶持下，北京万科也将继续作为北京市绿色及超低能耗建筑推进的引领者，践行集团绿色发展理念，积极推进北京市被动式超低能耗建筑的发展。

参考文献

［1］　陈昌英．浅析超低能耗被动式建筑应用技术［J］．江西建材，2017（8）：69-69.

［2］　陈小净，原瑞增，白卉，李冉．被动式超低能耗建筑关键技术与案例分析［J］．建筑热能通风空调．2016，35（5）：97-99.

［3］　中华人民共和国住房和城乡建设部．被动式超低能耗绿色建筑技术导则（试行）（居住建筑）．

基于可再生能源的超低能耗建筑能源系统设计及示范应用

——天津市建筑设计院新建业务用房及附属综合楼

尹宝泉，伍小亭，宋晨，袁乃鹏，陈奕，李宝鑫，吴闻婧

（天津市建筑设计院，天津 300074）

摘　要　建筑节能，一方面是降低建筑的用能需求，另一方面是利用可再生能源，降低建筑的化石能源消耗。本文以天津市建筑设计院新建业务用房及附属综合楼为例，基于建筑本体设计，降低了建筑的用能需求，通过对场地能源资源条件的分析，提出了基于土壤源热泵与太阳能耦合的建筑供冷供热及提供生活热水的系统，未采用市政热网，可再生能源供冷供热替代率超过 70%，大幅降低了该建筑的化石能源消耗，同时也降低了能源成本，该项目对于超低能耗建筑的能源系统设计，具有借鉴意义。

关键词　可再生能源；多能互补；建筑能源系统；能耗对标

1　引　言

我国可再生能源供热潜力很大。研究测算，我国可再生能源供热潜力可达 30 亿吨标准煤以上。地热能的资源潜力最大，据国土资源部 2015 年调查结果，全国 336 个地级以上城市浅层地热能年可开采资源量折合 7 亿吨标准煤，全国中深层地热资源年可开采量折合 19 亿吨标准煤。全国可作为能源利用的农作物秸秆及农产品加工剩余物、林业剩余物和能源作物、生活垃圾与有机废弃物等生物质资源年供热潜力折合 4.6 亿吨标准煤，其中，利用农作物秸秆等农林废弃物供热年利用潜力折合 4 亿吨标准煤。风电等可再生能源发电按照 10% 电量供热利用计算，2020 年可供暖 5 亿平方米，折合 1500 万吨标准煤。

可再生能源供热清洁低碳，可因地制宜集中供暖或分散供热，在解决北方地区清洁供暖尤其是农村地区清洁取暖、替代散煤方面，可以发挥重要作用。

实现绿色建筑需要充分利用可再生能源，提高可再生能源的贡献率。然而不能回避的现实是，相当多的建筑可再生能源利用项目并未实现其节能的初衷，有的项目可再生能源利用系统，折合一次能源的效率甚至低于传统能源形式。研究表明造成这一现象的主要原因在于没有一套科学完整的基于可再生能源与建筑用能需求特点的设计

作者简介：尹宝泉（1984.1—），男，高级工程师，天津市河西区气象台路 95 号，300074，电话：15102257442。

该论文由国家重点研发计划项目"近零能耗建筑技术体系及关键技术开发"（项目编号：2017YFC0702600）资助。

方法，不能实现基于节能目标的预测型设计。而通过本项目的研究，可以解决"合规设计"中存在的系列问题，实现建筑利用可再生能源的节能目标，并优化利用结构，提高建筑可再生能源利用系统的性价比，促进其广泛应用。

可再生能源应用是建筑节能与绿色建筑工作中重要的组成部分，未来能源系统的挑战是将不同的可再生能源技术融合到一个交互的能源系统，能够实现在任何时间以合理的价格提供非化石能源，满足不同的能源需求，本文的研究将为可再生能源在建筑中的集成化应用、在绿色建筑中的规模化推广提供技术支撑。

2 项目概况

天津市建筑设计院新建业务用房及附属综合楼位于河西区气象台路 95 号，天津市建筑设计院院内，如图 1 所示。该项目总建筑面积 31250m²，机动车停车位 300 辆。保留原有树木 50 余棵。

图 1　新建业务用房及附属综合楼鸟瞰及实景照片

目前，本项目已获得国标绿建三星级设计标识，入选住房城乡建设部绿色建筑示范工程，天津市科委"美丽天津"科技示范工程，正在申报国标绿建三星级运营标识、健康建筑二星级设计标识、LEED 金奖、GREEN MARK 铂金奖。

项目设计伊始以绿色建筑应用为切入点，遵循"被动优先、主动优化"的设计原则，因地制宜地将低影响开发、可持续设计、BIM 全过程应用、智能化集成平台建设等与建筑设计结合，充分利用可再生能源，采用了近 30 项绿色建筑技术，如图 2 所示。设计能耗指标为 72kWh／(m²·a)，节能率大于 50%。

业务用房项目地下一层主要功能空间包括地源热泵机房、10kV 变电站、直饮水机房、消防泵房、消防水池等辅助设备用房以及物业管理办公室，地上一层主要功能空间包括大堂、展厅、档案室、图文中心以及值班室、卫生间等辅助用房；地上二层主要为会议室（⑦）、开敞办公（①）、培训室（⑨）、展厅（④）、智能控制中心（⑧）以及配电间、卫生间（②）等辅助空间；3～10 层主要为开敞办公空间（①）及辅助用房（②），各楼层平面划分如图 3 所示。

附属综合楼项目主要功能为汽车库（300 辆）及非机动车库（250 辆），通过封闭连廊与新建业务用房连接。屋顶架设光伏发电装置，在充分利用可再生能源的同时为屋顶停车区域提供遮阳。

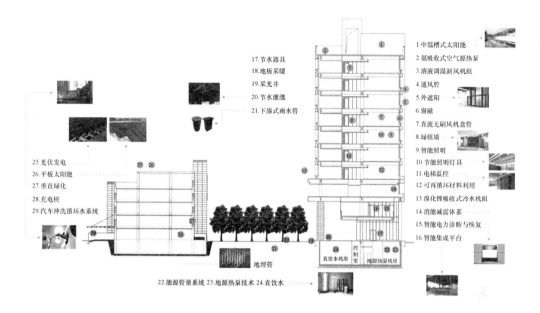

图 2　绿色建筑技术集成应用

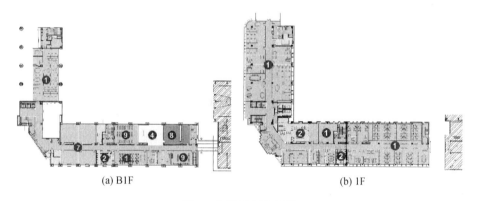

(a) B1F　　　　　　　　　　　　　　(b) 1F

图 3　各层平面布置图

3　被动式设计

3.1　设计理念

场地原有及周边建筑分别建于 1959—2008 年间的不同时期，具有较为复杂的场地环境，如图 4 所示。作为对既有院落的有机更新，本设计的难点在于既要尊重原有院落的场所记忆，顺应城市肌理，又要在有限的场地空间内实现新建筑高效、环保、健康、舒适的绿色设计目标。

遵循低影响开发与可持续设计理念，本项目从被动设计到主动设计进行了全面多角度的权衡与考虑，在设计伊始应用计算机模拟分析场地环境，为建筑布局提供依据；在方案阶段优化建筑的基本几何体型、进深、窗墙比、风环境、光环境、热工环境；在施工图阶段，进行能耗模拟，辅助建筑基于能耗限值的性能化设计。

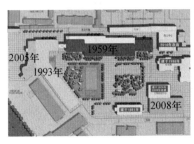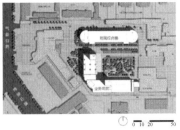

图 4　原有院落总平面图

3.2　被动式技术特征

项目充分考虑被动式节能技术，包括建筑布局、朝向与体型系数控制，围护结构节能设计，自然通风，自然采光，建筑遮阳等技术措施。

3.2.1　建筑布局与体型系数控制

设计构思源于对建设周期及场地环境等问题的梳理与解决，本着最大化降低对周边环境影响的原则，最大限度地保护院内绿地和植被，兼顾周边居民楼的视觉均好性等，结合场地周边风环境、太阳辐射及噪声模拟分析结果，反复论证，最终形成了"I＋L"形总体布局。建筑主体朝向为南北向，业务用房体型系数为 0.21。

3.2.2　围护结构节能设计

本项目外墙选用 300mm 厚蒸压砂加气混凝土砌块，主体幕墙选用 18mm 厚陶土板材，平均传热系数为 0.52W/（m² · K）。

考虑降低建筑能耗，设计对建筑每个朝向的窗墙比进行了严格控制，且不同朝向的外窗采用不同的传热系数：南向窗墙比 0.28，东向窗墙比 0.24，西向窗墙比 0.33，北向窗墙比 0.28，在满足自然通风和采光的同时，降低了建筑物围护结构的能耗。东、西、北向门窗、幕墙采用 PA 断桥铝合金真空（辐射率≤0.15）双 Low-E 6 无色＋12＋6 无色（离线），传热系数为 1.80W/（m² · K），南向门窗、幕墙采用 PA 断桥铝合金真空（辐射率≤0.15）双 Low-E 6 无色＋12＋6 无色（离线）内填氩气，传热系数为 2.20W/（m² · K）。

3.2.3　自然通风

本项目方案设计阶段首先采用 CFD 风环境模拟软件，对建筑体块模型进行室外风环境模拟分析，得出建筑室外风环境数据，再进行室内自然通风模拟分析，采取墙式进风口等强化自然通风的构造措施，如图 5 所示。外窗可开启比例达到 30.58％，优化建筑内部气流组织，获得了较好的自然通风效果。

3.2.4　自然采光

室内光环境是办公建筑设计关注的重点之一。本项目利用采光模拟分析工具，对主要办公区域、公共空间以及地下空间分别进行了自然采光优化设计，在节约照明用电的同时有效提升了室内空间品质。

1）"窄高窗"

方案阶段对建筑方案体块模型各个立面进行了日照模拟分析，给出建筑各立面的窗墙比建议值，并对开窗形式进行优化。在窗墙比不变的情况下，通过对"窄高窗"

和"宽矮窗"进行对比分析，使用"窄高窗"，提高自然采光效率，如图6所示。

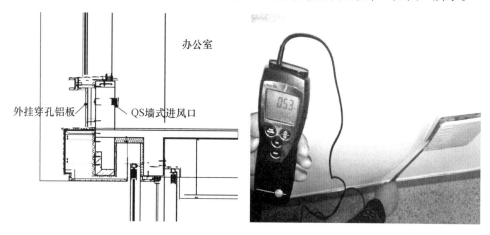

图5　自然通风强化构造措施节点图及进风口风速测试实景图

图6　宽矮窗和窄高窗的模拟分析

2）采光井

通过在业务用房东向首层设置采光井，有效改善了办公室、卫生间等局部地下空间的自然采光效果，如图7所示。

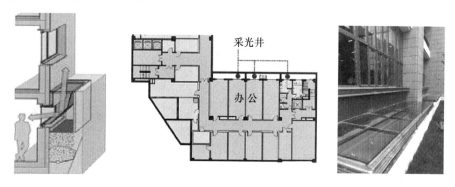

图7　业务用房地下室采光井设计图

3.2.5　建筑遮阳

综合考虑冬季得热与夏季遮阳的需求以及主要功能空间的采光效果，本项目从方案阶段即优化了建筑遮阳设计。通过适当加深窗洞深度增强了墙体自遮阳，并采用可调节百叶外遮阳与内置遮阳帘结合使用的方式，实现不同日照条件与使用需求下的灵活遮阳控制。

4 主动式技术措施

4.1 空调系统

4.1.1 空调冷、热源综述

1）空调系统冷、热负荷

（1）本项目空调系统总冷负荷 1370kW，折合建筑面积冷负荷指标 $68W/m^2$，其中非 $7×24h$ 使用区域空调系统冷负荷 1236kW，$7×24h$ 使用区域空调系统冷负荷 134kW。非 $7×24h$ 使用区域空调系统冷负荷中显热冷负荷 970kW，潜热冷负荷 266kW。

（2）本项目空调系统总热负荷 1135kW，折合建筑面积热负荷指标 $56.5W/m^2$。其中，非 $7×24h$ 使用区域空调热负荷 1050kW，$7×24h$ 使用区域空调热负荷 85kW。

（3）本项目冬季生活热水热负荷 50kW。

2）冷、热源形式

（1）非 $7×24h$ 使用区域空调——垂直埋管地源热泵耦合太阳能供冷供热系统为主。

（2）$7×24h$ 使用区域空调——机房精密空调系统。

（3）冬季生活热水——垂直埋管地源热泵耦合太阳能供热系统为主。

3）建筑供冷、热源系统概述

（1）系统形式：地源热泵系统耦合太阳能供冷供热系统。

（2）系统构成

① 系统构成，如图 8 所示。

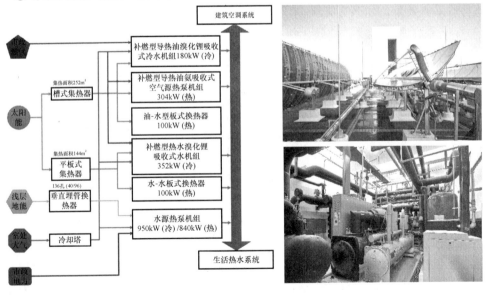

图 8　建筑冷、热源系统示意图

② 子系统额定设计工况冷、热负荷

槽式太阳能集热供冷、供热系统——冷负荷 180kW，热负荷 280kW；

平板式太阳能集热供冷、供热系统——冷负荷 350kW，热负荷 100kW；

埋管地源热泵供冷、供热系统——冷负荷 1250kW，热负荷 1050kW。

③ 各子系统制取的热水并联后，直接供应建筑空调系统与间接供应建筑生活热水系统。

④ 以上三个供冷、供热子系统在二次能源使用端（空调系统）侧耦合。

⑤ 太阳能集热系统在采暖季开始前的过渡季，可经地源热泵系统垂直埋管向土壤蓄热。

⑥ 土壤源热泵系统可实现"跨机组供冷、热"功能，即系统冷、热水通过土壤换热器后，不经过热泵机组，直接为建筑提供冷、热水。

⑦ 由于本项目属于总体工程中的一期工程，而垂直埋管地源热泵的实施在二期工程中，为保证本项目如期供热，将槽式太阳能供冷、供热系统的"备份"热源容量放大到同时满足氨吸收空气源热泵与溴化锂吸收式冷温水机组的供热运行要求。

4.1.2 空调末端系统

1）空调系统形式

（1）本项目非 7×24h 使用区域采用温湿度独立控制空调系统，湿度控制设备为溶液调湿新风机组，温度控制设备为各类型的干式空调末端，即溶液调湿新风＋各类干式末端系统。

（2）本项目 7×24h 使用区域，如值班室、变电室、网络机房及首层图文采用 VRF 系统，室外机设于业务楼三层屋顶。

（3）本项目数据机房、二层控制室采用直膨式精密空调，室外机置于业务楼三层屋顶。

2）空调新风系统

（1）温湿度独立控制空调系统区域内的溶液调湿新风机组，分层设置，其中服务地下一层、一层、二层的新风机组设于地下一层，服务其他各层的新风机组设于本层。处理后的新风，经竖井及各层水平风管独立送入室内，室外新风由各层新风机房外墙或由新风竖井引入，新风采风口由建筑专业统一进行装饰处理。建筑给水系统为溶液调湿机组提供水源。

（2）首层采用 VRF 空调系统的图文区域，设热回收换气机新风系统，热回收换气机设于走廊吊顶，处理后的新风由水平风管独立送入室内，室外新风由本层外墙引入，新风采风口由建筑专业统一进行装饰处理。

3）温湿度独立控制空调系统的干式末端

除图文区域的办公及辅助房间均采用干式直流无刷风机盘管，风机盘管供回水温度 16℃/21℃。

4）二层展示厅采用金属冷（热）辐射吊顶＋干式直流无刷风机盘管＋主动式冷梁

5）采暖系统设计

（1）首层大厅采用低温地面辐射暖系统，管材采用 PE-RT，间距 300mm，供回水管 45℃/40℃，分配器设于首层门厅内。

（2）地下室及屋顶水泵房、设备机房、水箱间设置低温散热器系统，散热器高度 800mm。

4.1.3 空调自控系统

1）冷、热源工艺系统自控

（1）总体目标——采用群控方式实现系统自动运行；实现既满足冷热负荷需求，又保证能源费用相对最低的自动控制与调节。

（2）基于冷、热源工艺特点对群控系统的要求

① 群控系统应由一个主控模块与三个子控制模块组成，子控制模块为槽式太阳能集热供冷、供热系统模块、板式太阳能集热供冷供热系统模块、垂直埋管地源热泵模块。

② 主控模块具有以下功能

自动确定冷、热源系统的工作状态，即：制冷或供热。

根据气象预报与过往运行数据分析，预测日周期逐时冷、热负荷。

根据预测的冷、热负荷及检测的太阳辐射强度，依能源费用最小化原则制定整体运行策略。

根据整体运行策略，向子控制模块发出工作状态指令，并接受其上传的约定信息。

整体运行策略应体现为，在某时段三个冷、热源子系统应处于的工作状态，即保证当前状态、投入或退出。

③ 子控制模块应具有以下功能

接受主控模块下达的工作状态指令，并向其上传约定信息。

执行主控模块要求的工作状态下的程序操作，实现"所辖"冷、热源子系统投入与退出时的安全运行以及运行状态下的控制调节。

3）冷、热源系统总体运行调节策略（由主控模块制定、实施）

（1）晴或多云天气（用气象预报与辐射照度实测值判断）；

（2）阴天（用气象预报与辐射照度实测值判断）；

（3）晴或多云的大风天气（用气象预报、辐射照度、风力实测值判断）；

（4）过渡季蓄能。

4.2 照明系统

本项目参照 LEED 对 LPD（照明功率密度）的要求，在不同区域配置不同种类的高效光源及灯具。办公室、会议室选用 T5 光源的嵌入式灯具，走道、卫生间采用高光效 LED 灯或 T5 荧光灯、紧凑型节能荧光灯。

为在实现运行管理的节能，本项目设置了智能照明控制系统，针对不同的功能分区，采用对应的控制方式。

4.3 智能窗帘控制系统

为减少东西向的太阳辐射得热，项目在东西向外窗设置了暗藏式可调节穿孔铝百叶外遮阳。窗帘设置于窗的外侧，将阳光阻隔在室外，并因其穿孔特点，具有一定的透光特性；同时设置本地开关，可根据使用者需求开关遮阳帘及调节遮阳百叶的角度，

满足遮阳和采光的需求，如图 9 所示。

图 9　外遮阳室外、室内及用户侧控制末端

为更好地发挥外遮阳的节能作用，本项目设置了智能窗帘控制系统，结合绿建运维管理平台，具有手动控制、自动控制，本地手动控制具有最高的优先级。外遮阳设有自动保护装置，若室外风速≥24m/s（即九级风），窗帘会自动收起。

自动控制具有过渡季模式、冬季模式、夏季模式等多种控制模式，结合不同季节对光线和冷热量的需求编写控制算法，最大化地利用光线和冷热量，减少照明和空调能耗。具体模式执行日期、时间可在运维平台系统日历工作通过点击鼠标灵活配置。

4.4　能源管理平台

能源管理平台能够轻松完成对能源消耗的信息采集、分析、展现和管理，提高建筑物综合能源管理水平。其主要功能包括：

能耗监测：通过有效通讯，持续监测分路和分户能源消耗。

能耗统计与报告：根据《天津市民用建筑能耗监测系统设计标准》，进行能耗总计、分类统计、分项统计、分区统计，帮助使用者掌控建筑能耗状况。

能效分析：对建筑物重要能效指标、系统能效指标、设备能效指标进行分析，进行同比、环比分析，规划有效节能措施，持续有效降低能源成本。

能耗对标与报警：根据《民用建筑能耗标准》GB/T 51161—2016 中的能耗指标，进行能耗对标、排名和高能报警，培养用户合理的用能习惯，减少能源浪费。

平台主要具有的查询功能有主页、能耗监测、表格、趋势、报警以及报告几个菜单选项。各个功能选项的显示页面，如图 10 所示。

运维人员通过上述各个功能，可以对新建业务用房从整体到局部的用电能耗进行精确到小时的查询，甚至可以对某个设备具体到秒级的负荷功率的查询，通过对能耗数据的分析，实现合理用电，降低建筑整体能耗，提高建筑经济效益和管理水平。

4.5　运维管理平台

运维管理平台能够实现对绿色建筑内多个子系统信息的集成和综合管理。其主要功能包括：①实时监测。平台具有强大的实时监测功能和丰富的图形功能，可以实现多个子系统运行信息的集中监测、分析和处理。②集中控制。平台具有多系统联动功能，能够实现多系统间的快速响应与联动控制，能够实现多系统预设模式运行。③报警管理。平台能够实现报警集中显示、处理，通过声光报警和短信报警及时通知给相关管理人员。④运行日志。平台可以记录系统运行信息，实现问题追溯、查询。⑤维保管理。平台具有完善的维保管理功能，可以建立设备档案，有效减少建筑内故障发生率，延长设备使用寿命。

平台集成了包括设备 IP 管理网、安防系统、电梯监控系统、机房动态环境监测系统等多个智能化系统。各个智能化系统的显示页面，如图 11 所示。

图 10　能源管理平台显示页面

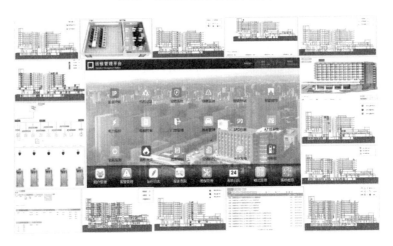

图 11　智能化系统的显示页面

通过对智能化系统数据的集中监测和控制、子系统间数据交互、全局事件管理等，定期地输出运行状况的报告，实现多个智能化子系统之间信息资源的共享，实现相关系统之间的交互操作、快速响应和联动控制，尽可能使建筑内的各系统运行在各自最佳的情况。

4.6　光伏发电系统

并网光伏发电系统设置在附属综合楼（停车楼）屋顶，作为科学试验之用，属于不带储能装置、交流集中并网的非逆流光伏系统，采用 0.4kV 低压并网。屋顶装设光伏并网发电系统的区域为屋顶层停车位上方西南侧，安装等容量单晶硅、多晶硅、非晶硅光伏组件，各部分装机容量均为约 7kWp，共计 21kWp，如图 12 所示。

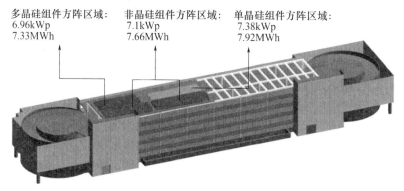

光伏发电系统
- 组件配置：36块205W单晶硅组件，24块290W多晶硅组件，78块91W非晶硅组件
- 安装面积：300m²
- 安装形式：10度倾角屋顶分布式电站
- 并网形式：308V用户侧低压并网

多晶硅组件方阵区域：
6.96kWp
7.33MWh

非晶硅组件方阵区域：
7.1kWp
7.66MWh

单晶硅组件方阵区域：
7.38kWp
7.92MWh

图 12　太阳能光伏发电系统分布示意图

5　项目运行情况

2015—2016 年冬季供暖，基于可再生能源的供冷供热系统表现出了良好的性能，每建筑平方米的供暖费用折合下来约为 20 元，为常规市政供热的 50%，这种运行费用的节约，对于系统回收成本至关重要，据测算，该供冷供热系统 6 年内可回收成本。

2016—2017 年供暖季供热量 36.9kWh/（m² · a），供热标准煤耗 3.06kgce/（m² · a），供热一次能源效率 1.48，地源热泵供热季节 COP 为 4.89，除供暖以外的能耗 63.34kWh/（m² · a）（未经修正），修正后为 54.6kWh/（m² · a），每建筑平方米总能耗为 20.53kgce/（m² · a）。

采用新风埋地预冷热的被动式低能耗建筑示范

——张家口紫金湾被动房实验楼

刘少亮[1]，郭欢欢[2]，朱琳[2]

（1. 河北建研科技有限公司，石家庄 050021；

2. 河北建研工程技术有限公司，石家庄 050021）

摘 要 张家口为我国寒冷地区最北侧地区，冬季室外温度较低，利用高效的外围护结构保温系统外，采用可再生能源系统来降低建筑的一次能源消耗。本文以张家口紫金湾实验楼为例，将埋地预热（冷）新风系统应用于被动式低能耗居住建筑中，有效降低新风能耗，将建筑一次能源消耗降至最低。由于严寒、寒冷地区夜间室外温度较低，新风埋地预冷热技术在该地区的居住建筑中应用具有很大的节能潜力。

关键词 被动式低能耗建筑；新风埋地预热（冷）；无热桥；气密性

1 前 言

自 2009 年住房城乡建设部科技发展促进中心和德国能源署开展"中国被动式-低能耗建筑示范建筑项目"，秦皇岛"在水一方"建设了我国首栋被动式低能耗居住建筑，河北省建筑科学研究院建设了我国首栋被动式低能耗公共建筑"河北省建筑科技研发中心——科研办公楼"。我国被动式低能耗建筑示范项目，由此拉开了帷幕。2015 年 2 月，河北省住房和城乡建设厅发布了我国首部《被动式低能耗居住建筑节能设计标准》DB13（J）/177—2015，2015 年 10 月，住房城乡建设部发布了我国《被动式超低能耗绿色建筑技术导则（试行）（居住建筑）》建科 [2015] 179 号，2016 年 10 月山东省住房和城乡建设厅发布了《被动式超低能耗居住建筑节能设计标准》DB37/T 5074—2016，我国被动式低能耗建筑开始了由北方向南方、由居建向公建的推广发展之路。

紫金湾被动式低能耗实验楼是张家口首栋被动式低能耗建筑，中德合作被动式低能耗建筑示范项目，同时也是张家口市市政府示范项目。张家口位于寒冷地区北部，冬季室外温度低，极端温度可达−24.6℃，对于被动式低能耗居住建筑的冬季供暖的辅助热源提出较高要求。

2 项目概况

紫金湾被动房实验楼位于河北省张家口市，属于新建被动式低能耗居住建筑项目（图 1）。项目建设方为张家口蓝盾房地产开发有限责任公司，地上 8 层，地下 2 层，总建

作者简介：刘少亮（1985.10—），男，工程师。单位地址：河北省石家庄市槐安西路 395 号，邮政编码：050200；联系电话：18033878768。

筑面积 4937.24m²，地上建筑面积 2925.07m²，地下建筑面积 2012.17m²，建筑总高度 26.25m，结构形式为钢筋混凝土剪力墙结构。本工程位于寒冷 A 区，建筑朝向为正南正北，建筑体形系数 0.29。

本项目列入住房和城乡建设部科技与产业化发展中心中德合作项目，技术支持单位为河北省建筑科学研究院、住房和城乡建设部科技与产业化发展中心、德国能源署。2015 年 10 月开工，2017 年 3 月进行气密性测试，获得德国能源署被动房认证，并投入使用。

图 1 张家口紫金湾小区效果图

3 关键技术应用

被动式低能耗建筑是指将自然通风、自然采光、太阳能辐射和室内非供暖热源得热等各种被动式节能手段与建筑围护结构高效节能技术相结合建造而成的低能耗房屋建筑。这种建筑在显著提高室内环境舒适性的同时，可大幅度减少建筑使用能耗，最大限度地降低对主动式机械采暖和制冷系统的依赖。

在方案初期，对本项目被动区域进行划分：地下一层活动室和地上 8 层均为被动区，地下二层储藏室及车库为非被动区。被动区与非被动区之间采用被动门、窗分隔，并在采暖/非采暖隔墙设置保温，如图 2 所示，虚线包围的区域均为被动区，地下二层为非被动区；被动区与室外、被动区与非被动区间均设置保温。

本项目采用的关键技术主要有：高性能围护结构、优异的气密性、无热桥技术、高效热回收的新风系统以及可再生能源利用。

1）高性能外围护结构

被动式低能耗建筑对外围护结构保温隔热性能具有极高的要求，在室内外温差较大的条件下，用极少的能源来维持室内环境舒适稳定。本项目地上一、二层采用干挂石材饰面，保温层采用 200mm 厚聚氨酯现场喷涂，三至八层采用涂料饰面。按照河北省《被动式低能耗建筑节能设计标准》DB13（J）/T177—2015 进行设计，围护结构做法见表 3：

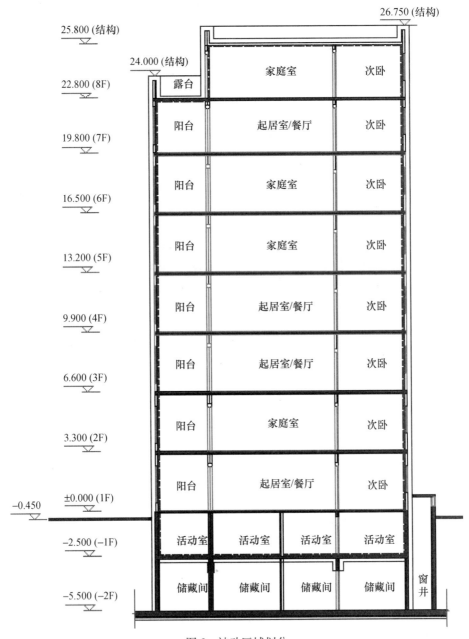

图 2 被动区域划分

表 3 围护结构做法

部位	构造做法	传热系数 K [W/ (m² · K)]
外墙	200 厚钢筋混凝土＋250 厚石墨聚苯板 200 厚加气混凝土砌块＋250 厚石墨聚苯板 200 厚钢筋混凝土＋200 厚聚氨酯喷涂 200 厚加气混凝土砌块＋200 厚聚氨酯喷涂	0.14

部位			构造做法	传热系数 K [W/ (m² · K)]
屋面			100 厚钢筋混凝土楼板＋220 厚挤塑聚苯板	0.14
外窗	东	0.15	型材：铝木复合 玻璃：5Low-E＋12Ar＋5Low-E＋12Ar＋5	玻璃 $K \leqslant 0.8$ 整体 $K \leqslant 1.0$ SHGC=0.46
	南	0.55		
	西	0.15		
	北	0.34		
非采暖地下室顶板			100 厚钢筋混凝土楼板＋200 厚岩棉板	0.23
外门			被动式外门	1.0
户门			被动式户门	0.8
分户墙			200 厚钢筋混凝土＋20 厚真空绝热保温板 200 厚加气混凝土砌块＋20 厚真空绝热保温板	0.28
分户楼板			100 厚钢筋混凝土楼板＋60 厚挤塑聚苯板	0.46
采暖/非采暖隔墙			200 厚钢筋混凝土＋20 厚真空绝热保温板 200 厚加气混凝土砌块＋20 厚真空绝热保温板	0.28

2）气密性

被动式超低能耗建筑的良好气密性使室内形成空间，为保证室内空气质量必须采用专门的通风系统，被动式超低能耗建筑要求使用带有高效热回收的通风系统，热回收效率≥75%，保证室内能量不随排风散失到室外。良好的气密性是被动式超低能耗建筑降低能耗的前提条件，在被动式超低能耗建筑的设计、施工中对常规的气密性薄弱部位采用加强措施。被动式超低能耗建筑对气密性的要求：$N_{50} \leqslant 0.6$ 次/h。

气密性作为被动式低能耗建筑特有的指标要求，气密性对于建筑冷热需求影响较大，在设计、施工过程中均应对气密性较差的薄弱环节进行处理。主要包括：外门窗洞口（图 3）、钢筋混凝土墙（柱、梁）与砌筑墙体连接、管线穿外墙（图 4）等部位。

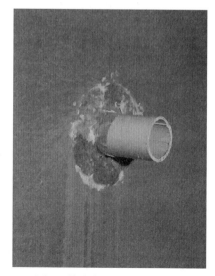

图 3　外窗安装　　　　图 4　管线穿外墙气密性处理

3）无热桥技术

热桥不仅会严重影响建筑物整体的保温隔热性能，而且大大降低了建筑物的使用寿命。被动式超低能耗建筑严禁热桥出现，要求在设计中进行详细的方热桥计算、施工中严格按照设计精细化施工，保证建筑物各部位的指标、参数一致，杜绝由于热桥而导致建筑整体性能下降的问题出现，同时杜绝由于热桥产生的结露、发霉现象。

本项目的结构性热桥仅存在于被动区与非被动区分隔出的剪力墙、梁等部位，经过保温层的连续或延续设置，可实现此类热桥的杜绝或大幅削弱。除此之外，本项目中还存在大量的系统性热桥，如：干挂石材锚固件（图5）、太阳能集热器支架（图6）以及空气源热泵室外机支架等。在设计过程中，通过严格的热桥计算明确各做法的防热桥措施，并分析详细的施工做法及工艺要求。

通过计算分析，极大减少了与主体连接的锚固件数量，同时对锚固方式采取了断热桥处理，将无法杜绝的热桥影响降至最低，且满足最终一次能源消耗要求。

图5　干挂石材锚固件安装　　　　　图6　太阳能集热器支架布置

4）带高效热回收的新风系统

本项目位于寒冷A区北部的张家口市，冬季通风温度仅为−8.3℃，冬季空调室外计算温度−16.2℃。实验楼位于整个地块的角部，背靠山体，北侧山脚空地具备新风埋地预热（冷）（图7）。经计算分析，决定采用土壤埋地预热（冷），重点降低本地区新风造成的采暖一次能源消耗，同时保障热交换器进口处的新风完全满足防结霜要求，取消防霜冻措施。在建筑物各户的厨房内，设置集中新风井，每户新风设备由新风井引入新风（图8、图9）。

新风井集中引入室外新风，经过埋地管道与土壤进行热交换，至建筑新风入口时，冬季新风温度可达2～3℃，再通过新风设备内部的热交换器与室内排风进行热交换，热回收效率≥75%（本项目采用的为全热交换芯体，显热回收效率78%，全热回收效率70%）。由埋地土壤预热代替电预热，有效降低了新风预热的能源消耗，保障新风机中热交换器的正常、高效运行。

依据设计图纸，采用以上关键技术后，对本项目进行能耗模拟计算，具体结果见表2。

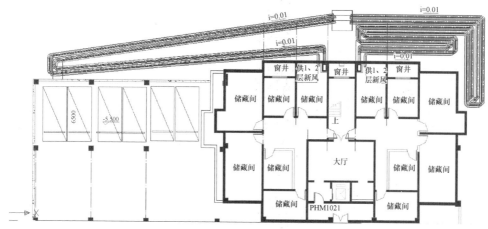

图 7　新风埋地预热（冷）管线布置图

图 8　室外新风入井

图 9　新风井内部

表 2　能耗指标

能耗指标	设计值	基准值
热负荷（W/m²）	10.78	热负荷 10W/m² 或
年供暖需求［kWh/（m²·a）］	13.52	热需求 15kWh/（m²·a）
冷负荷（W/m²）	7.86	冷负荷 20W/m² 或
年供冷需求［kWh/（m²·a）］	5.58	冷需求 15kWh/（m²·a）
一次能源总需求［kWh/（m²·a）］	105.08	120

4　测试、认证

本项目竣工后，按照河北省《被动式低能耗居住建筑节能设计标准》DB13（J）/
T177—2015 中的相关要求，抽取本项目中的 101、402、701（七、八层为跃层）户型及楼
梯间进行气密性测试，如图 10、图 11 所示，测试结果均在 0.30～0.40 之间，符合被动
式低能耗建筑 $N_{50} \leqslant 0.6h^{-1}$ 的要求。

对本项目进行热成像测试，保温施工质量优异，无明显的保温钉热桥点；外墙锚
固件、连接构件热桥处无明显温度差异。

本项目经气密性测试、热成像测试及住房城乡建设部科技与产业化发展中心和能源署验收,各项指标均满足被动式低能耗建筑要求,获得德国能源署被动房屋认证标识。项目建成实景及室内效果如图 12、图 13 所示。

图 10　气密性测试现场一

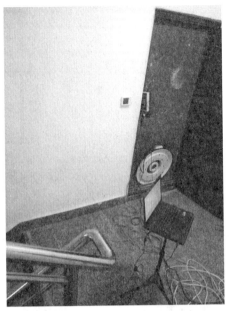

图 11　气密性测试现场二

图 12　项目建成后实景图

图 13　建成后室内效果

5　结　语

在严寒、寒冷地区推广、发展被动式低能耗建筑具有更大的优势，同时也可以达到更好的实用效果，其特点主要有以下几个方面：

节能减排：目前居住建筑节能率为 75%，被动房节能率可达 90% 以上，极大降低用户制冷、采暖费用。

减少市政配套需求：无需配套市政热网，减少小区外网建设，采用清洁能源（电力）为辅助冷热源，降低大气污染。

提高室内环境舒适度：可实现全年恒温、恒湿、恒氧，建筑优异的密闭性可确保室内洁净度；杜绝外墙、外窗等部位因冷（热）桥造成的结露、发霉现象，提高室内健康品质；外墙、外窗周边与室内温度均衡一致，提高人员体感舒适度。

使用寿命：被动房的气密性、无热桥和精细化施工，可极大延长外保温系统及门窗部品的使用寿命。

超低能耗农宅示范项目实践

——以北京市昌平区延寿镇沙岭村新农村建设工程为例

包立秋[1]，赵岩[1]，郝翠彩[2]

(1. 北京市昌平区住房和城乡建设委员会，北京　102200；

2. 河北省建筑科学研究院，石家庄　050021

摘　要　以北京市昌平区延寿镇沙岭村新农村建设工程为例，介绍了超低能耗农宅示范项目的指标要求、主要技术措施、成本增量及效益分析，为超低能耗农宅建设提供参考。

关键词　超低能耗建筑；农宅；示范项目

1　工程概况

本工程位于北京市昌平区延寿镇原沙岭村村东，建筑类型为农宅，共计18栋，总建筑面积7198.38m²，示范面积7198.38m²。单栋建筑面积为399.91m²，地上两层，首层层高3.3m，二层层高3.0m，建筑高度为7.65m，每栋建筑分为两户，主要功能房间为客厅、餐厅、卧室、书房、厨房、卫生间。建筑结构为框架结构，填充墙采用页岩砖砌筑。项目于2016年4月开工建设，于2017年8月底完成室内装修。

2　示范项目指标

2.1　室内环境参数

本工程室内环境参数详见表1。

2.2　能耗指标

选择北京地区气象数据，利用PHPP对本工程的采暖需求、制冷需求、一次能源总需求（采暖、制冷、通风、照明）进行计算，数据详见表2。

表1　沙岭村新农村建设工程室内环境参数

室内环境参数	冬季	夏季
温度（℃）	20	26
相对湿度（%）	30	60
新风量［m³/（h·人）］	≥30	
噪声 dB（A）	昼间≤40；夜间≤30	

作者简介：包立秋，男，工程师，单位地址：北京市昌平区南环东路36号昌平区住房和城乡建设委员会，邮编：102200，联系电话：13716610912。

表2 沙岭村新农村建设工程能耗指标及气密性指标

分项	模拟计算能耗	指标要求
采暖控制指标	年采暖需求 10.4kWh/（m²·a）	采暖负荷≤20W/m² 或年采暖需求≤20kWh/（m²·a）
制冷控制指标	年供冷需求 19.5kWh/（m²·a）	制冷负荷≤25W/m² 或年供冷需求≤25kWh/（m²·a）
一次能源指标采暖、制冷及通风一次能源消耗量	38.6kWh/（m²·a）	≤60kWh/（m²·a） ［或 7.4kgce/（m²·a）］
气密性指标	换气次数 N_{50}≤0.6（设计）	换气次数 N_{50}≤0.6

注：表中 m² 为超低能耗区域的建筑面积，超低能耗区域是同时包含在保温层和气密层之内的区域，本工程模拟计算单栋建筑面积为 435.18m²。

2.3 建筑关键部品性能参数

本工程关键部品性能参数如表3所示。

表3 沙岭村新农村建设工程关键部品性能参数

建筑关键部品	参数及单位	设计性能参数	指标要求
外墙	传热系数 K 值［W/（m²·K）］	0.12/0.15/0.13	≤0.15
屋面	传热系数 K 值［W/（m²·K）］	0.15/0.11	≤0.15
地面	传热系数 K 值［W/（m²·K）］	0.13	≤0.15
外窗	传热系数 K 值［W/（m²·K）］	0.90	K≤1.0
	太阳得热系数综合 SHGC 值	0.5	冬季：SHGC≥0.45 夏季：SHGC≤0.30
	气密性	8级	≥8级
	水密性	6级	≥6级
全热回收效率（焓交换效率）	效率（%）	85%	≥70%
	热回收装置单位风量风机耗功率［W/（m³·h）］	0.33	<0.45

注：本工程位于寒冷地区，冬季以获得太阳辐射得热为主，表中外窗 SHGC 值按照冬季要求选择，建筑不设计外遮阳设施，经模拟计算年制冷需求满足指标要求。

3 示范项目主要技术措施

3.1 建筑节能规划设计

本工程位于寒冷地区，建筑设计为南北朝向，冬季以保温和获取太阳得热为主，兼顾夏季隔热遮阳要求。建筑外立面设计规整紧凑，避免凹凸变化和装饰性构件，建筑体形系数设计为0.46，符合紧凑型设计原则。建筑在充分利用自然采光的基础上，建筑体形系数及各朝向窗墙面积比及室内空间布局满足自然通风和有利于冬季日照得热的设计要求。

3.2 围护结构节能技术

3.2.1 非透明围护结构

本工程非透明围护结构做法及传热系数详见表4。

表4 非透明围护结构做法及传热系数

外围护结构	做法	传热系数 K [W/(m²·K)]	传热系数限值 K [W/(m²·K)]
外墙	240mm厚页岩砖＋250mm厚石墨聚苯板 防火隔离带：250厚岩棉防火隔离带	0.12	0.15
	240mm厚页岩砖＋40mm厚HVIP真空绝热板	0.15	
	高于室外地坪300mm以下外墙保温采用250mm厚挤塑聚苯板（保温板延伸至－1.00m处）	0.13	
屋面	坡屋面：100mm石墨聚苯板＋150mm厚钢筋混凝土楼板＋200mm厚石墨聚苯板	0.11	0.15
	平屋面：15mm厚挤塑聚苯板＋40mm厚HVIP真空绝热板＋15mm厚挤塑聚苯板＋150mm厚钢筋混凝土楼板	0.15	
地面	素土夯实＋100mm厚C15混凝土垫层＋250mm厚挤塑聚苯板	0.13	0.15

3.2.2 外窗及外门

建筑外门窗是影响超低能耗建筑节能效果的关键部件，本工程设计的外门窗具体性能参数详见表5。

表5 外门窗选材及性能参数

性能参数	实际值	限值
开启方式：平开 外窗框料：聚酯合金 外窗玻璃配置：4＋14（TPS）＋4单银Low-E＋14（TPS）＋4单银Low-E，全部钢化充氩气，暖边间隔条	$K=0.9$W/(m²·K)	$K \leqslant 1.0$W/(m²·K)
外门框料：树脂铝合金 外门玻璃配置：6＋18（TPS）＋4单银Low-E＋18（TPS）＋6单银Low-E，全部钢化充氩气，暖边间隔条	$K=1.0$W/(m²·K)	—
太阳能总透射比 g	0.50	冬季：≥0.45 夏季：≤0.30
气密性	8级	≥8级
水密性	6级	≥6级

注：本工程位于寒冷地区，冬季以获得太阳辐射得热为主，表中 g 值按照冬季要求选择，建筑不设计外遮阳设施，经模拟计算年制冷需求满足指标要求。

3.2.3 关键热桥处理

建筑外围护结构保温性能提高后，热桥成为影响围护结构保温效果、室内环境舒适度及建筑能耗的重要因素。本工程进行无热桥节点设计，技术要点如下：

（1）外墙保温板采用分层粘贴＋锚固的方式，外墙采用石墨聚苯板，二层南向外墙保温采用真空绝热板，两层保温板之间错缝粘接，避免出现通缝，选用塑料断热桥锚栓进行固定。外墙上的凸出结构构件采用保温板连续包裹，坡屋面檐沟及平屋面女儿墙处保温连续包裹并采用金属盖板压顶。

（2）室外地坪 300mm 以下部分的外墙外保温采用防水、耐腐蚀、耐冻融性能较好的挤塑聚苯板，且与地上外墙保温连续，并向下延伸至－1.00m 处，外墙外侧保温内部和外部分别设置一道防水层，防水层延伸至室外地面以上 300mm 的位置。

（3）外墙保温为石墨聚苯板部分的外窗采用外挂式安装方式，二楼南向外墙上的门窗安装在洞口内部，真空绝热板延伸至洞口内。

（4）外窗台设置耐久性良好的金属窗台板，避免雨水侵蚀造成保温层的破坏，窗台板设置滴水线，窗台板与窗框之间采用结构性连接，并采用密封胶进行密封。

（5）管道穿外墙部位，开洞时预留出足够的保温间隙，穿屋面的排气管道设置套管保护，套管与管道间设置保温层。

（6）当用金属构件作为外墙设施的连接件时，如外墙上的雨水管支架，为避免破坏保温系统的完整与密封性，金属支撑构件直接与墙体连接，金属支架与墙体之间垫装防腐木，再将金属构件完全包裹在保温层里。

3.2.4 加强气密性措施

良好的气密性可以减少建筑冬季冷风渗透，降低夏季非受控通风导致的供冷需求增加，避免湿气侵入造成的建筑发霉、结露和损坏，减少室外噪声和空气污染等不良因素对室内环境的影响，提高室内环境品质。

（1）被动式低能耗建筑应有连续并包围整个被动区域的气密层，建筑每户分别有单独的气密层包围。

（2）外门窗与结构墙之间的缝隙采用耐久性良好的防水隔汽膜和防水透汽膜进行密封，外门窗采用三道耐久性良好的密封材料密封。

（3）构件管线、套管、通风管道、电线套管等穿透建筑气密层的孔洞部位应进行气密性封堵。

（4）开关、插座线盒、配电箱等穿透汽密层时进行密封处理。

（5）为保证建筑整体气密性，外墙、分户墙的填充墙在砌筑时保证墙面平整，砂浆饱满，灰缝横平竖直。

（6）为了防止砌块墙与混凝土柱交接处抹灰裂缝，在交接处增加一层总宽为 200mm 的钢丝网后再抹灰。

3.3 自然通风节能技术

建筑客厅南北向外窗的设计能够形成穿堂风，可实现在过渡季和夏季利用自然通风带走室内余热。过渡季节和夏季温度适宜的夜间，室外空气质量良好时，可采用自然通风方式，用户根据需要手动开启外窗进行自然通风。

3.4 高效热回收新风系统

本工程每户采用一台德国博乐高效新风热回收机组（机组型号为 KomfortERV ECDB450P S14）通过回收利用排风中的能量降低供暖制冷需求，实现超低能耗的目标。机组新风量最大为 $450m^3/h$，可实现按需分档调控，满足室内人员对新风量的需求。机组设置全热交换芯，全热热回收效率 $R=85\%$。新风引入室内设置初效过滤器（G4）和亚高效过滤器（H11），排风设置初效过滤器（G4）。

3.5 厨房和卫生间通风措施

每个卫生间设置独立的排风装置，自然补风。排风经排风装置排出室外，并在排风管道上设置密闭型电动风阀，与排风设备联动，关闭时以保证房间气密性。

厨房采用机械排风、自然补风的通风方式，补风从室外直接引入，并设置密闭型电动风阀，电动风阀与排油烟机联动，排油烟系统未开启时，关闭严密，不得漏风。补风管道设置保温，防止结露。

3.6 暖通空调和生活热水的冷热源及系统形式

采用燃气壁挂炉作为建筑采暖热源，采暖末端采用地板辐射供暖。容积式燃气热水器作为生活热水热源。夏季用户采用分体式空调。并要求燃气壁挂炉、燃气热水器和分散式房间空调器选用能效等级为 1 级的产品。

3.7 照明及其他节能技术

户内各房间的照明功率密度值达到现行国家标准《建筑照明设计标准》GB 50034—2013 规定的目标值，并达到对应照度值要求；在充分利用自然光的基础上照明光源选用高效光源及高效灯具。

4 示范项目增量成本概算

本项目成本增量为 1387.69 元/m^2，单栋建筑的成本增量为 554951 元，总计 9989111 元，成本增量详见表 6。表中保温材料及外门窗的单价是以节能 75% 居住建筑为基准的情况下单平方米的成本增量，其他因超低能耗建筑节点的构造做法而增加的材料和施工工作量。

表 4.1 北京市昌平区沙岭村新农村建设工程成本增量明细表

序号	项目名称	每栋造价（成本增量）（元）				楼栋数量	合计
		单位	工程量	单价	合计		
1	地下外墙 250 厚挤塑聚苯板	m^2	85.05	145	12332	18	221970
2	地上外墙 250 厚石墨聚苯板	m^2	284.04	300	85213	18	1533838
3	地上外墙 250 厚岩棉板	m^2	19.54	300	5861	18	105494

序号	项目名称	每栋造价（成本增量）（元）				楼栋数量	合计
		单位	工程量	单价	合计		
4	地上外墙 40 厚真空板	m²	100.02	300	30006	18	540104
5	室外阳台 20 厚挤塑板、40 厚真空板、20 厚挤塑板	m²	18.88	300	5664	18	101952
6	雨棚底面 20 厚真空板	m²	15.79	180	2843	18	51172
7	地面 250 厚挤塑聚苯板	m²	175.53	145	25452	18	458134
8	室内天棚 200 厚石墨聚苯板	m²	171.30	210	35973	18	647508
9	内墙面 20 厚真空板	m²	90.32	180	16257	18	292624
10	门	m²	30.24	2800	84672	18	1524096
11	外窗	m²	56.88	2100	119448	18	2150064
12	隔汽膜	m²	616.01	80	49281	18	887054
13	新风系统	户	2.00	17000	34000	18	612000
14	室内挖土方	m³	56.25	23.65	1330	18	23945
15	室内地面 50 厚 C15 混凝土垫层，20 厚找平层	m²	175.78	37	6504	18	117069
16	室内地面 SBS 防水一道	m²	175.78	77	13535	18	243631
17	基础外墙 SBS 防水一道	m²	185.45	82	15207	18	273724
18	外墙基础挖土方	m³	65.42	15	981	18	17663
19	外墙基础回填土方	m³	49.07	32	1570	18	28261
20	东西山墙出檐	项	1	700	700	18	12600
21	外墙脚手架搭拆	m²	451.25	18	8123	18	146205
22	小计				554951	18	9989111

5 示范项目效益分析

5.1 节能预测分析

本工程通过采用高效外保温系统、无热桥和气密性处理，并使用高效热回收新风系统，模拟计算建筑采暖需求为 10.4 kWh/（m²·a），制冷需求为 19.5kWh/（m²·a），全年采暖、制冷、通风一次能源总需求为 38.6kWh/（m²·a），建筑节能率为 91%。

5.2 环境影响分析

相比节能 75%居住建筑，模拟计算本工程每年建筑运行（采暖、制冷、通风）可节约标煤约 31 吨，减少二氧化碳排放约 86 吨。

6 结束语

本工程的实施为北京市超低能耗农宅建设奠定了实践基础并提供了经验，适应当前"安全实用、节能减废、经济美观、健康舒适"的绿色农房建设要求和农村居住建筑节能发展的要求，对提升农村居住建筑质量和使用寿命，起到了很好的示范作用。

参考文献

[1]　《北京市超低能耗建筑示范工程项目及奖励资金管理暂行办法》（京建法〔2017〕11号）.

[2]　郝翠彩，王富谦，刘少亮. 寒冷地区被动式低能耗办公建筑能耗模拟计算数据与实际运行数据的对比分析〔J〕. 建设科技，2016. NO. 17：30-33.

[3]　郝翠彩，田树辉，刘少亮.《被动式低能耗居住建筑节能设计标准》解读——对比分析《居住建筑节能设计标准》（节能75%）〔J〕. 建设科技，2015. NO. 19：13-14，18.

定州长鹏汽车办公楼被动式改造工程

陈彩苓

（河北建研科技有限公司，石家庄　050227）

摘　要　随着我国建筑节能的不断推进，被动式低能耗建筑已成为我国建筑节能的更高目标，既有建筑被动式改造已逐步进入人们的视野。本文通过定州长鹏汽车办公楼被动式改造工程项目的简介、剖析，分析公共建筑进行被动式改造的疑难点，为我国既有建筑被动式改造提供借鉴和参考。

关键词　办公楼被动式改造；无热桥；气密性

1　项目介绍

长鹏汽车办公楼位于河北省定州市，是定州市首个被动式超低能耗建筑改造项目。总建筑面积 2859m²，建筑基底面积 903.67m²，建筑高度 14.6m，地上三层，一、二层为办公区域，三层西侧为客房，东侧为休闲健身中心，局部四层为档案管理室，一、二、三层层高为 3.6m，局部四层层高 3.0m，建筑结构形式为框架结构。该工程位于寒冷 B 区，建筑朝向为正南正北，建筑体形系数 0.23。项目于 2016 年 5 月开工，2017 年 3 月完成节能改造和气密性测试并投入使用。

项目技术支持单位为河北洛卡恩节能科技有限公司、河北省建筑科学研究院、河北奥润顺达窗业有限公司、利坚美（北京）科技发展有限公司。

建筑改造前后实景如图 1、图 2 所示。

图 1　建筑改造前的实景图

图 2　改造后实景图

作者简介：陈彩苓（1986.4—），女，工程师。单位地址：石家庄市槐安西路 395 号，邮政编码：050200；联系电话：18033878785。

2　关键技术指标

外围护结构性能指标及能耗指标见表1和表2。

表1　外围护结构性能指标

外围护结构	传热系数 K [W/ (m²·K)]	传热系数限值 K [W/ (m²·K)]
外墙	0.13	0.60
屋面	0.14	0.50
地面	0.14	周边 0.52，非周边 0.30
外窗	玻璃 $K \leqslant 0.8$ 整体 $K \leqslant 1.0$ SHGC=0.43	$K=2.2$ SHGC=0.43

表2　能耗指标

能耗指标	设计值	基准值
热负荷（W/m²）	22.7	10
冷负荷（W/m²）	27.8	10
年供暖需求 [kWh/ (m²·a)]	6.0	15
年供冷需求 [kWh/ (m²·a)]	23.7	24
一次能源总需求 [kWh/ (m²·a)]	106.88	120

3　项目特点

1）高效外保温隔热系统设计

基于被动式低能耗建筑外围护结构无热桥设计要求，建筑原外围护结构（外墙、地面、屋面）保温层全部铲除，外门窗全部拆除更换（图3）。建筑改造前后外围护结构做法见表3和表4。

表3　原建筑外围护结构做法

外围护结构	做法	传热系数 K [W/ (m²·K)]
外墙	250mm厚加气混凝土砌块＋55mm厚膨胀聚苯板	0.43
屋面	120mm厚钢筋混凝土楼板＋100mm厚膨胀聚苯板	0.5
地面	300mm厚3：7灰土夯实＋100mm厚素混凝土 ＋80mm厚膨胀聚苯板＋80mm厚素混凝土	0.3
外门窗	框料：70系列单框塑钢型材 玻璃配置：6mm白玻＋12A＋6mm白玻	2.4

表4　建筑改造后主体外围护结构做法

外围护结构	做法	传热系数 K [W/ (m²·K)]
外墙	250厚加气混凝土砌块＋220厚石墨聚苯板 250厚钢筋混凝土（框架梁）＋220厚石墨聚苯板 防火隔离带：250厚钢筋混凝土＋220厚岩棉防火隔离带 高于室外地坪500mm以下外墙保温采用220mm厚挤塑聚苯板（保温从室外地坪向下延伸800mm）	0.13

外围护结构	做法	传热系数 K [W/ (m² · K)]
屋面	120 厚钢筋混凝土楼板＋230 厚挤塑聚苯板	0.14
地面	素土夯实＋80 厚 C15 混凝土垫层＋180 厚挤塑聚苯板＋40 厚 C20 细石混凝土	0.14
外门窗	外窗框料：多腔塑钢型材；外门框料：铝木复合型材； 玻璃配置： 5mmLow-E＋16Ar 暖边＋5mmC＋16Ar 暖边＋5mmLow-E； 玻璃太阳能总透射比 g≥0.35； 玻璃光热比 LSG≥1.25； 玻璃遮阳系数 SC≤0.60	玻璃 K≤0.8 整体 K≤1.0

图 3　外保温及门窗拆除

2）无热桥设计

建筑外围护结构保温性提高后，热桥成为影响围护体系保温效果的重要因素。如图 4～图 6 所示。

图 4　外墙保温施工

图5　外墙断热桥锚栓固定

图6　屋面女儿墙盖板施工

3）气密性设计

气密性保障应贯穿整个建筑设计、材料选择以及施工等各个环节，本工程进行建筑气密性设计，并要求做到装修与土建一体化设计。外墙填充墙内侧进行气密性抹灰，由不同材料构成的气密层连接处，如外墙填充墙与梁、柱之间的缝隙，在室内侧粘贴防水隔汽膜，并压入耐碱网格布做抹灰处理。外门窗与结构墙之间的缝隙采用耐久性良好的防水隔汽膜（室内侧）和防水透汽膜（室外侧）进行密封如图7所示，构件管线、套管、通风管道等穿透建筑气密层时均进行密封处理。对工程外墙（填充墙部分）已安装开关、插座线盒、配电箱等先拆卸，用石膏灰浆封堵孔位，再将线盒底座嵌入孔位内，使其密封。

图 7　外窗安装

2017 年 3 月河北省建筑科学研究院对建筑整体进行气密性测试，测试结果为 $N_{50}=0.30h^{-1}$。如图 8～图 10 所示。

图 8　负压测试

图 9　正压测试

Airflow at 50 Pascals		Depressurization	Pressurization	Average
V50: m³/h	50 Pa	2621 (+/- 3.4 %)	2736 (+/- 4.9 %)	2678
n50: 1/h (Air Change Rate)		0.29	0.30	0.30
w50: m³/(h*m² Floor Area)		3.16	3.30	3.23
q50: m³/(h*m² Envelope Area)		0.80	0.84	0.82
Leakage Areas				
Canadian EqLA @ 10 Pa (cm²)		832.3 (+/- 8.0 %)	1034.9 (+/- 11.2 %)	933.6
cm²/m² Surface Area		0.25	0.32	0.29
LBL ELA @ 4 Pa (cm²)		393.1 (+/- 13.5 %)	540.1 (+/- 18.4 %)	466.6
cm²/m² Surface Area		0.12	0.17	0.14
Building Leakage Curve				
Air Leakage Coefficient (CL) (m³/h/Paⁿ)		123.6 (+/- 21.9 %)	197.4 (+/- 29.7 %)	
Exponent (n)		0.781 (+/- 0.061)	0.672 (+/- 0.082)	
Correlation Coefficient		0.99537	0.98522	

图 10　建筑空气渗透量和换气次数

团林实验学校改扩建工程
——被动式低能耗建筑

陈彩苓

（河北建研科技有限公司，石家庄 050227）

摘　要　随着社会经济的发展，人们物质生活水平不断提高，人居环境问题成为社会普遍关注的焦点。学校作为青少年学习、活动的主要场所，其室内环境逐步受到社会各界的重视。建设被动式低能耗学校建筑，降低建筑能耗，改善、提升青少年学习、生活环境，作为现阶段应对、抵御大气污染重要举措，在推进建筑节能的同时，具有更大的现实意义。

关键词　被动式低能耗；学校建筑；教学楼

1　项目介绍

团林实验学校改扩建工程总建筑面积为 11873.5m²，示范面积 11714.6m²，占地面积 2806.83m²，体形系数为 0.2，地上四层，主要功能为教室、实验室、办公室及幼儿园，建筑高度为 16.65m，建筑结构为混凝土框架结构。建筑鸟瞰图如图 1 所示。项目于 2015 年 6 月开工建设，2016 年 9 月通过气密性测试验收并投入使用，气密性测试结果为 $N_{50} = 0.26h^{-1}$，项目获得"中德被动式低能耗建筑质量标识"证书图 2。技术支持单位主要为住房和城乡建设部科技与产业化发展中心、德国能源署、河北省建筑科学研究院、北方工程设计研究院有限公司。

图 1　项目鸟瞰图

作者简介：陈彩苓（1986.4—），女，工程师。单位地址：石家庄市槐安西路 395 号，邮政编码：050200；联系电话：18033878785。

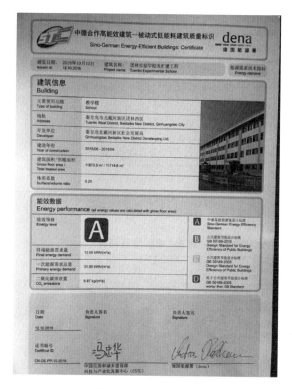

图 2 认证标识证书

立面整体以红墙蓝顶白色穿插的流线格式，不仅体现了现代学校的清爽明快精神也衬托出学校的活力与朝气，学校主次入口与教学楼环绕结合，更突出了学校的特色风貌。

教学楼分南北两个楼，在东侧二三层以架空连廊连接。在功能分区和教学管理上都有很大优势。由于幼儿园需要有独立的空间，把幼儿园放在了西南角，门厅开在北侧，避开中学人群形成自己的独立空间，幼儿园的五个班放在了北侧，满足日照，南侧配其他附属用房。根据学校的教学特点，以一个年级部为六个班，共设置 18 个教学班，也分别设置在了北楼的北侧。考虑到教室门开启后对走廊的影响以及现代学生身体的发育情况我们在增大门尺寸的同时使门内凹设置，为了营造学生个体的班机荣誉感我们仅把前门内凹，通过内凹的灰空间来限定单个班级空间，并通过班内学生的自主设计形成各具特色的可识别性的"文化门"。

2 关键技术指标

1）围护结构指标（表 1）

表 1 外围护结构性能指标

分项	传热系数 [W/ (m² · K)]	传热系数限值 [W/ (m² · K)]
屋面	0.13	0.45
外墙	0.13	0.60
	0.14	

续表

分项	传热系数 [W/ (m² · K)]	传热系数限值 [W/ (m² · K)]
接触室外架空楼板	0.14	0.40
首层地面	0.14	0.52（周边），0.30（非周边）
屋面	0.13	0.45
外窗	1.0	2.7
气密性（N₅₀/h⁻¹）	0.26	0.6

气密性（N_{50}/h^{-1}）

2）能耗指标（表 2）

表 2　建筑能耗指标

能耗指标	设计值	基准值
单位面积供热负荷（W/m²）	12.43	10
单位面积供冷负荷（W/m²）	29.36	10
年供暖需求 [kWh/ (m² · a)]	5.57	15
年供冷需求 [Wh/ (m² · a)]	1.70	15＋除湿需求
一次能源总需求 [Wh/ (m² · a)]	31	120

3　项目特点

1）高效外保温隔热系统设计（表 3）

表 3　外围护结构构造做法及传热系数

项目	构造	传热系数 [W/ (m² · K)]
屋面	120 厚混凝土＋250 厚挤塑聚苯板	0.13
外墙	250 厚加气混凝土砌块＋220 厚石墨聚苯板	0.13
	350 厚钢筋混凝土（梁、柱）＋220 厚石墨聚苯板	0.14
接触室外架空楼板	100 厚钢筋混凝土板＋220 厚石墨聚苯板	0.14
首层地面	地下室顶板 120 厚钢筋混凝土板＋170 厚挤塑聚苯板	0.14
外窗	塑钢多腔型，5 三银 Low-E＋12（暖边充氩气）＋5C＋12（暖边充氩气）＋5 单银 Low-E 全钢化	1.0

2）无热桥设计

在建筑外围护结构的阻热性能得到明显提高后，热桥就成为一个影响围护体系保温效果的重要因素。本项目进行无热桥设计与施工。如图 3～图 6 所示。

图3 外墙保温　　　　　　图4 地面保温

图5 屋面保温　　　　　　图6 外窗安装

3）建筑气密性设计

气密性保障应贯穿整个建筑设计、材料选择以及施工等各个环节，本工程进行建筑气密性设计，并要求做到装修与土建一体化设计。外门窗与结构墙之间的缝隙采用耐久性良好的防水隔汽膜（室内侧）和防水透汽膜（室外侧）进行密封，构件管线、套管、通风管道等穿透建筑气密层时均进行密封处理。如图7和图8所示。

图7 外窗粘贴气密膜　　　　图8 管道穿外墙部位的密封

2016年9月底河北省建筑科学研究院对建筑整体进行气密性测试，测试结果为 $N_{50}=0.26h^{-1}$。如图9、图10所示。

图 9　现场测试图 1

图 10　现场测试图 2

附录：政策法规与标准规范

一、政策法规

1. 北京市

（1）《北京市"十三五"时期民用建筑节能发展规划》（京建发〔2016〕386号）

2016年10月31日由北京市住房和城乡建设委员会、北京市发展和改革委员会联合发布实施。其中与超低能耗建筑相关的内容摘编如下：

——发展目标。

其中：超低能耗建筑发展目标为：出台超低能耗建筑推广政策、编制超低能耗技术导则或设计标准，到2020年完成不少于30万平方米超低能耗建筑示范项目。

——推动超低能耗建筑试点示范。主要内容包括：

建立超低能耗建筑的技术路线和标准体系。按照住房城乡建设部推进超低能耗建筑工作的总体要求，借鉴国内外超低能耗建筑技术研究成果和发展经验，形成符合北京气候特点、建筑特点、施工特点及居民生活习惯的超低能耗建筑技术路线；通过开展试点示范工程建设，形成有效推动全市城镇和农村超低能耗建筑的政策标准体系。

开展超低能耗建筑试点示范。开展不少于30万平方米超低能耗建筑示范，其中政府投资的项目中建设不低于20万平方米超低能耗示范项目，在北京市城市副中心等具备条件的绿色生态示范区推动超低能耗建筑规模化发展，主要指标达到国内领先水平。发挥示范项目规模化建设的引领辐射作用，带动超低能耗建筑的快速发展。

培育超低能耗建筑产业链。推进科技资源开放共享，鼓励研发超低能耗建筑相关产品技术，降低建设成本；积极推动超低能耗建筑技术及产品集成创新，促进建材供应侧的技术提升和结构调整，培育超低能耗建筑相关产业链，为适时出台强制推广政策提供技术储备。

（2）《北京市推动超低能耗建筑发展行动计划（2016—2018年)》（京建发〔2016〕355号）

2016年10月9日由北京市住房和城乡建设委员会、北京市规划和国土资源管理委员会、北京市发展和改革委员会、北京市财政局联合发布实施。其中节选相关内容摘编如下：

——指导思想。

全面贯彻首都功能定位和京津冀协同发展的重大战略部署，落实中央城市工作会议精神，围绕国际一流和谐宜居之都的建设目标，把生态文明建设放在突出位置，坚持集约发展，优化增量。以科技创新为动力，以标准规范为保障，以精细建设为手段，以示范工程为引领，着力提升建筑品质，构建绿色、低碳、循环的超低能耗建筑产业，促进城市环境质量和人民生活品质提高，努力将北京建设成为和谐宜居、特色鲜明的首善之区。

——基本原则。

坚持政府推动、市场主导。充分发挥市场在资源配置中的决定性作用，强化政府统筹协调和政策引导，广泛调动企业和社会公众参与的积极性。利用经济杠杆，通过市场化运作，撬动超低能耗建筑发展。

坚持引进吸收、集成创新。借鉴国外超低能耗建筑技术成果，吸收国内超低能耗建筑经验，结合我市功能定位、气候条件和资源禀赋，通过集成和创新，形成一套可复制、可推广、可持续的超低能耗建筑推广经验。

坚持示范引领、标准先行。围绕重点领域，聚焦关键环节，通过示范工程制定超低能耗建筑系列标准，实现超低能耗建筑向标准化、规模化、系列化方向发展。

坚持属地管理、产业联动。各区政府要加强组织领导和部门统筹协调，实施目标管理，并宣传引导科研单位、材料设备生产厂家、房地产开发企业、物业及能源管理单位等积极参与，培育超低能耗建筑市场健康、有序发展。

——发展目标。

3年内建设不少于30万平方米的超低能耗示范建筑，建造标准达到国内同类建筑领先水平，争取建成超低能耗建筑发展的典范，形成展示我市建筑绿色发展成效的窗口和交流平台。

——主要任务。

（一）加强超低能耗建筑技术研究和集成创新，增强自主保障能力。鼓励开展超低能耗建筑相关技术和产品的研发，开展一批新技术、新材料、新设备、新工艺研究项目，通过资源整合、开放和共享，提升自主创新能力，增强自主保障能力，降低建设成本，形成超低能耗建筑发展的全产业链体系。

（二）加快推进超低能耗建筑示范项目的落地，发挥示范项目的辐射作用。2016—2018年，政府投资建设的项目中建设不少于20万平方米示范项目，重点支持北京城市副中心行政办公区、政府投资的保障性住房等示范项目；社会资本投资建设项目中建设不少于10万平方米示范项目。

（三）制定超低能耗建筑技术标准和规范，推动标准化、规模化发展。编制超低能耗建筑相关设计、施工、验收及评价标准，超低能耗建筑工程设计、施工标准图集，形成完善的超低能耗建筑设计施工标准体系。2018年前完成北京市超低能耗居住建筑、公共建筑、农宅的设计导则或标准，完成相关材料应用技术标准和施工技术规程。

——保障措施。

其中提到"出台配套政策，引导市场参与"，具体内容为：统筹市级财政资金，发挥政府资金杠杆作用，引导社会资金积极参与，推动市场化运作机制的形成。对政府投资的项目，增量投资由政府资金承担；社会投资的项目由市级财政给予一定的奖励资金，被认定为第一年度的示范项目，资金奖励标准为1000元/平方米，且单个项目不超过3000万元；第二年度的示范项目，资金奖励标准为800元/平方米，且单个项目不超过2500万元；第三年度的示范项目，资金奖励标准为600元/平方米，且单个项目不超过2000万元。具体实施细则由市住房城乡建设委员会同市财政局等单位制定。

（3）《北京市超低能耗建筑示范工程项目及奖励资金管理暂行办法》（京建法〔2017〕11 号）

2017 年 6 月 30 日由北京市住房和城乡建设委员会、北京市财政局、北京市规划和国土资源管理委员会（联合）发布实施。节选相关内容收录如下：

第一章　总　则

第一条　为贯彻实施《北京市"十三五"时期民用建筑节能发展规划》和《北京市推动超低能耗建筑发展行动计划（2016—2018 年）》，规范我市超低能耗建筑示范项目和奖励资金的管理，制定本办法。

第二条　本市行政区域内的超低能耗建筑均按本办法实施项目管理。

第三条　奖励资金的适用范围为社会投资超低能耗建筑示范项目。建设单位在取得土地使用权时承诺实施超低能耗建筑示范的，只对超出承诺范围的部分予以奖励。

政府投资超低能耗建筑示范项目的增量成本由政府资金承担，实施相应资金管理程序。

第四条　示范项目的确认和专项验收由专家进行评审。市住房城乡建设委、市规划国土委向社会公开征集并组织遴选专家，建立专家库，评审专家从专家库中随机抽选。

第五条　城镇超低能耗示范项目在计算面积时，外保温层厚度原则上参照《居住建筑节能设计标准》（DB11/891—2012）和《公共建筑节能设计标准》（DB11/687—2015）设计的同类建筑外保温层厚度计入。

第二章　示范项目的申报

第六条　示范项目的申报主体和申报条件

（一）城镇示范项目由建设单位组织申报，应符合本市基本建设程序、管理规定和相关技术标准规范，示范面积不小于 1000 平方米。

农宅示范项目由村委会或乡（镇）政府组织统一申报，应符合农宅建设的管理程序和管理规定，示范规模在 10 户以上或总示范面积不少于 1000 平方米。

（二）示范项目应满足《北京市超低能耗建筑技术要点》（见附件 1）和相关标准要求。

第七条　示范项目的申报资料

（一）示范项目申报书（见附件 2）。

（二）示范项目专项技术方案（编写提纲参见附件 3）。主要内容包括建筑能耗指标计算书，工程关键节点详图，建筑平、立和剖面图（含气密层和保温层布置），建筑气密性措施，采暖、制冷和新风方案等。

（三）城镇示范项目应提供项目的立项、土地、规划等相关许可或证明文件。农宅示范项目提供使用集体建设用地（宅基地）的证明文件、乡村建设规划等相关许可或证明文件。

第八条　示范项目的申报程序

（一）申报单位向示范项目所在地的区住房城乡建设委提交申报资料。申报时间节点原则上在完成工程的初步设计，报送施工图设计审查之前。

（二）区住房城乡建设委核对申报项目的申报资料，将符合申报条件的汇总后，于每年的8月30日前报市住房城乡建设委。

第九条 示范项目的评审与公示

（一）市住房城乡建设委会同市规划国土委、项目所在区住房城乡建设委、区规划分局组织对申报项目进行专家评审。

（二）对通过评审的项目在市住房城乡建设委网站进行公示，公示期7天，公示期满无异议的列入我市超低能耗建筑示范项目库，公示结束日为确认时间。

第十条 专家评审意见作为施工图设计审查的专项审查依据。

第三章 示范项目的管理

第十一条 示范项目经过专家评审和施工图审查机构审查通过后，原则上不得变更修改；确需变更并影响到能耗主要指标时，应经专家再次评审、原施工图设计审查机构审查通过。

第十二条 城镇示范项目应符合工程基本建设管理要求。建设单位应将超低能耗建筑专项技术方案的实施能力作为选择设计、施工、监理单位的重要条件。

农宅示范项目应符合农宅建设管理程序，由申报单位组织实施。

鼓励建设单位（或申报单位）选择有相应技术能力的单位对示范项目进行超低能耗技术服务。

第十三条 示范项目的建设单位（或申报单位）应组织对设计、施工、监理、材料设备供应等相关人员进行超低能耗专项技术培训，以保证示范项目的实施效果。

第十四条 示范项目的施工单位应在施工现场集中展示有关信息及关键节点的详细做法。设立示范工程简介、相关技术指标公示牌、关键节点构造详图示意图。具备条件的可以设立样板间或样板房。

第十五条 示范项目的施工单位、监理单位、技术服务单位应加强对屋面保温防水系统、外墙保温系统、建筑门窗、气密性构造、新风系统等关键节点的监督管理，整理保管好关键材料及设备的合格证明、检测报告等重要技术资料，做好隐蔽工程施工过程和专项验收记录的文字及影像资料的留存。

第十六条 示范项目的保温材料、建筑外门窗、气密性材料、防水材料、新风系统等关键材料及设备须按照项目的设计要求选购。

第十七条 示范项目应建立室内环境指标及能耗数据的监测系统，项目竣工验收后应由建设单位（申报单位）将其连续三年的实际运行数据上报市、区住房城乡建设委。

第十八条 示范项目实施属地管理原则。区住房城乡建设委应加强本行政区域内超低能耗示范项目的日常监督及专项执法检查。

第四章 示范项目的专项验收

第十九条 建设单位应委托具有资质的检测机构对建筑物的气密性进行专项检测。

气密性检测应在气密层实施完毕和示范工程装修完工后分别进行一次。

第二十条　气密性检测全部合格后，建设单位（或申报单位）向区住房城乡建设委提出项目专项验收申请，区住房城乡建设委报市住房城乡建设委申请专项验收。

第二十一条　市住房城乡建设委会同市规划国土委、项目所在区有关部门共同组织专家对超低能耗示范项目进行现场专项验收。

第二十二条　通过专项验收的项目颁发北京市超低能耗建筑示范项目证书及标牌。

第五章　项目奖励资金的管理

第二十三条　示范项目的奖励资金标准根据示范项目的确认时间进行确定。2017年10月8日之前确认的项目按照1000元/平方米进行奖励，且单个项目不超过3000万元；2017年10月9日至2018年10月8日确认的项目按照800元/平方米进行奖励，且单个项目不超过2500万元；2018年10月9日至2019年10月8日确认的项目按照600元/平方米进行奖励，且单个项目不超过2000万元。

第二十四条　奖励资金与年度预算安排相结合。在项目确认为我市示范项目后，按不超过50%比例预拨，待项目通过专项验收后拨付剩余资金。

本奖励资金原则上与同类财政补贴政策不重复享受。

第二十五条　市住房城乡建设委按季度汇总示范项目奖励资金需求，将项目相关信息函告市财政局，并抄送区住房城乡建设委。

市财政局收到市住房城乡建设委函件后，按照预算管理要求做好奖励资金拨付工作。对于市属国有企业开发建设的示范项目，奖励资金由市财政直接拨付到项目建设单位；其他示范项目，奖励资金由市财政局通过转移支付的方式拨付到项目所在地财政部门，具体拨付工作由区财政部门商区住房城乡建设委确定。

第二十六条　鼓励各区政府研究制定本区关于超低能耗建筑的奖励政策，加大对超低能耗建筑项目支持力度。

第二十七条　项目出现以下情况之一的，由建设行政主管部门取消其示范资格，由财政部门追缴扣回已拨付的奖励资金。

（一）提供的申报及验收文件、资料、数据不真实，弄虚作假的。

（二）项目验收未达到超低能耗目标要求的。

（三）超低能耗项目实施进度超过申报书承诺时限两年的。

第六章　附　则

第二十八条　本办法由市住房城乡建设委、市财政局、市规划国土委负责解释。

第二十九条　本办法自印发之日起实施。

附件：1. 北京市超低能耗建筑示范项目技术要点

　　　2. 北京市超低能耗建筑示范项目申报书（略）

　　　3. 北京市超低能耗建筑示范项目专项技术方案编写提纲（略）

附件 1

北京市超低能耗建筑示范项目技术要点

1 超低能耗城镇居住建筑的技术要求

1.1 室内环境参数

超低能耗城镇居住建筑室内环境参数应符合表 1.1 规定。

表 1.1 超低能耗城镇居住建筑室内环境参数

室内环境参数	冬季	夏季
温度（℃）	≥20	≤26
相对湿度（%）	≥30①	≤60
新风量 [m³/（h·人）]	≥30	
噪声 dB（A）	昼间≤40；夜间≤30	

① 冬季室内湿度不参与能耗指标的计算。

1.2 能耗指标及气密性指标

根据北京市实际需求，本技术要点的制定将超低能耗城镇居住建筑分为商品住房和公共租赁住房两类，其能耗及气密性指标分别符合表 1.2.1 和表 1.2.2 的规定。

表 1.2.1 超低能耗商品住房能耗性能指标

		建筑层数			
能耗指标	年供暖需求 [kWh/（m²·a）]	≤3 层	4～8 层	9～13 层	≥14 层
	年供冷需求 [kWh/（m²·a）]	≤15	≤12	≤12	≤10
	供暖、空调及照明一次能源消耗量	18			
		≤40kWh/（m²·a）[或 4.9kgce/（m²·a）]			
气密性指标	换气次数 N₅₀	≤0.6			

注：1. 表中 m² 为套内使用面积。

2. 供暖、空调及照明一次能源消耗量为建筑供暖、空调及照明系统一次能源消耗量总和。

表 1.2.2 超低能耗公共租赁住房能耗性能指标

	指标项目	户均建筑面积		
		≤40m²	40～50m²	≥50m²
能耗指标	年供暖需求 [kWh/（m²·a）]	≤8	≤10	≤10
	年供冷需求 [kWh/（m²·a）]	≤35	≤30	≤30
	供暖、空调（含通风）一次能源消耗量	55kWh/（m²·a）[或 6.8kgce/（m²·a）]		
气密性指标	换气次数 N₅₀	≤0.6		

注：1. 表中 m² 为超低能耗区域的建筑面积，超低能耗区域是同时包含在保温层和气密层之内的区域。

2. 按照《北京市公共租赁住房建设技术导则（试行）》（京建发〔2010〕413 号）的规定按建筑面积划分。

1.3 建筑关键部品性能参数

超低能耗城镇居住建筑关键部品性能参数应符合表 1.3 规定。

表 1.3　超低能耗城镇居住建筑关键部品性能参数

建筑关键部品	参数及单位	性能参数
外墙	传热系数 K 值［W/（m²·K）］	商品住房≤0.15
		公共租赁住房≤0.20
屋面	传热系数 K 值［W/（m²·K）］	≤0.15
地面	传热系数 K 值［W/（m²·K）］	≤0.20
与采暖空调空间相邻非采暖空调空间楼板	传热系数 K 值［W/（m²·K）］	≤0.20
外窗	传热系数 K 值［W/（m²·K）］	≤1.0
	太阳得热系数综合 SHGC 值	冬季：SHGC≥0.45 夏季：SHGC≤0.30
	气密性	8 级
	水密性	6 级
空气-空气热回收装置	全热回收效率（焓交换效率）（％）	≥70％
	显热回收效率（％）	≥75％
	热回收装置单位风量风机耗功率［W/（m³·h）］	＜0.45

2　超低能耗公共建筑技术要求

2.1　室内环境参数

超低能耗公共建筑室内环境应符合表 2.1 规定。

表 2.1　超低能耗公共建筑室内环境参数

室内环境参数	冬季	夏季
温度（℃）①	≥20	≤26
相对湿度（％）	≥30②	≤60
新风量［m³/（h·人）］	符合《民用建筑供暖通风与空气调节设计规范》（GB50736—2012）中的有关规定	

① 公共建筑的室内温度的设定还应满足国家相关运行管理规定。

② 冬季室内湿度不参与能耗指标的计算。

2.2　能耗指标及气密性指标

超低能耗公共建筑的能耗性能指标和气密性指标应满足表 2.2 规定。

表 2.2　超低能耗公共建筑能耗性能指标及气密性指标

项目	规定
能耗指标	节能率 η≥60％①
气密性指标	换气次数 N_{50}≤0.6②

①为超低能耗公共建筑供暖、空调和照明一次能源消耗量与满足《公共建筑节能设计标准》（GB50189—2015）的参照建筑相比的相对节能率。

②室内外压差 50Pa 的条件下，每小时的换气次数。

2.3 建筑关键部品性能参数

超低能耗公共建筑建筑关键部品性能参数应符合表 2.3 规定。

表 2.3 超低能耗公共建筑关键部品性能参数

建筑关键部品	参数	指标
外墙	传热系数 K 值［W/（m²·K）］	0.10～0.30
屋面	传热系数 K 值［W/（m²·K）］	0.10～0.20
地面	传热系数 K 值［W/（m²·K）］	0.15～0.25
外窗	传热系数 K 值［W/（m²·K）］	≤1.0
	太阳得热系数综合 SHGC 值	冬季：SHGC≥0.45 夏季：SHGC≤0.30
	气密性	8 级
	水密性	6 级
用能设备	冷源能效	冷水（热泵）机组制冷性能系数比《公共建筑节能设计标准》（GB50189—2015）提高 10% 以上
空气-空气热回收装置	全热回收效率（焓交换效率）（%）	≥70%
	显热回收效率（%）	≥75%

3 超低能耗农宅主要技术要求

3.1 室内环境参数

超低能耗农宅建设示范项目室内环境参数应符合表 3.1 要求。

表 3.1 超低能耗农宅建设示范项目室内环境参数

室内环境参数	冬季	夏季
温度（℃）	≥20	≤26
相对湿度（%）	≥30①	≤60
新风量［m³/（h·人）］	≥30	
噪声 dB（A）	昼间≤40；夜间≤30	

① 冬季室内湿度不参与能耗指标的计算。

3.2 能耗指标

超低能耗农宅建设示范项目能耗及气密性指标应满足表 3.2 要求。

表 3.2 超低能耗农宅建设示范项目能耗指标及气密性指标

采暖控制指标①	采暖负荷≤20W/m² 或年采暖需求≤20kWh/（m²·a）	
制冷控制指标①	制冷负荷≤25W/m² 或年供冷需求≤25kWh/（m²·a）	
一次能源指标	采暖、制冷（通风）一次能源消耗量②	≤60kWh/（m²·a）［或 7.4kgce/（m²·a）］
气密性指标	换气次数 N_{50}③	≤0.6

① 表中 m² 为超低能耗区域的建筑面积，超低能耗区域是同时包含在保温层和气密层之内的区域。
② 采暖、制冷及通风一次能源消耗量为建筑采暖、制冷、新风系统一次能源消耗量总和。
③ 室内外压差 50Pa 的条件下，每小时的换气次数。
④ 采暖计算期取 10 月 25 日～4 月 5 日（次年），制冷计算期取 6 月 1 日～8 月 31 日。

3.3 建筑关键部品性能参数

超低能耗农宅建设示范项目关键部品性能参数应符合表3.3要求。

表3.3 超低能耗农宅建设示范项目关键部品性能参数

建筑关键部品	参数及单位	性能参数
外墙	传热系数 K 值 [W/ (m²·K)]	≤0.15
屋面	传热系数 K 值 [W/ (m²·K)]	≤0.15
地面	传热系数 K 值 [W/ (m²·K)]	≤0.15
外窗	传热系数 K 值 [W/ (m²·K)]	≤1.0
	太阳得热系数综合 SHGC 值	冬季：SHGC≥0.45 夏季：SHGC≤0.30
	气密性	8级
	水密性	6级
全热回收效率 （焓交换效率）	效率（%）	≥70%
	热回收装置单位风量 风机耗功率 [W/ (m³·h)]	<0.45

2. 天津市

《天津市建筑节能和绿色建筑"十三五"规划》（津发改规划〔2016〕1173号）

2016年12月20日由天津市发展改革委发布实施。其中与超低能耗建筑相关的内容摘编如下：

—— 具体目标。

按照天津市民用建筑能耗总量与碳排放总量控制目标，确定新建建筑节能、绿色建筑发展、既有建筑绿色改造、建筑产业化、建筑运行监管、绿色建材发展等专项工作目标节能贡献率，明确各专项具体工作目标（详见表2）。

表2 "十三五"期间建筑节能和绿色建筑规划具体目标

序号	类型	分类	单位	十三五目标值	指标属性
1	供热能耗	单位建筑面积实际供热能耗	kg 标煤/m²	14.5	预期性
2	绿色建筑	新建绿色建筑达标率	%	100	约束性
		高星级绿色建筑比例达到	%	30	预期性
		绿色生态城区	个	10	约束性
3	新建建筑节能	新建建筑节能标准执行率	%	100	约束性
		被动式低能耗建筑	万 m²	300	预期性
4	既有建筑改造	既有建筑绿色节能改造	万 m²	2000	约束性
		公共建筑绿色节能改造	万 m²	300	预期性
5	可再生能源	可再生综合能源站供冷供热服务面积	万 m²	1400	预期性
6	公共建筑运行监管	新建公共建筑（大于2000m²） 建筑实施分项计量	%	100	约束性
7	装配式建筑发展	建筑产业化建造比例	%	30	预期性

序号	类型	分类	单位	十三五目标值	指标属性
8	绿色建材	新建建筑应用绿色建材的比例	％	30	预期性
9	建筑垃圾	建筑垃圾年处理率	％	80	预期性

其中"新建建筑节能，居住建筑执行 75％节能标准，公共建筑执行 65％节能标准，标准执行率达到 100％。实施建筑能效领跑者计划，推动实施被动式低能耗建筑 300 万平方米。"

——重点任务。

其中提到"新建建筑高效节能"，具体内容为："三是实施建筑能效领跑者计划。编制超低能耗被动式建筑设计和施工导则，在中新天津生态城、武清商务区等区域试点推动低能耗被动式建筑建设，形成示范效应。至 2020 年，被动式建筑、低能耗或近零能耗建筑示范项目力争达到 300 万平方米。"

3. 河北省

(1)《河北省建筑节能与绿色建筑发展"十三五"规划》(冀建科〔2017〕12 号)

2017 年 4 月 12 日由河北省住房和城乡建设厅发布实施。其中与超低能耗建筑相关的内容摘编如下：

——指导思想。

牢固树立"创新、协调、绿色、开放、共享"的发展理念，认真贯彻"适用、经济、绿色、美观"的建筑方针，紧紧抓住新型城镇化、京津冀协同发展的战略机遇期，以提升建筑能效水平为主线，大力实施科技创新、管理创新，提高节能标准，提升建筑能源利用效率，优化建筑用能结构，全面提升建筑节能与绿色建筑品质。

——发展目标。

到 2020 年，城镇既有建筑中节能建筑占比超过 50％，其中城镇既有居住建筑中节能建筑所占比例预期达到 60％；新建建筑能效水平比 2015 年提高 20％；居住建筑单位面积平均采暖能耗比 2015 年预期下降 15％；新建城镇居住建筑全面执行 75％节能设计标准；建设被动式低能耗建筑 100 万平方米以上；城镇新建建筑全面执行绿色建筑标准，绿色建筑占城镇新建建筑比例超过 50％；城镇公共建筑能耗降低 5％；可再生能源建筑应用面积占城镇新增建筑面积超过 49％，城镇建筑中可再生能源替代常规能源比例超过 9％；经济发达地区及重点区域农村建筑节能取得突破，采取节能措施的比例超过 10％。

——重点任务。

其中在"（一）实施'建筑能效提升工程'"中，指出要"推广被动式低能耗建筑"，具体内容为：总结被动式低能耗建筑示范经验，结合我省气候特征和自然条件、人文特色，研发适用的被动式低能耗建筑技术，推动被动式低能耗建筑集中连片建设，条件成熟的率先实现区域规模化发展。建立适合我省特点的被动式低能耗建筑认证体系。开展零能耗建筑和正能建筑试点示范建设。

(2)《河北省 2017 年全省建筑节能与科技工作要点》(冀建科〔2017〕7 号)

2017 年 3 月 16 日由河北省住房和城乡建设厅发布实施。其中与超低能耗建筑相关的内容摘编如下：

——工作思路。

2017年，继续以"创新、协调、绿色、开放、共享"发展理念为指导，坚持以提高建筑能效为核心，以科技创新为引领，以发展被动式低能耗建筑、75%节能居住建筑、绿色建筑、绿色建材等为重点，完善政策，创新机制，开创各项工作的新局面。

——工作目标。

建设被动式低能耗建筑10万平方米；城镇节能建筑占城镇现有民用建筑比例达到45%；城镇新建绿色建筑占新建建筑面积比例达到35%；新型建材在新建建筑工程平均使用率达到70%。

——工作重点。

在"（一）提升建筑能效水平"提到了要"发展被动式低能耗建筑"，具体内容为：把被动式低能耗建筑作为"建筑能效提升工程"重要内容来抓，保持在全国的领先水平。抓好高碑店"列车新城"等重点项目建设，建成一批被动式低能耗建筑、高星级绿色建筑、海绵城市建筑等多种技术集成的绿色建筑小区典范，起到示范引领作用。各市（含定州、辛集市）均建成被动式低能耗建筑示范项目，逐步实现试点示范与区域性规模发展相结合。

（3）《河北省建筑节能专项资金管理暂行办法》（冀财建〔2015〕88号）

2015年4月30日由河北省财政厅、河北省住房和城乡建设厅联合发布实施。节选相关内容收录如下：

第一章 总 则

第一条 为切实转变城乡建设模式和建筑业发展方式，实现节能减排约束性目标，推动生态文明建设，提高人民生活质量，规范建筑节能专项资金的管理，提高财政资金使用效益，根据国家和省有关规定，制定本办法。

第二条 建筑节能是指在建筑物新建、改建、扩建、建筑物用能系统运行等过程中，执行建筑节能标准，采用新型建筑材料和建筑节能新技术、新工艺、新设备、新产品，从而降低建筑能耗的活动。

第三条 本办法所称建筑节能专项资金（以下简称省级专项资金）是指省级财政安排的专项用于推进建筑节能和建设科技发展的资金，通过补助示范项目和组织重大科技研究项目攻关对全省城乡建设起到引导和激励作用。

第四条 专项资金由省财政厅、省住房和城乡建设厅按照职责分工共同管理。省财政厅、省住房和城乡建设厅负责围绕省委省政府重大决策，确定专项资金的年度支持方向和支持重点。

各级财政部门负责专项资金的预算管理和资金拨付，对住建部门提出的资金分配方案是否符合专项资金的支持方向和支持重点进行审核，会同住房和城乡建设（建设）部门不定期组织对资金使用和管理情况等开展绩效评价和监督检查。

各级住房和城乡建设（建设）部门负责专项资金项目管理工作，组织项目申报和评审，对申报项目合法性、合规性和真实性进行审核，确定具体支持项目和补助额度，并对项目实施情况进行跟踪服务和监督检查。

第五条　建筑节能专项资金的申请和使用，遵循公开透明、公正合理、科学监管的原则。

第二章　专项资金管理

第六条　专项资金分为省本级支出资金和对市县转移支付补助资金两部分。专项资金年度规模中用于省本级支出资金和对市县转移支付补助资金的比例，根据年度工作重点在当年编制部门预算时安排确定。

第七条　省本级支出的专项资金，由省住房和城乡建设厅根据年初预算安排和各地上报的项目情况提出资金分配方案；省财政厅对资金分配方案是否符合专项资金的支持方向和支持重点进行审核后，按照国库集中支付有关规定及时拨付资金。省住房和城乡建设厅负责指导项目的实施。

第八条　对市县转移支付的资金，由省住房和城乡建设厅下达项目支持标准和条件，各设区市、省财政直管县（市）住房和城乡建设（建设）部门，按照属地管理原则负责组织本地区项目申报和评审（省财政直管县的项目由所在设区市统一组织申报和评审，省财政直管县的项目上报设区市住房和城乡建设（建设）部门之前，同级财政部门要对申报项目是否符合资金的支持方向和支持重点进行审核），确定具体支持项目，经同级财政部门对资金的支持方向和重点进行审核后，报省住房和城乡建设厅确定项目支持额度。省财政厅和市、县财政部门按照预算管理和国库管理有关规定下达和拨付资金。

第三章　补助范围和标准

第九条　省本级资金补助范围：建设科技研究计划项目（建工新产品试制费项目）。

第十条　建设科技研究计划项目（建工新产品试制费项目）主要是指组织相关单位围绕建筑节能及绿色建筑综合技术、可再生资源开发研究、生态城市建设集成技术、园林绿化技术、建设行业实用技术、新产品研发等，开展研究与应用，项目应在2年内完成研究并通过专家鉴定。补助资金安排的科研项目应符合以下条件：

所选项目符合国家、省住房和城乡建设部门中长期发展规划，以及国家节能减排政策和省城镇建设工作要求。科研成果对建筑节能、生态城建设、绿色建筑、太阳能利用、节水工作、信息化建设、工程建设、城市建设、城镇化等方面能够起到很大的推进作用，同时引导我省企业和社会资金参与支持新产品研发。

建设科技研究计划项目补助标准，根据研究内容、技术特点、社会经济效益情况，以及当年省级专项资金（科研项目资金部分）规模，由省住房和城乡建设厅综合考虑确定。

（一）符合国家产业技术政策和行业发展要求，对推动本省行业技术进步发展有重大作用，在本行业、本领域科学研究中具有先进性、前瞻性、实用性，项目实施内容可操作性很大，具有显著社会效益、经济效益和环境效益，并具有重大推广前景的项目补助3～5万元。

（二）符合国家产业技术政策和行业发展要求，对推动本省行业技术进步和行业发展有较大作用，在本行业、本领域科学研究中具有先进性、前瞻性、实用性，项目实施内容可操作性较大，具有很好社会效益、经济效益和环境效益，并具有较大推广前景的项目补助1~2万元。

第十一条 对市县转移支付补助资金补助范围和标准：

（一）高星级标识绿色建筑即取得二、三星级评价标识的绿色建筑项目（当年获得高星级标识建筑由下一年建筑节能专项资金补助）。

资金补助标准：二星级每平方米设计类5元、运行类10元；单个项目补助分别不超过30万元、50万元；三星级每平方米设计类10元、运行类15元，单个项目补助分别不超过50万元、70万元。

省住房和城乡建设厅、省财政厅根据每年获得高星级绿色建筑标识的项目数量、建筑面积适当调整补助标准。

（二）既有居住建筑供热计量及节能改造，包括建筑围护结构节能改造、室内供热系统计量及温度调控改造和热源及供热管网热平衡改造等。补助资金安排应符合以下条件：

1. 项目需列入国家年度既有居住建筑供热计量及节能改造任务；

2. 项目应同时完成建筑围护结构、室内供热系统计量及温度调控、热源及供热管网热平衡等三项改造内容。

资金补助标准：补助资金总额＝每平方米改造项目的补助额×符合条件的既改项目建筑面积。其中，每平方米改造项目的补助金额＝当年省级补助资金额/全省符合条件的既改项目建筑面积。

（三）各类建筑节能示范项目，包括低（超低）能耗建筑示范、国家机关办公建筑和大型公共建筑节能改造、正能量建筑示范、既有建筑被动式节能改造示范等。

1. 低（超低）能耗建筑示范。低能耗建筑是执行75%及以上建筑节能标准的建筑。超低能耗建筑（亦称"被动房"）指采用各种节能技术构造最佳的建筑围护结构，极大限度地提高建筑保温隔热性能和气密性，使热传导损失和通风热损最小化；通过各种被动式建筑手段，尽可能实现室内舒适的热湿环境和采光环境，最大限度降低对主动式燃烧化石燃料采暖和制冷系统的依赖，或完全取消这类采暖和制冷设施。补助资金安排应符合以下条件：

低能耗建筑示范条件，执行75%及以上建筑节能标准，建筑面积20000平方米以上，每个设区市不多于2个项目；超低能耗建筑示范条件，建筑面积不低于5000平方米。

资金补助标准：低能耗建筑示范每平方米补助5元，单个项目补助不超过50万元；超低能耗示范每平方米补助10元，单个项目补助不超过80万元。

2. 国家机关办公建筑和大型公共建筑节能改造示范，补助资金安排应符合以下条件：

国家机关办公建筑节能改造5000平方米以上，大型公共建筑节能改造20000平方米以上。

资金补助标准：每平方米补助15元，单个项目补助不超过80万元。

3. 正能量建筑示范。是指建筑本身生产的能量大于消耗的能量，除满足自身需求还能将剩余的电能供给其他建筑或输入国家电网。补助资金安排应符合以下条件：

采用世界先进技术建造、达到正能量要求的建筑。

资金补助标准：每平方米补助1200元，不超过80万元。

4. 既有建筑被动式改造示范。将既有不节能的建筑，在原来基础上进行改造（或加层改造），并对其外围护结构进行改造加强，使其保温和气密性能大幅提升，增加节能使用措施，将其改造成舒适、宜居的超低能耗建筑。补助资金安排应符合以下条件：

改造面积2000平方米以上。

资金补助标准：每平方米补助600元，不超过100万元。

（四）建筑能耗监测系统建设。能耗监测系统是指通过对公共建筑安装分类和分项能耗计量装置，采用远程传输等手段及时采集能耗数据，实现重点建筑能耗的在线监测和动态分析功能的硬件系统和软件系统的统称。补助资金安排应符合以下条件：

实施公共建筑能耗监测平台建设；公共建筑安装分类和分项能耗计量装置，与能耗监测平台实现对接并实现在线监测。

资金补助标准：实施公共建筑能耗监测平台建设补助150万元；公共建筑安装分类和分项能耗计量装置在线监测，根据建筑体量及安装计量装置数量补助15～20万元。

第四章 补助资金的申报

第十二条 原则上各设区市、省财政直管县（市）住房和城乡建设（建设）部门，按照本办法规定报省住房和城乡建设厅确定项目支持额度。

（一）建筑节能示范项目。符合条件的项目，由项目单位向所在设区市财政、住房和建设主管部门提出申请（含第十三条规定的项目具体资料），设区市财政、住房和建设（建设）主管部门对申请材料进行专家论证，对符合示范要求的，上报省住房和城乡建设厅；省财政直管县的申报材料报设区市财政、住房和城乡建设（建设）主管部门的同时，抄报省住房和城乡建设厅一份。

（二）建设科技研究计划项目。该项目为省本级支出资金，各设区市住房和城乡建设（建设）部门按照本办法规定对申请材料进行专家论证，确定项目，并上报省住房和城乡建设厅。

第十三条 申请补助资金的项目需要提供的材料：

（一）建筑节能示范项目。

1. 项目可研报告批复文件或项目核准文件、初步设计批复文件、环境影响审批意见等文件；

2. 资金筹措方案和落实情况（含银行贷款合同和贷款承诺书，地方配套资金承诺及到位情况等有关资料）；年度投资计划及资金落实的相关文件；资金使用情况材料；

3. 施工许可或开工报告；项目实施方案和实施进度等证明材料；项目绩效情况；

4. 其他必要的补充材料。

所附材料除申请文件和设计图纸外，均按A4纸张尺寸制作，有封面和目录，装订成册。

（二）申请建设科技研究计划项目应提供河北省建设科技研究计划项目申请书一式3份。

第五章 绩效预算管理

第十四条 资金的绩效目标：实现新建建筑达到65％的节能标准，开展新建建筑75％节能标准及超低能耗建筑的示范；完成我省国家和省下达的既有居住建筑供热计量及节能改造任务，综合改造比例提高到45％以上；加快全省机关办公建筑和大型公共建筑节能改造，改造面积提高3％；逐步建立健全机关办公建筑和大型公共建筑能耗监测平台，逐步扩大能耗监测终端采集点数量。

第十五条 资金的绩效指标由省住房和城乡建设厅根据项目绩效目标，设置用于衡量项目绩效的绩效指标，确定绩效指标目标值。绩效指标主要包括资金管理指标、产出指标和效果指标，其中资金管理指标包括资金管理规范性、资金到位情况等；产出指标包括低（超低）能耗建筑建设数量、既有居住建筑供热计量及节能改造数量、机关办公建筑和大型公共建筑节能改造数量、能耗监测终端采集点数量等指标；效果指标包括经济效益指标和社会效益指标。

第十六条 根据《预算法》和有关规定，加强专项资金绩效预算管理，开展绩效评价。绩效评价结果作为编制下一年度预算的参考。

第六章 项目的管理与实施

第十七条 各设区市、省财政直管县（市）住房和城乡建设（建设）部门要加强对示范项目建设的管理，建立健全工程质量监督和安全管理体系，确保工程质量、进度和正常运行。

第十八条 各设区市、省财政直管县（市）主管部门应督促项目单位建立健全内部管理制度，认真履行监督检查职能，实行项目跟踪问效机制，建立事前评审、事中监控、事后检查制度，规范和高效使用资金。

第十九条 项目实施单位要与项目所在设区市住房和城乡建设（建设）部门、省住房和城乡建设厅签订三方协议，项目所在设区市住房和城乡建设（建设）部门负责项目实施的全过程监督，确保项目符合相关节能设计要求和相关规定，符合申报书约定内容。原则上示范项目3年内完工，工程完成后，省住房和城乡建设厅对示范项目的建设情况进行抽查。建设科技研究项目研究完成后，省住房和城乡建设厅组织专家进行科技成果鉴定。

第七章 资金的监督管理

第二十条 设区市、省财政直管县（市）财政部门要按照工程进度，及时、足额将资金拨付给相关部门和单位，省级专项资金严格按照财政国库管理制度的有关规定执行，自觉接受上级有关部门的指导和督导检查。

第二十一条 各设区市、省财政直管县（市）财政部门、住房和城乡建设（建设）部门应当在年度终了后20日内，将省级专项资金使用情况以及项目的实施情况报省财政厅、省住房和城乡建设厅。

第二十二条 设区市、省财政直管县（市）财政部门、项目主管部门要加强对省级专项资金的监督管理，确保省级专项资金专款专用。对弄虚作假、冒领补助或截留、挪用、滞留专项资金的，一经查实，按照《财政违法行为处罚处分条例》（国务院第427号）进行处理。

第八章　附　则

第二十三条　本办法由省财政厅、省住房和城乡建设厅负责解释。

第二十四条　本办法自印发之日起实施，有效期3年，原资金管理办法同时废止。

二、标准规范

1. 住房城乡建设部《被动式超低能耗绿色建筑技术导则（试行）（居住建筑）》

    2015年11月发布实施。

2. 北京市超低能耗建筑示范项目技术要点

    2017年6月以"京建法〔2017〕11号"文发布实施。

3. 河北省《被动式低能耗居住建筑节能设计标准》（DB13（J）/T177—2015）

    2015年2月27日发布，2015年5月1日实施。

4. 河北省《被动式低能耗建筑施工及验收规程》（DB13（J）/T238—2017）

    2017年6月25日发布，2017年9月1日实施。

5. 河北省《被动式低能耗居住建筑节能构造》（统一编号：DBJT02－109－2016，图集号：J16J156）

    2016年6月1日起实行。